吉林省矿产资源潜力评价系列成果，
是所有在白山松水间
辛勤耕耘的几代地质工作者
集体智慧的结晶。

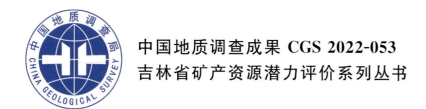

中国地质调查成果 CGS 2022-053
吉林省矿产资源潜力评价系列丛书

吉林省铁矿矿产资源潜力评价

JILIN SHENG TIEKUANG KUANGCHAN ZIYUAN QIANLI PINGJIA

松权衡　薛昊日　于　城　张廷秀　等编著

中国地质大学出版社

内容提要

为了贯彻落实《国务院关于加强地质工作的决定》中提出"积极开展矿产远景调查和综合研究,科学评估区域矿产资源潜力,为科学部署矿产资源勘查提供依据"的要求和精神,自然资源部部署了"全国矿产资源潜力评价"工作,"吉林省矿产资源潜力评价"为"全国矿产资源潜力评价"的省级工作项目。本书系统地总结了吉林省铁矿勘查研究历史及存在的问题、资源分布状况等,划分了铁矿床类型,分析了铁矿成矿地质条件及控矿因素,从空间分布、成矿时代、大地构造位置、赋矿层位、围岩蚀变特征、成矿作用及演化、矿体特征、控矿条件等方面总结了预测工作区及典型矿床成矿规律,建立了铁矿典型矿床成矿模式和预测模型,确立了预测工作区的成矿要素、预测要素、成矿模式和预测模型,研究了吉林省铁矿勘查工作部署,并对未来矿产开发基地进行了预测。

图书在版编目(CIP)数据

吉林省铁矿矿产资源潜力评价/松权衡等编著. —武汉:中国地质大学出版社,2022.12
(吉林省矿产资源潜力评价系列丛书)
ISBN 978-7-5625-3178-4

Ⅰ.①吉… Ⅱ.①松… Ⅲ.①铁矿资源-资源潜力-资源评价-吉林 Ⅳ.①P618.340.623.1

中国版本图书馆 CIP 数据核字(2022)第 096610 号

吉林省铁矿矿产资源潜力评价　　　　　松权衡　薛昊日　于　城　张廷秀　等编著

| 责任编辑:韦有福 | 选题策划:毕克成　段勇　张旭 | 责任校对:张咏梅 |

出版发行:中国地质大学出版社(武汉市洪山区鲁磨路388号)　　邮编:430074
电　　话:(027)67883511　　传　　真:(027)67883580　　E-mail:cbb@cug.edu.cn
经　　销:全国新华书店　　　　　　　　　　　　　　　　　　http://cugp.cug.edu.cn

开本:880毫米×1230毫米　1/16　　　　　　　　　　　字数:705千字　　印张:22.25
版次:2022年12月第1版　　　　　　　　　　　　　　　印次:2022年12月第1次印刷
印刷:湖北新华印务有限公司

ISBN 978-7-5625-3178-4　　　　　　　　　　　　　　　　　　　　　定价:298.00元

如有印装质量问题请与印刷厂联系调换

吉林省矿产资源潜力评价系列丛书
编委会

主　任：林绍宇

副主任：李国栋

主　编：松权衡

委　员：赵　志　赵　明　松权衡　邵建波　王永胜

　　　　于　城　周晓东　吴克平　刘颖鑫　闫喜海

《吉林省铁矿矿产资源潜力评价》

编著者：松权衡　薛昊日　于　城　张廷秀

　　　　于洪斌　王　信　庄毓敏　李任时

　　　　徐　曼　张　敏　苑德生　李春霞

　　　　张红红　李　楠　任　光　袁　平

　　　　王晓志　曲红晔　宋小磊　李世杰

　　　　陈焕中　刘　爱　戴新义　尹玉洁

　　　　刘凤侠　石　娜　罗　琛

前　言

"吉林省矿产资源潜力评价"为国土资源部（现为自然资源部）中国地质调查局部署实施的"全国矿产资源潜力评价"省级工作项目，主要目标是在现有地质工作程度的基础上，充分利用吉林省基础地质调查与矿产勘查工作的成果和资料，应用现代矿产资源评价理论方法和GIS评价技术，开展全省重要矿产资源潜力评价，基本摸清全省矿产资源潜力及其空间分布，开展了对吉林省成矿地质背景、成矿规律、重力、磁测、化探、遥感、自然重砂等工作的研究，编制了各项工作的基础和成果图件，建立了与吉林省重要矿产资源潜力评价相关的重力、磁测、化探、遥感、自然重砂的空间数据库。

"吉林省铁矿矿产资源潜力评价"是"吉林省矿产资源潜力评价"项目的工作内容之一，《吉林省铁矿矿产资源潜力评价》是在该项目成果的基础上总结凝练而成。本书系统地总结了吉林省铁矿的勘查研究历史、存在的问题及资源分布特征，划分了矿床成因类型，研究了成矿地质条件及控矿因素。本书以安图东清铁矿作为典型矿床研究对象，从吉林省大地构造演化与铁矿时空的关系、区域控矿因素、区域成矿特征、矿床成矿系列、区域成矿规律，以及物探、化探、遥感信息特征等方面总结了预测工作区及全省铁矿成矿规律，预测了吉林省铁矿的资源量，评价了重要找矿远景区的地质特征与资源潜力。

在铁矿矿产资源潜力评价过程中，以及在本书编写过程中，收到很多专家提出的宝贵意见，并且书中参考并引用了大量前人的勘查和研究成果。本书是本区地质工作者集体劳动智慧的总结，在此，对做出贡献的地质勘查工作者、科研工作者以及提出宝贵意见的专家表示诚挚的感谢！

编著者
2022年8月

目 录

第一章 概 述 ··· (1)
第二章 以往工作程度 ·· (4)
　第一节 区域地质调查及研究 ··· (4)
　第二节 物探、化探、遥感、自然重砂调查及研究 ··· (5)
　第三节 矿产勘查及成矿规律研究 ·· (8)
　第四节 地质基础数据库现状 ·· (11)
第三章 地质矿产概况 ·· (13)
　第一节 成矿地质背景 ··· (13)
　第二节 区域矿产特征 ··· (17)
　第三节 区域地球物理、地球化学、遥感、自然重砂特征 ······························· (23)
第四章 预测评价技术思路 ·· (40)
第五章 鞍山式沉积-变质型铁矿预测 ·· (42)
　第一节 成矿地质背景特征 ··· (42)
　第二节 典型矿床与区域成矿规律研究 ·· (49)
　第三节 物探遥感资料应用 ··· (86)
　第四节 矿产预测 ·· (120)
第六章 塔东式沉积变质型铁矿预测 ·· (151)
　第一节 成矿地质背景特征 ··· (151)
　第二节 典型矿床与区域成矿规律研究 ··· (152)
　第三节 物探遥感资料应用 ··· (163)
　第四节 矿产预测 ·· (172)
第七章 大栗子式沉积变质型铁矿预测 ··· (181)
　第一节 成矿地质背景特征 ··· (181)
　第二节 典型矿床与区域成矿规律研究 ··· (182)
　第三节 物探遥感资料应用 ··· (209)
　第四节 矿产预测 ·· (221)
第八章 临江式-浑江式沉积型铁矿预测 ·· (232)
　第一节 成矿地质背景特征 ··· (232)
　第二节 典型矿床与区域成矿规律研究 ··· (237)
　第三节 物探遥感资料应用 ··· (248)
　第四节 矿产预测 ·· (253)
第九章 吉昌式夕卡岩型铁矿预测 ·· (270)
　第一节 成矿地质背景特征 ··· (270)
　第二节 典型矿床与区域成矿规律研究 ··· (274)
　第三节 物探遥感资料应用 ··· (282)

  第四节 矿产预测 …………………………………………………………………………（290）

第十章 磁法铁矿资源量估算 ………………………………………………………………（305）
  第一节 磁异常选取及编号 ……………………………………………………………（305）
  第二节 磁异常定性解释 ………………………………………………………………（305）
  第三节 矿致磁异常的半定量、定量解释方法 ………………………………………（307）
  第四节 重点矿致异常拟合及资源量估算过程 ………………………………………（309）
  第五节 铁矿（磁性矿产）资源量估算结果 ……………………………………………（322）

第十一章 铁矿成矿规律总结 ………………………………………………………………（331）
  第一节 成矿规律 …………………………………………………………………………（331）
  第二节 铁矿成矿谱系 …………………………………………………………………（336）
  第三节 成矿区（带）划分 ………………………………………………………………（336）

第十二章 结 论 ……………………………………………………………………………（339）

主要参考文献 …………………………………………………………………………………………（340）

第一章 概 述

一、工作目标

"吉林省铁矿矿产资源潜力评价"是吉林省矿产资源潜力评价的重要矿种潜力评价项目之一,其目的是在现有地质工作程度的基础上,充分利用吉林省基础地质调查、矿产勘查工作的成果和资料,应用现代矿产资源预测评价的理论方法和 GIS 评价技术,一是开展全省铁矿资源潜力评价,基本摸清铁矿资源潜力及其空间分布,二是开展对吉林省与铁矿有关的成矿地质背景、成矿规律、化探、遥感、自然重砂、矿产预测等工作的研究,编制各项工作的基础图件和成果图件,建立与全省铁矿资源潜力评价相关的重力、磁测、化探、遥感、自然重砂空间数据库,三是培养一批综合型地质矿产人才。

二、工作任务

完成的主要任务是对吉林省已有的区域地质调查和专题研究等资料,包括沉积岩、火山岩、侵入岩、变质岩、大型变形构造等各个方面,按照大陆动力地学理论和大地构造相工作方法,依据技术要求的内容、方法和程序进行了系统的整理归纳。以 1∶25 万实际材料图为基础,编制吉林省沉积(盆地)建造构造图、火山岩相构造图、侵入岩浆构造图、变质建造构造图以及大型变形构造图,从而完成《吉林省 1∶50 万大地构造相图》的编制工作;在初步分析成矿大地构造环境的基础上,按照铁矿矿产预测类型的控制因素及其分布,分析成矿地质构造条件,为铁矿矿产资源潜力评价提供成矿地质背景和地质构造预测要素信息,为"吉林省铁矿矿产资源潜力评价"项目提供区域性基础地质资料,完成"吉林省铁矿成矿地质背景"课题研究工作。

开展铁矿典型矿床研究,提取典型矿床的成矿要素,建立典型矿床的成矿模式;研究典型矿床区域内重力、磁测、化探、遥感、自然重砂等综合成矿信息,提取典型矿床的预测要素,建立典型矿床的预测模型;在典型矿床研究的基础上,结合重力、磁测、化探、遥感和自然重砂等综合成矿信息确定铁矿的区域成矿要素和预测要素,建立区域成矿模式和预测模型。深入开展全省范围内的铁矿区域成矿规律研究,建立铁矿成矿谱系,编制铁矿成矿规律图;按照全国统一划分的成矿区(带),充分利用重力、磁测、化探、遥感、自然重砂等综合成矿信息,圈定成矿远景区和找矿靶区,逐个评价Ⅴ级成矿远景区资源潜力,并进行分类排序。以地表至 2000m 以浅为主要预测评价深度范围,进行铁矿资源量估算。汇总全省铁矿预测总量,编制铁矿预测图、勘查工作部署建议图、未来开发基地预测图。

以成矿地质理论为指导,以吉林省矿区及区域成矿地质构造环境和成矿规律研究为基础,以重力、磁测、化探、遥感、自然重砂先进的找矿方法为科学依据,为建立矿床成矿模式、区域成矿模式及区域成矿谱系研究提供信息,也为圈定成矿远景区和找矿靶区、评价成矿远景区资源潜力、编制成矿区(带)成矿规律与预测图提供可靠的成果。

对 1∶50 万地质图数据库,1∶20 万数字地质图空间数据库、全省矿产地数据库,1∶20 万区域重力数据库、航磁数据库,1∶20 万化探数据库、自然重砂数据库、全省工作程度数据库、典型矿床数据库进行全面、系统的维护,为吉林省重要矿产资源潜力评价提供基础信息数据,用GIS技术服务于矿产资源潜力评价工作的全过程(解释、预测、评价和最终成果的表达)。资源潜力评价过程中针对各专题进行信息集成工作,建立吉林省重要矿产资源潜力评价信息数据库,同时不断完善与铁矿矿产资源潜力评价相关的重力、磁测、化探、遥感、自然重砂数据库,实现省级资源潜力预测评价综合信息集成空间数据库,为今后开展矿产勘查的规划部署奠定了扎实的基础。

三、取得的主要成果

(一)成矿地质背景成果

(1)大地构造取得新认识。吉林省特殊的地质构造位置决定了其地质构造十分复杂,尤其南(华北陆块)北(西伯利亚板块)板块对接碰撞的时间、方式、地点一直是众多地质学家争论不休的问题,古亚洲构造域与滨太平洋构造域叠加的问题也是众说纷纭。本次工作者查阅了大量原始地质资料和科研文献,对众多地质学家的观点进行分析后,认为南北板块对接碰撞时间起始于早古生代末至晚古生代末(或早三叠世),以"软碰撞"的方式进行,碰撞类型属"弧-弧-陆"碰撞。另外,本次工作者对吉林省大型变形构造从力学性质、物质组成、运动方式及它们与成矿的关系也进行了较详细的研究,确定了二道阳岔变质核杂岩等多处大型变形构造的存在。

(2)确定了吉林省南华系的存在。

(3)对辽吉元古宙古裂谷的东部边界进行了重新划分。原有划分在抚松至长白山一带,经过对区域地质资料的分析,认为松江至露水河一带被新生代玄武岩覆盖,也有古元古代地层的存在(局部有出露)。因此,辽吉元古宙古裂谷的东部边界应向东延至两江—松江一带。这个划分,对在辽吉元古宙古裂谷带内找矿及对华北陆块北缘东界的认识都有积极意义。

(4)编制的南华系细河群钓鱼台组沉积建造构造图及岩相古地理图,不仅为寻找浑江式铁矿指明了方向,也为在省内寻找元古宙砾岩型金矿奠定了基础。

(二)成矿规律与成矿预测成果

(1)系统地总结了吉林省铁矿勘查研究历史、存在的问题及资源分布状况,划分了铁矿矿床类型,研究了铁矿成矿地质条件及控矿因素。

(2)从空间分布、成矿时代、大地构造位置、赋矿层位、岩浆岩特点、围岩蚀变特征、成矿作用及演化、矿体特征、控矿条件等方面总结了预测工作区及吉林省铁矿成矿规律。

(3)建立了不同成因类型典型矿床成矿模式和预测模型。

(4)确立了不同预测方法类型预测工作区的成矿要素和预测要素,建立了不同预测方法类型预测工作区的成矿模式和预测模型。

(5)用德尔菲法、地质块段法、磁法预测了吉林省铁矿资源潜力。

(6)研究了吉林省铁矿勘查工作部署,对未来矿产开发基地进行了预测。

(7)采用地质体积法建立了10个预测模型区,划分了171个最小预测工作区。地质体积法预测吉林省资源量为45.55×10^8t。用磁法估算吉林省铁矿资源量总计为40.79×10^8t。

(三)物探成果

(1)第一次在吉林省范围为开展1:50万重力、磁场编图,为今后吉林省物探工作打下了坚实基础。

(2)探索总结了区域重力、磁场特征与区域地质背景、大地构造的相互关系,提出了新的认识,对今后地质找矿方向打开了新的思路。

①对吉南地块的边缘弧形磁异常带、环形磁异常带的认识。围绕龙岗地块的东北边缘分布有从松山、红石、老金厂、夹皮沟、新屯子、万良到抚松的弧形磁异常带,围绕和龙地块边缘的北东侧同样分布有从二道白河、两江、万宝、和龙到崇善以北区域的环形磁异常带,弧形、环形磁异常带上的串珠状局部异常大多在重力高上或重力高边部,与含铁的中太古代变质表壳岩、新太古代变质表壳岩关系极为密切,有进一步研究价值。特别是根据磁异常推断的隐伏、半隐伏变质表壳岩分布区更加具有特殊意义,可能成为新的找矿突破口。

②对松辽平原中部航磁环形异常带的认识。环形磁异常带顶部位于松辽平原中部乾安到洮南连线处,省内长300km,向南延入内蒙古自治区和辽宁省。对该异常范围前人作了许多研究,大致有两种看法:一类认为它是由前震旦纪强磁性基底引起的,另一种观点认为它是中早侏罗世火山岩沿南北向断裂喷发而引起的。本书的观点倾向前者,但又有所不同。通过收集地震和钻孔资料,对环形磁异常带结合吉林省和邻省的区域地质、区域重力资料进行分析研究,笔者认为该异常是由残存的内蒙古地轴在长期海相沉积环境形成的前震旦纪强磁性基底及沿地轴残余边界裂隙上来的岩体综合因素而引起的。前震旦纪强磁性基底的主要磁性物质可能是磁铁矿。

(3)根据铁矿预测工作区重力、磁测工作成果,推断出的隐伏、半隐伏断裂构造,隐伏、半隐伏的侵入岩体,是今后找矿的重要方向,为今后吉林省主要成矿区(带)上寻找铁提供了地球物理信息。

(4)首次用磁法定量预测了吉林省内铁矿资源潜力。

(四)遥感主要成果

(1)首次对典型矿床和铁矿预测工作区进行遥感矿产地质物征与近矿找矿标志解译、遥感羟基异常和铁染异常提取,为典型矿床预测要素和预测模型建立、预测工作区预测要素和预测模型建立提供了遥感依据。

(2)首次按1:25万国际标准分幅编制了吉林省各图幅的遥感影像图、遥感矿产地质特征解译图、遥感羟基异常分布图、遥感铁染异常分布图,为吉林省基础地质和资源评价提供了遥感资料。

(3)首次系统地编制了1:50万吉林省遥感影像图、遥感矿产地质特征解译图、遥感异常组合图及配套数据库。

第二章 以往工作程度

第一节 区域地质调查及研究

一、区域地质调查工作程度

1∶20万区域地质调查和1∶25万区域地质调查除松辽平原没有开展外,分别完成调查面积 $13×10^4 km^2$ 和 $13.5×10^4 km^2$。1∶5万区域地质调查大部分部署于重要成矿区(带)上,完成约 $6.5×10^4 km^2$,约占吉林省全域面积的 35%。具体工作程度见图 2-1-1。

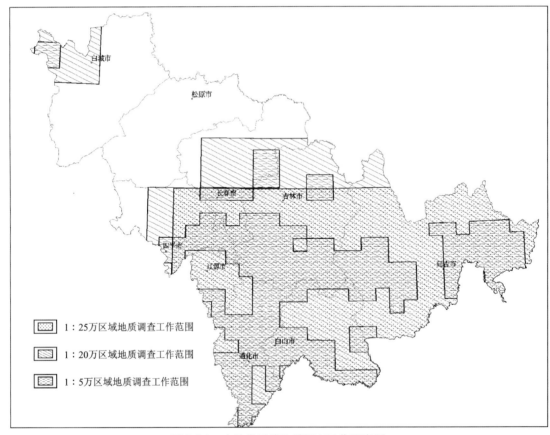

图 2-1-1 吉林省区域地质调查工作程度图

二、基础地质研究工作程度

吉林省基础地质研究工作始于 20 世纪 60 年代，编制了 1∶100 万区域地质图及其说明书，以及区域地质志；20 世纪 90 年代针对吉林省岩石地层又进行了厘清。

三、取得的主要成果

1∶100 万区域地质研究以地槽-地台观点解释吉林省地质构造特征及地质发展史，建立了岩石地层基本格架，确定了部分古生代侵入岩石，划分了变质岩石基本特征。1∶50 万区域地质研究在地槽-地台观点的基础上进行了吉林省地质构造与岩浆旋回特征的解释，对吉林省大型构造的归属及活动方式进行了深入分析，划分了吉林省岩浆构造带，进一步系统分析了吉林省岩石地层，确定了深变质区的年龄、岩石系列及分布。

四、基础地质工作存在的主要问题

包括：太古宙表壳岩的划分及时代与邻省的对比；老岭（岩）群的时代界定；西保安-江域、机房构-塔东变质岩地层的年代学研究；中生代火山岩地层划分与对比；侏罗系—白垩系界线在吉林省哪些剖面可准确或大致标定等；华北板块与（西伯利亚）完达山、兴凯地块对接带的岩石组合和分布情况；吉林省辉发河断裂形成时期、活动方式、构造系统归属问题。

第二节　物探、化探、遥感、自然重砂调查及研究

一、物探

1. 地球物理调查工作程度

全省完成 1∶100 万重力调查 $18.5\times10^4 km^2$，1∶20 万区域重力调查近 $13\times10^4 km^2$。完成 1∶100 万航磁 $15\times10^4 km^2$，1∶20 万航磁测量 $20.9\times10^4 km^2$，1∶10 万航磁 $9.749\times10^4 km^2$，1∶5 万航磁测量 $9000 km^2$。工作程度详见图 2-2-1、图 2-2-2。

2. 取得的主要成果

全省完成 1∶100 万区域重力调查成果报告；完成长春市、四平市、辽源市、梅河口市幅、通化市、浑江市（现为白山市）、桓仁县、集安市幅 1∶20 万区域重力调查成果解释报告。通过 1∶20 万区域重力调查资料分析，综合预测吉林省东部贵金属及多金属找矿区 38 处。1∶20 万航磁测量发现航磁异常 609 处，为寻找与异常有关的铁、铜等金属矿提供了线索。1∶5 万鸭绿江沿岸地区航磁测量发现 288 处异常，根据异常分布特点，结合地质构造的有利条件，已知矿床（点）分布及化探资料，划分出 14 个成矿远景区，其中 8 个Ⅰ级远景区。

3. 存在的主要问题

虽然 1∶20 万区域重力调查已覆盖吉林省东部山区，但多数图幅未做解释工作。吉林省缺乏系统性的区域重力、航磁参数资料。

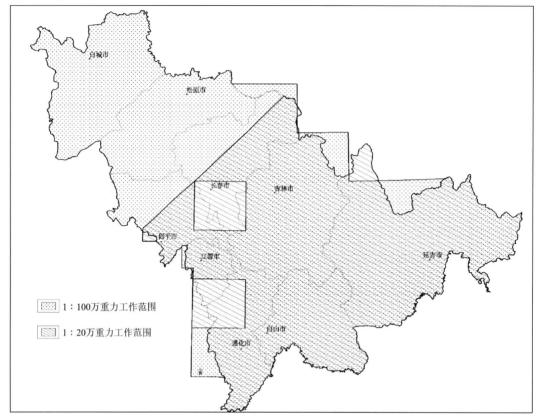

图 2-2-1　吉林省重力工作程度图

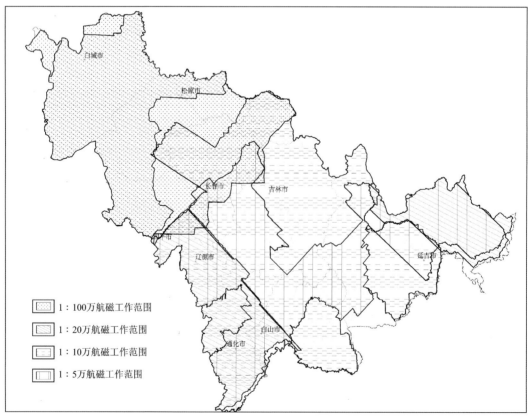

图 2-2-2　吉林省航磁工作程度图

二、化探

本次工作完成1：20万区域化探工作12.3×10⁴km²，在吉林省重要成矿区（带）上完成1：5万化探约3×10⁴km²，1：20万与1：5万水系沉积物测量为吉林省区域化探积累了大量的数据及信息，见图2-2-3。

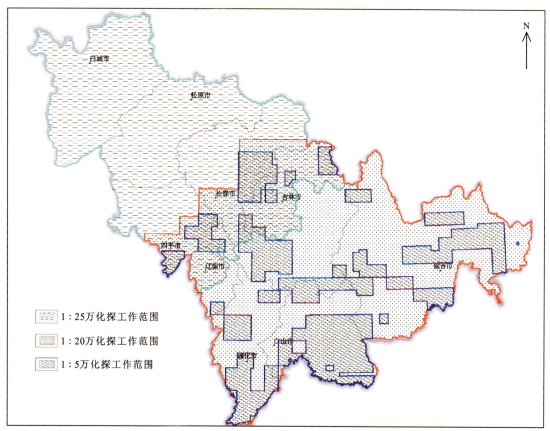

图2-2-3　吉林省地球化学工作程度图

中比例尺的成矿预测较充分地利用1：20万区域化探资料，首次编制了《吉林省地球化学综合异常图》《吉林省地球化学图》。根据元素分布分配的分区性，从成因上总结出两类区域地球化学场：一是反映成岩过程中的同生地球化学场；二是成岩后的改造和叠生作用形成后生或叠生地球化学场。

三、遥感

目前，吉林省遥感调查工作主要有"应用遥感技术对吉林省南部金-多金属成矿规律的初步研究""吉林省东部山区贵金属及有色金属矿产成矿预测"项目中的遥感图像地质解译、"吉林省ETM遥感图像制作"以及2005年由吉林省地质调查院完成的"吉林省1：25万ETM遥感图像制作"，见图2-2-4。

1990年，由吉林省地质遥感中心完成的"应用遥感技术对吉林省南部金-多金属成矿规律的初步研究"项目中，利用1：4万彩红外航片，以目视解译及立体镜下观察为主，对吉林省南部（N42°以南）的线性构造、环状构造进行解译，并圈定一系列成矿预测区及找矿靶区。

1992年由吉林省地质矿产局完成的"吉林省东部山区贵金属及有色金属矿产成矿预测"项目中，以美国4号陆地卫星1979年、1984年及1985年接收的TM数据2、3、4波段合成的1：50万假彩色图像为基础，进行目视解译，地质图上已划分出的断裂构造带均与遥感地质解译线性构造相吻合。而遥感解

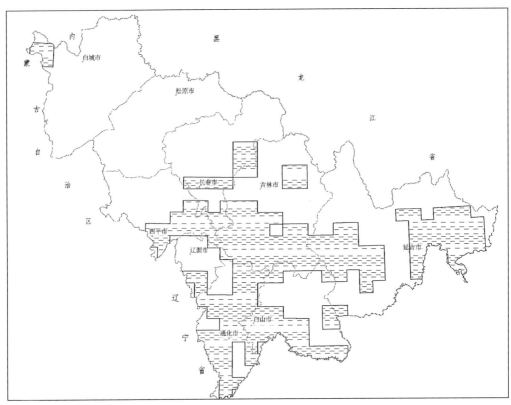

图 2-2-4　吉林省遥感工作程度图

译地质图所划的线性构造比常规地质断裂构造要多,规模也要大一些,因而绝大部分线性构造可以看成是各种断裂带、破碎带、韧性剪切带的反映。区内已知矿床、矿点多位于规模在几千米至几十千米的线性构造上,而规模数百千米的大构造带上,往往矿床(点)分布较少。

遥感解译出 624 个环形构造,这些环形构造的展布特征复杂,形态各异,规模不等,成因及地质意义也不尽相同。解译出岩浆侵入环形构造 94 个,隐伏岩浆侵入体环形构造 24 个,基底侵入岩环形构造 6 个,火山喷发环形构造 55 个及弧形构造围限环形构造 57 个,尚有成因及地质意义不明的环形构造 388 个。

用类比方法圈定出 I 级成矿预测区 10 个、II 级成矿预测区 18 个、III 级成矿预测区 14 个。

四、自然重砂

1∶20 万自然重砂测量工作覆盖了吉林省东部山区,1∶5 万自然重砂测量工作完成了 8 处(图 2-2-5)。

1993 年提交的《吉林省东部山区贵金属及有色金属矿产成矿预测报告》中,对吉林省自然重砂资料进行了全面系统的研究工作。

第三节　矿产勘查及成矿规律研究

一、矿产勘查

吉林省铁矿勘查研究的历史较长,开发利用较早。截至 2008 年底,吉林省提交矿产勘查地质报告 3000 余份,已发现各种矿(化)点 2000 余处、矿产地 1000 余处,发现矿种 158 种(包括亚矿种),其中查明

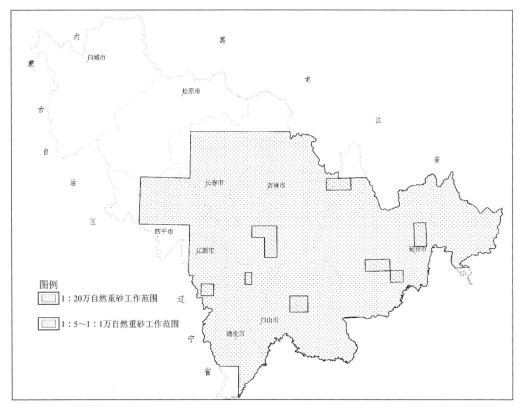

图 2-2-5 吉林省自然重砂工作程度图

资源储量的矿种 115 种。吉林省共发现铁矿床 38 处(其中大型矿床 3 处,中型矿床 7 处,小型矿床 28 处),矿点 469 处,累计探明资源储量 $6.15 \times 10^8 t$,主要是沉积变质型铁矿,占探明资源储量的 94%,其中鞍山式铁矿 67%,塔东式铁矿 21%,大栗子式铁矿 6%。

1895 年朴顺革发现大栗子铁矿,1898 年杜宝发现七道沟铁矿,1900 年和 1905 年赵槐与李芳云先后对已发现的铁矿进行开采和炼铁,1908 年徐世昌在老岭发现铁矿石。

1911—1919 年大汞洞铁矿被开采,并用于土法炼铁。

1933—1939 年日本地质工作者都留一雄、山口四郎、斋藤林茨等分别对大栗子、老岭、乱泥塘、南岔、青沟子、七道沟和二道江等铁矿进行过地质调查;1943—1945 年浅野五郎等对吉昌铁矿、大汞洞铁矿、放牛沟硫铁矿和科右前旗马鞍山铁矿进行过地质调查。

1950 年中央政务院财经委员会地质矿产调查队和鞍山钢铁公司采矿处等,对大栗子铁矿、七道沟铁矿进行过地质调查。1951 年东北地质调查所曲义志等发现老牛沟铁矿。

1953—1958 年鞍山地质勘探公司、东北地质局长白地质大队、吉林省冶金地质局沈阳分队和北方物探大队等,分别对老牛沟、头道岔、乱泥塘铁矿再次进行地质调查和普查找矿工作。此期间,东北地质局赵桂三等发现了西半截河铁矿。

1958—1962 年吉林省地质矿产局所属通化、延边、吉中等地质大队,分别对通化地区的板石沟、四方山、和平、爱林、马家庙岭、二道沟、盖家沟、大拉子、南岔、西保安、二道江、二道河子等铁矿,延边地区的鸡南、甲山、土山子、腰团、和龙、老岭、福仙洞等铁矿,吉林中部地区的西半截河、常山等铁矿均进行了普查找矿。此期间,长春地质学院、通化地质大队、东北工学院等对通化地区的铁矿也进行了一些地质调查工作;吉林省地质矿产局区域地质调查大队对延边地区的水洞、老岭和土山子等铁矿进行过检查;鞍山钢铁公司、吉林省地质矿产局物探大队、石油物探大队,分别对南岔铁矿开展地质普查和磁法测量工作;延边地质大队在检查航磁异常时发现了塔东铁矿,并进行了普查工作。

1958—1964 年鞍山钢铁公司 401 队对和平铁矿、大栗子铁矿进行勘探,同时对大栗子矿区临江式铁矿进行评价。

1958—1967年通化地质大队对青沟、七道沟、乱泥塘、板石沟、四方山进行勘探,对砬子沟、清河铁矿进行详查和勘探;吉林中部地质大队对老牛沟、常山、吉昌和大夯洞等铁矿进行勘探。

1968—1969年通化地质大队对夹皮沟铁矿进行普查,区域地质调查大队对松山铁矿进行普查。

1970年通化地质大队对乱泥塘铁矿进行详查和勘探,吉林中部地质大队对半截河铁矿进行勘探。

1970—1971年吉林省冶金地质勘探公司对和平铁矿的吴家堡子区、大孤砬子区Ⅲ号矿体、刘家堡子区、白云顶子区、官地铁矿Ⅰ号矿体和鸡南铁矿进行勘探。

1970—1971年延边地质大队对三道沟和老岭铁矿进行普查。

1970—1974年吉林省冶金地质勘探公司对大栗子铁矿区外围开展普查找矿。

1970—1974年吉林省冶金地质勘探公司对大栗子铁矿的东风、红旗两区进行勘探。此期间,延边地质大队对塔东铁矿进行勘探。

1970—1979年,吉林省冶金地质勘探公司和吉林中部地质大队先后对老牛沟铁矿区的四道沟、大西沟、高力屯、苇厦子等矿段进行了补充勘探。

1971年通化地质大队对长春沟铁矿进行详查和勘探,对太平铁矿、杨木桥子铁矿进行普查,并于1973年对太平沟铁矿进行普查。四平地质大队对西保安铁矿进行详查。

1971—1972年吉林省冶金地质勘探公司对草房沟、朝阳堡、二道江、松山等铁矿进行详查和勘探。

1972—1973年吉林省冶金地质勘探公司对延边鸡南铁矿进行补充勘探。

1980年通化地质大队对板石沟铁矿4～8矿组进行补充勘探。

1981—1999年铁矿地质勘查工作基本处于停滞阶段,仅有前期延续的科研项目和后续的少量科研项目,并且也仅仅延续到1985年,其后基本没有开展相关工作。吉林省地质科学研究所、吉林省地质矿产局第二地质调查所、吉林省地质矿产局第四地质调查所对吉林省和重点矿田铁矿的成矿地质条件、控矿因素及分布规律等方面,分别进行了专题研究,相继提交了《吉林省及西部邻区铁矿成矿规律和成矿远景预测报告》《吉林省及西部邻区构造体系与铁矿分布规律图说明书》《吉林省鞍山式铁矿成矿区划报告》《吉林省桦甸县老牛沟矿田1980—1981年远景区划报告》《吉林省通化四方山—板石沟一带鞍山式铁矿地质调查报告》《吉林省铁矿资源总量预测报告》《华北地台北部鞍山式铁矿成矿远景区划报告》等。由于受当时各种条件的制约,大部分科研成果没有得到野外地质调查的验证。

2000年至今,铁矿普查找矿和研究再次掀起高潮:2000年以吉林省地质调查院为主率开展了吉林省铁矿勘查和铁矿预测研究工作。吉林省国土资源厅(现为吉林省自然资源厅)以2008年2月26—27日天津全国铁矿勘查会议为契机,适时地部署了吉林省铁矿勘查研究工作,主要是系统地开展了成矿远景区划工作,进行资源潜力预测及找矿靶区的优选,对老矿区进行探边摸底,加强对前寒武纪沉积(包括火山沉积)变质铁矿的变质变形对铁矿的改造作用研究,选择物探异常新区开展预查与普查工作,注意对基性—超基性铁矿进行含矿性评价。

2005年以来,吉林省地质调查院安排了磐石市和平地区、安图二道白河地区铁矿预查,柳河、通化市八道沟、集安市大青沟-五道阳岔铁铜及多金属矿区地质普查,以及龙市鸡南铁矿区详查等工作,开展吉林塔东—汪清地区铁矿资源调查。

二、成矿规律研究

1. 成矿区(带)划分

1992年二轮区划对吉林省成矿区(带)进行较详细的划分,当时划分出Ⅰ级成矿省2个、Ⅱ级成矿域4个、Ⅲ级成矿区9个、Ⅳ级成矿带26个、Ⅴ级成矿田22个。

自2000年以来,针对吉林省成矿区(带)的划分进行了多次研究。2006年根据大地构造演化与区域矿产的时空演化关系以及对区域控矿因素、区域成矿特征、矿床成矿系列、区域成矿规律的研究,结合物探、化探、遥感信息特征的研究,吉林省新划分2个Ⅰ级成矿域、3个Ⅱ级成矿省、5个Ⅲ级成矿带、14个Ⅳ级成矿带、50个Ⅴ级找矿远景区(矿田)。但对铁矿种从没有开展过成矿区(带)划分。

2. 成矿规律

针对铁矿的成矿规律研究只有1980年吉林省地质科学研究所牛广林等编写的《吉林省及西部邻区铁矿成矿规律和成矿远景预测报告》。针对铁矿成矿预测的研究,只有1985年吉林省地质科学研究所于德国编写的《吉林省铁矿资源总量预测报告》。

另外,1979年吉林省地矿局编写的《吉林省重要矿产总结报告》,1984年吉林省地质矿产局物探大队编写的《吉林省深部构造研究报告》,1987—1992年二轮区划期间吉林省地质矿产局物探大队编写的《华北地台北缘区域重磁场综合解释报告》,1990年吉林省地质科学研究所毕守业等编写的《吉林省南部太古宙地质特征及找矿方向研究》,1991年吉林省地质矿产局物探大队编写的《吉林省通化市、浑江市、桓仁市和集安市幅区域重力调查成果解释报告》,1991年吉林省地矿局编写的《吉林、延边、通化—浑江地区成矿预测报告》,1992年沈保丰等编写的《辽北-吉南太古宙地质及成矿》,2001年陈尔臻等完成的《中国主要成矿区(带)研究(吉林省部分)》等报告,也都对吉林省铁矿部分典型矿床及重要成矿区(带)进行了成矿规律研究。

3. 存在的问题

吉林省铁矿经过100余年的勘查及研究,取得了较大的成果,对吉林省的经济发展做出了一定的贡献,但纵观吉林省以往铁矿勘查工作,在许多方面仍存在不足。

以往铁矿勘查工作,仅仅停留在航磁异常查证的基础上。以往异常查证工作,只是注重部分"高、大、全"异常,对较大的低缓异常基本没有开展工作。

20世纪80年代以前的地质工作,受当时地质理论的局限,对地质现象认识也很片面,因此找矿工作程度很粗浅。铁矿勘查工作主要集中于太古宙地层中,针对太古宙地层开展的铁矿勘查工作也仅局限于地表或有限的深度范围内,其他类型铁矿及含铁层位未做深入系统的工作。而与太古宙含硅铁建造有关的绿岩地体遭受多期强烈变质变形改造,对古老地体变形构造控矿规律研究甚少,造成很难正确认识铁矿资源潜力。

对于覆盖区盖层下面的含矿层位几乎未开展勘查工作。

与基性—超基性岩有关的铜、镍、铬、钼、磷的研究都已经较为深入,各种文献大量出现,其研究水平已达到一定高度。但作为以铁的含矿性为目的的研究尚未进行过。

第四节 地质基础数据库现状

1:50万数字地质图空间数据库于1999年12月完成。该数据库是在原《吉林省1:50万地质图》《吉林省区域地质志》附图的基础上补充少量1:20万和1:5万地质图资料及相关研究成果,结合现代地质学、地层学、岩石学等新理论、新方法,地层按岩石地层单位、侵入岩按时代加岩性和花岗岩类谱系单位编制而成。此数据库库属数字图范围,没有GIS的图层概念,适合用于小比例尺的地质底图。目前没有对该库进行更新维护。

1:20万数字地质图空间数据库,共计有33个标准和非标准图幅。该库图层齐全,属性完整,建库规范,单幅质量较好。总体上因填图过程中认识不同,各图幅边界问题严重,因此按本次工作要求对该数据库进行了更新维护。

矿产地数据库于2002年建成。该库采用DBF和ACCESS两种格式保存数据,按本次工作要求对该数据库进行了更新维护。

1∶20万重力物探数据库为东部山区26个图幅,入库有效数据有23 620个物理点。数据采用DBF格式且数据齐全。重力数据库只更新到2005年,主要是对数据库管理软件进行更新,数据内容与原库内容保持一致。

1∶20万航磁数据库共由21个预测工作区组成,总物理点数据6 310 000个,比例尺分为1∶5万、1∶20万、1∶50万,在吉林省内主要成矿区(带)内多数地区为1∶5万数据覆盖。预测工作区内数据没有调平处理,且没有飞行高度信息,数据采集方式有早期模拟的和后期处理的,精度从几十纳特到几纳特。本次工作采用中国国土资源航空物探遥感中心提供的航磁剖面和航磁网格数据。

遥感解译工作始于20世纪90年代初期,由于受当时工作条件和计算机技术发展的限制,缺少相关应用软件和技术标准,没能对解译成果进行相应的数据库建设。在此次潜力评价工作中应用国土资源航空物探遥感中心提供的遥感数据,建设吉林省遥感数据库。

1∶20万化探数据库以1∶20万水系测量数据为主,共有入库元素39个,原始数据点以$4km^2$内原始采集样点的样品做一个组合样。此库建成后,吉林省没有开展同比例尺的地球化学填图工作,因此也没有做数据更新工作。由于入库数据采用组合样分析结果,因此入库数据不包含原始点位信息,这对通过划分汇水盆地确定异常和更有效地利用原始数据带来一定困难。

1∶20万自然重砂数据库入库数据35个图幅,采样点47 312个,矿物473种,入库数据内容齐全,并有相应空间数据采样点位图层。数据采用ACCESS格式。目前没有对该数据库进行更新维护。

地质工作程度数据库于2004年完成,内容全面,涉及地质、物探、化探、矿产、勘查、水文等内容。按本次工作要求对该数据库进行了更新维护。

第三章 地质矿产概况

第一节 成矿地质背景

一、地层

吉林省与铁矿成矿有关的地层从太古宇至古生界均有出露。

(一) 太古宇

太古宇主要分布于吉南地区龙岗复合地块周边，由中太古代变质表壳岩和新太古代变质表壳岩组成。中太古代变质表壳岩主要岩性为黑云变粒岩、斜长角闪岩夹磁铁石英岩；新太古代变质表壳岩主要岩性为黑云绿泥片岩、斜长角闪片岩和角闪磁铁石英岩。太古宙变质表壳岩内赋存有鞍山式铁矿。

(二) 元古宇

1. 古元古界

古元古界主要分布于集安—珍珠门—八道沟一带，包括集安（岩）群和老岭（岩）群。

集安（岩）群自下而上可划分蚂蚁河（岩）组、荒岔沟（岩）组、大东岔（岩）组。该（岩）群主要由一套以含硼、含墨、多硅高铝和含铁为特征的火山-沉积变质岩系组成。该（岩）群赋存的铁矿点众多，多为沉积变质岩型，即集安砬子沟式铁矿。

老岭（岩）群包括达台山（岩）组、珍珠门（岩）组、花山（岩）组、临江（岩）组和大栗子（岩）组，主要由长石石英岩、石英岩、浅粒岩、变粒岩、钙硅酸盐岩、碳质板岩、大理岩、白云质大理岩和千枚岩夹大理岩组成，赋存有大栗子式铁矿。

2. 中元古界

中元古界为色洛河群构造地层地体，分布比较局限，仅见于龙岗陆核与吉林-延边古生代增生褶皱带（"槽台"）接触带附近的夹皮沟—两江镇一带，呈北西向展布，主要岩性为变质火山碎屑岩、大理岩及斜长角闪岩。该构造地层内赋存有小铁矿，但找矿成效较好。

3. 新元古界

新元古界吉南地区主要分布于样子哨盆地和浑江凹陷南北两岸，自下而上可划分为白房子组、钓鱼台组、南芬组、桥头组、万隆组、八道江组和青沟子组，主要为一套碎屑岩-泥灰岩-碎屑岩建造。白房子组长石石英砂岩中含有菱铁矿和赤铁矿，钓鱼台组赋存赤铁矿。近期工作已发现钓鱼台组底部砾岩和含砾铁质长石石英砂岩内赋存有金矿,规模较大。南芬组下部层位见有铁、钾、磷、铜等矿化。延边地区主要岩石地层单位有色洛河(岩)群、机房沟(岩)群、塔东(岩)群和西保安(岩)组,主要为一套变质火山岩、碎屑岩及碳酸盐岩建造。由于受岩体侵入和后期构造改造影响,该套地层完整性差,多呈零星分布,赋存塔东式铁矿。

(三)古生界

1. 下古生界

下古生界主要分布于浑江盆地和样子哨盆地内,主要由含磷单陆屑沉积、膏盐沉积、滩型鲕状灰岩沉积、风暴型碎屑灰岩及灰岩沉积组成,为寒武纪—奥陶纪陆表海相沉积产物。寒武系内赋存夕卡岩型铁矿。

2. 上古生界

上古生界主要分布于浑江盆地、磐双裂陷内,由石炭系和二叠系构成,为一套复陆屑岩建造、有机岩建造及红色建造,以及滨浅海相复陆屑岩、碳酸盐岩、火山岩和碎屑岩沉积建造。这套建造内赋存夕卡岩型铁矿。

二、岩浆岩

与铁矿成矿有关的岩浆岩主要为印支期和燕山期侵入岩。

1. 印支期侵入岩

印支期侵入岩主要分布在延边、通化等地。岩石类型由基性到酸性,以酸性岩为主。基性岩以辉长岩为主,中性岩以闪长岩、石英闪长岩为主,酸性岩以花岗闪长岩、斜长花岗岩、二长岩为主。侵入时代为224~180Ma。印支期侵入岩主要侵入到古生代地层形成夕卡岩型铁矿。

2. 燕山期侵入岩

燕山期岩浆侵入活动十分频繁,侵入岩分布广泛,岩石类型复杂多样,地层出露基性—超基性、中基性、中酸性、酸性及碱性岩类,其中以花岗岩类分布最为广泛。燕山期侵入岩侵入到古生代地层形成夕卡岩型铁矿。沿某些断裂带尚见少量的超基性、基性及碱性岩类。

三、变质岩

以辉发河-洞河断裂为界,南、北两区的变质作用导致变质岩体特征截然不同。南部为华北陆块区,广泛发育前古元古代深变质岩;北部为天山-兴蒙造山系,发育一套中元古代至古生代浅变质岩。根据省内存在的几期重要的地壳运动及其所产生的变质作用特征,将与铁矿成矿有关的变质岩划分为阜平期、五台期、兴凯期、加里东期、海西期等5个主要变质作用时期。

(一)阜平期变质岩

阜平期变质作用发育在吉林省内南部原陆块区,岩石组合主要有细粒片麻岩类、细粒斜长角闪岩类、磁铁石英岩类、片岩类。

区内中—新太古代变质地层分别经历了角闪岩相、麻粒岩相和绿片岩相变质作用,变质作用的演化规律反映在不同时期及阶段形成的变质岩石类型、矿物共生组合、相互包裹、改造关系,并依据岩相学、岩石化学、变质温度压力等相关数据综合分析,本区中—新太古代变质作用可划分为角闪岩相进变质作用、麻粒岩相进变质作用、绿片岩相退变质作用等3种类型。可大体判定本区古太古代变质作用类型应属区域热动力变质作用。

张福顺(1982)在浑江板沟新太古代绿岩带斜长角闪岩和黑云母斜长变粒岩中获全岩Rb-Sr等时线年龄为2585～(2255±67.27)Ma。在斜长角闪岩中获锆石U-Tb-Pb年龄为2700Ma。毕守业等(1991)在板石沟李家堡斜长角闪岩中获锆石U-Pb年龄为(2519±21)Ma。因此,认为该绿岩带区域变质年龄在2700～2500Ma间。

夹皮沟新太古代绿岩带9个锆石的$^{207}Pb/^{206}Pb$年龄为2639～2479Ma,经计算Pb-Pb等时线年龄为(2525±12)Ma,斜长角闪岩全岩Rb-Sr等时线年龄为(2766±266)Ma。上述表明该绿岩带区域变质年龄应在2700～2500Ma间。

中太古界杨家店岩组、四道砬子河岩组可识别出两期变形改造:第一期在地壳深部中—高温变质作用条件下,受区域构造运动影响形成区域性片理;第二期变形使先期片理形成褶皱构造。

新太古代绿岩带中同样可识别出两期变形改造:第一期片理为长英质条带S_1,具透入性特点,一般情况置换S_0,第二期变形改造第一期变形,致使S_2置换S_0、S_1。

该套变质岩主要赋存鞍山式铁矿,老牛沟、板石沟、官地、四方山等铁矿与其有密切的成因关系。

(二)五台期变质岩

五台期变质作用发育在吉林省南部,这期变质作用使古元古界变质形成一套极其复杂的变质岩石,包括集安(岩)群蚂蚁河(岩)组、荒岔沟(岩)组、临江(岩)组、大栗子(岩)组,老岭(岩)群板房沟(岩)组、新农村(岩)组、珍珠门(岩)组。

1. 集安(岩)群变质岩

集安(岩)群变质岩分布于通化市南部及集安县一带,零星出露于安图两江一带。区域变质岩类型有片岩类、片麻岩类、变粒岩类、斜长角闪岩类、石英岩类、大理岩类。集安(岩)群下部原岩以基性火山岩、中酸性火山岩、陆源碎屑岩为主,夹少量泥质、砂质及镁质碳酸盐岩,含硼较高,局部地段富集成硼矿,为潟湖相含硼蒸发盐岩、双峰火山岩建造;上部由中基性火山岩类、中—酸性火山碎屑岩类、正常沉积的碎屑岩类和碳酸盐岩类组成,为浅海相非稳定型含碎屑岩、碳酸盐岩、基性火山岩建造。集安(岩)群形成于活动陆缘的裂谷环境。

集安(岩)群普遍发生高角闪岩相变质作用,局部发生低角闪岩相变质作用,压强为$(2\sim5)\times10^8$Pa,温度为500～700℃,属低压变质作用。

根据集安(岩)群中发育的面理(片理、片麻理)、线理、褶皱以及韧性变形的交切和叠加关系,推断区域内至少存在3期变形作用:第一期变形作用表现为透入性片麻理和长英质条带,为塑性剪切机制;第二期变形作用表现为长英质条带与片麻理同时发生褶皱并伴有构造置换现象,形成新的片麻理、钩状褶皱、无根褶皱等;第三期变形作用表现为早期形成的长英质条带与片麻理同时发生褶皱,形成新的宽缓褶皱。

蚂蚁河(岩)组透辉变粒岩中的锆石有两组U-Pb和谐年龄数据:一组年龄为(2476±22)Ma,是太古宙锆石结晶年龄;另一组年龄为(2108±17)Ma,代表该组锆石结晶年龄,说明蚂蚁河(岩)组形成晚于2100Ma。

荒岔沟(岩)组斜长角闪岩锆石U-Pb年龄为(1850±10)Ma,代表锆石封闭体系年龄。采自黑云母变粒岩的残留锆石U-Pb年龄数据不集中,和谐年龄有两组:一组年龄为(1838±25)Ma,代表岩石变质年龄;另一组年龄为(2144±25)Ma,是锆石结晶年龄。荒岔沟(岩)组形成于2140～1840Ma间,且在1840Ma左右有一次强烈的变质作用。

该套变质岩局部赋存小型铁矿床。

2. 老岭（岩）群变质岩

老岭（岩）群变质岩主要出露于通化老岭山脉一带。区域变质岩石类型有板岩类、千枚岩类、片岩类、变粒岩类、大理岩类、石英岩类。老岭（岩）群原岩底部为一套碎屑岩，中部为碳酸盐岩，上部为碎屑岩夹碳酸盐岩，构成了完整的沉积旋回，为裂谷晚期滨海—浅海相碎屑岩-碳酸盐岩沉积建造。

老岭（岩）群变质岩系主要经历了高绿片岩相变质作用，局部［花山（岩）组］可达低角闪岩相变质作用。

该时代变质岩发生两期变形改造：早期变形表现为透入性片理、片麻理；晚期变形使早期片理、片麻理发生褶皱及原始层理被置换。

根据采自大栗子（岩）组的6个样品，得出全岩等时代年龄为1727Ma左右。根据采自花山（岩）组的5个样品，得出全岩等时代年龄为(1861±127)Ma。

由侵入临江（岩）组的电气白云母伟晶岩的白云母样品，得K-Ar年龄为1813Ma。

综上所述，老岭（岩）群沉积时间为2000～1700Ma。

该套变质岩主要赋存大栗子式铁矿，与大栗子、七道沟、乱泥塘铁矿有密切的成因关系。

（三）兴凯期变质岩

兴凯期变质作用主要发育在吉林省北部造山系中，变质作用使新元古代岩体变质形成一套区域变质岩体，包括青龙村（岩）群新东村岩、长仁大理岩，张广才岭（岩）群红光岩组、新兴岩组，机房沟岩群达连沟岩组，塔东岩群拉拉沟岩组、朱敦店岩组，五道沟岩群马滴达岩组、杨金沟岩组、香房子岩组。

区域变质岩石类型有板岩类、千枚岩类、变质砂岩类、片岩类、片麻岩类、变粒岩类、斜长角闪岩类、大理岩类、石英岩类。兴凯期变质原岩可以构成一个较完整的火山喷发旋回，下部以基性火山喷发开始，上部则出现一套中酸性火山喷发而告终，晚期则出现一套沉积岩石组合。火山岩是从拉斑系列演化到钙碱系列。

兴凯期变质作用特征属低压条件下的低角闪岩相-绿片岩相变质作用。该期可能遭受两期以上的变形改造。青龙村（岩）群的黑云斜长片麻岩全岩K-Ar年龄为669.5Ma。

该套变质岩内赋存塔东铁矿。

四、大型变形构造

1. 变形改造及褶皱构造

新太古代龙岗复合地块边缘广泛发育新太古代裂谷型花岗岩-绿岩带，并相继经历了多幕次的构造运动和多期次的构造变形。早期以塑性变形为主，晚期随地壳的抬升和固化，由塑性变形转化为脆性变形。该构造变形主要控制了鞍山式铁矿的成矿及空间展布。

元古宙变形褶皱以古元古界集安（岩）群为最强烈，老岭（岩）群次之，色洛河群以韧性剪切带及推覆构造为主，其主要控制了大栗子式铁矿的成矿及空间展布。

古生代变形褶皱构造，分布在样子哨、浑江上游、鸭绿江凹褶皱束（盆地）中。这些凹褶皱束（盆地）既是构造坳陷，又是向斜构造，其主要控制了夕卡岩型铁矿的成矿及空间展布。

2. 深大断裂构造

自太古宙以来，吉林省经历了多次地壳运动，在各地质历史阶段都形成了一套相应的断裂系统，包括地体拼贴带，走滑断裂、深大断裂、推覆-滑脱构造-韧性剪切带等。

(1)辉发河-古洞河地体拼贴带：横贯东南部的东丰至和龙一带，规模巨大，它是海西晚期辽吉地块与吉林-延边古生代增生褶皱带的拼贴带。该拼贴带两侧的岩石强烈片理化，形成剪切带。航磁异常、卫片影像具有平行、密集的线性构造特征。

(2)敦化-密山走滑断裂带：是我国东部一条重要的走滑构造带，它对大地构造单元划分，以及金、有色金属成矿具有重要的意义。该断裂带活动时间较长，沿断裂带处岩浆活动强烈。

(3)鸭绿江走滑断裂带：是吉林南部规模较大的北东向断裂之一，纵贯辽吉地块和吉黑古生代陆缘增生褶皱带两大构造单元，对吉林省地质构造格局及铁矿的空间分布格局有重要意义。

3. 韧性剪切带

韧性剪切带广泛发育于前寒武纪古老构造带及不同地体的拼贴带中，与成矿关系比较密切的主要如下。

(1)新太古代绿岩带中的韧性剪切带：多沿绿岩带分布，对鞍山式铁矿的成矿及后期改造具有重要意义。

(2)古元古代辽吉裂谷中韧性剪切带：多分布于不同岩石单元接触带上，沿珍珠门组与大栗子接触带上出现一条规模巨大的韧性剪切带。这一剪切带是在上述两组地层间同生断裂的基础上发展起来的一条北东向"S"形构造带，长百余千米。

第二节　区域矿产特征

一、成矿特征

吉林省铁矿资源比较丰富，主要分布在东部的桦甸、白山、通化以及敦化地区。成矿时代自老到新各时代都有，成因类型比较复杂，但以沉积变质型铁矿为主要类型，见表3-2-1。

(一)矿床类型

1. 沉积变质型

沉积变质型铁矿床成矿时代主要集中在新太古代和古—中元古代，晚古生代亦有；形成地质环境主要是海相沉积，成矿物质主要来源于海底基性火山喷发和陆源物质，后经多次不同规模和不同程度的区域变质变形改造，成矿物质进一步富集成矿。

沉积变质型铁矿又进一步划分为以下6种。

鞍山式铁矿：成矿时代为新太古代，代表性的矿床有老牛沟铁矿、板石沟铁矿、四方山铁矿、官地铁矿。

集安式铁矿：成矿时代为古元古代，代表性矿点有清河铁矿、碇子沟铁矿。

大栗子式铁矿：成矿时代为古元古代，代表性矿床有大栗子铁矿、七道沟铁矿、乱泥塘铁矿。

塔东式铁矿：成矿时代为新元古代，代表性矿床有塔东铁矿。

靠山式铁矿：成矿时代为石炭纪，代表性矿点为靠山铁矿。

呼和哈达式铁矿：成矿时代为二叠纪，代表性矿点为呼和哈达铁矿。

2. 海相沉积型

海相沉积型铁矿床成矿时代为在新元古代和早古生代。该类型矿床主要是在浅海—半深海的氧化-还原环境下沉积形成的，成矿物质来源于陆源。

表 3-2-1 吉林省铁矿矿产地成矿特征一览表

序号	矿产地编号	矿产地	矿床成因名	矿床规模	成矿时代	矿体空间组合类型
1	220200937	吉林市丰满区胜利铁矿	接触交代型	小型	J	脉状矿体
2	220223141	磐石市吉昌铁矿	接触交代型	小型	Mz	透镜状矿体-似层状矿体
3	220223145	磐石市大禾洞铁矿	接触交代型	小型	Mz	似层状矿体
4	220223153	磐石市新立铁矿	热液型	小型	Mz	透镜状矿体-不规则状矿体
5	220223223	磐石市西半截河铁矿	沉积-变质型	小型	Pz	透镜状矿体
6	220223938	磐石市石门子铁矿西段	沉积-变质型	小型	Ar	脉状矿体-扁豆状矿体
7	220223939	磐石市石门子铁矿东段	沉积-变质型	小型	Ar	似层状矿体-扁豆状矿体
8	220223954	磐石市茶条铁矿	沉积-变质型	小型	C_1	脉状矿体-透镜状矿体
9	220223959	磐石市吉昌镇天生铁矿	接触交代型	小型	J	脉状矿体-透镜状矿体
10	220282118	桦甸市营山铁矿	陆相火山岩型	大型	Mz	透镜状矿体
11	220282240	桦甸市老牛沟铁矿	沉积-变质型	小型	Ar	扁豆状矿体-似层状矿体
12	220282423	桦甸市果元铁矿	沉积-变质型	小型	Ar	透镜状矿体
13	220282936	桦甸市高丽屯铁矿	沉积-变质型	小型	Ar	似层状矿体-扁豆状矿体
14	220282955	桦甸市腰仓子690铁矿	沉积-变质型	小型	Ar	二向延伸矿体-透镜状矿体
15	220282956	桦甸市头道岔铁矿	沉积-变质型	小型	Ar	似层状矿体-透镜状矿体
16	220282957	桦甸市松树川铁矿	沉积-变质型	小型	Ar	似层状矿体-透镜状矿体
17	220282958	桦甸市腰仓子690区南段	沉积-变质型	小型	Ar	似层状矿体-透镜状矿体
18	220323021	伊通县景台乡新立屯村	热液型	矿点	O	脉状矿体
19	220421203	东丰县西安保安铁锰矿	沉积-变质型	小型	Pt	似层状矿体-透镜状矿体
20	220421369	东丰县和平铁矿	沉积-变质型	小型	Ar	脉状矿体-透镜状矿体
21	220500474	通化市二道江铁矿	沉积-变质型	小型	Pt	似层状矿体-扁豆状矿体
22	220500477	通化市四方山铁矿	沉积-变质型	中型	Ar	似层状矿体-扁豆状矿体
23	220500524	通化市七道沟铁矿	沉积-变质型	中型	Pt	囊状矿体-不规则状矿体

第三章 地质矿产概况

续表 3-2-1

序号	矿产地编号	矿产地	矿床成因名	矿床规模	成矿时代	矿体空间组合类型
24	220500525	通化市二道河子铁矿	沉积-变质型	小型	Pt	似层状矿体-扁豆状矿体
25	220500526	通化市南岔铁矿	沉积-变质型	小型	Pt	似层状矿体-扁豆状矿体
26	220521010	通化市窟隆杨树铁矿	沉积-变质型	小型	Ar	似层状矿体-透镜状矿体
27	220521011	通化市小东岔铁矿	沉积-变质型	小型	Ar	层状矿体-透镜状矿体
28	220521012	通化市新华铁矿	沉积-变质型	小型	Ar	似层状矿体-扁豆状矿体
29	220521469	通化市长春沟铁矿	沉积-变质型	小型	Ar	似层状矿体
30	220521923	通化市冰沟铁矿	沉积-变质型	小型	Pt	似层状矿体-透镜状矿体
31	220521924	通化市许可地铁矿	沉积-变质型	小型	Ar	透镜状矿体
32	220521928	通化市朝阳铁矿	沉积-变质型	小型	Ar	似层状矿体-扁豆状矿体
33	220521929	通化市羊场铁矿	沉积-变质型	小型	Ar	扁豆状矿体
34	220521930	通化市杨木桥子铁矿	沉积-变质型	小型	Ar	似层状矿体-脉状矿体
35	220521932	通化市庆升铁矿	沉积-变质型	小型	Qb	透镜状矿体
36	220521935	通化市国宝顶子赤铁矿	海相沉积型	小型	Ar	似层状矿体-透镜状矿体
37	220521948	通化市高丽城铁矿	沉积-变质型	小型	Ar	扁豆状矿体
38	220521950	通化市苗圃西部铁矿	沉积-变质型	小型	Qb	层状矿体-似层状矿体
39	220521953	通化市大安西岔赤铁矿	陆相沉积型	小型	Ar	透镜状矿体
40	220523331	辉南县太平沟铁矿	沉积-变质型	小型	Ar	似层状矿体
41	220523332	辉南县五分所铁矿	沉积-变质型	小型	Ar	透镜状矿体
42	220523918	辉南县哈啦崴子铁矿	沉积-变质型	小型	Ar	透镜状矿体
43	220523926	辉南县庆阳铁矿	沉积-变质型	小型	Ar	似层状矿体-扁豆状矿体
44	220523949	辉南县前四平铁矿	沉积-变质型	小型	Ar	似层状矿体
45	220523952	辉南县金川(板庙)铁矿	沉积-变质型	小型	Ar	扁豆状矿体-似层状矿体
46	220524383	柳河县柳河铁矿	沉积-变质型	小型	Ar	似层状矿体-脉状矿体

续表 3-2-1

序号	矿产地编号	矿产地	矿床成因名	矿床规模	成矿时代	矿体空间组合类型
47	220524384	柳河县柳河铁矿	沉积-变质型	小型	Ar	似层状矿体-扁豆状矿体
48	220524925	柳河县马家店铁矿	沉积-变质型	小型	Ar	扁豆状矿体
49	220524933	柳河县大榆树铁矿	沉积-变质型	小型	Ar	扁豆状矿体
50	220524934	柳河县大兴铁矿	沉积-变质型	小型	Ar	似层状矿体-扁豆状矿体
51	220582518	集安市清河铁矿	沉积-变质型	小型	Pt	透镜状矿体
52	220582520	集安市砬子沟铁矿	沉积-变质型	小型	Pt	扁豆状矿体
53	220582922	集安市南砬子铁矿	沉积-变质型	小型	Pt	透镜状矿体-扁豆状矿体
54	220582951	集安市砬子沟铁矿 4,5 矿组	沉积-变质型	小型	Pt	似层状矿体-扁豆状矿体
55	220600418	浑江市板石沟铁矿	海相沉积型	大型	Ar	似层状矿体
56	220600420	浑江市爱林铁矿	沉积-变质型	小型	Ar	似层状矿体-透镜状矿体
57	220600496	浑江市老岭铁矿	沉积-变质型	小型	Pt	透镜状矿体-扁豆状矿体
58	220600920	白山市大青沟铁矿	沉积-变质型	小型	Ar	似层状矿体-透镜状矿体
59	220600947	白山市大安铁矿 4 号矿体	沉积-变质型	小型	Ar	似层状矿体
60	220621437	抚松县松山铁矿床	沉积-变质型	小型	Pt	似层状矿体
61	220621916	抚松县大方铁矿	沉积-变质型	小型	Ar	层状矿体
62	220621917	抚松县仁义铁矿	沉积-变质型	小型	Ar	层状矿体
63	220621946	抚松县大方铁矿	沉积-变质型	小型	Ar	层状矿体
64	220622921	靖宇县青山铁矿床	沉积-变质型	小型	Ar	层状矿体-似层状矿体
65	220622927	靖宇县阳岔铁矿	沉积-变质型	小型	Ar	透镜状矿体-似层状矿体
66	220622931	靖宇县小营子铁矿	沉积-变质型	小型	Ar	似层状矿体-透镜状矿体
67	220625919	江源县五道羊岔铁矿	沉积-变质型	小型	Ar	层状矿体
68	220681506	浑江市大栗子铁矿	沉积-变质型	中型	Pt	似层状矿体
69	220681527	浑江市夹皮沟铁矿	沉积-变质型	小型	Pt	似层状矿体

第三章 地质矿产概况

续表 3-2-1

序号	矿产地编号	矿产地	矿床成因名	矿床规模	成矿时代	矿体空间组合类型
70	220681528	珲江市乱泥塘铁矿	沉积-变质型	小型	Pt	似层状矿体-扁豆状矿体
71	222403011	敦化市小蒲柴河铁矿	接触交代型	小型	Qb	
72	222403058	敦化市塔东铁矿	沉积-变质型	大型	Pt	似层状矿体-透镜状矿体
73	222404283	珲春市白虎山铁矿	接触交代型	小型	Pz	脉状矿体
74	222406009	和龙市土山子铁矿	沉积-变质型	小型	Ar	层状矿体-透镜状矿体
75	222406011	和龙市白石洞铁矿	接触交代型	小型	Pz	不规则状矿体
76	222406260	和龙市鸡南铁矿	沉积-变质型	中型	Ar	似层状矿体-透镜状矿体
77	222406358	和龙市官地铁矿	沉积-变质型	小型	Ar	似层状矿体-透镜状矿体
78	222406913	和龙市百日坪铁矿	沉积-变质型	小型	Ar	扁豆状矿体
79	222406914	和龙市大开河铁矿	沉积-变质型	小型	Ar	似层状矿体-扁豆状矿体
80	222406997	和龙市土山子铁矿	接触交代型	小型	P	似层状矿体-透镜状矿体
81	222424338	汪清县青林铁矿	沉积-变质型	小型	Pt	脉状矿体
82	222426252	安图县四方金子铁矿	沉积-变质型	小型	Ar	似层状矿体-透镜状矿体
83	222426256	安图县腰团铁矿	沉积-变质型	小型	Pt	似层状矿体-似层状矿体
84	222426915	安图县小黄泥屯铁矿	沉积-变质型	小型	Pt	似层状矿体-扁豆状矿体
85	220112026	长春市双阳区东风铜铁矿	接触交代型	小型	Mz	似层状矿体-扁豆状矿体
86	220112031	长春市双阳东风铁矿	热液型	小型	Pt	似层状矿体-扁豆状矿体
87	220421384	东丰县西保安锰磷铁矿	沉积-变质型	小型	Pz	扁豆状矿体-扁豆状矿体
88	220582398	集安市阳岔乡范家房前	沉积-变质型	矿点	Pt	透镜状矿体-扁豆状矿体
89	222426259	安图县神仙洞铁矿	海相火山岩型	小型	Mz	层状矿体-透镜状矿体

海相沉积型铁矿具体划分为以下3种。

临江式铁矿:成矿时代为青白口纪,代表性矿点为大路铁矿、白房子铁矿。

浑江式铁矿:成矿时代为青白口纪,代表性矿床(点)有青沟子铁矿、二道江铁矿、老岭铁矿。

松西式褐铁矿:成矿时代为寒武纪,代表性矿点为松西褐铁矿。

3. 内陆湖相沉积型

内陆湖相沉积型铁矿床成矿时代主要为侏罗纪和古近纪,形成地质环境主要是内陆湖的氧化-还原沉积。成矿物质主要来源于陆源物质和陆相火山物质。

蛟河鸟林式铁矿:成矿时代为侏罗纪,代表性矿点有蛟河鸟林菱铁矿、榆木桥子铁矿、五道沟铁矿以及浑江流域一带的侏罗纪铁矿点。

梅河式铁矿:成矿时代为古近纪,代表性矿点为梅河菱铁矿。

长白式褐铁矿:成矿时代为古近纪,代表性矿点为长白褐铁矿。

4. 火山碎屑沉积型

火山碎屑沉积型铁矿床成矿时代主要为侏罗纪,成矿物质主要来源于陆相火山物质沉积,代表性矿点有山河乡铁矿、德田宝力稿铁矿、呼日根塔拉铁矿。

5. 风化淋滤型

风化淋滤型铁矿床成矿时代为震旦纪。成矿物质来源于附近的含铁岩石经风化作用及地表水的搬运作用,铁质在断裂或裂隙中富集成矿,代表性矿床只有四道沟铁矿。

6. 岩浆岩型

岩浆岩型铁矿床主要是钒钛磁铁矿矿床。含矿岩体为海西晚期—燕山期的超基性杂岩和辉长岩,钒钛磁铁矿赋存在岩体中,代表性的矿床(点)有小绥河、大稗子沟、南城、喧羊碇子、青林子钒钛磁铁矿等。

7. 夕卡岩型

夕卡岩型铁矿床成矿时代主要是燕山期。燕山期花岗岩与古生代灰岩接触,由于热与流体的作用而成矿,代表性矿床(点)有吉昌铁矿、大汞洞铁矿、伊河沟铁矿、哈拉火烧铁矿、新安屯铁矿、常山铁矿、铁汞山铁矿等。

8. 热液型

热液型铁矿床与花岗岩浆热液作用有关,为岩浆后期热液进入岩体内或围岩裂隙中,进行充填交代形成的,代表性矿点有马鞍山铁矿、横道河子铁矿。

(二)资源分布

1. 沉积变质型铁矿

沉积变质型铁矿主要分布在向阳镇—红石、板庙子—两江—官地、四方山—板石、七道沟—大栗子集中区内。

鞍山式铁矿:主要分布在柳河、辉南、桦甸、白山、通化、和龙地区,龙岗—陈台沟—沂水前新太古代陆核地块及残块内。向阳镇—红石集中区内分布有胜利屯、二道沟、朝阳堡、双驴岭、太平、解放等矿床(点)。板庙子—两江—官地集中区内分布有三道沟、苇厦子、老牛沟、腰团、官地等矿床(点)。四方山—板石集中区内分布有长春沟、四方山、板石沟、西坡口、盖家沟、爱林、大方等矿床(点)。

集安式铁矿和大栗子式铁矿:主要分布在集安、白山和通化地区,主要有清河铁矿、砬子沟铁矿,以及大栗子、七道沟、乱泥塘、北山、南岔、夹皮沟等铁矿床(点)。

塔东式铁矿:主要分布在敦化、安图、磐石、东丰地区,主要有塔东、四岔、西半截河、西保安等铁矿床(点)。

2. 海相沉积型

海相沉积型铁矿分布在白山和通化地区,主要为临江式和浑江式铁矿,有大路、白房子、青沟子、二道江、老岭等铁矿床(点)。

3. 火山碎屑沉积型

火山碎屑沉积型铁矿主要分布在西部洮南和吉中地区,有山河乡铁矿、德田宝力高铁矿、呼日根塔拉铁矿。

4. 夕卡岩型

夕卡岩型铁矿主要分布在吉林市和白城市地区。吉林市分布有吉昌、常山、大汞洞和铁汞山等铁矿,白城市分布有三号沟、新安屯、伊河沟、哈拉火烧、四楞山等铁矿。吉南地区有二道沟子铁矿、四方顶子铁矿。

二、预测类型划分及分布范围

(一)预测类型划分

根据铁矿的成因类型及特征,吉林省铁矿可划分出6种预测类型、3种预测方法,见表3-2-2。

(二)预测类型的分布

吉林省共划分13个铁矿预测工作区(表3-2-3,图3-2-1～图3-2-3)。

第三节 区域地球物理、地球化学、遥感、自然重砂特征

一、区域地球物理特征

(一)重力

1. 岩(矿)石密度

(1)各大岩类的密度特征:沉积岩的密度值小于岩浆岩和变质岩。不同岩性间的密度值变化情况:沉积岩为$(1.51\sim2.96)\times10^3$ kg/m³、变质岩为$(2.12\sim3.89)\times10^3$ kg/m³、岩浆岩为$(2.08\sim3.44)\times10^3$ kg/m³,喷出岩的密度值小于侵入岩的密度值,见图3-3-1。

(2)不同时代各类地质单元岩石密度变化规律:不同时代地层单元岩系总平均密度存在差异,其值大小在时代上有从新到老逐渐增大的趋势,即地层时代越老,密度值越大;新生界为2.17×10^3 kg/m³,中生界为2.57×10^3 kg/m³,古生界为2.70×10^3 kg/m³,元古宇为2.76×10^3 kg/m³,太古宇为2.83×10^3 kg/m³,由此可见新生界的密度值均小于前各时代地层单元的密度值,各时代均存在着密度差,见图3-3-2。

表 3-2-2 吉林省铁矿预测类型和预测方法类型划分及对比表

全国预测类型	典型矿床	东北预测类型	典型矿床	吉林省预测类型	典型矿床	预测方法类型	主要预测要素
鞍山式沉积-变质型	板石、老牛沟、四方山、官地	鞍山式沉积-变质型		鞍山式沉积-变质型	板石、老牛沟、四方山、官地	变质型	前寒武纪含铁变质建造+褶皱构造+磁异常
		镜泊式-塔东式沉积-变质型	塔东	塔东式沉积-变质型	塔东	变质型	元古宙含铁沉积+变质建造+磁异常
大栗子式（浑江式）沉积-变质型	塔东、大栗子、七道沟、乱泥塘	大栗子式沉积型	大栗子	大栗子式沉积型	大栗子、七道沟、乱泥塘	变质型	褶皱构造+磁异常
翠红山式夕卡岩型	吉昌式	吉昌式夕卡岩型	吉昌	吉昌式夕卡岩型	吉昌	层控内生型	中生代中酸性侵入体含铁岩株+碳酸盐地层+接触构造带+磁异常
临江式海相沉积型	二道江、大路	临江-浑江式沉积型	白房子	临江式沉积型	白房子	沉积型	青白口纪含铁沉积建造+重磁异常
			青沟	浑江式沉积型	青沟	沉积型	

表 3-2-3 吉林省铁矿预测工作区分布表

序号	预测工作区名称	面积/km²	预测类型	预测方法类型	所属Ⅳ级成矿带
1	吉林省夹皮沟—溜河地区变质型铁矿预测工作区	1474	沉积-变质型	变质型	夹皮沟-金城洞 Au,Fe,Cu,Ni 成矿带
2	吉林省四方山—板石地区变质型铁矿预测工作区	600	沉积-变质型	变质型	二密-靖宇 Cu,Ni,Fe 成矿带
3	吉林省安口地区变质型铁矿预测工作区	807	沉积-变质型	变质型	柳和-那尔轰 Au,Fe,Cu 成矿带
4	吉林省石棚沟—石道河子地区变质型铁矿预测工作区	590	沉积-变质型	变质型	柳和-那尔轰 Au,Fe,Cu 成矿带
5	吉林省天河兴—那尔轰地区变质型铁矿预测工作区	820	沉积-变质型	变质型	柳和-那尔轰 Au,Fe,Cu 成矿带
6	吉林省海沟地区变质型铁矿预测工作区	682	沉积-变质型	变质型	海沟 Au,Fe,Ag 成矿带
7	吉林省金城洞—木兰屯地区变质型铁矿预测工作区	780	沉积-变质型	变质型	夹皮沟-金城洞 Au,Fe,Cu,Ni 成矿带
8	吉林省六道沟—八道沟地区变质型铁矿预测工作区	958	沉积-变质型	变质型	集安-长白 Au,Pb,Zn,Fe,Ag,B 成矿带
9	吉林省塔东地区变质型铁矿预测工作区	386	沉积-变质型	变质型	上营—蛟河 Fe,Mo,W,Au,Pb,Zn,Ag 成矿带
10	吉林省荒沟山—南岔地区变质型铁矿预测工作区	2244	沉积-变质型	变质型	集安-长白 Au,Pb,Zn,Fe,Ag,B 成矿带
11	吉林省浑南地区沉积型铁矿预测工作区	2244	沉积型	沉积型	集安-长白 Au,Pb,Zn,Fe,Ag,B 成矿带
12	吉林省浑北地区沉积型铁矿预测工作区	965	沉积型	沉积型	集安-长白 Au,Pb,Zn,Fe,Ag,B 成矿带
13	吉林省头道沟—吉昌地区夕卡岩型铁矿预测工作区	1382	夕卡岩型	层控内生型	山河-榆木桥子 Au,Ag,Mo,Cu,Fe,Pb,Zn 成矿带

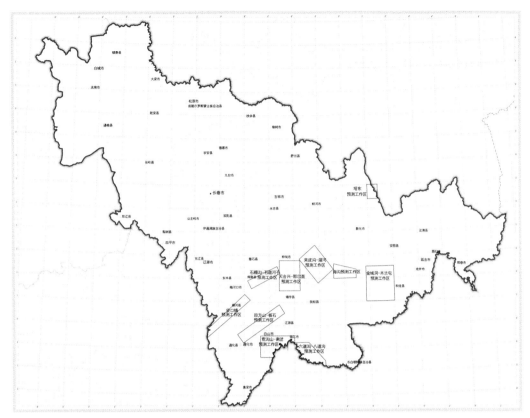

图 3-2-1 沉积变质型铁矿预测工作区分布图

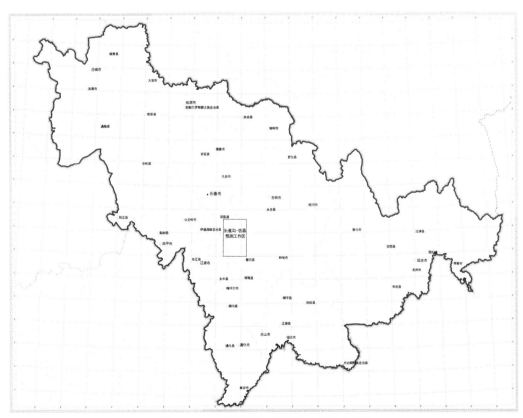

图 3-2-2 夕卡岩型铁矿预测工作区分布图

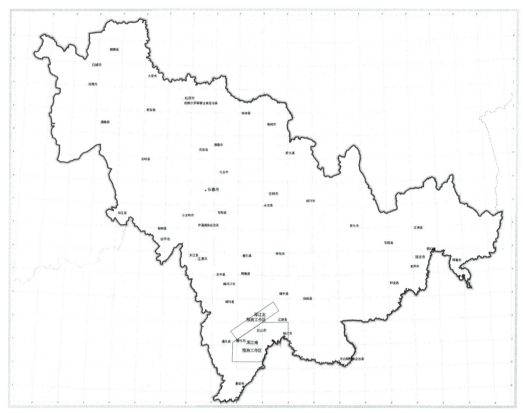

图 3-2-3　沉积型铁矿预测工作区分布图

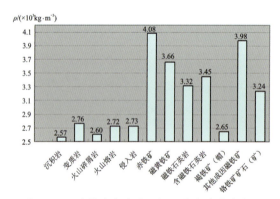

图 3-3-1　吉林省各类岩（矿）石密度参数直方图

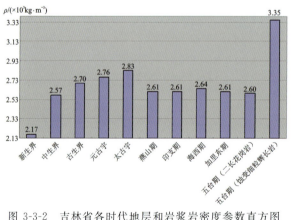

图 3-3-2　吉林省各时代地层和岩浆岩密度参数直方图

2. 区域重力场基本特征及其地质意义

(1) 区域重力场特征。在全省重力场中，宏观呈现"二高一低"重力区，即西北部及中部为重力高、东南部为重力低的基本分布特征。最低值在长白山一线；高值区出现在大黑山条垒区；瓦房镇-东屏镇为另一高值区；洮南、长岭一带异常较为平缓，呈小的局域特点分布；中部及东南部布格重力异常等值线大多呈北东向展布，大黑山条垒，尤其是辉南—白山—桦甸—黄泥河镇一带，等值线展布方向及局部异常轴向均呈北东向。北部桦甸—夹皮沟—和龙一带，等值线则多以北西向为主，向南逐渐变为东西向，至漫江则转为南北向，围绕长白山天池（白头山天池）呈弧形展布，延吉、珲春一带也呈近弧状展布。

(2) 深部构造特征。重力场值的区域差异特征反映了莫霍面及康氏面的变化趋势，曲线的展布特征则反映了明显地质构造及岩性特征的规律性。从莫霍面图上可见，西北部及东南部两侧呈平缓椭圆状或半椭圆状，西北部洮南-乾安为幔坳区，中部松辽为幔隆区（为北东走向的斜坡），东南部为张广才岭-长白山地幔坳陷区，而东部延吉珲春汪清为幔隆区。安图—延吉、柳河—桦甸一带所出现的北西向及北东向等深线梯度带表明，华北板块北缘边界断裂，反映了不同地壳的演化史及形成的不同地质体，见图 3-3-3 和图 3-3-4。

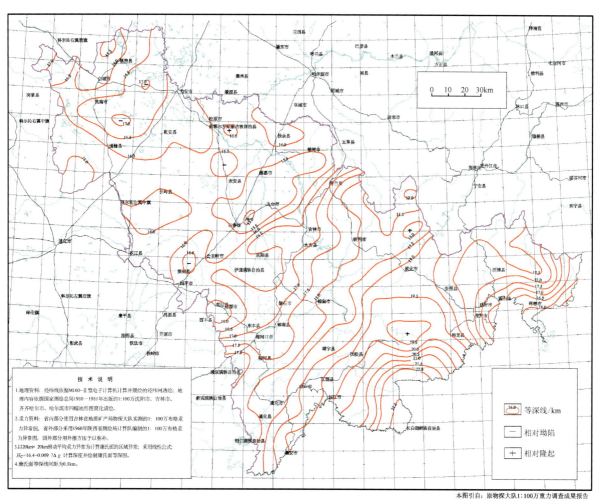

图 3-3-3 吉林省康氏面等深线图

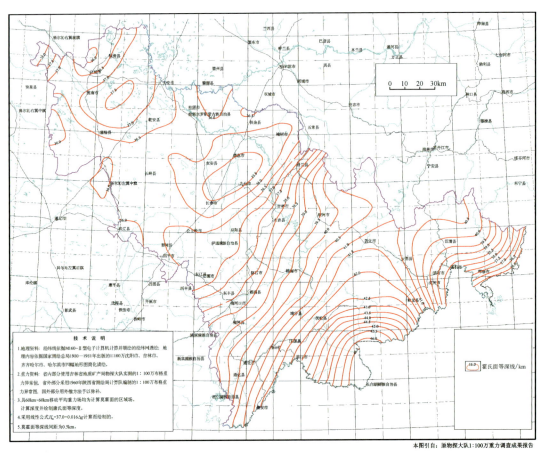

图 3-3-4　吉林省霍氏面等深度图

3. 区域重力场分区

依据重力场分区的原则,吉林重力场划分为南、北 2 个 Ⅰ 级重力异常区,其他划分详见表 3-3-1。

表 3-3-1　吉林省重力场分区一览表

Ⅰ	Ⅱ	Ⅲ	Ⅳ
Ⅰ1 白城-吉林- 延吉复杂 异常区	Ⅱ1 大兴安岭东麓异常区	Ⅲ1 乌兰浩特-哲斯异常分区	Ⅳ1 瓦房镇—东屏镇正负异常小区
	Ⅱ2 松辽平原低缓异常区	Ⅲ2 兴龙山-边昭正负异常分区	(1)重力低小区;(2)重力高小区
		Ⅲ3 白城-大岗子低缓负异常分区	(3)重力低小区;(4)重力高小区; (5)重力低小区;(6)重力高小区
		Ⅲ4 双辽-梨树负异常分区	(7)重力高小区;(11)重力低小区; (20)重力高小区;(21)重力低小区
		Ⅲ5 乾安-三盛玉负异常分区	(8)重力低小区;(9)重力高小区; (10)重力高小区;(12)重力低小区; (13)重力低小区;(14)重力高小区
		Ⅲ6 农安-德惠正负异常分区	(17)重力高小区;(18)重力高小区; (19)重力高小区
		Ⅲ7 扶余-榆树负异常分区	(15)重力低小区;(16)重力低小区

续表 3-3-1

Ⅰ	Ⅱ	Ⅲ	Ⅳ
Ⅰ1 白城-吉林- 延吉复杂 异常区	Ⅱ3 吉林中部复杂 正负异常区	Ⅲ8 大黑山正负异常分区	
		Ⅲ9 伊-舒带状负异常分区	
		Ⅲ10 石岭负异常分区	Ⅳ2 辽源异常小区
			Ⅳ3 椅山-西堡安异常低值小区
		Ⅲ11 吉林弧形复杂负异常分区	Ⅳ4 双阳-官马弧形负异常小区
			Ⅳ5 大黑山-南楼山弧形负异常小区
			Ⅳ6 小城子负异常小区
			Ⅳ7 蛟河负异常小区
		Ⅲ12 敦化复杂异常分区	Ⅳ8 牡丹岭负异常小区
			Ⅳ9 太平岭-张广才岭负异常小区
	Ⅱ4 延边复杂负 异常区	Ⅲ13 延边弧状正负异常分区	
		Ⅲ14 五道沟弧线形异常分区	
Ⅰ2 龙岗-长白 半环状低值 异常区	Ⅱ5 龙岗复杂负 异常区	Ⅲ15 靖宇异常分区	Ⅳ10 龙岗负异常小区
			Ⅳ11 白山负异常小区
			Ⅳ12 和龙环状负异常小区
		Ⅲ16 浑江负异常低值分区	Ⅳ13 清和复杂负异常小区
			Ⅳ14 老岭负异常小区
			Ⅳ15 浑江负异常小区
	Ⅱ6 八道沟-长白 异常区	Ⅲ17 长白负异常分区	

4. 深大断裂

吉林省地质构造复杂,在漫长的地质历史演变中,经历过多期地壳运动,在各个地质发展阶段和各个时期的地壳运动中,均相应地形成了一系列规模不等、性质不同的断裂。这些断裂,尤其是深大断裂一般都经历了长期的、多旋回的发展过程,它们对吉林省地质构造的发展、演化及成岩成矿作用有着密切的关系。根据《吉林省地质志》中的"深大断裂"一章将吉林省断裂按切割地壳深度的规模大小、控岩控矿作用以及展布形态等大致分为超岩石圈断裂、岩石圈断裂、壳断裂和一般断裂及其他断裂。

1) 超岩石圈断裂

吉林省超岩石圈断裂只有一条,称中朝准地台北缘超岩石圈断裂;即"赤峰-开源-辉南-和龙深断裂"。这条超岩石圈断裂横贯吉林省南部,由辽宁省西丰县进入吉林省海龙、桦甸,过老金厂、夹皮沟、和龙,向东延伸至朝鲜境内,是一条规模巨大、影响很深、发育历史长久的断裂构造带。实际上它是中朝准地台和天山-兴隆地槽的分界线。总体走向为东西向,在吉林省内长达260km,宽5~20km。由于受后期断裂的干扰、错动,使其早期断裂痕迹不易辨认,并且使走向在不同地段发生北东向、北西向偏转和断开、位移,从而形成了现今平面上具有折断状的断裂构造,见图3-3-5。

重力场基本特征:断裂线在布格重力异常平面图上呈北东向、东西向密集梯度带排列,南侧为环状、椭圆状,西部断裂以北东向的重力异常为主。这种不同性质重力场的分界线,无疑是断裂存在的标志。从东丰到辉南段为重力梯度带,梯度较陡;夹皮沟到和龙一段,也是重力梯度带,水平梯度走向有变化,应该是被多个断裂错断所致,但梯度较密集。在重力场上延10km、20km,以及重力垂向一阶导数、二阶

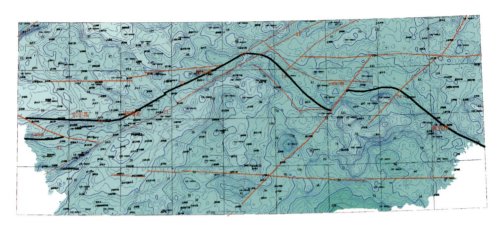

图 3-3-5　开源-桦甸-和龙超岩石圈断裂布格重力异常图

导数、二阶导平面图,该断裂更为显著,东丰经辉南到桦甸折向和龙。除东丰到辉南一带为线状的重力高值带外,其余均为线状重力低值带,它们的极大值和极小值便是该断裂线的位置。从莫霍面等深度图上可见:该断裂只在个别地段有某些显示,说明该断裂切割深度并非连续均匀。西丰至辉南段表现同向扭曲,辉南至桦甸段显示不出断裂特征,而桦甸至和龙段有同向扭曲,表明有断裂存在。莫霍面上表示深度为 37～42km,从而断定此断裂在部分地段已切入上地幔。

地质特征:小四平—海龙一带,断裂南侧为太古宇夹皮沟群、中元古界色洛河群,北侧为早古生代地槽型沉积。断裂明显,发育在海西期花岗岩中。柳树河子至大浦柴河一带有基性—超基性岩平等断裂展布,和龙至白金一带有大规模的花岗岩体展布。因此,此断裂为超岩石圈断裂。

2) 岩石圈断裂

伊兰-伊通岩石圈断裂带位于二龙山水库—伊通—双阳—舒兰一带,呈北东方向延伸,过黑龙江依兰—佳木斯—箩北进入俄罗斯境内。该断裂于二龙山水库,被冀东向四平-德惠断裂带所截。该断裂带在吉林省内由 2 条相互平行的北东向断裂构成,宽 15～20km,走向 45°～50°。在吉林省内长达 260km,在狭长的"槽地"中,沉积了厚达 2000 多米的中新生代陆相碎屑岩,其中古近纪—新近纪沉积物应有 1000 多米,从而形成了狭长的依兰-伊通地堑盆地。

重力场特征:断裂带重力异常梯度带密集,呈线状,走向明显,在吉林省布格重力异常垂向一阶导数、二阶导数平面图及滑动平均(30km×30km、14km×14km)剩余异常平面图上可见,延伸狭长的重力低值带,在其两侧狭长延展的重力高值带的衬托下,其异常带显著。该重力低值带宽窄不断变化,并非均匀展布,而在伊通至乌拉街一带稍宽大些,这段分别被东西向重力异常隔开,这说明在形成过程中受东西向构造影响,见图 3-3-6。

从重力场上延 5km、10km、20km 等值线平面图上看,该断裂显示得尤为清晰、醒目,线状重力低值带与重力高值带并行延展,它们的极小值与极大值,便是该断裂在重力场上的反映。重力二阶导数的零值及剩余异常图的零值,为圈定断裂提供了更为准确可靠的依据。

再从莫霍面和康氏面等深线图上及滑动平均 60km×60km 剩余异常平面图可知,该断裂有显示:此段等值线密集,存在重力梯度带十分明显;双阳至舒兰段,莫霍面及康氏面等深线密集,形状规则,呈线状展布。沿断裂方向莫霍面深度为 36～37.5km,断裂的个别地段已切入下地幔。由上述重力特征可见,此断裂反映了岩石圈断裂定义的各个特征。

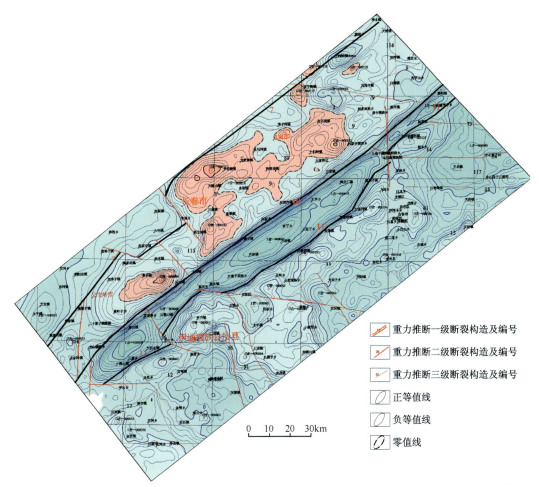

图 3-3-6　舒兰-伊通岩石圈断裂带布格重力异常图

(二) 航磁

1. 区域岩(矿)石磁性参数特征

根据收集的岩(矿)石磁性参数整理统计,吉林省岩(矿)石的磁性强弱可以分成 4 个级次:极弱磁性 $[\kappa<(300\times4\pi\times10^{-6}\mathrm{SI})]$,弱磁性 $[\kappa=(300\sim2100)\times4\pi\times10^{-6}\mathrm{SI}]$,中等磁性 $[\kappa=(2100\sim5000)\times4\pi\times10^{-6}\mathrm{SI}]$,强磁性 $[\kappa>(5000\times4\pi\times10^{-6}\mathrm{SI})]$。

沉积岩基本上无磁性,但是四平和通化地区的砾岩、砂砾岩有弱的磁性。

沉积的变质岩大都无磁性,角闪岩、斜长角闪岩变质岩普遍显中等磁性,而通化地区的斜长角闪岩和吉林地区的角闪岩只具有弱磁性。

片麻岩、混合岩在不同地区具不同的磁性。吉林地区该类岩石具较强磁性,延边及四平地区则为弱磁性,而通化地区则无磁性。总的来看,变质岩的磁性变化较大,有的岩石在不同地区有明显差异。

火山岩类岩石普遍具有磁性,并且具有从酸性火山岩→中性火山岩→基性、超基性火山岩由弱到强的变化规律。

岩浆岩中酸性岩浆岩磁性变化范围较大,可由无磁性变化到有磁性。其中吉林地区的花岗岩具有中等程度的磁性,而其他地区花岗岩类多为弱磁性,延边地区的部分酸性岩表现为无磁性。

四平地区的碱性岩-正长岩表现为强磁性。吉林、通化地区的中性岩磁性为弱—中等强度,而在延边地区则为弱磁性。

基性—超基性岩类除在延边和通化地区表现为弱磁性外,其他地区则为中等—强磁性。

磁铁矿及含铁石英岩均为强磁性,而有色金属矿矿石一般来说均不具有磁性。

从总的趋势来看,各类岩石的磁性基本上按沉积岩、变质岩、火成岩的顺序逐渐增强,见图3-3-7。

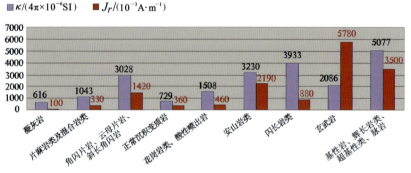

图 3-3-7　吉林省东部地区岩石、矿石磁参数直方图

2. 吉林省区域磁场特征

吉林省在航磁图上基本反映出3个不同场区特征:①东部山区敦化-密山断裂以东地段,以东升高波动的老爷岭长白山磁场区,该磁场区向东分别进入俄罗斯和朝鲜境内,向南、向北分别进入辽宁省和黑龙江省内;②敦化-密山断裂以西,四平、长春、榆树以东的中部为丘陵区,磁异常强度和范围都明显低于东部山区磁异常强度,向南、向北分别进入辽宁省和黑龙江省内;③西部为松辽平原中部地段,为低缓平稳的松辽磁场区,向南、向北亦分别进入辽宁省及黑龙江省。

1) 东部山区磁场特征

东部山地北起张广才岭,向西南延至柳河,通化交界的龙岗山脉以东地段。该区磁场特征是以大面积正异常为主,一般磁异常极大值为600nT,大蒲柴河—和龙一线为华北地台北缘东段一级断裂(超岩石圈断裂)所在的位置。

(1) 大蒲柴河—和龙以北区域磁场特征:航磁异常整体上呈北西走向,两块宽大北西走向磁场正异常区之间夹北西走向宽大的磁场负异常区,正磁场区和负磁场区上的各局部异常走向大多为北东向。异常最大值为550nT。航磁正异常主要是晚古生代以来花岗岩、花岗闪长岩及中新生代火山岩磁性的反映。磁异常整体上呈北西走向,主要与区域上的一级、二级断裂构造方向及局部地体的展布方向为北西走向有关,而局部异常走向北东向主要是受次级的二级、三级断裂构造及更小的局部地体分布方向所控制。

(2) 大蒲柴河—和龙以南区域磁场特征:在大蒲柴河—和龙以南区域是东南部地台区,西部以敦密断裂带为界,北部以地台北缘断裂带为界,西南到吉林和辽宁省界,东南到吉林省界和朝鲜国界。

靠近敦密断裂带和地台北缘断裂带的磁场以正异常区为主,磁异常走向大致与断裂带平行。

西部正异常强度为100~400nT,走向以北东为主。正背景场上的局部异常梯度陡,主要反映的是太古宇花岗质、闪长质片麻岩,中、新太古代变质表壳岩,以及中、新生代火山岩的磁场特征。

北部靠近地台北缘断裂带的磁场区,以北西走向为主,强度为150~450nT,正异常背景场上的局部异常梯度陡,靠近北缘断裂带的磁异常以串珠状形式向外延展,总体呈弧形或环形异常带。

西支的弧形异常带从松山、红石、老金厂、夹皮沟、新屯子、万良到抚松,围绕龙岗地块的东北侧外缘分布,主要是中太古代闪长质片麻岩、中太古代变质表壳岩、新太古代变质表壳岩、寒武纪花岗闪长岩磁性的反映,中太古代变质表壳岩、新太古代变质表壳岩是含铁的主要层位。

东支的环形异常带从二道白河、两江、万宝、和龙到崇善以北区域,主要围绕和龙地块的边缘分布,各局部异常则多以东西走向为主,但异常规模较大,异常梯度也陡。大面积中等强度航磁异常主要是中太古代花岗闪长岩的反映,强度较低异常主要由侏罗纪花岗岩引起,半环形磁异常上有几处强度较高的局部异常则是由强磁性的玄武岩和新太古代表壳岩、太古宇变质基性岩引起。对应此半环形航磁异常,有一个与之基本吻合的环形重力高异常,说明环形异常主要由新太古代表壳岩、太古宇变质基性岩引起。特别在半环形磁异常上东段的几处局部异常,结合剩余重力异常为重力高的特征,推断为半隐伏、隐伏新太古代表壳岩和太古宇变质基性岩引起的异常,非常具备寻找隐伏磁铁矿的前景。

中部以大面积负磁场区为主,是吉林省南部元古宇裂谷区内的碳酸盐岩、碎屑岩及变质岩的磁异常反映,大面积负磁场区内的局部正异常主要为中生代中酸性侵入岩体及中、新生代火山岩磁性的反映。

南部长白山(白头山)天池地区是一片大面积的正负交替、变化迅速的磁场区,磁异常梯度大,强度为350～600nT,是大面积玄武岩的反映。

(3)敦化-密山断裂带磁场特征:敦化-密山深大断裂带在吉林省内长250km,宽5～10km,走向北东,是由一系列平行的、成雁行排列的次一级断组成的一个相当宽的断裂带。它的北段在磁场图上显示一系列正负异常剧烈频繁交替的线性延伸异常带,是一条由古近纪+新近纪玄武岩沿断裂带喷溢填充的线性岩带。这条呈线性展布的岩带,恰是断裂带的反映。

2)中部丘陵区磁场特征

张广才岭—富尔岭—龙岗山脉一线以西,四平、长春、榆树以东的中部为丘陵区。该区磁场特征可分为4种场态特征,叙述如下。

(1)大黑山条垒场区:航磁异常呈楔形,南窄北宽,各局部异常走向以北东为主。以条垒中部为界,南部异常范围小、强度低,北部异常范围大、强度大,最大值达到450nT。航磁异常主要是中生代中酸性侵入岩体引起的。

(2)伊通-舒兰地堑区:中、新生代沉积盆地,磁场为大面积的北东走向的负异常场区,西侧陡,东侧缓,负异常场区中心靠近西侧,说明西侧沉积厚度比东侧深。

(3)南部石岭隆起区:异常多数呈条带状分布,走向以北西为主,南侧强度为100～200nT。南侧异常为东西走向,这与所处石岭隆起区域北西向断裂构造带有关,这些北西走向的各个构造单元控制了磁异常分布形态特征。异常主要与中生代中酸性侵入岩体有关。石岭隆起区北侧为磐双接触带,接触带附近的负场区对应晚古生代地层。

(4)北侧吉林复向斜区:区内航磁异常大部分由晚古生代、中生代中酸性侵入岩体引起。

3)平原区磁场特征

吉林西部为松辽平原中部地段,两侧为一宽大的负异常,表明该地段中、新生代正常沉积岩层的磁场。这是岩相岩性较为典型的湖相碎屑沉积岩,沉积韵律稳定,厚度巨大,产状平稳,火山活动很少,岩石中缺少铁磁性矿物组分。在松辽盆地中、新生代沉积岩磁性极弱,因此在这套中、新生代地层上显示为单调平稳的负磁场,强度为-150～-50nT。

二、区域地球化学特征

(一)元素分布及浓集特征

1. 元素的分布特征

经过对吉林省1:20万水系沉积物测量数据的系统研究以及依据地球化学块体的元素专属性,编制了中东部地区地球化学元素分区及解释推断地质构造图,并在此基础上编制了主要成矿元素分区及解释推断图,见图3-3-8、图3-3-9。

图3-3-8中,以3种颜色分别代表内生作用铁族元素组合特征富集区,内生作用稀有、稀土元素组合特征富集区,外生与内生作用元素组合特征富集区。

铁族元素组合特征富集区的地质背景是吉林省新生代基性火山岩、太古宙花岗岩-绿岩地体的主要分布区,主要表现的是Cr、Ni、Co、Mn、V、Ti、P、Fe_2O_3、W、Sn、Mo、Hg、Sr、Au、Ag、Cu、Pb、Zn等元素

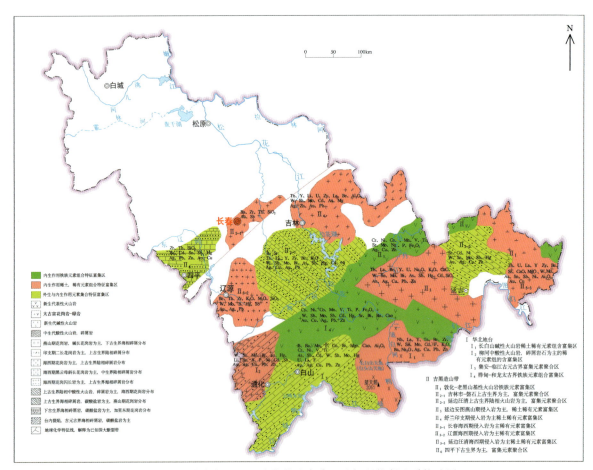

图 3-3-8 中东部地区地球化学元素分区及解释推断地质构造图

（氧化物）的高背景区（元素富集场），尤以太古宙花岗岩-绿岩地体表现突出，是吉林省金、铜成矿的主要矿源层位。

图3-3-9更细致地划分出主要成矿元素的分布特征。如在太古宙花岗岩-绿岩地体内划分出6处Au、Ag、Ni、Cu、Pb、Zn成矿区域，构成吉林省重要的金、铜成矿带。

内生作用稀有、稀土元素组合特征富集区，主要表现的是Th、U、La、Be、Li、Nb、Y、Zr、Sr、Na_2O、K_2O、MgO、CaO、Al_2O_3、Sb、F、B、As、Ba、W、Sn、Mo、Au、Ag、Cu、Pb、Zn等元素（氧化物）的高背景区。主要的成矿元素为Au、Cu、Pb、Zn、W、Sn、Mo，尤以Au、Cu、Pb、Zn、W表现优势。地质背景为新生代碱性火山岩，中生代中酸性火山岩、火山碎屑岩，以及以海西期、印支期、燕山期为主的花岗岩类侵入岩体。

外生与内生作用元素组合特征富集区，以槽区分布良好。主要表现的是Sr、Cd、P、B、Th、U、La、Be、Zr、Hg、W、Sn、Mo、Au、Cu、Pb、Zn、Ag等元素富集场，主要的成矿元素为Au、Cu、Pb、Zn。地质背景为古元古代和古生代的海相碎屑岩、碳酸盐岩以及晚古生代的中酸性火山岩、火山碎屑岩，同时有海西期、燕山期的侵入岩体分布。

2. 元素的浓集特征

应用1:20万化探数据，计算全省8个地质子区的元素算术平均值，见图3-3-10。通过与全省元素算术平均值和地壳克拉克值对比，可以进一步量化吉林省39种地球化学元素（氧化物）区域性的分布趋势和浓集特征。

全省39种元素（氧化物）在中东部地区的总体分布态势及在8个地质子区中的平均分布特征，按照元素平均含量从高到低排序为 $SiO_2 - Al_2O_3 - F_2O_3 - K_2O - MgO - CaO - NaO - Ti - P - Mn - Ba -$

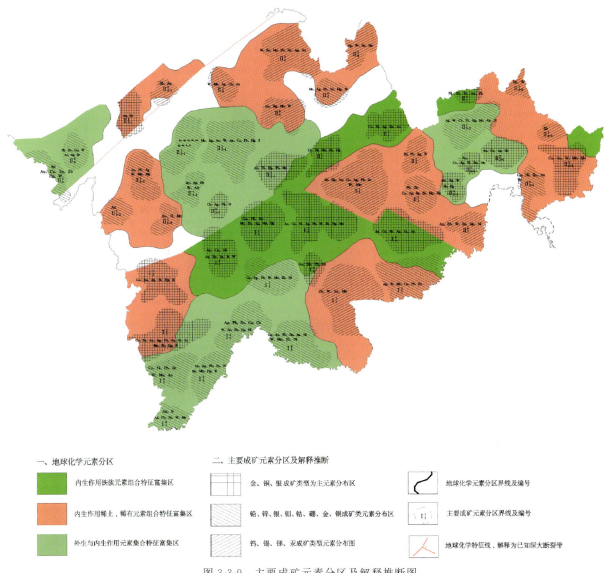

图 3-3-9 主要成矿元素分区及解释推断图

F-Zr-Sr-V-Zn-Sn-U-W-Mo-Sb-Bi-Cd-Ag-Hg-Au,表现出造岩元素→微量元素→成矿系列元素的总体变化趋势,说明全省 39 种元素(氧化物)在区域上的分布分配符合元素在空间上的变化规律,这对研究吉林省元素在各种地质体中的迁移富集贫化具有重要意义。

从整体上看,主要成矿元素 Au、Cu、Zn、Sb 在 8 个子区内的均值比地壳克拉克值要低。Au 元素能够在吉林省重要的成矿带上富集成矿,说明 Au 元素的富集能力超强,而且在另一方面也表明在吉林省重要的成矿带上,断裂构造非常发育,岩浆活动极其频繁,使得 Au 元素在后期叠加地球化学场中变异、分散的程度更强烈。

Cu、Sb 元素在 8 个子区内的分布呈低背景状态,而且其富集能力较 Au 元素弱,因此 Cu、Sb 元素在吉林省重要的成矿带上富集成矿的能力处于弱势,成矿规模偏小。

而 Pb、W、稀土元素均值高于地壳克拉克值,显示高背景值状态,对成矿有利。

特别需要说明的是,第⑦地质子区为长白山火山岩覆盖层,属特殊景观区,Nb、La、Y、Be、Th、Zr、Ba、W、Sn、Mo、F、Na_2O、K_2O、Au、Cu、Pb、Zn 等元素(氧化物)均呈高背景值状态分布,是否具备矿化富集需进一步研究。

8 个地质子区均值与地壳克拉克值的比值大于 1 的元素有 As、B、Zr、Sn、Be、Pb、Th、W、Li、U、Ba、

图 3-3-10 吉林省地质子区划分示意图

La、Y、Nb、F。如果按属性分类,Ba、Zr、Be、Th、W、Li、U、Ba、La、Nb、Y 均为亲石元素,与酸碱性的花岗岩浆侵入关系密切。在②地质子区、③地质子区、④地质子区中广泛分布。As、Sn、Pb 为亲硫元素,是热液型硫化物成矿的反映,查看异常图,As、Sn、Pb 在②地质子区、③地质子区、④地质子区亦有较好的展现。尤其是 As 为 4.19,B 为 4.01,显示出较强的富集态势,而 As 为重矿化剂元素,来源于深源构造,对寻找矿体具有直接指示作用。B、F 属气成元素,具有较强的挥发性,是酸性岩浆活动的产物,As、B 的强富集反映出岩浆活动、构造活动的发育,也反映出吉林省东部山区后生地球化学改造作用的强烈,对吉林省成岩、成矿作用影响巨大。这一点与 Au 元素富集成矿所表现出来的地球化学意义相吻合。

8 个地质子区元素平均值与全省元素平均值比值研究表明,主要成矿元素 Au、Ag、Cu、Pb、Zn、Ni 相对于吉林省均值,在④地质子区、⑤地质子区、⑥地质子区、⑦地质子区、⑧地质子区的富集系数都大于 1 或接近 1,说明 Au、Ag、Cu、Pb、Zn、Ni 在这 5 个地质区域内处于较强的富集状态,即吉林省的台区为高背景值区,是重点找矿区域。区域成矿预测证明④地质子区、⑤地质子区、⑥地质子区、⑦地质子区、⑧地质子区是吉林省贵金属、有色金属的主要富集区域,有名的大型矿床、中型矿床都聚于此。

在②地质子区 Ag、Pb 富集系数都为 1.02,Au、Cu、Zn、Ni 的富集系数都接近 1,也显示出较好的富集趋势,值得重视。

W、Sb 的富集态势总体显示较弱,只在①地质子区、②地质子区、⑥地质子区、⑦地质子区表现出一定富集趋势,表明在表生介质中元素富集成矿的能力呈弱势状态。这与吉林省钨、锑矿产的分布特点相吻合。

稀土元素除 Nb 以外,Y、La、Zr、Th、Li 在①地质子区、②地质子区和⑦地质子区、⑧地质子区的富集系数都大于 1 或接近 1,显示一定的富集状态,是稀土矿预测的重要区域。

Hg 是典型的低温元素,可作为前缘指示元素用于评价矿床剥蚀程度。此外,作为远程指示元素,是预测深部盲矿的重要标志。Hg 元素富集系数大于 1 的子区有③地质子区、⑤地质子区、⑥地质子区,显示 Hg 元素在吉林省主要的成矿区,用于 Au、Ag、Cu、Pb、Zn 可起到重要作用。

F 作为重要的矿化剂元素,在⑥地质子区、⑦地质子区、⑧地质子区中有较明显的富集态势,表明 F 元素在后期的热液成矿中,对 Au、Ag、Cu、Pb、Zn 等主成矿元素的迁移、富集起到非常重要的作用。

(二)区域地球化学场特征

吉林省可以划分为以铁族元素为代表的同生地球化学场;以稀有、稀土元素为代表的同生地球化学场以及亲石、碱土金属元素为代表的同生地球化学场。本次工作根据元素的因子分析图显示,对以往的构造地球化学分区进行适当修整,结果见图3-3-11。

图 3-3-11　吉林省中东部地区同生地球化学场分布图(据金玉兴和何启良,1992)

三、区域遥感特征

(一)区域遥感特征分区及地貌分区

吉林省遥感影像是利用 2000—2002 年接收的吉林省内 22 景 ETM 数据经计算机录入、融合、校正并镶嵌后,选择 B7、B4、B3 三个波段分别赋予红色、绿色、蓝色后形成的假彩色图像。

吉林省的遥感影像特征可按地貌类型分为长白山中低山区,包括张广才岭、龙岗山脉及其以东的广大区域,遥感图像上主要表现为绿色、深绿色,中山地貌。除山间盆地谷地及玄武岩台地外,其他地区地形切割较深,地形较陡,水系发育;长白山低山丘陵区,西部以大黑山西麓为界,东至蛟河-辉发河谷地,多由海拔 500m 以下的缓坡宽谷的丘陵,沿河一带发育成串的小盆地群或长条形地堑,其遥感影像特征主要表现为绿色—浅绿色,山脚及盆地多显示为粉色或藕荷色,低山丘陵地貌,地形坡度较缓,冲沟较浅,植被覆盖度为 30%~70%。大黑山条垒以西至白城西岭下镇,为松辽平原部分,东部为台地平原区,又称大黑山台地。

低平原区,地面高度在 200~250m 之间,地形呈波状或浅丘状;西部为低平原区,又称冲积湖积平原或低原区,该区地势最低,海拔为 110~160m,为大面积冲湖积物,湖泡周边及古河道发生极强的土地盐渍化,遥感图像上显示为粉色、浅粉色及粉白色,西南部发育土地沙化,呈沙垄、沙丘等,遥感图像上为砖红色条带状或不规则块状。岭下镇以西为大兴安岭南簏,属低山丘陵区,遥感图像上显示为红色及粉红色,丘陵地貌,多以浑圆状山包显示,冲沟极浅,水系不甚发育。

(二)区域地表覆盖类型及其遥感特点

长白山中低山区及低山丘陵区,植被覆盖度高达 70%,并且多以乔、灌木林为主,遥感图像上主要表现为绿色、深绿色;盆地或谷地主要表现为粉色或藕荷色,主要被农田覆盖;松辽平原区,东部为台地平原,此区为大面积新生界冲洪积物,为吉林省重要产粮基地,地表被大面积农田覆盖,遥感图像上为绿色或紫红色;西部为低平原区,又称冲积湖积平原或低原区,该区地势最低,海拔为 110~160m,为大面积冲湖积物,湖泡周边及古河道发生极强的土地盐渍化,遥感图像上显示为粉色、浅粉色及粉白色,西南部发育土地沙化,呈沙垄、沙丘等,遥感图像上为砖红色条带状或不规则块状;岭下镇以西,为大兴安岭南麓,属低山丘陵区,植被较发育,多以低矮草地为主,遥感图像上显示为浅绿色或浅粉色。

(三)区域地质构造特点及其遥感特征

吉林省地跨两大构造单元,大致以开原—山城镇—桦甸—和龙连线为界,南部为中朝准地台,北部为天山-兴安地槽区,槽台之间为一规模巨大的超岩石圈断裂带(华北地台北缘断裂带),遥感图像上主要表现为近东西走向的冲沟、陡坎、两种地貌单元界线,并伴有与之平行的糜棱岩带形成的密集纹理。

吉林省内的大型断裂全部表现为北东走向,它们多为不同地貌单元的分界线,或对区域地形、地貌有重大影响,遥感图像上多表现为北东走向的大形河流、两种地貌单元界线,以及北东向排列的陡坎等。

吉林省内中型断裂表现在多方向上,主要有北东向、北西向、近东西向和近南北向,它们以成带分布为特点,单条断裂长十几千米至几十千米,断裂带长几十千米至百余千米,遥感影像特征主要表现为冲沟、山鞍、洼地等,控制二级、三级水系。吉林省内小型断裂遍布低山丘陵区,规模小,分布规律不明显,断裂长几千米至十几千米或数十千米,遥感图像上主要表现为小型冲沟、山鞍或洼地。

吉林省的环状构造比较发育,遥感图像上多表现为环形或弧形色线、环状冲沟、环状山脊,偶尔可见环形色块,其规模从几千米到几十千米,大者可达数百千米,其分布具有较强的规律性,主要分布于北东向线性构造带上,尤其是该方向线性构造带与其他方向线性构造带交会部位,环形构造成群分布;块状影像主要为北东向相邻线性构造形成的挤压透镜体以及北东向线性构造带与其他方向线性构造带交会形成的棱形块状或眼球状块体,其分布明显受北东向线性构造带控制。

四、区域自然重砂特征

(一)区域自然重砂矿物特征及其分布规律

1. 铁族矿物:磁铁矿、黄铁矿、铬铁矿

磁铁矿在中东部地区分布较广,以放牛沟地区、头道沟—吉昌地区、塔东地区、五凤预地区以及闹枝—棉田地区集中分布。

磁铁矿的这一分布特征与吉林省航磁 ΔT 等值线相吻合;黄铁矿主要分布在通化、白山及龙井、图们地区。

铬铁矿分布较少,只在香炉碗子—山城镇地区、刺猬沟—九三沟地区和金谷山—后底洞地区展现。

2. 有色金属矿物:白钨矿、锡石、方铅矿、黄铜矿、辰砂、毒砂、泡铋矿、辉钼矿、辉锑矿

白钨矿是吉林省分布较广的重砂矿物,主要分布在吉林省中东部地区中部的辉发河-古洞河东西向复杂成矿构造带上,即红旗岭-漂河川成矿带、柳河-那尔轰成矿带、夹皮沟-金城洞成矿带和海沟成矿带上。在辉发河-古洞河成矿构造带的西北端的大蒲柴河-天桥岭成矿带、百草沟-复兴成矿带和春化-小西南岔成矿带上也有较集中的分布。在吉林地区的江蜜峰镇、天岗镇、天北镇以及白山地区的石人镇、万良镇亦有少量分布。

锡石主要分布在中东部地区的北部,以福安堡、大荒顶子和柳树河—团北林场最为集中,中部地区的漂河川及刺猬沟—九三沟有零星分布。

方铅矿作为重砂矿物主要分布在矿洞子—青石镇地区、大营—万良地区和荒沟山—南岔地区,其次是山门地区、天宝山地区和闹枝—棉田地区。而夹皮沟—溜河地区、金厂镇地区有零星分布。

黄铜矿集中分布在二密—老岭沟地区,部分分布在赤柏松—金斗地区、金厂地区和荒沟山—南岔地区;在天宝山地区、五凤地区、闹枝—棉田地区呈零星分布状态。

辰砂在中东部地区分布较广,山门-乐山、兰家-八台岭成矿带,那丹伯——座营、山河-榆木桥子、上营-蛟河成矿带,红旗岭-漂河川、柳河-那尔轰、夹皮沟-金城洞、海沟成矿带,大蒲柴河-天桥岭、百草沟-复兴、春化-小西南岔成矿带以及二密-靖宇、通化-抚松、集安-长白成矿带都有较密集的分布,是金矿、银矿、铜矿、铅锌矿评价预测的重要矿物之一。

毒砂、泡铋矿、辉钼矿、辉锑矿在中东部地区分布稀少,其中,毒砂在二密—老岭沟地区以一小型汇水盆地出现,刺猬沟—九三沟地区、金谷山—后底洞地区及其北端以零星状分布。泡铋矿集中分布在五凤地区和刺猬沟—九三沟地区及其外围。辉钼矿以零星点状分布在石咀—官马地区、闹枝—棉田地区和小西南岔—杨金沟地区中。辉锑矿以4个点异常分布在万宝地区。

3. 贵金属矿物:自然金、自然银

自然金与白钨矿的分布状态相似,以沿着敦密断裂带及辉发河—古洞河东西向复杂构造带分布为主,在其两侧亦有较为集中的分布。从分级图上看,整体分布态势可归纳为4个部分:一是沿石棚沟—夹皮沟—海沟—金城洞一线呈带状分布,二是在矿洞子—正岔—金厂—二密一带,三是分布于五凤—闹枝—刺猬沟—杜荒岭—小西南岔一带,四是沿山门—放牛沟到上河湾呈零星状态分布。第一部分近东西向横贯吉林省中部区域,称为中带;第二部分位于吉林省南部,称为南带;第三部分在吉林省东北部延边地区,称为北带;第四部分在大黑山条垒一线,称为西带。

自然银只有2个高值点异常,分布在矿洞子—青石镇地区北侧。

4. 稀土矿物:独居石、钍石、磷钇矿

独居石在吉林省中东部地区分布广泛,分布在万宝-那金成矿带,山门-乐山、兰家-八台岭成矿带,那丹伯——座营、山河-榆木桥子、上营-蛟河成矿带,红旗岭-漂河川、柳河-那尔轰、夹皮沟-金城洞、海沟成矿带,大蒲柴河-天桥岭、百草沟-复兴、春化-小西南岔成矿带,二密-靖宇、通化-抚松、集安-长白等成矿带,整体呈条带状分布。

钍石分布比较明显,主要集中在五凤地区、闹枝—棉田地区,山门—乐山、兰家—八台岭地区,那丹伯——座营、山河—榆木桥子、上营—蛟河地区。

磷钇矿分布较稀少,而且零散,主要分布在福安堡地区、上营地区的西侧,大荒顶子地区西侧,漂河川地区北端,万宝地区。

5. 非金属矿物:磷灰石、重晶石、萤石

磷灰石在吉林省中东部地区分布最为广泛,主要体现在整个中东部地区的南部。以香炉碗子—石棚沟—夹皮沟—海沟—金城洞一带集中分布,而且分布面积大,沿复兴屯—金厂—赤柏松—二密一带也分布有较大规模的磷灰石;椅山—湖米预测工作区及外围、火炬丰预测工作区及外围、闹枝-棉田预测工作区有部分分布。其他区域磷灰石以零散状存在。

重晶石亦主要存在于东部山区的南部,呈两条带状分布,即古马岭—矿洞子—复兴屯—金厂和板石沟—浑江南—大营—万良。椅山—湖米地区、金城洞—木兰屯地区和金谷山—后底洞地区以零星状分布。

萤石只在山门地区和五凤地区以零星点状形式存在。

以上20种重砂矿物均分布在吉林省中东部地区,其分布特征与不同时代的岩性组合、侵入岩的不同岩石类型都具有一定的内在联系。以往的研究表明,这20种重砂矿物在白垩系、侏罗系、二叠系、寒武系—石炭系、震旦系以及太古宇中都有不同程度的存在。古元古界集安岩群和老岭岩群作为吉林省重要的成矿建造层位,其重砂矿物分布众多,重砂异常发育,与成矿关系密切。燕山期和海西期侵入岩在吉林省中东部地区大面积出露,其中的重砂矿物如自然金、白钨矿、辰砂、方铅矿、重晶石、锡石、黄铜矿、毒砂、磷钇矿、独居石等都有较好地展现,而且在人工重砂取样中也达到较高的含量。

第四章　预测评价技术思路

一、指导思想

以科学发展观为指导,以提高吉林省稀土矿产资源对经济社会发展的保障能力为目标,以先进的成矿理论为指导,以全国矿产资源潜力评价项目总体设计书为总纲,以 GIS 技术为平台规范而有效的资源评价方法与技术为支撑,以地质矿产调查、勘查以及科研成果等多元资料为基础,在中国地质调查局及全国矿产资源潜力评价项目办公室的统一领导下,采取专家主导,产学研相结合的工作方式,全面、准确、客观地评价吉林省稀土矿产资源潜力,提高对吉林省区域成矿规律的认识水平,为吉林省及国家编制中长期发展规划、部署矿产资源勘查工作提供科学依据及基础资料,同时通过工作完善资源评价理论与方法,并培养一批科技骨干及综合研究队伍。

二、工作原则

坚持尊重地质客观规律、实事求是的原则;坚持一切从国家整体利益和地区实际情况出发,立足当前,着眼长远,统筹全局,兼顾各方的原则;坚持全国矿产资源潜力评价"五统一"的原则;坚持由点及面、由典型矿床到预测区逐级研究的原则;坚持以基础地质成矿规律研究为主,以磁测、化探、遥感、自然重砂多元信息并重的原则;坚持由表及里的原则,由定性到定量的原则;坚持充分发挥各方面优势尤其是专家的积极性,产学研相结合的原则;坚持既要自主创新,符合地区地质情况,又可进行地区对比和交流的原则;坚持全面覆盖、突出重点的原则。

三、技术路线

充分收集以往的地质矿产调查、勘查、磁测、化探、自然重砂、遥感以及科研成果等多元资料,以成矿理论为指导,开展区域成矿地质背景、成矿规律、磁测、化探、自然重砂、遥感多元信息研究,编制相应的基础图件,以Ⅳ级成矿区(带)为单位,深入全面总结主要矿产的成矿类型,研究以成矿系列为核心内容的区域成矿规律,全面利用物探、化探、遥感所显示的地质找矿信息;运用体现地质成矿规律内涵的预测技术,全面、全过程应用 GIS 技术,在Ⅳ、Ⅴ级成矿区内圈定预测区的基础上,实现吉林省稀土矿资源潜力评价。预测工作流程见图 4-0-1。

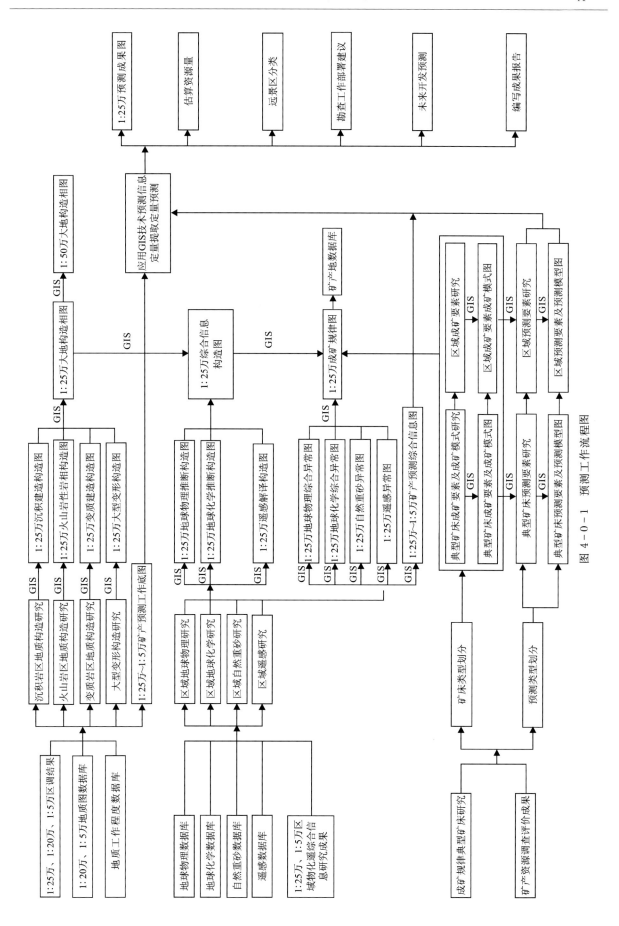

图 4-0-1 预测工作流程图

第五章　鞍山式沉积-变质型铁矿预测

第一节　成矿地质背景特征

一、资料程度及使用说明

收集的资料主要来源于不同比例尺的区域地质调查报告、部分铁矿的勘查报告，同时参考运用了一些与吉林省内有关的基础地质研究工作成果。

1. 区域地质调查资料

1：5万通化市幅、小荒沟幅、四方山幅、浑江市幅、五道沟幅、孤山子幅、平岗幅、大荒沟幅、板石沟铁矿幅、三岔子幅、湾沟镇幅、样子哨幅、金川镇幅、杨家店幅、那尔轰幅、万白山镇幅、会全栈幅、金银别幅、杨树河子幅、红石镇幅、夹皮沟镇幅区域地质调查资料。

1：20万通化市幅、浑江市幅、海龙县幅、靖宇县幅、磐石县幅、桦树林子幅区域地质调查资料。

1：25万靖宇县幅、辽源市幅、通化市幅、浑江市幅、吉林市幅、和龙市幅区域地质调查资料。

2. 有关铁矿的地质调查报告

《吉林省通化县四方山铁矿地质报告》《吉林省通化四方山—板石沟一带鞍山式铁矿地质调查报告》《吉林省浑江市板石沟铁矿8、18矿组详细勘探报告》《吉林省磐石市石门子铁矿西段详查报告》《吉林省磐石市石门子铁矿东段详查报告》《吉林省桦甸市老牛沟矿区小苇厦子矿段铁矿详查报告》《吉林省通化县长春沟铁矿补充详查报告》《吉林省桦甸县老牛沟铁矿区及矿区外围1：5万区域地质调查报告》。

3. 基础地质矿产研究工作成果有关的资料

《吉林省区域地质志》《吉林省区域矿产总结》《吉林省岩石地层》《吉黑东部构造格架与地壳演化》《长白山北段地壳的形成与演化》。

二、成矿地质背景特征

本次划分鞍山式沉积-变质型铁矿预测工作区7个，包括夹皮沟-溜河、四方山-板石、安口、石棚沟-石道河子、天河兴-那尔轰地、海沟、金城洞-木兰屯预测工作区。

(一）地层

1. 中太古代表壳岩

中太古代表壳岩主要分布于永安屯—板石镇—白山镇一带，龙岗群为中太古代群级地层单位，自下而上划分为四道砬子河岩组、杨家店岩组两个岩组。

1）四道砬子河岩组（Ar_2sd）

四道砬子河岩组出露于老牛沟、批洲、三合屯、白山镇东南老岭农场等地，以捕虏体形式分布于中太古代英云闪长质片麻岩（TTG深成侵入体）中。依据该岩组下部变质程度较深达到麻粒岩相，上部变质程度相对较浅为角闪岩相，可划分为两个岩性段。

四道砬子河岩组下段（Ar_2sd^1）：主要分布于三道岔、三合屯、胜利屯等地；主要岩性为二辉麻粒岩、斜长角闪岩夹黑云变粒岩、浅色麻粒岩（长英质麻粒岩）、辉石磁铁石英岩。原岩以基性火山岩为主，同时还有陆源碎屑岩，变质程度为麻粒岩相。

四道砬子河岩组上段（Ar_2sd^2）：出露于老牛沟、批洲、白山镇东南老岭农场等地；主要岩石组合为斜长角闪岩、黑云斜长片麻岩、浅粒岩、黑云变粒岩，在斜长角闪岩中夹有薄层磁铁石英岩，局部出现浅色麻粒岩。原岩为基性火山岩、中酸性火山碎屑岩及陆源碎屑岩。岩石变质作用为角闪岩相。

采自老金厂—杨家店一带斜长角闪岩全岩 Pb-Pb 年龄为 3405～3000Ma（刘长安，1978），据此四道砬子河岩组的时代应属中太古代早中期。

2）杨家店岩组（Ar_2y）

杨家店岩组分布较为广泛，多出露于板石-白山地块两侧边部，均以捕虏体形式残存于中太古代TTG岩系中，主要岩性有斜长角闪岩、黑云片麻岩、黑云斜长片麻岩、二云片岩、石榴子石黑云变粒岩、浅粒岩、夕线石榴黑云斜长片麻岩、磁铁石英岩等。岩性以角闪岩相变质作用为主，局部达麻粒岩相。原岩建造为一套碎屑岩-中基性火山岩-硅铁建造。其中斜长角闪岩的 Pb-Pb 等时线年龄为 (2950 ± 30)Ma。

2. 新太古代表壳岩

新太古代表壳岩主要分布于夹皮沟地块，称为夹皮沟群，夹皮沟群总体走向线为320°，与龙岗群（走向线北东—北北东向）呈不整合关系，多处呈断层接触，自下而上划分为老牛沟岩组和三道沟岩组两个岩组。

1）老牛沟岩组（Ar_3ln）

老牛沟岩组仅零星出露于夹皮沟、老牛沟一带，主要岩石类型有斜长角闪岩、黑云变粒岩、黑云片岩、绢云绿泥片岩、磁铁石英岩等。区域变质程度较浅，普遍叠加后期绿片岩相退变质作用，以低角闪岩相-绿片岩相为主。原岩为中基性—酸性火山岩、火山碎屑岩-硅铁质沉积岩。老牛沟岩组 U-Pb 年龄值为 2740Ma，Pb-Pb 年龄为 2490Ma。

2）三道沟岩组（Ar_3sd）

三道沟岩组主要分布于中兴屯、苇厦子、腰抢子、板庙子等地，主要岩石类型有斜长角闪岩、浅粒岩、绢云石英片岩、绢云绿泥片岩、磁铁石英岩等。此组地层具有中低级区域变质特征，变质相为绿片岩相，局部可达角闪岩相。原岩为火山岩-正长碎屑沉积岩含硅铁质沉积岩，普遍叠加有动力变质作用和绿片岩相退变质作用，形成不同类型的片岩夹磁铁石英岩。磁铁石英岩构成夹皮沟地块丰富的铁矿资源，形成中—大型的铁矿床。三道沟岩组是吉林省重要的含铁层位。

3. 元古宙地层（Pt）

在板石-白山地块太古宙片麻岩的边部，分布有新元古界青白口系，岩性以碳酸盐岩和碎屑岩为主，与太古宙片麻岩多呈断层接触。

在夹皮沟地块边部呈北西展布的元古宙地层为中元古界红旗沟组和达连沟组,亦为碳酸盐岩和海相陆源碎屑岩。

4. 古生代地层(Pz)

古生代地层主要分布在板石-白山地块太古宙片麻岩的边缘部位,为寒武纪—奥陶纪地层。该地层岩性为碳酸盐岩和海相陆源碎屑岩与太古宙片麻岩呈断层接触或不整合接触。

5. 中生代地层(Mz)

中生代地层为侏罗纪—白垩纪火山岩、火山碎屑岩、正长碎屑沉积岩,与太古宙片麻岩呈断层接触或不整合接触。

6. 新生代玄武岩($N_2\beta$、$Q\beta$)

新生代玄武岩在板石-白山地块上大面积覆盖,面积占该地块的30%有新近纪玄武岩($N_2\beta$)和第四纪玄武岩($Q\beta$)。

7. 第四纪松散堆积(Qh)

第四纪松散堆积为冲洪积砂砾及淤泥质土。

(二)侵入岩

1. 太古宙的基性—超基性岩

(1)中太古代基性—超基性岩:主要为变辉长-辉绿岩,多以岩脉或岩墙产出,侵入中太古代英云闪长质片麻岩中,多以包体或残留体形成残存于新太古代英云闪长质片麻岩或新太古代变二长花岗岩中。

(2)新太古代基性—超基性岩:主要岩石类型有橄榄岩、二辉橄榄岩、变辉长岩、变辉长辉绿岩、角闪石岩等,多呈包体赋存于中—新太古代的变质花岗岩中。

2. 太古宙的花岗岩类

区内太古宙花岗岩类分布较为广泛,主要分布在龙岗山脉的中部及两侧。

1)永安屯-板石-长白微地块花岗岩类

永安屯-板石-长白微地块花岗岩类有中太古代花岗岩类和新太古代花岗岩类两种。

(1)中太古代花岗岩类:主要为英云闪长质片麻岩,广布于龙岗山脉的区域内。原岩为奥长花岗岩、英云闪长岩,Rb-Sr等时线年龄值为2972Ma(徐公愉和方文昌,1986)。

(2)新太古代花岗岩类:主要岩石类型有紫苏花岗岩、变钾长花岗岩、变二长花岗岩。紫苏花岗岩在永安屯、白山镇、老牛沟均有分布,老牛沟紫苏花岗岩侵入四道砬子河岩组。新太古代花岗岩类锆石U-Pb年龄为2534Ma。变钾长花岗岩主要分布在东北岔、靖宇县抽水乡等地,侵入变二长花岗岩中。变二长花岗岩,出露面积相对较大,在永安村、大椅山镇、兴村镇、东北岔、黄酒馆村、老牛沟等地均有分布。变二长花岗岩侵入杨家店岩组,锆石U-Pb年龄为(2529 ± 10)Ma、(2534 ± 8)Ma。

2)夹皮沟地块花岗岩类

夹皮沟地块花岗岩类仅出露有新太古代英云闪长质片麻岩和变二长花岗岩。

(1)英云闪长质片麻岩为1:5万夹皮沟幅(吉林省区域地质矿产调查所,1999)划分出的腰抢子片麻岩和中兴屯片麻岩。原岩为奥长花岗岩、英云闪长岩、闪长岩。锆石U-Pb年龄值为2627Ma《吉林省区域地质志》,1∶5万金银别幅英云闪长质片麻岩锆石 U-Pb 年龄值为 2537Ma(刘大詹)。该英云闪长质片麻岩时代为新太古代,被新太古代变二长花岗岩侵入。

(2)变二长花岗岩主要分布于夹皮沟—五道砬子河—露水河一带。

3. 元古宙侵入岩

区内仅出露古元古代变质辉绿岩、变质辉长岩-辉绿岩,多以岩脉或岩墙产出,往往成群出现,在板石-白山地块集中分布于板石河子屯—凉水河子镇一带,其延伸方向均为北东向。

在夹皮沟地块古元古代变质辉长岩-辉绿岩脉呈北西方向延伸,主要分布在1∶5万金银别幅黎明林场和1∶5万杨树河子幅摩天岭等地。

4. 中生代花岗岩类

中生代花岗岩类有早侏罗世花岗闪长岩、二长花岗岩,中侏罗世花岗闪长岩、二长花岗岩,晚侏罗世花岗斑岩、二长花岗岩,早白垩世花岗闪长岩、花岗斑岩等。

5. 新生代侵入岩

新生代侵入岩为吉林省著名的永胜碱性岩体,岩性为霞石正长岩,Ar-Ar 全岩等时线年龄为 31.71Ma。

(三)构造

1. 褶皱构造

1)板石-白山地块

在板石-白山地块龙岗山脉两侧多分布中太古界杨家店岩组,而在白山镇—老牛沟一带出露有四道砬子河岩组。由于表壳岩的分布零星局限,只识别出一个以四道砬子河为背斜轴部的残破背斜构造。

2)夹皮沟地块

在夹皮沟地块,新太古界老牛沟岩组和三道沟岩组出露面积更为局限,总体表现出轴向呈北西的紧密的线性褶皱构造。

2. 中深层次构造

区内出露的太古宙古老陆块为龙岗复合陆块,该陆块区由板石-白山和夹皮沟两个地块组成,两陆块间存在强韧性变形带,从红旗沟经老牛沟至八家子—夹皮沟—露水河,强韧性变形带宽度为 400~1000m,带内为奥长花岗质岩-英云闪长质糜棱岩,以赋存金矿而著称,其内侧为新太古代变二长花岗岩侵入(哑铃状岩体),并认为是两陆块碰撞拼贴的产物。

1)板石-白山地块表壳岩及变质深成侵入体的变质变形构造

(1)表壳岩的面状构造、条带状构造及褶皱构造:表壳岩至少经历 3 期变形。第一期在地壳深部,表壳岩在中—高温变质作用条件下,受区域构造运动影响形成区域性片理及长英质条带构造。第二期变形是先期片理和长英质条带由于受水平挤压应力作用形成褶皱构造。第三期变形主要形成紧闭褶皱,出现面理置换形成"Ⅰ"形褶皱。

(2)变质深成侵入体的变形构造:在地壳中深部层次下,由于扁平化作用发生的构造变形较强烈。第一期形成片麻理及条纹构造。第二期变形形成透入性面理并发生褶皱和韧性剪切变形,其中长英质条带具有"W"形变形,还可形成无根褶皱。第三期在应力较强部位形成非透入性面理。

(3)韧性剪切带:区内的韧性剪切变形带,主要发育于太古宙变质花岗岩中,形成强烈密集的片麻理,变质变形强烈,局部地段形成条纹条带构造,其中有北岔-吕家沟韧性剪切带、大坦平韧性剪切带、五间房韧性剪切带、永安韧性剪切带等。

2)夹皮沟地块表壳岩及变质深成侵入体的变质变形构造

(1)表壳岩的变形作用:可识别的有两期变形。第一期变形为纵弯褶皱作用下形成的层间流变群落,所形成的片麻理及浅色长英质条带具有透入性特点。第二期变形以挤压应力为主、剪切为辅,区域内发生强烈的垂直挤压力,形成区域性大型平卧褶皱,在褶皱的倒转翼形成顺层剪切滑动,形成紧密的呈线性延伸的褶皱构造。

(2)变质深成侵入体的变形构造:第一期变形发生在太古宙深成侵入体侵位时,表现为较清晰的片麻理及矿物拉伸线理,片麻理具透入性。第二期变形英云闪长质片麻岩中的长英质条带中"W"形、"Ⅰ"形褶皱,在花岗闪长质片麻岩中的无根褶皱。第三期变形只局部发生,仅限于沿板庙子—老牛沟—夹皮沟呈不规则带状、透镜状分布的韧性变形带或构造片岩带,构造应力以倾向南西的左行平移为主。

(3)韧性剪切带:主要为夹皮沟韧性剪切带,该带主要出露于板石-白山地块与夹皮沟地块接触带的夹皮沟一侧,总体北西走向,大致沿中兴屯—夹皮沟—三道溜河至露水河一带展布,全长约100km,宽约2km左右,变形分带现象较明显。岩性主要为糜棱岩和糜棱岩化的岩石,岩石普遍形成平行化的条带,具有压力影、残斑及拔丝构造等。该剪切带表现为中深层次的韧性变形构造,岩体中的"W""N""I"形变形带清楚,其运动机制显示以左旋走滑为主。

3.表浅层次的脆性断裂构造

1)板石-白山地块脆性断裂

表浅层次的脆性断裂构造以北东向断裂为主,太古宙深成侵入体和表壳岩与元古宙地层、古生代地层、中生代地层多呈断层接触,并多为太古宙地质体逆冲于较新地层之上的逆断层。北西向断层以剪切性质的较多,局部见少数逆断层。在辉南县庆阳镇大场园一带,中生代地层呈长条形断块向下滑落,周边地质体均为中太古代英云闪长质片麻岩,显现正断层性质。在辉南县石道河镇芦葫头沟一带亦存在类似的正断层,只是滑落的地质体为元古宙地层,周边地质体为中太古代深成侵入体(TTG)。

2)夹皮沟地块脆性断裂

夹皮沟地块脆性断裂以走向北西、倾向南东的逆断层为主,构成北西向逆断层带,局部可见走向北东的剪切平移断层。

(四)成矿地质构造特征

1.区域地质构造特征

工作区隶属华北陆块(I_2)华北东部陆块(II_3)龙岗-陈台沟-沂水地层小层,其中包含两个微地块,即板石-白山地块、夹皮沟地块。

变质表壳岩的岩石组合及变质建造:在板石-白山地块出露有四道砬子河岩组和杨家店岩组。

1)四道砬子河岩组的岩石组合及其变质建造

(1)四道砬子河岩组下段的岩石组合及其变质建造。

岩石组合:二辉麻粒岩、浅色麻粒岩、斜长角闪岩、含榴石黑云变粒岩、黑云斜长片麻岩、辉石磁铁石英岩等。

变质相及变质作用:变质相达到麻粒岩相。从以下主要变质岩的矿物组合可以看出四道砬子河变质相及变质作用程度。

浅色麻粒岩:紫苏辉石+透辉石+黑云母+碱长石+斜长石+石英。

含榴石夕线石斜长片麻岩:石榴子石+夕线石+碱长石+斜长石+石英。

含辉斜长角闪岩:紫苏辉石+透辉石+斜长石+角闪石。

辉石磁铁石英岩:紫苏辉石+透辉石+磁铁矿+石英。

二辉麻粒岩：紫苏辉石＋透辉石＋角闪石＋斜长石＋碱长石＋石英。

上述岩石矿物组合多数出现紫苏辉石和透辉石，说明变质程度较深，达到麻粒岩相。

原岩以中基性火山岩为主，并夹有陆源碎屑岩沉积岩，原岩建造为中基性火山岩建造。变质建造为二辉石型麻粒岩变质建造。

(2) 四道砬子河岩组上段的岩石组合及变质建造

岩石组合：黑云变粒岩、黑云片岩、斜长角闪岩、黑云斜长片麻岩、角闪变粒岩、磁铁石英岩等，局部夹浅色麻粒岩。

恢复原岩：以上述变质岩组合恢复其原岩为基性火山岩、中酸性火山岩、火山碎屑岩及含硅铁质陆源碎屑岩。

原岩建造：基性—中酸性火山岩-硅铁建造。

变质相及变质作用：从变质岩的岩石组合看其变质相应为角闪岩相，变质作用较强烈，其中代表性的岩石类型及主要矿物组合如下。

斜长角闪岩：斜长石＋角闪石±石榴子石±石英。

含榴石黑云变粒岩：斜长石＋碱长石＋黑云母＋石英＋石榴子石。

黑云变粒岩：斜长石＋石英＋黑云母。

黑云斜长片麻岩：斜长石＋石英＋黑云母＋角闪石。

黑云片岩：斜长石＋石英＋黑云母。

磁铁石英岩：石英＋磁铁矿±透辉石。

变质建造：斜长角闪岩-黑云变粒岩-磁铁石英岩变质建造。

2) 杨家店岩组的岩石组合及其变质建造

岩石组合：斜长角闪岩、黑云斜长片麻岩、黑云变粒岩、含榴石黑云变粒岩、含榴石夕线石黑云斜长片麻岩、浅粒岩、二云片岩、磁铁石英岩、含榴磁铁角闪石英岩等，局部可见浅色麻粒岩。

恢复原岩：原岩为基性火山岩、火山碎屑岩及陆源含硅铁质碎屑岩。

原岩建造：基性—中酸性火山岩-硅铁建造。

变质相及变质作用：从变质岩的岩石组合可以判断其变质相为角闪岩相，局部可达麻粒岩相，变质程度较深，其代表性岩石类型及矿物组合如下。

斜长角闪岩：斜长石＋角闪石±石榴子石＋石英。

黑云斜长片麻岩：斜长石＋石英＋黑云母＋角闪石。

含榴石夕线石黑云斜长片麻岩：斜长石＋石英＋黑云母＋角闪石＋石榴子石＋夕线石。

黑云变粒岩：斜长石＋石英＋黑云母。

含榴石黑云变粒岩：斜长石＋石英＋黑云母＋石榴子石。

浅粒岩：斜长石＋碱长石＋石英。

二云片岩：黑云母＋白云母＋斜长石＋石英。

磁铁石英岩：石英＋磁铁矿。

上述变质岩的部分变质矿物具退变质作用，如角闪石退变为黑云母等。

变质建造：斜长角闪岩-黑云变粒岩-磁铁石英岩变质建造。

在夹皮沟地块出露有新太古界变质表壳岩夹皮沟群，其中有老牛沟岩组和三道沟岩组。

3) 老牛沟岩组的岩石组合及变质建造

岩石组合：斜长角闪岩、黑云变粒岩、黑云片岩、绿泥片岩等，普遍叠加后期绿片岩相退变质作用。

恢复原岩：原岩为基性火山岩、火山碎屑岩、陆源碎屑岩及硅铁质碎屑岩。

原岩建造：基性—中酸性火山岩-硅铁建造。

变质相及变质作用：依据该岩组变质岩组合可以推断变质相为角闪岩相，但普遍叠加后期绿片岩相退变质作用。区域变质作用较深，后期动力变质作用和绿片岩相退变质作用，形成黑云片岩和绿泥片岩。

代表性岩石类型及矿物组合如下。
斜长角闪岩：斜长石＋角闪石＋石英。
黑云变粒岩：斜长石＋石英＋黑云母。
黑云片岩：斜长石＋石英＋黑云母。
绿泥片岩：斜长石＋石英＋绿泥石。
磁铁石英岩：石英＋磁铁矿＋角闪石。
上述变质岩的矿物组合反映由角闪岩相至后期绿片岩相退变质的特征。
变质建造：斜长角闪岩-黑云变粒岩-磁铁石英岩变质建造，后期叠加绿片岩相退变质作用。

4）三道沟岩组的岩石组合及变质建造

岩石组合：斜长角闪岩、角闪片岩、黑云变粒岩、浅粒岩、绢云石英片岩、绿泥绢云片岩、磁铁石英岩等。

恢复原岩：原岩为碎屑岩、中基性火山岩及硅铁质陆源碎屑岩。

原岩建造：碎屑岩-中基性火山岩-硅铁建造。

变质相及变质作用：根据三道沟岩组的变质岩石组合看，变质作用达低角闪岩相-绿片岩相，普遍叠加绿片岩相退变质作用。

代表性岩石及矿物组合如下。
斜长角闪岩：斜长石＋角闪石＋石英。
角闪片岩：斜长石＋角闪石＋石英。
黑云变粒岩：斜长石＋石英＋黑云母。
浅粒岩：斜长石＋碱长石＋石英。
绢云石英片岩：石英＋斜长石＋绢云母。
绿泥绢云石英片岩：石英＋斜长石＋绢云母＋绿泥石。
磁铁石英岩：石英＋磁铁矿＋角闪石。
从上述岩石的矿物组合看，区域变质作用与老牛沟岩组相比较轻，但后期绿片岩退变质作用尤为明显。

变质建造：浅粒岩-黑云变粒岩-磁铁石英岩变质建造，后期叠加绿片岩建造。

2. 变质表壳岩的变质变形构造

(1) 板石-白山地块变质变形作用：区域内的变质表壳岩主要为四道砬子河岩组和杨家店岩组。表壳岩中片麻理、长英质条带的褶皱具有明显的多样性，褶皱叠加十分明显，原始层理（S_0）已无法识别。其中可识别的最早期面理（S_1）已被强烈变质变形改造，只局部可见残存的 S_1 片麻理或条带呈无根褶皱形态保留，代表了可识别的第一期变形的构造形迹，这些无根褶皱的包络面可代表 S_1 原始方向。第二期变形表现为以 S_1 为变形面的同斜褶皱变形，其轴面面理为 S_2，并发生强烈的面理置换，使 S_1 面理总体上平行 S_2，面理置换基本上具"Ⅰ"形置换特征，局部具有"N""M"形特点。第三期变形表现为早期褶皱及面理发生的再褶皱现象，褶皱类型为相对宽缓的倾伏褶皱群落，再实际观察中表现其片麻理（S_2）反复变化，其轴面片理（S_3）不太发育。

(2) 夹皮沟地块表壳岩变质变形作用：夹皮沟地块地处华北陆块东北部的边缘地带，除在太古宇经历了多期多次变质变形作用外，后期构造改造极其强烈。从野外实际观察看，整个区域可识别的变形作用基本上表现同一性质的特征，构造平行化作用十分明显。目前可识别的第一期变形形迹仅为局部可见的残存片麻理和长英质条带（S_1），呈无根褶皱状态，已被后期变形强烈改造。其包络面方向代表 S_1 原始方向，与后期面理（S_2）垂直。第二期变形主要表现为以 S_1 为变形面的紧密同斜褶皱，其作用方式为近于垂直 S_1 的强烈挤压（压扁机制）。此间产生了具透入性面理 S_2（S_2 面理总体为北西南向，倾向为南西向),面理置换强烈,彻底改变面理(S_1),使其总体上平行 S_2 并仅在局部可以识别。第三期变形表现为区域性逆冲剪切作用,形成一系列不同类型具有相同产状的构造岩石,剪切叶理产状倾向 170°~200°,倾角 25°~40°,其中表壳岩系中靠近能干度高岩石部分岩石形成不同类型的片岩(绢云石英片岩、绿泥绢云片岩等),变质侵入岩中石英普遍具有明显的应变,形成不同类型的糜棱岩化岩石、变糜棱岩等。第四期变形表现为带状的韧性剪切变形,形成了区内中兴屯-四道岔-五道溜河-露水河长达近 100km 的典型的糜棱岩组成的构造带。总体显现向北东凸出的弧形,走向为北西向,倾向南东。

3. 变质深成侵入体的变形构造

有关深成侵入体的变形构造,在板石-白山地块中太古代英云闪长质片麻岩(TTG)中存在 3 期变形,在夹皮沟地块新太古代英云闪长质片麻岩(TTG)中亦存在 3 期变形,在前面本节"二、成矿地质背景特征"的"(三)构造"中"2.中深层次构造"的有关部已有较为详细的叙述,在此不再重述。

(五)成矿地质背景分析

区内四道砬子河岩组、杨家店岩组、老牛沟岩组、三道沟岩组均含有磁铁石英岩,亦均为本次非确定的目的层,但通过查阅大量的有关地质、矿产资料可以看出中太古界四道砬子河岩组所含磁铁石英岩一般只形成铁的矿点、矿化点,中太古界杨家店岩组所含磁铁石英岩局部可以形成大型、中型矿床,如板石沟铁矿床、四方山铁矿床、长春沟铁矿床等。老牛沟岩组所含磁铁石英岩一般仅形成铁的矿点、矿化点,而新太古界三道沟岩组所含磁铁石英岩可形成大型铁矿床。

三、地质构造专题底图编制

(1)将中太古界四道砬子河岩组划分两个岩性段,下段以麻粒岩相深变质的变质表壳岩为主,上段以角闪岩相变质表壳岩为主。

(2)在编图过程中,充分利用 1:5 万区域地质调查资料和已知矿区部分资料,尽最大的可能将区内不同时代的变质表壳中的铁矿体准确地标注在图面中,为预测成矿远景区提供了可靠的基础资料。

(3)已完成 1:5 万区域地质调查图幅的区域用 1:5 万区域地质调查资料同时参考区域勘查评价的大比例尺资料,没有进行 1:5 万区域调查的,编图所用的资料为 1:20 万和 1:25 万的地质资料。

第二节 典型矿床与区域成矿规律研究

一、典型矿床及成矿模式

根据吉林省沉积变质型铁矿矿床的矿石特征、矿床地质特征、成矿条件等选取具有代表性、占有重要位置的矿床。沉积变质型铁矿选择桦甸老牛沟、白山板石沟、通化四方山、和龙官地 4 个铁矿作为本次研究的典型矿床。

(一)桦甸市老牛沟铁矿床

1. 地质构造环境及成矿条件

矿床位于前南华纪华北东部陆块(Ⅱ)、龙岗-陈台沟-沂水前新太古代陆核(Ⅲ)的夹皮沟新太古代地块(Ⅳ)内。

1)地层

矿区范围内主要出露新太古代夹皮沟绿岩带。该绿岩带出露于桦甸大红石砬子向东南经夹皮沟至岭东摩天岭一带，呈北西-南东带状分布；长约35km，宽4～20km，面积约315km²；北侧与海西晚期黄泥岭花岗岩体邻接，西南及南部分别被元古宙和燕山期钾长花岗岩侵入而与太古宙高级区隔离。绿岩带本身又被太古宙英云闪长质—奥长花岗质片麻岩分隔成大小不等、形态不一的残块，见图5-2-1。

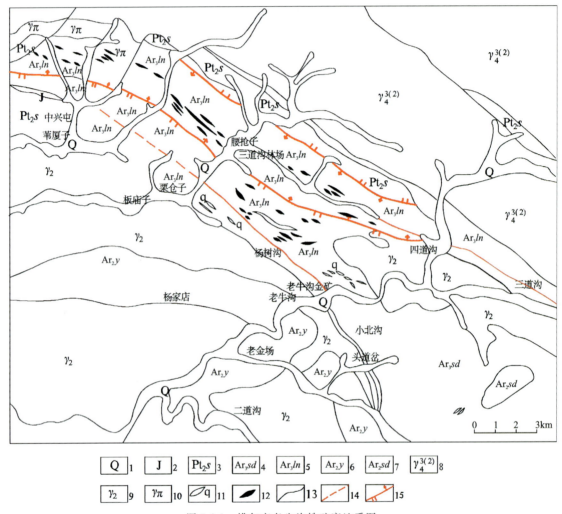

图 5-2-1 桦甸市老牛沟铁矿床地质图

1.第四系砂砾石层；2.侏罗系砂砾石、安山岩；3.中元古界色洛河群变质砂岩夹碳质板岩；4.太古宇夹皮沟群三道沟组斜长角闪岩夹石棉石黑云片岩、角闪岩、黑云变粒岩、黑云石英片岩、磁铁石英岩及角闪质（或黑云质）混合岩；5.新太古界夹皮群老牛沟组斜长角闪岩夹紫苏辉石麻粒岩、辉石岩、角闪岩、变粒岩黑云片岩、磁铁石英岩及角闪质混合岩；6.中太古界宇龙岗群杨家店组黑云变粒岩、斜长角闪岩夹磁铁石英岩，含橄均质混合岩和黑云质混合岩、角闪石岩、麻粒岩、片岩夹磁铁石英岩、角闪质混合岩和紫苏混合花岗岩；7.中太古界龙岗群四道子河组斜长角闪岩、片麻岩、黑云石英片岩、变粒岩夹少量斜长角闪岩、角闪质混合岩和钾长质混合花岗岩；8.海西期黑云斜长花岗岩；9.五台期钾长花岗岩；10.花岗斑岩；11.石英脉；12.铁矿体；13.地质界线；14.实测逆断层；15.推测性质不明断层

夹皮沟绿岩带上部为三道沟组，下部为老牛沟组。三道沟组主要出露于苇夏子—腰驼子—四道沟一带，总厚1300m。主要岩性为黑云斜长片麻岩、斜长角闪岩、磁铁石英岩、黑云片岩夹多层磁铁石英岩，是重要含铁层位，老牛沟大型铁矿床即产于该层位中。老牛沟组出露于三道沟、老牛沟、夹皮沟一带，总厚约2500m，以斜长角闪岩为主，夹紫苏辉石麻粒岩、黑云斜长片麻岩、石榴紫苏辉石磁铁石英岩、黑云片岩、黑云变粒岩、磁铁石英岩等。

夹皮沟绿岩带的原岩建造下部以大陆拉斑玄武岩及钙碱系列玄武岩为主，上部是长英质火山岩、杂砂岩、黏土质岩和硅铁质岩等沉积岩类、钙碱性玄武岩。该绿岩带属大陆边缘裂陷优地槽构造环境,老牛沟组变质程度为麻粒岩相,三道沟组变质程度为角闪岩相。

2)构造

褶皱构造(变形特征):夹皮沟绿岩带在前震旦系经历了4次变形改造,后期韧性剪切带的作用使其构造平行化极明显。经资料分析,研究区夹皮沟矿北西向片麻理极发育,这是构造置换面理(S_1)发育成不同级别的紧闭同斜(S_2)构造所形成的一幅条带状图像。

目前能识别出的第一期变形都是以 S_0 为变形面,以 S_1 的轴面,形成的北西向片麻理或长英质条带(S_1)是矿物重结晶强烈压扁的结果。第二期变形主要表现以 S_1 为变形面的紧闭同斜褶皱,二者同轴叠加,展布方向为近于平行于 S_1 的强烈挤压带。此间产生了具有透入性面理 S_2,目前见到 S_2 面理总体走向为北西方向。面理置换较彻底而又强烈改造 S_0。现在见到的老牛沟铁矿展布方向基本与 S_2 面理平行,均呈北西-南东向展布,而铁矿原始层理应为北北东向,见图5-2-2。第三期变形则表现为区域性逆冲韧性剪切作用,带状的韧性剪切变形,形成了老牛沟-中兴屯、苇厦子-上抢子两条北西向韧性剪切带。

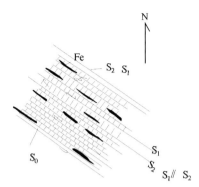

图5-2-2 桦甸市老牛沟铁矿两期变形构造置换示意图

(2)断裂构造:区内主要发育北西向逆断层、斜交平移断层及正断层。逆断层是本区主要断裂构造,主要分布于铁矿体两侧,走向310°倾向北东,倾角55°,与区域片麻理基本一致;正断层分布头道河子—苇厦子一带,走向北北东。大西沟正断层,走向近东西,倾向北,倾角50°~62°,长620m。

3)岩浆岩

本区岩浆岩分布广泛。太古宙广泛发育奥长花岗岩、英云闪长岩及花岗闪长岩(TTG组合)。这套岩石遭强烈变形改造,多形成片麻状构造,片麻理与区域片麻理一致,其中常含绿岩残块。元古宙广泛发育有钾长花岗岩。海西期发育有黑云斜长花岗岩、辉长辉绿岩、闪长玢岩等;燕山期岩浆岩有黑云母花岗岩、石英闪长岩、闪长岩、煌斑岩等。

2. 矿体三度空间分布特征

矿区共有203个矿体,皆赋存于夹皮沟新太古代绿岩带内,矿体成带状分布,矿带走向290°~320°,与地层片麻理一致,略呈弧形,弧顶突向北东,含矿地层总厚近4000m。矿带总长20km,分南、北两带,北带指四道沟、稻草沟、大西沟东山、三道沟、头道河子、苇厦子南部,南带指高梨树、小东沟、杨树沟、大西沟、苇厦子。

矿体以似层状为主,其次为扁豆状、透镜状、褶皱状、分叉状等,并成群出现。矿体变形特征见图5-2-3。如前述,矿体在夹皮沟群中同样遭4次变形改造。区内矿体为紧闭同斜褶皱,后期遭韧性剪切作用时多被拉伸,一般表现为翼部矿体长而厚,转折端矿体厚度大,经拉伸作用形态发生变异,如大东沟东山矿体经变形改造后,转折端部位发生变异(图5-2-3)。矿体长20~3856.66m,一般为50~250m,矿体最厚87.03m,最薄仅1.5m,一般厚2~10m,矿体倾角陡50°~80°,见图5-2-4。

3. 矿石物质成分

1)物质成分

矿石中含铁矿物有磁铁矿、赤铁矿、镁铁闪石、含铁碳酸盐、角闪石等,但分布最普遍的是磁铁矿和镁铁闪石。

(1)磁铁矿:在矿石中的含量变化为20%~80%,从而形成磁铁矿条纹、条带,或分布在石英或硅酸盐条带中。磁铁矿以他形粒状为主,其次是半自形,少数为自形晶,晶体粒度细小,变化大,一般小于0.1mm,部分大于0.2mm,还有一种尘埃状磁铁矿,粒径小于0.01mm,不同形态和粒度的磁铁矿可在

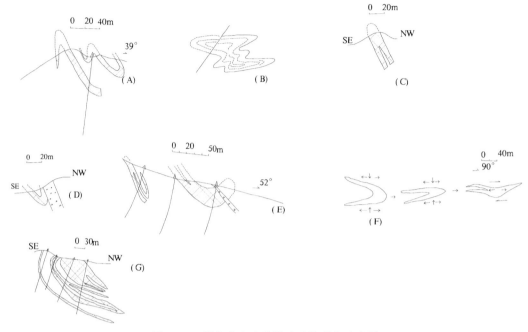

图 5-2-3　桦甸市老牛沟铁矿矿体形态示意图

A.三道沟矿段 34.5 号勘探线剖面图；B.大西沟东山矿体；C.三道沟矿段 33.5 号勘探线剖面图；D.大西沟矿段 19.20 号矿组 24.25 勘探线；E.大西沟矿段 19.20 号矿组 23.25 勘探线剖面图；F.大西沟东山矿体,构造演化过程；G.大西沟东山矿段 109 号勘探线剖面图(同斜褶皱被改造后的形态及翼部矿体被强烈拉长)

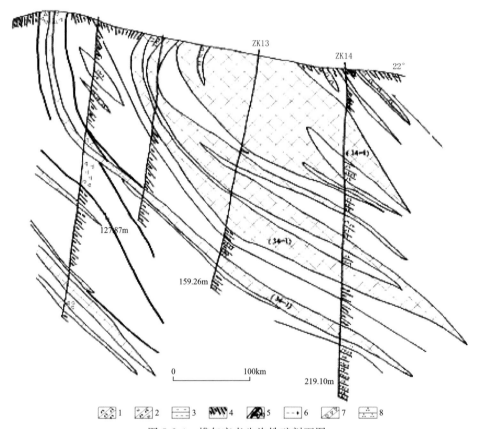

图 5-2-4　桦甸市老牛沟铁矿剖面图

1.角闪岩；2.斜长角闪岩；3.含榴磁铁石英岩；4.混合岩；5.铁矿体及矿体编号；
6.混合花岗岩；7.挤压破碎带；8.石英岩

同一光片的显微区见到。磁铁矿带以数粒或10余粒晶粒聚集一起,成为聚粒或聚链,嵌于石英或硅酸盐基质中。根据电子探针分析,不同标本或同一标本不同形态磁铁矿的主要成分非常相似,杂质含量很低,见表5-2-1。全区磁铁矿的主要成分十分稳定,但SiO_2含量比较高,CaO、MgO、Al_2O_3的含量也比电子探针的微区分析高,可能是磁铁矿中包含有显微石英和硅酸盐包体造成的。

表 5-2-1　桦甸市老牛沟铁矿磁铁矿主要化学成分　　　　　　　　　　　　　　　　　单位:%

序号	样号	SiO_2	Fe_2O_3	FeO	Al_2O_3	MgO	CaO	Na_2O	K_2O	M_2O	TiO_2	P_2O_5
1	南带	2.27	66.40	29.89	0.26	0.23	0.24	0.12	0.02	0.02	0.02	0.10
2	北带	2.83	65.51	30.65	0.21	0.35	0.11	0.13	0.04	0.01	0.45	0.09
3	全区	2.72	65.68	30.48	0.22	0.32	0.14	0.12	0.04	0.01	0.40	0.09
4	86c256	0.16		92.90	0.32	0.09	0.28	0.05	0.00	0.08	0.00	
5	86A258	0.13		92.49	0.25	0.06	0.03	0.05	0.00	0.06	0.05	
6	86A263	0.18		92.35	0.17	0.06	0.05	0.05	0.00	0.04	0.03	

注:1～3化学分析单位吉林省地质科学研究所,4～6电子探针分析单位中国地质科学院矿产资源研究所。

(2)镁铁闪石:是仅次于磁铁矿的含铁矿物,是硅酸盐相的主要成分,也是磁铁矿氧化物相的主要常见矿物,呈他形—半自形的纤维状和柱状集合体,定向排列,排列方向平行于矿石条带方向,一般与磁铁矿共生,含量变化于10%~80%之间,少数次生镁铁闪石斜交于条带,晶体比较粗大。与镁铁闪石共生的矿物有阳起石、普通角闪石和铁铝榴石等。

2)铁矿石化学成分

常量化学组成主要是硅和铁,$SiO_2+Fe_2O_3+FeO$含量为90.10%~94.13%,其次是钙、镁、铝,$CaO+MgO+Al_2O_3$含量为5.30%~6.44%,其他元素的氧化物(包括磷和碳)含量甚微(老牛沟铁矿矿石-磁铁石英岩化学成分平均值如下:SiO_2含量为47.09%,TiO_2含量为0.20%,Al_2O_3含量为1.41%,Fe_2O_3含量为28.39%,FeO含量为14.62%,MnO含量为0.07%,MgO含量为2.23%,CaO含量为1.83%,Na_2O含量为0.16%,K_2O含量为0.11%)。

矿区全铁含量变化于19%~40%之间,相应的可溶铁含量在15%~39%之间,见表5-2-2。全铁含量为27%~35%的矿石占73%,含量为35%~40%的矿石只占12%,含量为19%~27%的矿石占15%。因此,老牛沟铁矿石主要为贫铁矿石。

表 5-2-2　老牛沟铁矿磁铁矿石全铁、可熔铁平均含量表　　　　　　　　　　　　　　　单位:%

地点	矿段名称	品位	
		TFe(全铁)	SFe(可熔铁)
南带	大西沟	27.32	23.70
南带	大西沟19.20号矿组	33.36	32.84
北带	稻草沟	32.49	30.92
北带	大西沟东山	31.06	28.30
北带	三道沟	31.00	26.93
北带	头道河子	32.29	30.33
北带	苇厦子	30.30	26.18
全区		30.80	28.08

3)矿石类型

按脉石矿物种类及其含量多少矿石类型可划分为磁铁石英岩型、磁铁闪石型、磁铁硅酸盐型、磁铁石榴子石型、磁铁绿泥石型5种自然类型。工业类型为高硅质、酸性、低有害杂质需选矿的磁铁贫矿石。

4)矿物组合

矿石的主要金属矿物有磁铁矿、镁铁闪石,其次为赤铁矿、黄铁矿和磁黄铁矿,脉石矿物主要为石英、角闪石和石榴子石。

磁铁矿是主要含铁矿物,由于它和其他矿物含量的变化,形成不同矿物组合。主要可分为3类:石英-磁铁矿组合,磁铁矿含量占40%～60%,石英含量为40%～60%,有少量镁铁闪石或角闪石,含量为5%～10%,该矿物组合也是全矿区最主要矿石类型,属贫铁矿石;镁铁闪石(角闪石)-石英-磁铁矿组合,磁铁矿含量为40%～60%,石英含量为30%～40%,镁铁闪石(角闪石)含量占10%～25%,该组合分布不广,属贫铁矿石;镁铁闪石(角闪石)-磁铁矿组合,磁铁矿含量60%,镁铁闪石(角闪石)为30%,石英5%～10%,该组合分布较局限,为富铁矿石。

4)矿石结构构造

矿石结构可分为粒状变晶结构、聚粒变晶结构。其中,粒状变晶结构是磁铁矿和石英的典型结构,或称花岗变晶结构。聚粒变晶结构是磁铁矿一种特征结构,由几颗或10余颗磁铁矿聚集一起呈各种不规则形态镶嵌于石英或硅酸盐矿物基质中。聚粒内部很少有其他脉石矿物,推测其原生体可能是胶状体,是铁质氧化物的胶体聚集沉积物,在变质变形中发生形变和重结晶,是一种变余胶体沉积结构。其次还有粒状纤状变晶结构、包含结构、固溶体分解结构、交代残余结构。

矿石构造主要是条带状构造,其次为片麻状构造。前者反映原生沉积特征,后者是变质变形作用改造条带构造的产物。条带构造的条带成分、厚度变化很大。条带的成分主要由磁铁矿、石英和镁铁闪石组成,分别称为磁铁矿条带、石英条带和硅酸盐条带。不同成分的条带呈韵律式交替变化构成条带状构造。铁矿石有3种类型条带构造:磁铁矿条带构造,主要由磁铁矿条带和石英条带组成;硅酸盐条带构造,主要由硅酸盐条带和石英条带组成;复合型条带构造,主要由富矿条带和贫矿条带组成。富矿条带和贫矿条带又由条纹构造组成,即条带构造包含条纹构造。所以,各条带构造是不同矿物相的表现形式,与沉积环境有关,其次还有浸染状构造、片状构造、块状构造。

4. 成矿阶段

(1)沉积阶段:龙岗陆核边缘的裂陷槽内,喷发沉积了大量含铁的火山岩,形成了原始层位。

(2)变质阶段:火山岩、英安岩、火山碎屑岩及其中的铁质演变成斜长角闪岩、变粒岩、片麻岩及磁铁矿。且矿床经长期改造而演变成现在矿床形态。

5. 成矿时代

夹皮沟绿岩带的和龙市鸡南铁矿三道沟组斜长角闪片麻岩中的黄色锆石的Pb-Pb等时线年龄为(2490±44)Ma;和龙市官地村兰闪黑云斜长片麻岩、黑云变粒岩与白云变粒岩互层中红色碎屑锆石的Pb-Pb等时线年龄为(2499±39)Ma;桦甸市三道沟组上段黑云母片岩中黄色碎屑锆石^{207}Pb/^{206}Pb组年龄2639Ma;三道沟菜抢子东北钾质条痕状混合岩的红色碎屑锆石^{207}Pb/^{206}Pb组年龄2565Ma。

由此推断,老牛沟铁矿早期沉积的成矿年龄为2500Ma左右,与世界同类铁矿形成时代对比应为新太古代或古元古代。

6. 物质来源

铁矿的形成主要与火山岩特别是与镁铁质火山岩有关,成矿物质与成岩物质具有同源性,主要来自深部。铁矿在绿岩层序上的分布和规模变化充分说明了这一点。下含铁建造产于绿岩带下部,属火山活动开始阶段,基性火山岩厚度大,从火山活动中带出的成矿物质不可能大量聚集,只能形成小规模铁矿。上含铁建造产于绿岩带中上部,属于火山活动由强转弱的过渡阶段,火山岩厚度巨大,海盆中聚集了大量由火山活动中带出的成矿物质,形成了大规模的含铁沉积建造。同时结合铁矿石 $\delta^{34}S$ 值为 $0.4‰\sim0.6‰$,与围岩一致,而围岩 $\delta^{34}S$ 和基性—超基性岩一致,这也是成矿物质来自火山活动的信息。

7. 成矿物理化学条件

成矿物质是在海盆中经过长期迁移和聚集之后,在一种合适的化学或生物化学条件下沉积的。现代火山资料,铁常与氯作用生成 $FeCl_3$,$FeCl_3$ 在碱性介质中分解生成 $Fe(OH)_3$ 水溶胶,可能是铁质在水域中迁移和集聚的基本形式。随着溶胶不断聚集,浓度增大,形成胶质粒子,在物理化学条件影响下,由海盆表层氧化环境向较还原深水环境下沉降,并发生还原反应。$Fe(OH)_3$ 转变成 Fe_3O_4 而沉积,经过成岩和变质变形作用形成磁铁矿矿石。

8. 控矿因素及找矿标志

1)控矿因素

(1)地层控矿:三道沟组上段由黑云斜长片麻岩、斜长角闪岩、磁铁石英岩、黑云片岩夹多层磁铁石英岩组合是重要控矿层位。

(2)构造控矿:在褶皱翼部矿体被拉长或拉断,形成扁豆体或似层状矿体,而转折端部位的矿体则强烈加厚。

2)找矿标志

太古宙地块边部,有黑云斜长片麻岩、斜长角闪岩、磁铁石英岩、黑云片岩夹多层磁铁石英岩组合;矿体的原生露头或铁矿石转石是直接找矿标志;1∶20万区域重力场中高、低布格异常间北西向的线性梯度带及其局部正向变异扭曲部位。1∶5万航磁异常具有平稳负背景场上呈现由强度 $167\sim3270nT$ 不等的多个椭圆状局部异常有规则排布成的带状异常,与其附近异常比,具有强度高、梯度陡、形态规律的特征。

9. 矿床形成及就位机制

老牛沟铁矿产于夹皮沟绿岩带中,绿岩带形成裂谷环境下。铁矿是绿岩带的组成部分,铁矿的形成过程伴随绿岩带的形成、发展和消亡,绿岩带形成环境也就是铁矿的形成环境。绿岩带形成的环境的最基本特征,自始至终特别是在早期和中期,有强烈的水下火山活动。早期以强烈的基性火山活动为主,堆积厚大的拉斑玄武岩,伴随小规模铁建造沉积,形成下含铁建造层。中晚期,基性火山活动减弱,中酸性火山活动和沉积作用加强,形成一套包括拉斑玄武岩、中酸性火山岩和沉积岩组合。在这个过渡阶段,沉积了大规模铁建造,形成上含铁建造层,所以铁矿形成于海底火山活动环境。同时铁矿中没有鲕粒、豆粒、波痕、斜层理及冲刷沟等沉积构造以及缺少陆源与火山碎屑,而以稳定的条纹条带构造为特征,表明铁矿形成环境于深水的低能环境,属于远源沉积。变质作用是成矿的重要过程,首先是使元素发生分异,改变原始化学沉积时元素分配的均匀性。铁和其他元素,特别是硅质分别聚集形成磁铁矿与石英等主要的矿石矿物与脉石矿物。其次随着变质作用增强,磁铁矿及其他脉石矿物的粒度明显增大,在磁铁矿粒度增加的同时,磁铁矿本身又进一步发生铁、硅分离。成矿模式见图5-2-5。

10. 成矿模式

桦甸市老牛沟铁矿床成矿模式见表5-2-3。

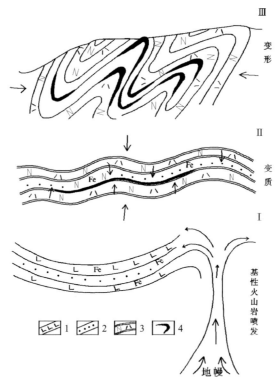

图 5-2-5 老牛沟铁矿床成矿模式图
1.中基性火山岩;2.碎屑岩;3.斜长角闪岩类;4.矿体

表 5-2-3 桦甸市老牛沟铁矿床成矿模式

名称	桦甸市老牛沟铁矿床					
概况	主矿种	铁	储量规模	大型	地理位置	桦甸市老牛沟
					品位	TFe 30.80%;mFe 28.08%
成矿的地质构造环境	矿床位于华北东部陆块(Ⅱ)、龙岗-陈台沟-沂水前新太古代陆核(Ⅲ)的夹皮沟新太古代地块(Ⅳ)内					
控矿的各类及主要控矿因素	地层控矿:三道沟组上段黑云斜长片麻岩、斜长角闪岩和磁铁石英岩、黑云片岩夹多层磁铁石英岩组合是重要控矿层位。 构造控矿:在褶皱翼部矿体被拉长或拉断,形成扁豆体或似层状矿体,而转折端部位的矿体则强烈加厚					
矿床的三度空间分布特征	产状	总体走向 290°～320°,倾向北东或南西,倾角 50°～80°。矿体呈似层状、透镜状、扁豆状				
	形态	矿体呈似层状、透镜状、扁豆状				
矿床的物质组成	矿石类型	磁铁石英岩型、磁铁闪石型、磁铁碳酸盐型、磁铁石榴子石型、磁铁绿泥石型				
	矿物组合	主要矿物有磁铁矿、石英和镁铁闪石,次要矿物有赤铁矿、角闪石、石榴子石、黄铁矿和磁黄铁矿				
	结构构造	主要有粒状变晶结构,聚粒变晶结构,其次还有粒状纤状变晶结构、包含结构、固溶体分解结构、交代残余结构。主要是条带状构造,其次为片麻状构造、浸染状构造、片状构造、块状构造				
	主元素含量	TFe32.65;SFe29.71				

续表 5-2-3

名称	桦甸市老牛沟铁矿床
成矿期次	沉积阶段：龙岗陆核南缘的裂陷槽内，喷发了大量含铁的火山岩，形成了原始层位；变质阶段：安山岩、英安岩、火山碎屑岩及其中的铁质演变成斜长角闪岩、变粒岩、片麻岩类及磁铁矿。经长期改造而演变成现在矿床形态
矿床的地球物理特征及标志	1：20万区域重力场中高、低布格异常间北西向的线性梯度带上和其局部正向变异扭曲部位。重力异常特征能够清晰地反映成矿的地质构造条件和产出的有利部位。故区域重力区域异常特征是划分此类型铁矿成矿远景区、段的重要地球物理信息；1：5万航磁异常具有平稳负背景场上呈现由强度167～3270nT不等的多个椭圆状局部异常有规则排布成的带状异常，与其附近异常比，具有强度高、梯度陡、形态规律的特征，具有直接圈定矿带和划分矿段的找矿效果；1：5千地面磁测，可以直接圈定出露或近地表规模较大的铁矿体或多个矿体组成的矿脉带，两者均有强度大（5000～1000nT）、梯度陡、狭长带状异常反映，但异常形态，前者多为规律的单峰状而后者常见为双峰或多峰状。此外，地面磁测尚能发现有一定理深和规模的盲矿体，异常多为强度小于5000nT的低缓异常
成矿时代	新太古代
矿床成因	沉积变质

11. 成矿要素

桦甸市老牛沟铁矿床成矿要素见表5-2-4。

表 5-2-4 桦甸市老牛沟铁矿床成矿要素表

成矿要素		内容描述	类别
特征描述		沉积变质矿床	
地质环境	岩石类型	为黑云斜长片麻岩、斜长角闪岩和磁铁石英岩、黑云片岩夹多层磁铁石英岩组合	必要
	成矿时代	新太古代	必要
	成矿环境	矿床位于华北东部陆块（Ⅱ）、龙岗-陈台沟-沂水前新太古代陆核（Ⅲ）的夹皮沟新太古代地块（Ⅳ）内	必要
	构造背景	在褶皱构造的翼部或转折端部位	重要
矿床特征	矿物组合	主要矿物有磁铁矿、石英和镁铁闪石，次要矿物有赤铁矿、角闪石、石榴子石、黄铁矿和磁黄铁矿	重要
	结构构造	粒状变晶结构、聚粒变晶结构；主要为条带状构造，其次为片麻状构造	次要
	控矿条件	三道沟组上段黑云斜长片麻岩、斜长角闪岩、磁铁石英岩、黑云片岩夹多层磁铁石英岩组合是重要控矿层位；在褶皱翼部矿体被拉长或拉断，形成扁豆体或似层状矿体，而转折端部位的矿体则强烈加厚	必要

(二)白山市板石沟铁矿床

1. 地质构造环境及成矿条件

板石沟铁矿床位于前南华纪华北东部陆块（Ⅱ）、龙岗-陈台沟-沂水前新太古代陆核（Ⅲ）的板石新太古代地块（Ⅳ）内。

1）地层

板石沟铁矿赋存于板石沟太古宙绿岩地体内，板石沟太古宙绿岩带下部为黑云角闪斜长片麻岩、斜长角闪岩、黑云斜长片麻岩夹角闪片岩，黑云变粒岩夹似层状低品位磷矿，赋存似层状、透镜状磁铁矿体。原岩为拉斑玄武岩夹安山岩、英安岩、磁铁矿。上部为黑云斜长角闪片麻岩夹角闪黑云片岩。黑云斜长片麻岩与斜长角闪岩互层夹含铁角闪质岩石。原岩为安山岩夹拉斑玄武岩、磁铁矿（图5-2-6）。

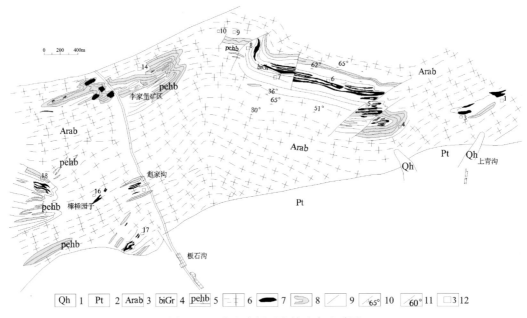

图 5-2-6 白山市板石沟铁矿床地质图

1.第四系；2.元古宇；3.新太古界；4.黑云变粒岩；5.斜长角闪岩；6.片麻岩类及花岗质岩石；
7.鞍山式磁铁矿；8.磁铁矿体褶皱转折端（产数已被剥蚀掉）；9.断层；10.片麻理产状；
11.层理产状；12.矿组编号

含铁岩系的岩石类型主要有片麻岩类、斜长角闪岩、黑云变粒岩、黑云片岩。

片麻岩类是该绿岩带中主要岩石类型，与矿区片麻理基本一致。主要岩石类型有黑云斜长片麻岩、黑云角闪斜长片麻岩、英云闪长质片麻岩等。岩石中常见斜长角闪岩捕虏体，呈大小不等透镜状分布。该类岩石原岩具岩浆岩特征，少部分为杂砂岩。

斜长角闪岩是铁建造中的主要岩石类型，呈层状与铁矿整合产出，也呈铁建造中夹层产出岩。根据岩石化学成分斜长角闪岩属拉斑玄武岩系列，见表5-2-5，但有明显的向钙碱性系列演化趋势，并分布在岛弧拉斑玄武岩分布区见图5-2-7、图5-2-8。K_2O平均含量为0.85%，变化在0.54%～1.68%之间，明显高于太古宙TH_1型和TH_2型拉斑玄武岩。所以，斜长角闪岩更相当于岛弧拉斑玄武岩。

变粒岩类包括黑云变粒岩、角闪变粒岩和浅粒岩，以黑云变粒岩为主。这类岩石大量出现在绿岩带上部，下部只有少量呈夹层产出。变粒岩呈似层状、层状，与铁建造呈互层，或为铁建造夹层。

表 5-2-5　板石沟铁矿区含铁岩系斜长角闪岩化学成分　　　　　　　　　　　　单位:%

样号	1	2	3	4	5	6	7	8	9	10	11
	87C73	34	93	36	6	49	125	51	53	56	54
SiO_2	46.43	48.85	49.85	47.30	47.01	50.83	48.22	50.23	49.46	48.37	50.51
TiO_2	0.87	1.00	1.10	1.07	1.00	1.20	0.73	0.78	0.80	0.77	1.80
Al_2O_3	14.64	13.88	14.14	13.98	14.54	12.67	14.06	14.24	13.92	14.44	12.70
Fe_2O_3	3.30	3.85	7.38	6.47	3.74	6.48	2.45	4.08	4.76	7.35	6.75
FeO	9.35	7.97	6.75	6.92	6.83	9.49	8.98	7.88	8.29	6.91	9.13
MnO	0.27	0.20	0.16	0.20	0.15	0.30	0.19	0.20	0.25	0.26	0.30
MgO	7.58	7.03	5.60	8.21	6.40	5.18	10.25	8.57	6.75	6.51	4.94
CaO	13.95	11.36	10.49	9.91	7.69	9.65	10.85	10.52	11.00	10.10	9.48
Na_2O	1.39	2.34	3.30	2.24	2.25	1.90	1.78	2.24	2.06	1.18	1.40
K_2O	0.57	1.68	0.82	0.98	0.96	0.88	0.54	0.58	1.08	0.48	0.74
P_2O_5	0.07										
H_2O	1.52										
CO_2	0.01										
总和	99.35										

注:分析单位为天津地质矿产研究所。

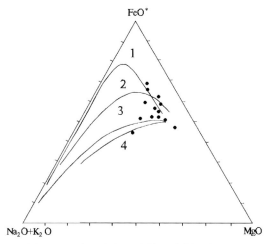

图 5-2-7　白山市板石沟铁矿床斜长角闪岩
FeO^*-(Na_2O+K_2O)-MgO 图解
(据都城秋穗等,1991)
1.典型拉斑玄武岩系列成分变异线;2.拉斑玄武岩系
列成分变异线;3、4.为钙碱性火山岩成分变异线

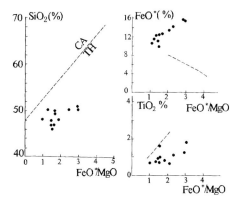

图 5-2-8　白山市板石沟铁矿床 SiO_2、FeO^* 和
TiO_2 相对于 FeO^*/MgO 图解
(据毕守业,1990)
TH.拉斑玄武岩系;CA.钙碱性火山岩系

变粒岩的化学成分以变化大为特征,见表 5-2-6,除 Na_2O 含量比较稳定外,其他氧化物含量变化区间都很大,说明变粒岩类原岩类型有变化。角闪变粒岩的化学成分以富 Fe、Mg、Ca、Ti 和低 K 为特征,在温克勒 ACF 和 $A'KF'$ 图解上分布在玄武岩和安山岩区,见图 5-2-9;黑云变粒岩和浅粒岩以富 Si、高 K、Na 和贫 Fe、Mg、Ca 为特征,落入杂砂岩区,两个黑云变粒岩落入泥灰岩区。由此推测,角闪变粒岩为中基性火山岩、黑云变粒岩和浅粒岩,部分为杂砂岩,部分为黏土质和泥灰质岩,根据岩石变余结构,部分可能为中酸性火山岩。角闪变粒岩显示了钙碱性火山岩系列。

表 5-2-6 含铁岩系变粒类化学成分　　　　　　　　　　　　　　　　　　单位:%

序号	1	2	3	4	5	6	7	8
样号	87C73	11	122	151	146	148	153	111
SiO_2	66.76	66.25	74.73	73.44	73.72	68.42	50.36	52.05
TiO_2	0.26	0.40	0.08	0.20	0.15	0.40	2.00	1.20
Al_2O_3	16.16	14.46	13.75	14.07	13.36	14.44	16.99	16.89
Fe_2O_3	0.55	2.95	0.31	0.75	1.12	2.20	4.15	3.34
FeO	2.78	2.43	0.81	0.55	1.58	1.58	6.93	5.18
MnO	0.07	0.08	0.19	0.02	0.03	0.04	0.14	0.14
MgO	2.28	2.10	0.17	0.53	0.72	1.74	4.53	5.44
CaO	3.77	3.80	0.79	0.91	1.40	2.40	7.88	9.65
Na_2O	4.79	3.48	4.70	4.08	3.86	3.3	3.82	3.70
K_2O	1.24	2.58	3.19	4.10	3.20	2.30	1.82	1.06
P_2O_5	0.09							
H_2O	0.83							
CO_2	0.01							
总和	100.04							

注:天津地质矿产研究所测试室分析,2~8 据沈保丰资料。

片岩类在铁建造中呈夹层产出,有的仅厚数厘米。岩石的化学成分以富 K、Al 和低 Na 为特征,见表 5-2-7,K_2O 平均含量为 3.69%,Al_2O_3 平均含量 16.91%。用温克勒 ACF 和 $A'KF'$ 图解图 5-2-9 判别,黑云片岩相当于黏土岩和页岩,黑云石英片岩相当于杂砂岩。

表 5-2-7 含铁岩系片岩类化学成分　　　　　　　　　　　　　　　　　　单位:%

序号	样号	SiO_2	TiO_2	Al_2O_3	Fe_2O_3	FeO	MnO	MgO	CaO	Na_2O	K_2O
1	29	67.50	0.58	14.06	1.25	4.63	2.34	3.12	2.34	2.30	2.24
2	63	58.23	0.50	19.85	2.77	5.08	0.52	3.02	0.52	0.86	6.18
3	147	62.39	0.70	16.96	4.22	5.80	0.69	3.32	0.69	0.40	2.66
4	57	81.26	0.25	8.07	2.72	1.13	0.87	1.35	0.87	1.36	1.34

注:据沈保丰资料。1、2.黑云片岩;3.石榴蓝晶黑云片岩;4.黑云石英片岩。

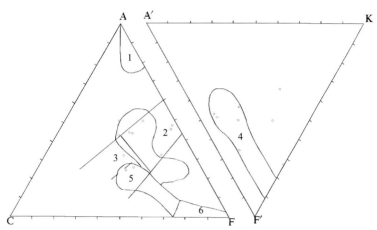

图 5-2-9 浑江市板石沟铁矿床绿岩带和片岩类的 ACF 和 A'KF' 图解
1.富铝黏土和页岩；2.黏土和页岩；3.泥灰岩；4.杂砂岩；
5.玄武质岩和安山质岩；6.超镁铁质岩

由以上资料表明，含铁岩系是由一套岛弧拉斑玄武岩及中酸性火山岩、钙碱系列火山岩杂砂岩组成。铁建造主要发育在由拉斑玄武岩系列向钙碱性系列发生转变阶段。

2）构造变形特征

本区铁矿及围岩经历了强烈的塑性变形（D_1）构造。这期构造变形置换了本区太古宙上壳岩的原始沉积层理（S_0），产生一组新的构造组合，面状构造（S_1）、褶皱构造（F_1）和线状构造（L_1）。

塑性变形（D_1），是一次强烈挤压作用，置换原始层理后产生了一组透入性面理（S_1），在各类岩石中均能见到，如在斜长角闪岩中为角闪石、斜长石、黑云母及石英的定向排列，磁铁矿中的条纹、条带，片麻岩中的片麻理。它是 F_1 褶皱层理。板石沟矿区 S_1 面总体近东西向，它控制着矿区地层、岩石、铁矿体的总体展布；F_1 表现一系列紧闭同斜，以 S_1 为轴面，以 S_0 为变形面，形成不对称、不协调一系列褶皱构造；L_1 线理，伴随 D_1 变形构造，形成一系列线性构造，包括矿物线理、褶皱线理、石香肠构造、窗棂构造、褶皱轴线，即 b 线理。

以上构造变形特征表明板石沟铁矿区，地层并非是单斜构造，而是发育一系列紧闭同斜褶皱，广泛发育的片麻理也并非原始沉积层理，而是构造置换的面理。

3）变质作用

矿区典型矿物组合为普通角闪石＋斜长石＋黑云母＋石英；斜长石＋黑云母＋石英＋铁铝榴石；斜长石＋石英＋黑云母＋白云母。在 ACF 图上反映低角闪岩相变质作用特征；利用人工模拟实物曲线，大致确定该期变质温度范围 500～800℃。

本区铁矿石变质作用典型矿物组合为磁铁矿＋石英＋普通角闪石＋镁铁闪石＋黑云母。磁铁石英岩中典型石英平均粒度为 0.16mm，磁铁矿平均粒度为 0.075mm。相当于 Maynard 的中级变质带，见表 5-2-8。

表 5-2-8 铁建造变质带特征表据（据 Maynard，1984 修改）

变质特征	特征矿物	变质温度/℃	燧碴中典型石英颗粒粒度/mm	泥质岩中对应变质带
低级变质带	铁滑石	200～350	0.05	绿泥石带
中级变质带	镁铁闪石	350～550	0.15	石榴子石带十字石带
高级变质带	铁辉石	550	0.20	十字石带夕线石带

4)铁建造地质特征

铁建造类型为新太古代绿岩带铁建造,一般称阿尔果马型,它包括一系列与火山作用关系密切的铁建造的总称。根据含铁岩系组合、铁建造特征和形成环境,本区铁建造可分成两个亚类。

(1)拉斑玄武岩-硅铁质建造。铁建造产于拉斑玄武岩中,形成斜长角闪岩和磁铁石英岩组合,斜长角闪岩为拉斑玄武岩变质产物,铁建造为磁铁矿氧化物相。在时间序列上,该建造主要发育在基性火山岩向中酸性火山活动演化的基性火山岩中。主要分布于绿岩带下部。

(2)拉斑玄武岩-安山岩-中酸性火山岩-杂砂质黏土岩-硅铁建造。本区铁建造还产于拉斑玄武岩-安山质火山岩、中酸性火山岩、钙碱性火山岩、杂砂岩及黏土岩中,形成斜长角闪岩-角闪变粒岩-黑云变粒岩-浅粒岩-黑云片岩-黑云石英片岩组合。火山岩以钙碱系为主。铁建造主要是磁铁矿氧化物相。该建造主要发育于绿岩带中晚期,在空间上分布在绿岩带上部。

詹姆斯把前寒武纪铁建造沉积相划分为硫化物相、碳酸盐相、硅酸盐相和氧化物相,建立了铁的赋存状态与沉积环境之间联系。本区铁建造主要是磁铁矿氧化物相,部分为硅酸盐相。

磁铁矿氧化物相是铁建造最发育的沉积相。该沉积相主要由磁铁矿和石英组成,二者含量之和在90%以上,并互为消长关系。磁铁矿含量在15%~80%,石英含量变化于20%~70%间,含硅酸盐矿物为10%左右,主要矿物是镁铁闪石,有时有阳起石,石榴子石和普通角闪石,多产于磁铁条纹条带中,一般无赤铁矿。氧化系数(Fe_2O_3/FeO)平均为1.96,与华北陆块前寒武纪铁建造氧化物相的氧化系数1.94相近。在空间上,磁铁矿氧化物相沿走向、倾向都很稳定,有时沿倾向向深部向硅酸盐相转变,即尖灭在硅酸盐相中。在厚度方向上,特别在两侧边缘往往有硅酸盐相与之相接触。根据沉积相之间关系,可以认为磁铁矿氧化物相形成于强氧化与还原环境之间,是弱氧化到弱还原条件下的产物。

硅酸盐相规模不大,分布普遍,矿物成分上磁铁矿明显减少,硅酸盐矿物显著增多,前者少于20%,后者一般在50%以上。硅酸盐矿物主要是镁铁闪石,局部含量可达80%左右,成为镁铁闪石片岩,镁铁闪石常呈条带出现,其中含少量磁铁矿,可溶铁含量极少。硅酸盐相总与磁铁矿氧化物相伴生,常以厚度不等的稳定层产于磁铁矿氧化物相边部或深延尖灭端,或呈互层状和透镜状夹于磁铁矿氧化物相内部。在铁建造下部,特别是底部,硅酸盐相比较发育。本区西部硅酸盐相发育。

2. 矿体三度空间分布特征

板石沟铁矿由3个自然分区组成,即包括上青沟、李家堡子、棒槌园子3个矿区,一共19个矿组,前人认为共170多个矿体。出露于上青沟、李家堡子一带的矿体规模最大,有11个矿组共62个矿体。矿体均为透镜状、层状,每个层位含矿单层至十余层,矿组处为多层矿,矿体沿走向尖灭或相变。经对矿区的大比例尺地质图深入分析,结合变质岩区构造特征,确定本区矿体形态主要为褶皱状、无根褶皱状、钩状,厚大矿体均为褶皱转折端,较薄矿体或厚度稳定矿体则为褶皱翼部。

本区矿体均为紧闭同斜状,部分转折端已被剥蚀掉或残缺不全,厚大矿体均是转折端残留部分。各矿组又各不相同,见图5-2-6,其特征详叙如下。

1~3矿组:位于矿区东部,已出露的矿体均为向西倾伏的褶皱,转折端厚14~21m,两翼较薄3~7m,矿体总体向北倾斜。向西侧伏,包络面(S_0)为南北走向(根据Ⅰ矿组勘探报告),见图5-2-10~图5-2-12。

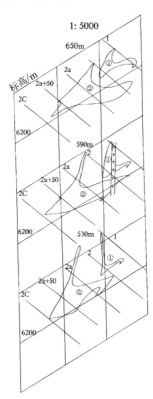

图5-2-10 白山市板石沟铁矿床Ⅰ矿组①②矿体空间形态

图 5-2-11 浑江市板石沟铁矿床 1 矿组 1 号矿体倒转褶皱构造示意图

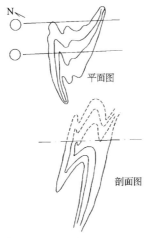

图 5-2-12 白山市板石沟铁矿床 1 矿组 2 号矿体褶皱示意图

4、5、6、7、8、9、14、15 矿组：位于矿区北部，铁矿体为紧闭褶皱，呈叠层状，转折端已被剥蚀或呈隐伏状，包络面呈南北走向，地表出露是褶皱翼部矿体褶皱轴面，除 8 矿组为南北走向外，其余均为东西走向。矿体翼部延长几十米到上千米，厚一般小于 10m，最大厚度 40 余米，见图 5-2-13。

16、17、18、19 矿组：分布矿区南部，16、17 矿组为向南西倾没的褶皱，包络面(S_0)呈北西走向。18、19 矿组为轴面近东西向的紧闭褶皱，包络面为近南北向，翼部延长几十米至 300m，厚几米至几十米，见图 5-2-14。

以上各矿体与围岩界线清楚，与围岩产状一致。

图 5-2-13 浑江市板石沟铁矿床 XⅦ 矿组
褶皱示意平面图

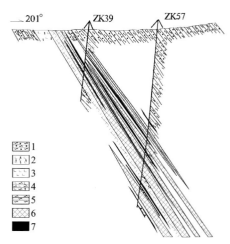

图 5-2-14 浑江市板石沟铁矿床 18 矿组 32 勘探线剖面图
1.黑云斜长角闪岩；2.斜长角闪岩；3.角闪岩；4.黑云角闪片岩；
5.黑云片岩；6.贫矿体；7.富矿体

3. 矿石物质成分

1)物质成分

矿石的矿物成分主要以磁铁矿为主,含少量的黄铁矿、褐铁矿,极少量的黄铜矿;非金属矿物主要为石英和角闪石;矿石的化学成分以 Fe 和 Si 为主,两者在矿石中含量可达 80%,Al 含量较高,其余 Mn、Mg、Ti、Co、Zn 含量很低;有益成分有 Mn、Cr、V,含量很低,无工业意义;有害成分为 S、P、As 等含量很低或甚微。

2)矿石类型

该矿石属沉积变质磁铁矿型,根据矿石中脉石矿物的不同,分为 3 种自然类型,之间并无明显界线,在矿体的不同部位都可能分别出现。

石英磁铁矿为全区主要矿石类型,属贫矿石,磁铁矿含量为 40%~60%,伴生矿物以石英为主,含量在 40%~50%,其次为角闪石,含量占 5%~10%。

角闪石英磁铁矿,分布不广,属贫矿石,磁铁矿含量在 40%~60%,石英含量在 30%~40%,角闪石含量占 10%~25%。

角闪磁铁矿,为富矿石。磁铁矿含量达 60%,角闪石为 30%,石英占 5%~10%,分布不广泛。

3)矿物组合

硅铁建造中主要矿物成分为磁铁矿,少量磁赤铁矿、赤铁矿、黄铁矿、褐铁矿(针铁矿、纤铁矿)。脉石矿物以石英、角闪石为主,其次有石榴子石、绿泥石等。

4)矿石结构构造

结构以中粒粒状变晶结构为主,磁铁矿多呈自形、半自形晶,粒度多在 0.05~0.1mm 之间,与石英界线平整,平衡共生,反映变质重结晶特征。Maynard(1984)的研究认为变质作用强度与磁铁矿及石英的粒度有正相关关系。因此,本区铁矿中的中粒结构是变质作用的反映。本区矿石以条纹、条带状构造为主,宽 0.05~1cm,表现为磁铁矿、石英、硅酸盐矿物的分异和相对集中。

4. 成矿阶段

(1)沉积阶段:龙岗陆核南缘的裂陷槽内,喷发了大量含铁的火山岩,形成了原始层位;

(2)变质阶段:火山岩、英安岩、火山碎屑岩及其中的铁质演变成斜长角闪岩、变粒岩、片麻岩类、磁铁矿。

经长期改造而演变成现在矿床形态。

5. 成矿时代

浑江李家堡子的斜长角闪岩和黑云斜长片麻岩 Rb-Sr 全岩等时线年龄为(2 585.225 5±67.27)Ma。张福顺(1982)获得斜长角闪岩中锆石 U-Th-Pb 法年龄为 2700Ma。毕守业(1989)获得李家堡子斜长角闪岩中锆石 U-Pb 年龄为(2519±2.1)Ma。因此,认为板石沟铁矿区域变质年龄应在 2700~2500Ma 之间。

6. 地球化学特征及成矿物理化学条件

1)岩石化学特征

铁矿虽遭低角闪岩相的区域变质作用的改造,但这种改造基本是属等化学系列,没有明显的物质成分带出带入。因此,矿石化学成分基本是由矿石原始的火山沉积相所决定。铁矿石成分全分析列于表 5-2-9。

白山板石沟铁矿的岩石化学成分在 $SiO_2-(Fe_2O_3+FeO)-(Al_2O_3+CaO+MgO)$ 图解中大体相当于贫矿石的矿物成分。主要成分 SiO_2 与 $FeO+Fe_2O_3$ 近于互补关系,总和占 88%~95%,次要成分 $Al_2O_3+CaO+MgO$ 在 3%~6% 间,见图 5-2-15。

表 5-2-9　白山板石沟铁矿矿体岩石化学分析　　　　　　　　　　　　　　　　单位:%

样号	SiO$_2$	TiO$_2$	Al$_2$O$_3$	Fe$_2$O$_3$	Cr$_2$O$_3$	FeO	MgO	CaO
586-1	38.26	0.10	0.00	38.75		18.25	1.09	1.91
1	39.43	0.025	1.66	36.84	0.003	19.34	1.10	1.38
4	43.24	0.060	2.80	34.55	0.008	17.29	1.40	1.28
5	36.72	0.050	3.45	38.17	0.005	17.29	1.91	1.58
6	41.97	0.065	23.11	38.96	0.000	12.14	0.96	1.69
8	39.89	0.15	2.11	—	—	17.99	2.00	1.98
15	37.63	0.17	1.81	44.15	0.001	12.83	1.88	2.74
17	37.28	0.05	2.06	39.77		16.80	1.44	0.26
阿尔果马型	48.90	0.035	3.70	24.9		13.3	2.00	1.87
苏必利尔型	47.10		1.50	28.2		10.9	1.93	2.24
样号	MnO	K$_2$O	Na$_2$O	P	S	H$_2$O	V	As
586-1	0.04	0.1	1.91			0.22		
1	0.008	0.01	0.52	0.06	0.02		0.025	0.023
4	0.009	0.35	0.62	0.08	0.12		0.030	/
5	0.011	0.30	0.52	0.07	0.06		0.035	0.003
6	0.029	0.58	0.67	0.09	0.16		0.025	0.006
8	0.023	0.58	0.10	0.087	0.16		/	0.000 75
15	0.03		1	0.11	0.009		/	/
17	0.035	0.74	0.62	0.07	0.04		0.03	0.003
阿尔果马型	0.38	0.62	0.43	P$_2$O$_5$ 0.23				
苏必利尔型	0.40	0.20	0.13	0.08				

注:586-1 为角闪石英磁铁矿(本课题组采样),吉林省地质实验测试所分析;1、4、6、8 为石英磁铁矿(板石沟勘探报告,1982);5、15、17 为角闪石英磁铁矿(板石沟勘探报告,1982)。

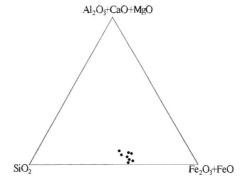

图 5-2-15　白山市板石沟铁矿床矿石化学成分图
黑点为板石沟铁矿矿石样点

2)矿石的微量元素特征

根据板石沟铁矿一个化学分析结果,矿石主要微量元素含量为:Zn 128.1×10^{-6},Ba 92.77×10^{-6},Sr 35.71×10^{-6},Cu 12.57×10^{-6},Co 19.95×10^{-6},Ni 20.46×10^{-6},V 51.03×10^{-6},Ti 81.81×10^{-6},Cr 158.4×10^{-6},Pb 90.26×10^{-6},Sc 0.845×10^{-6},Nb 7.225×10^{-6},Ta 2.289×10^{-6},Zr 42.81×10^{-6},Hf 1.991×10^{-6},Rb 4.98×10^{-6}。

3)稀土元素地球化学特征

板石沟铁矿石稀土元素总量为 45.11×10^{-6},$(La/Sm)_N=1.89$,$(Gd/Yb)_N=1.2$,$\delta Eu=0.8$,$\delta Ce=0.67$。图谱特征上反映出一条轻稀土富集、重稀土亏损的右倾形曲线。轻稀土分馏较明显,重稀土分馏不明显,Eu具弱负异常。其中Ce出现较强负异常,这可能是形成于强氧化环境,见图5-2-16。

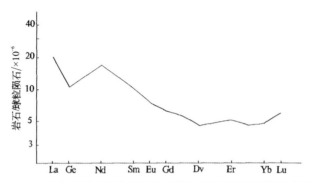

图 5-2-16 白山市板石沟铁矿床矿石稀土元素球粒陨石标准化图谱

稀土元素特征表明矿床是处于海底火山环境下的一套硅铁建造,这一特征与阿尔果马型铁矿相似。经地壳丰度标准化后的微量元素(表5-2-9),即除Zn稍高外,其他微量元素均较低,与远源火山沉积铁矿微量元素特征相似;元素比值Sr/Ba<1,Cr/Ni>1说明物源与火山活动关系密切,但Co/Ni<1的特征,又反映磁铁石英岩是沉积成因。

4)成矿物理化学条件

根据绿岩带发展不同阶段和不同围岩中铁矿成分与组构的稳定性,可以认为:成矿物质是在水盆中经过长时间迁移和聚集之后,在一种合适的化学或生物化学条件下沉积的。在自然界,特别是在表生条件下,与真溶液相比物质更容易呈胶体形式存在。根据现代火山资料,铁常与氯作用生成$FeCl_3$,$FeCl_3$在碱性介质中水解生成$Fe(OH)_3$水溶胶,这可能是铁质在水域中迁移和聚集的基本形式。随着溶胶不断聚集,浓度增大,形成胶体粒子,在物理和化学条件影响下,由海盆表层氧化环境下向较还原的深水环境沉降,并发生还原反应,$Fe(OH)_3$转变成Fe_3O_4而沉积,经过成岩和变质变形作用形成磁铁矿矿石。矿石中磁铁矿的聚粒结构,可能就是胶体粒子的变余结构。从铁的化合物在Eh-pH图上分布来看(Melnik,1980)磁铁矿分布域和硅酸盐相分布域相似。当pH>6,Eh降至零以下时,在缺乏硅酸条件下,$Fe(OH)_3$转变成Fe_3O_4,在存在活性硅酸时,铁的硅酸盐$Fe_3Si_2O_5(OH)$代替铁的氧化物(Fe_3O_4)。研究区铁矿的周围和夹层,总有硅酸盐相分布,矿石中也常含硅酸盐矿物。这种产状和矿物组合,与铁的化合物Eh-pH图解相符,表明铁矿是在有一定硅酸的氧化到还原条件下,由$Fe(OH)_3$胶体还原成Fe_3O_4而沉积的原生磁铁矿矿石(表5-2-10)。

表 5-2-10 浑江板石沟铁矿石稀土元素含量　　　单位:%

组分	La	Ce	Pr	Nd	Sm	Eu	Gd	Dy	Er
586-1铁矿	6.295	8.907	1.624	9.754	2.095	0.551	1.588	1.465	1.162

组分	Yb	Lu	ΣREE	$(La/Lu)_N$	$(La/Sm)_N$	$(Gd/Yb)_N$	δEu	δCe	
586-1铁矿	0.963	0.80	45.11	3.33	1.89	1.2	0.8	0.67	

7. 物质来源

铁矿主要与火山岩,特别是基性火山岩有关,成矿物质与成岩物质具有同源性,主要来自深部,属火山活动开始阶段,基性火山岩厚度不大,从火山活动中带出的成矿物质不可能有大量聚集。尽管这时有硅铁沉积的条件,但由于成矿物质有限,只能形成小规模铁矿。上铁建造产于绿岩带中上部,属于火山活动由强转弱的过渡阶段,火山岩厚度巨大,海盆中聚集了大量从火山活动中带出的成矿物质,沉积大规模铁矿。应特别指出的是,在上铁建造沉积前,火山活动主要是基性,原岩为大量的拉斑玄武岩。而在上铁建造沉积之后,火山活动以中酸性为主,基性火山活动显著减少,与此相关的铁建造明显减少,以至最终停止了硅铁质沉积。由此推测,成矿物质主要来自火山活动,特别是基性火山活动,从铁矿石中微量元素和氧同位素特征可以明显反映出以上特征,即成矿物质来自火山活动。

微量元素特征见"铁矿物质组分"一节,$^{87}Sr/^{86}Sr=0.7401\pm0.000287$与现代上地幔玄武岩数值$^{87}Sr/^{86}Sr$值$(0.7041\pm0.0027)$相近,证明沉积物质来自上地幔。如前述铁矿石的$Sr/Ba<1$,$Cr/Ni<1$,$Ti/V>1$说明物质来源与火山作用关系密切,$Co/Ni<1$反映了磁铁石英岩为沉积成因。$\delta^{18}O$变化范围$3.27‰\sim8.1‰$。这一同位素比值可和鞍本($\delta^{18}O$为$4.41‰\sim6.16‰$)、苏联库尔斯克($\delta^{18}O$ $1.3‰\sim6.8‰$)美国苏必利尔湖($\delta^{18}O$ $4.62‰\sim4.75‰$)及西澳哈默斯利($\delta^{18}O$ $4.62‰\sim4.75‰$)的原生沉积磁铁矿中氧同位素数值一致。

8. 控矿因素及找矿标志

1)控矿因素

地层控矿:含铁岩系的岩石类型主要为片麻岩类、斜长角闪岩、黑云变粒岩、黑云片岩。

构造控矿:在褶皱翼部矿体被拉长或拉断,形成扁豆体或似层状矿体,而转折端部位的矿体则强烈加厚。

2)找矿标志

太古宙地块边部为斜长角闪岩类、片麻岩、变粒岩组合;矿体的原生露头或铁矿石转石是直接找矿标志;重力高异常是该类型矿床重要区域间接找矿标志;1:5万航磁图中有十分明显的异常反映,异常强度大(190~888nT);1:1万10 000~20 000nT的单峰状狭窄的带状异常为出露地表矿体,尖陡的双峰或多峰异常带多为隐伏或埋深矿体;遥感反映矿床位置是多方向断裂构造交会部位;环形构造发育且集中分布;老变质岩形成带状要素。

9. 矿床形成及就位机制

铁矿伴随绿岩带的形成、发展和消亡,绿岩带形成环境也就是铁矿的形成环境。研究区绿岩带形成于裂谷环境,铁矿在裂谷的各个发展阶段形成。绿岩带形成环境的最基本特征为:自始至终,特别在早期和中期,有强烈的水下火山活动。早期以强烈的基性火山活动为主,堆积了厚大的拉斑玄武岩,伴随小规模铁建造沉积,形成下铁建造层。中晚期,基性火山活动减弱,中酸性火山活动和沉积作用加强,形成一套包括拉斑玄武岩、中酸性火山岩和沉积岩组合。在这个过渡性阶段,沉积了大规模铁建造,形成上铁建造层,所以铁矿形成于火山活动环境。同时,铁矿石中没有鲕粒、豆粒、波痕、斜层理、冲刷沟等沉积构造,缺少陆源和火山碎屑而以稳定的条纹条带构造为特征,表明铁矿形成环境,不是浅水的高能环境,而是深水的低能环境,属于远源沉积。

变质作用是成矿的重要过程。变质作用(包括成岩作用)首先是使元素发生分异,改变原始化学沉积时元素分配的均匀性,铁和其他元素,特别是硅分别聚集,形成磁铁矿和石英等主要的矿石矿物和脉石矿物,在沉积条带内镶嵌呈特定的结构型式;其次,是随着变质作用增强,磁铁矿和其他脉石矿物的粒度明显增大,在磁铁矿粒度增加的同时,磁铁矿本身又进一步发生铁、硅分离。磁铁矿粒度由小到大,硅含量明显减少,铁含量明显增加,磁铁矿得到再次净化。显然,变质作用提高了矿石的可选性和纯度,是成矿作用的重要过程。

10. 成矿模式

白江市板石沟铁矿床成矿模式见表 5-2-11 和图 5-2-5。

表 5-2-11 白江市板石沟铁矿床成矿模式

名称	浑江市板石沟铁矿床				
概况	主矿种	铁	储量规模	大型	地理位置 板石沟
					品位 37.07%
成矿的地质构造环境	位于前南华纪华北东部陆块(Ⅱ)、龙岗-陈台沟-沂水前新太古代陆核(Ⅲ)的板石新太古代地块(Ⅳ)内				
控矿的各类及主要控矿因素	地层控矿:含铁岩系主要为片麻岩类、斜长角闪岩、黑云变粒岩、黑云片岩岩石组合。 构造控矿:在褶皱翼部矿体被拉长或拉断,形成扁豆体或似层状矿体,而转折端部位的矿体则强烈加厚				
矿床的三度空间分布特征	产状	矿体总体走向近东西或北西,倾角一般在70°左右			
	形态	主要为褶皱状、无根褶皱状、钩状、似层状、透镜状			
矿床的物质组成	矿石类型	石英磁铁矿、角闪石英磁铁矿、角闪磁铁矿			
	矿物组合	主要为磁铁矿,少量磁赤铁矿、赤铁矿、黄铁矿、褐铁矿(针铁矿、纤铁矿)			
	结构构造	粒状变晶结构;以条纹、条带状构造为主			
	主元素含量	37.07%			
	伴生元素含量	有益成分有 Mn、Cr、V,含量很低,无工业意义			
成矿期次	沉积阶段:大量含铁的火山岩喷发物质形成了原始层位。 变质阶段:山岩、英安岩、火山碎屑岩及其中的铁质演变成斜长角闪岩、变粒岩、片麻岩类、磁铁矿,经长期改造而演变成现在矿床形态				
矿床的地球物理特征及标志	重力高异常是该类型矿床重要区域间接找矿标志;1:5万航磁图中有十分明显的异常反映,异常强度大(190~888nT),指示矿段的空间分布;1:1万 10 000~20 000nT 的单峰状狭窄的带状异常为出露地表矿体,尖陡的双峰或多峰异常带多为隐伏或埋深矿体				
矿床的地球化学特征及标志	岩石化学:铁矿虽经区域变质作用的改造,但基本属等化学系列,因此矿石化学成分基本是由矿石原始的火山沉积相所决定。 稀土元素地球化学特征:铁矿石稀土元素总量为 45.11×10^{-6},$(La/Sm)_N=1.89$,$(Gd/Yb)_N=1.2$,$\delta Eu=0.8$,$\delta Ce=0.67$。图谱上反映出是一条轻稀土富集,重稀土亏损的右倾形曲线。轻稀土分馏较明显,重稀土分馏不明显,Eu 具弱负异常。其中,Ce 出现较强负异常,这可能是形成于强氧化环境。稀土元素表明是矿床处于海底火山环境下的一套硅铁建造,这一特征可与阿尔果马型铁矿相似经地壳丰度标准化后的微量元素,除 Zn 稍高外,其他微量元素均较低,与远源火山沉积铁矿微量元素特征相似,元素比值:Sr/Ba<1,Cr/Ni>1 说明物源与火山活动关系密切。但 Co/Ni<1 的特征,又反映磁铁石英岩是沉积成因				

续表 5-2-11

名称	浑江市板石沟铁矿床
成矿物理化学条件	成矿物质是在水盆中经过长时间迁移和聚集之后,在一种合适的化学或生物化学条件下沉积的。铁常与氯作用生成$FeCl_3$,$FeCl_3$在碱性介质中水解,生成$Fe(OH)_3$水溶胶。当$pH>6$,Eh降至零以下时在缺乏硅酸条件下,$Fe(OH)_3$转变成Fe_3O_4,在存在活性硅酸时,铁的硅酸盐$Fe_3Si_2O_5(OH)$代替铁的氧化物(Fe_3O_4)。铁矿是在有一定硅酸的氧化到还原条件下,由$Fe(OH)_3$胶体还原成Fe_3O_4而沉积的原生磁铁矿矿石
成矿时代	在2700～2500Ma之间
矿床成因	矿床属沉积变质型

11. 成矿要素

白江市板石沟铁矿床成矿要素见表 5-2-12。

表 5-2-12 白山市板石沟铁矿床成矿要素表

成矿要素		内容描述	类别
特征描述		矿床属沉积变质型	
地质环境	岩石类型	片麻岩类、斜长角闪岩、黑云变粒岩、黑云片岩,夹磁铁矿层组合	必要
	成矿时代	在2700～2500Ma之间	必要
	成矿环境	新太古代绿岩地体内的褶皱构造的核部及翼部	必要
	构造背景	前南华纪华北东部陆块(Ⅱ)、龙岗-陈台沟-沂水前新太古代陆核(Ⅲ)的板石新太古代地块(Ⅳ)	重要
矿床特征	矿物组合	主要为磁铁矿,少量磁赤铁矿、赤铁矿、黄铁矿、褐铁矿(针铁矿、纤铁矿)	重要
	结构构造	粒状变晶结构以条纹、条带状构造为主	次要
	控矿条件	含铁岩系的岩石类型主要为片麻岩类、斜长角闪岩、黑云变粒岩、黑云片岩。在褶皱翼部矿体被拉长或拉断,形成扁豆体或似层状矿体,而转折端部位的矿体则强烈加厚	必要

(三)通化市四方山铁矿床

1. 地质构造环境及成矿条件

矿床位于前南华纪华北东部陆块(Ⅱ)、龙岗-陈台沟-沂水前新太古代陆核(Ⅲ)的板石新太古代地块(Ⅳ)内。

1) 地层

四方山矿区内出露的地层主要为新太古代绿岩地体,见图 5-2-17。该绿岩地体下部为黑云角闪斜长片麻岩、斜长角闪岩、黑云斜长片麻岩夹角闪片岩、黑云变粒岩及磁铁石英岩,为下部含矿层,原岩为拉斑玄武岩夹安山岩、英安岩、磁铁矿,厚30～120m;上部为黑云角闪斜长片麻岩夹角闪黑云片岩、斜长角闪岩、绢云石英片岩及磁铁石英岩,为上含矿层,厚30～150m,原岩为安山岩夹拉斑玄武岩、杂砂岩、磁铁矿层。

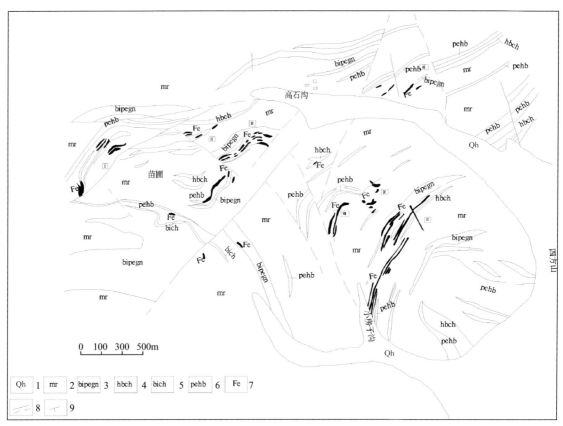

图 5-2-17　通化市四方山铁矿床地质图

1.第四系矿土层；2.太古宙花岗质岩石；3.黑云斜长片麻岩；4.角闪片岩；
5.黑云片岩；6.斜长角闪岩；7.铁矿体；8.实测及推测断层；9.片麻理产状

矿区岩石类别繁多，根据地质产状、矿物组成，原岩可划分为斜长角闪岩、磁铁石英岩及片麻岩类。

斜长角闪岩类呈条带状、指状、钩状、透镜状分布于片麻岩类岩石中。主要岩石类型有斜长角闪岩、含榴斜长角闪岩、角闪石岩及斜长角闪片麻岩等。常见副矿物为磷灰石、榍石、磁铁矿等。该类岩石富含 Cr、Ni、Ti，表明该类岩石原岩应为基性—中基性火山岩。

磁铁石英岩类包括磁铁石英岩和角闪磁铁石英岩，构成本区主要工业矿体。矿体呈厚度不等的脉状、透镜状及不规则状。

片麻岩类。片麻岩类在矿区分布广泛，总体分布与斜长角闪岩平行。主要岩石类型有黑云斜长片麻岩和黑云角闪斜长片麻岩。副矿物有磁铁矿、磷灰石、锆石、榍石、电气石等。岩石具有岩浆岩特点。

2）构造

绿岩形成之后，相继经历了多幕次的构造运动和多期次的构造变形，其中以阜平期和五台期—吕梁期所对应的构造运动影响最为深刻。而阜平期对绿岩带的意义更为重大，它奠定了带内的主要构造轮廓和主要构造线方向。整个阜平期以及五台期—吕梁期的变形特征以塑性变形为主，在五台期—吕梁期后期阶段随地壳的抬升则由塑性向脆性阶段转化。

根据区域绿岩带变形特点、构造样式及叠加关系，本区绿岩带划分出 4 个变形幕。第一幕变形产生的构造形迹主要是透入性的片麻理 S_1，早期层理已完全被置换，S_0 难以恢复，目前所见的 S_1 与 S_0 几乎平行（实际是有区别的），延长方向一致。这期变形产生的矿物线理、石香肠、片内无根褶皱等，以及一些中小尺度的紧闭同斜褶皱（F_1）与区域片麻理完全一致，同时也控制本区铁矿层展布。第二幕变形对区内绿岩带影响最深刻，以 S_1 为变形面形成一系列紧闭同斜构造（F_2），与第一幕变形为同轴叠加，一般与 F_1 不易区分，以苗圃Ⅰ矿体深部最为明显见图 5-2-18。这期变形使矿体在转折端加厚，翼部往往被拉断或被拉薄。

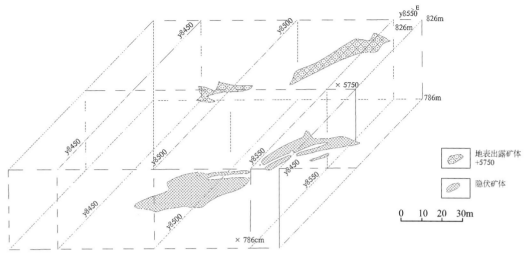

图 5-2-18　通化市四方山铁矿床小房子矿区 9 矿组立体图

第三幕变形是叠加在 F_2 之上较大型褶皱,二者是同轴叠加,小房沟背形构造是本期变形产物。第四幕变形为脆性变形,褶皱形态简单,在小房子沟形成轴向北西开阔褶皱。

矿区断裂构造发育,早期为东西向断层,属压性断层,以高丽沟断层为代表,后期出现北西向扭性断层。晚期为北东向断层,明显破坏北西向断层。

3) 含铁岩系变质作用

四方山铁矿下部层序为中基性变质岩共生组合普遍角闪石+斜长石,有时含共生的次透辉石,表明具低角闪岩相-高角闪岩相过渡特征;上部层序中基性变质岩的共生组合为普通角闪石+斜长石,不含透辉石,细粒结构属低角闪岩相。据上述四方山铁矿区域变质温度约 550～650℃,压力为 0.45～0.7GPa,属中压型低角闪岩相至低角闪岩相-高角闪岩相过渡相。

2. 矿体三度空间分布特征

四方山铁矿分 3 个矿区,共 11 个矿组。苗圃矿区包括Ⅰ～Ⅵ矿组,34 条矿体;苇塘矿区为Ⅶ矿组 8 个矿体;小房子沟矿区包括Ⅷ、Ⅸ、Ⅺ、Ⅻ四个矿组共 40 余条矿体。

苗圃矿区位于矿区的北部西端,苇塘矿区分布于矿区北东端,赋存在下含矿层中。矿体规模变化较大,最长 1150m,最短几十米,其中以小房子矿区矿体规模最大。大多数矿体长几十米到几百米,厚度 1.3～24.68m,一般几米厚。已控制深 200～300m。TFe 平均品位为 30.96% 左右。矿体总体呈北东走向,由于后期变形改造较为近东西向及北西向,倾角一般为 50°～70°。矿体形态较复杂,以似层状为主。另外还有扁豆状、脉状、哑铃状等,见图 5-2-19。

矿体受变形改造明显,一般同斜褶皱翼部矿体长而薄延长大。褶皱转折端部位矿体厚而短,如苗圃Ⅰ矿组矿体。但本区矿体遭受后期花岗岩化作用及伟晶岩化作用强烈,使矿体形态遭严重破坏,给研究矿体变形工作造成极大影响,这一点与板石沟铁矿有明显区别。

3. 矿石物质成分

1) 物质成分

矿石中含铁矿物主要有磁铁矿、赤铁矿、镁铁闪石、角闪石等,但主要和分布最普遍的是磁铁矿和镁铁闪石。

磁铁矿几乎是唯一的矿石矿物,含量变化在 20%～65% 间。磁条矿在矿石中形成磁铁矿条纹,呈条带式分布在石英或硅酸盐条带中。磁铁矿化学成分分析见表 5-2-13,表明全区磁铁矿的主要成分十分稳定,但 SiO_2 含量较高。

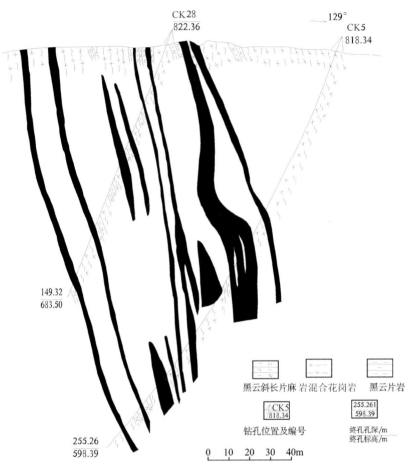

图 5-2-19 通化市四方山铁矿小房子矿区 XI 矿组 2 号勘探线剖面图

表 5-2-13 通化市四方山铁矿磁铁矿化学分析表　　　　　　　　　　　　　　　　单位:%

样号	SiO_2	Fe_2O_3	FeO	Al_2O_3	Mgo	CaO	Na_2O	K_2O	MnO	TiO_2	P_2O_3
小房子	2.27	66.40	29.98	0.26	0.23	0.24	0.12	0.02	0.02	0.2	0.10
	2.83	65.51	30.65	0.21	0.35	0.11	0.13	0.04	0.01	0.05	0.09

镁铁闪石是仅次于磁铁矿的含铁矿物,是硅酸盐相的主要成分,也是磁铁矿氧化物相的常见矿物,与磁铁矿共生,含量变化在 5%～10% 间,与它共生的矿物还有阳起石、普通角闪石等。

铁矿石(磁铁石英岩)的常量化学组分主要是 Si 和 Fe。Si、Fe 氧化物之和,即 $SiO_2+Fe_2O_3+FeO$ 为 95.21%～95.61%,其次是 Ca、Mg、Al,CaO+MgO+Al_2O_3 为 5.30%～6.44%。其他氧化物含量甚微,这种富 Si、Fe,其他元素贫是前寒武纪条带状铁建造铁矿石的共同特征(表 5-2-14)。

表 5-2-14 通化市四方山铁矿矿体岩石化学分析　　　　　　　　　　　　　　　　单位:%

样号	SiO_2	TiO_2	Al_2O_3	Fe_2O_3	Cr_2O_3	FeO	MgO	CaO	MnO	KiO	Na_2O	P	S
小房子	38.26	0.10	1.60	38.75	0.003	18.25	1.09	1.91	0.04	0.10	1.91	0.06	0.02
苗圃	39.43	0.025	1.66	36.84	—	19.34	1.10	1.10	0.08	0.10	0.52	0.08	0.06

2)矿石类型

矿石类型主要为磁铁石英岩型。

3）矿物组合

矿石的主要矿物有磁铁矿、石英、镁铁闪石，次要矿物有赤铁矿、褐铁矿、角闪石、黑云母及绿泥石，副矿物为锆石、金红石。磁铁矿是主要含铁矿物，由于它的含量变化形成了不同的组合，主要可分3类：①石英-磁铁矿组合，磁铁矿含量为30%～50%，石英含量为20%～40%，有少量镁铁闪石或角闪石，含量为5%～10%，这是全区最主要矿石类型，属贫矿矿石；②镁铁闪石（角闪石）-石英-磁铁矿组合，磁铁矿含量为25%～60%，石英含量为30%～40%，镁铁闪石（角闪石）含量占10%～25%，该组合分布不广，属贫铁矿矿石；③黑云母-石英-磁铁矿组合，磁铁矿含量为30%～55%，黑云母含量为30%，石英含量为5%～15%，分布局限。

4）矿石结构构造

矿石结构可分为晶粒结构、聚粒结构和片状结构。晶粒结构是磁铁矿和石英的典型结构，或称花岗变晶结构，矿物呈他形粒状晶体，有些磁铁矿呈半自形和自形晶体。大多数自形晶磁铁矿呈孤立个体散落于石英或其他脉岩矿物中。聚粒结构是磁铁矿的一种特征结构，由几颗或10余颗磁铁矿聚集一起呈各种不规则形态镶嵌于石英或硅酸盐矿物基质中，推测该结构原生体可能是胶体，是铁质氧化物的胶体聚集沉积物，在变质变形中发生形变和重结晶，是一种变余胶体沉积结构。片状结构是硅酸盐条带中基本结构形式，主要由镁铁闪石组成。

矿石构造以条带状构造为主，其次有片麻状构造和角砾状构造。条带状构造是原生沉积特征，片麻状构造和角珠状构造是变质和变形作用改造所形成的条带状构造，条带的成分主要由磁铁矿、石英和镁铁闪石组成，分别称为磁铁矿条带、石英条带和硅酸盐条带。

4. 成矿阶段

（1）沉积阶段：龙岗陆核南缘的裂陷槽内，喷发了大量含铁的火山岩，形成了原始层位。

（2）变质阶段：火山岩、英安岩、火山碎屑岩及其中的铁质演变成斜长角闪岩、变粒岩、片麻岩类、磁铁矿，经长期改造而演变成现在矿床形态。

5. 成矿时代

根据吉林省地质科学研究所太古宙地质科研报告，取自四方山-板石沟绿岩带的同位素地质年龄数据如下：1987年天津地质矿产研究所骆辉所采矿层中斜长角闪岩，经北京地质科学院地质所做全岩等时线年龄$t=2585.225505\pm67.275113$Ma，$^{87}Sr/^{86}Sr=0.7041\pm0.000287$；另根据毕守业（1988）取自铁矿层的斜长角闪岩中选取数粒自形锆石，经北京地质科学院对锆石单颗粒经70次蒸发测定结果得出数据为$t=2519\pm0.1$Ma。上述数据表明，四方山铁矿形成于新太古代2500Ma龙岗地块的边缘裂陷槽中。

6. 微量元素特征及成矿物理化学条件

1）矿石微量元素特征

根据采自高丽沟北东一个铁矿样品分析，Zn 128.1×10^{-6}，Ba 92.77×10^{-6}，Sr 35.71×10^{-6}，Cu 12.57×10^{-6}，Co 13.95×10^{-6}，Ni 20.46×10^{-6}，V 51.03×10^{-6}，Ti 81.81×10^{-6}，Cr 158.4×10^{-6}，Pb 90.28×10^{-6}，Sc 0.845×10^{-6}，Nb 7.225×10^{-6}，Ta 2.289×10^{-6}，Zr 42.81×10^{-6}，Hf 1.991×10^{-6}，Rb 4.98×10^{-6}。

从上述数量值可以看出，除Zu稍高于地壳克拉克值外，其他元素均较低，与远源火山沉积铁矿微量元素特征相近似。元素比值Sr/Ba<1，Cr/Ni>1，Ti/V>1，说明物质来源与火山活动关系密切。但是Co/Ni<1特征，反映磁铁石英岩的沉积成因的特征。

2）成矿物理化学条件

成矿物质是在水盆地中经过长期迁移和聚集之后，在一种合适的化学或生物化学条件下沉积的。

铁常与氯作用生成$FeCl_3$，$FeCl_3$在碱性介质中水解生成$Fe(OH)_3$水溶胶，这可能是铁质在水域中迁移和集聚的基本形式。随着溶胶不断聚集，浓度增大，形成胶质粒子，在海盆表层氧化环境下向较还原的深水环境沉降，当pH>6，Eh降至零以下时在缺乏硅酸条件下，$Fe(OH)_3$转变成Fe_3O_4而沉积，经过成岩和变质变形作用形成磁铁矿矿石。

在测定磁铁矿变质形成温度时，采用石英-磁铁矿矿物对的氧同位素温度计，计算结果为$T=366\sim501℃$。据上述四方山铁矿区域变质温度为550~650℃，压力为0.45~0.7GPa。

7. 物质来源

早期岩浆活力以强烈的基性火山活动为主，堆积了巨厚的拉斑玄武岩，伴随小规模铁建造沉积，形成下铁建造层。中晚期，基性火山活动减弱，中酸性火山活动和沉积作用加强，形成一套包括拉斑玄武岩、中酸性火山岩和沉积岩组合，在这个过渡性阶段，沉积了大规模铁建造，形成上铁建造层。所以，成矿物质主要来源于海底火山活动。

8. 控矿因素及找矿标志

1) 控矿因素

地层岩石组合控矿：绿岩地层下部为黑云角闪斜长片麻岩、斜长角闪岩、黑云斜长片麻岩夹角闪片岩、黑云变粒岩、磁铁石英岩组合，为下部主要含矿层；上部为黑云角闪斜长片麻岩夹角闪黑云片岩、斜长角闪岩、绢云石英片岩、磁铁石英岩组合，为上部含矿层。

构造控矿：矿体在转折端加厚，翼部往往被拉断或被拉薄。

2) 找矿标志

太古宙地块边部为斜长角闪岩类、片麻岩、变粒岩组合；1∶20万布格重力等值线正向变异异常边部，处在北东向和东西向两个重力梯级带的交会部位；1∶5万航磁浅部叠加局部异常（344~526nT）反映了主要矿体的分布，一级低缓异常（100~300nT）指出了该矿床深部找矿的潜在远景；1∶2000~1∶1万地面磁测强度1000~10 000nT陡峰状异常，均属出露或近地表磁铁矿体异常，是发现和圈定矿体的主要标志。低值异常和规模较大的低缓（300~500nT）异常，具有寻找深部盲矿体的潜在价值。

9. 矿床形成及就位机制

新太古代铁矿是伴随绿岩带的形成、发展和消亡，绿岩带的形成环境也就是铁矿的形成环境。它们是形成于裂谷环境。铁矿是在裂谷的各个发展阶段形成。裂谷早期伴随地壳下降，有强烈的水下火山活动，早期以强烈的基性火山活动为主，裂谷内堆积了大量的拉斑玄武岩，伴随铁建造的沉积，形成下部铁建造；中晚期，基性火山活动减弱，中酸性火山活动和沉积作用加强，形成一套包括拉斑玄武岩、中酸性火山岩和沉积岩组合，在这个环境里沉积了大规模含铁建造，形成了旋回晚期的含铁建造层、铁矿形成于火山活动环境。铁矿石从未发现鲕粒、波痕、斜层理、冲刷沟等沉积构造，缺少陆源和火山碎屑，而常见有以稳定条带构造为特征，表明形成环境是深水的低能环境，属于远源沉积。

从铁矿石（磁铁矿石英岩）的微量元素和氧同位素特征可以明显的反映出以上特征。Sc、Ti、V、Co、Mn、Sr、Zr等元素含量很低，与远源火山沉积铁矿微量元素特征相近。Sr/Ba<1，Cr/Ni<1，Ti/r>1说明物质来源与火山作用关系密切。$^{87}Sr/^{86}Sr=0.7401±0.000287$与现代上地幔玄武岩数值$^{87}Sr/^{86}Sr$值（0.7041±0.002）相近证明沉积物质来自于地幔。但Co/Ni<1明显反映了磁铁石英岩为沉积成因。$\delta^{18}O$变化范围3.27‰~8.1‰。这一同位素比值可和鞍本（-4.41‰~6.16‰）、苏联库尔斯克（1.3‰~6.8‰）、美国苏比利尔湖（-1.7‰~+7.2‰）及西澳哈默斯利（4.62‰~4.75‰）原生沉积磁铁矿中氧同位素值一致。

变质作用是成矿的重要过程，变质作用首先是使元素发生分异，改变原始化学沉积时元素分配的均匀性。铁和其他元素，特别是硅分别聚集，形成磁铁矿和石英等主要的矿石矿物与脉石矿物。

10. 成矿模式

太古宙晚期在龙岗陆核边缘裂陷槽内有大量基性及中—基性火山喷发,带来了大量的成矿物质,沉积了大规模的铁矿,后经强烈的区域变质作用、变形改造,以及花岗岩化作用,形成了目前所见到的铁矿床(表5-2-15,图5-2-5)。

表5-2-15 通化市四方山铁矿床成矿模式

名称	通化市四方山铁矿床				
概况	主矿种	铁	储量规模	大型	地理位置 四方山
					品位 36.14%
成矿的地质构造环境	位于前南华纪华北东部陆块(Ⅱ)、龙岗-陈台沟-沂水前新太古代陆核(Ⅲ)的板石新太古代地块(Ⅳ)内				
控矿的各类及主要控矿因素	地层岩石组合控矿:绿岩地层下部为黑云角闪斜长片麻岩、斜长角闪岩、黑云斜长片麻岩夹角闪片岩、黑云变粒岩、磁铁石英岩组合,为下部主要含矿层;上部为黑云角闪斜长片麻岩夹角闪黑云片岩、斜长角闪岩、绢云石英片岩、磁铁石英岩组合,为上部含矿层。 构造控矿:矿体在转折端加厚,翼部往往被拉断或被拉薄				
矿床的三度空间分布特征	产状	矿体产状,总体呈北东走向,由于后期变形改造较为近东西向及北西向,倾角一般较陡为50°~70°			
	形态	矿体形态较复杂,以似层状为主,另外还有扁豆状、脉状、哑铃状等			
	埋深	矿体埋深大于300m			
矿床的物质组成	矿石类型	主要为磁铁石英岩型			
	矿物组合	主要矿物为磁铁矿、石英、镁铁闪石,次要矿物有赤铁矿、褐铁矿、角闪石、黑云母及绿泥石,副矿物为锆石、金红石			
	结构构造	晶粒结构、聚粒结构和片状结构;以条带状构造为主,其次有片麻状构造和角砾状构造			
	主元素含量	TFe平均品位为30.96%			
成矿期次	沉积阶段:龙岗陆核南缘的裂陷槽内,喷发了大量含铁的火山岩,形成了原始层位。 变质阶段:火山岩、英安岩、火山碎屑岩及其中的铁质演变成斜长角闪岩、变粒岩、片麻岩类、磁铁矿,经长期改造而演变成现在矿床形态				
矿床的地球物理特征及标志	1∶20万布格重力等值线为于正向变异异常边部,处在北东向和东西向两个重力梯级带的交会部位;1∶5万航磁浅部叠加局部异常(344~526nT)反映了主要矿体的分布,一级低缓异常(100~300nT)指出了该矿床深部找矿的潜在远景;1∶2000~1∶1万地面磁测强度1000~10 000nT 陡峰状异常,均属出露或近地表磁铁矿体异常,是发现和圈定矿体的主要标志。低值异常和规模较大的低缓(300~500nT)异常,具有寻找深部盲矿体的潜在价值				
矿床的地球化学特征及标志	根据采自高丽沟北东一个铁矿样品,特征如下(单位×10⁻⁶)Zn 128.1,Ba 92.77,Sr 35.71,Cu 12.57,Co 13.95,Ni 20.46,V 51.03,Ti 81.81,Cr 158.4,Pb 90.28,Sc 0.845,Nb 7.225,Ta 2.289,Zr 42.81,Hf 1.991,Rb 4.98。从上述数量值可以看出,除Zu稍高于地壳克拉克值外,其他元素均较低,与远源火山沉积铁矿微量元素特征相近似。元素对比值 Sr/Ba<1,Cr/Ni>1,Ti/v>1,说明物质来源与火山活动关系密切。但是Co/Ni<1特征,反映磁铁石英岩的沉积成因的特征				

续表 5-2-15

名称	通化市四方山铁矿床
成矿物理化学条件	成矿物质是在水盆地中经过长期迁移和聚集之后,在一种合适的化学或生物化学条件下沉积的。铁常与氯作用生成 $FeCl_3$,$FeCl_3$ 在碱性介质中水解生成 $Fe(OH)_3$ 水溶胶,这可能是铁质在水域中迁移和集聚的基本形式。随着溶胶不断聚集,浓度增大,形成胶质粒子,在海盆表层氧化环境下向较还原的深水环境沉降,当 pH>6,Eh 降至零以下时在缺乏硅酸条件下,$Fe(OH)_3$ 转变成 Fe_3O_4 而沉积,经过成岩和变质变形作用形成磁铁矿矿石;在测定磁铁矿变质形成温度时,采用石英-磁铁矿矿物对的氧同位素温度计,计算结果为 $T=366\sim501℃$。据上述四方山铁矿区域变质温度为 $550\sim650℃$,压力为 $0.45\sim0.7GPa$
成矿时代	1987 年天津地质矿产研究所骆辉所采矿层中斜长角闪岩,经北京地质科学院地质所做全岩等时线年龄 $t=2\,585.225\,505\pm67.275\,113Ma$ $^{87}Sr/^{86}Sr=0.704\,1\pm0.000\,287$;另根据毕守业(1988)取自铁矿层的斜长角闪岩中自选取数粒自形锆石,经北京地质科学院对锆石单颗粒经 70 次蒸发测定结果得出数据为 $T=2519\pm0.1Ma$。上述数据表明,四方山铁矿形成于新太古代 2500Ma
矿床成因	矿床属沉积变质型

11. 成矿要素

通化市四方山铁矿床成矿要素见表 5-2-16。

表 5-2-16 通化市四方山铁矿床成矿要素表

成矿要素		内容描述	类别
特征描述		矿床属沉积变质型	
地质环境	岩石类型	一是黑云角闪斜长片麻岩、斜长角闪岩、黑云斜长片麻岩夹角闪片岩、黑云变粒岩、磁铁石英岩组合;二是黑云角闪斜长片麻岩夹角闪黑云片岩、斜长角闪岩、绢云石英片岩、磁铁石英岩组合	必要
	成矿时代	新太古代	必要
	成矿环境	新太古代绿岩地体内的褶皱构造的核部及翼部	必要
	构造背景	矿床位于前南华纪华北东部陆块(Ⅱ)、龙岗-陈台沟-沂水前新太古代陆核(Ⅲ)的板石新太古代地块(Ⅳ)内	重要
矿床特征	矿物组合	主要矿物成分有磁铁矿、石英、镁铁闪石,次要矿物有赤铁矿、褐铁矿、角闪石、黑云母及绿泥石,副矿物为锆石、金红石	重要
	结构构造	晶粒结构、聚粒结构和片状结构; 以条带状构造为主,其次有片麻状构造和角砾状构造	次要
	蚀变特征	蚀变较弱	重要
	控矿条件	地层岩石组合控矿:绿岩地层下部为黑云角闪斜长片麻岩、斜长角闪岩、黑云斜长片麻岩夹角闪片岩、黑云变粒岩、磁铁石英岩组合,为下部主要含矿层;上部为黑云角闪斜长片麻岩夹角闪黑云片岩、斜长角闪岩、绢云石英片岩、磁铁石英岩组合,为上部含矿层。 构造控矿:矿体在转折端加厚,翼部往往被拉断或被拉薄	必要

(四)和龙市官地铁矿床

1. 地质构造环境及成矿条件

矿床位于前南华纪华北东部陆块(Ⅱ)、龙岗-陈台沟-沂水前新太古代陆核(Ⅲ)的和龙残块(Ⅳ)内。

1)地层

矿区出露的地层主要为新太古界三道沟组,见图5-2-20。三道沟组下部主要岩性组合为角闪长英片麻岩、长英片麻岩、黑云母长英片麻岩及黑云母角闪长英片麻岩等,夹角闪斜长片麻岩、黑云母角闪片岩、斜长角闪片岩、斜长角闪片岩、黑云母绿泥角闪片岩、石英云母片岩。含铁矿层有20层以上。上部为角闪斜长片麻岩层,主要岩性组合为角闪斜长片麻岩、长英片麻岩呈互层,夹角闪片岩、黑云母角闪片岩及细粒角闪磁铁石英岩、磁铁角闪片岩等薄层。

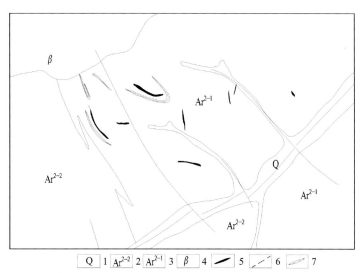

图5-2-20 和龙市官地铁矿床地质图
1.第四纪冲积层;2.角闪斜长片麻岩或斜长角闪片麻岩;3.长英片麻岩、角闪长英片麻岩、黑云长英片麻岩;4.玄武岩;5.矿体;6.断层;7.构造破碎带

2)岩浆岩

矿区内岩浆活动不强,但各岩浆构造旋回都有表现,多以脉岩出现。

3)构造

矿区内北西向构造最为发育,北东向构造对矿体破坏作用较大。北东向和北西向小断层、破碎带部分被脉岩充填。

在以北西向单斜形式产出的三道沟组上,有一系列的小褶皱,主要有老工区向斜、东沟背斜及轴向断层、一工队向斜、官地背斜及轴向断层。褶皱及轴向断层使基本处于同一层位的Ⅰ、Ⅴ、Ⅵ等矿组断续出露于不同部位,此外还有官地屯西破碎蚀变带及一些层间破碎带。

北东向构造以蜜蜂沟断裂规模最大,走向50°~60°。次一级构造走向20°~30°。此外还有一系列北东向横断层,对铁矿层破坏较大。

2. 矿体三度空间分布特征

矿区发现有15个铁矿组,其中Ⅰ、Ⅴ、Ⅵ矿组工作程度较高。

1)Ⅰ矿组

Ⅰ矿组赋存于官地背斜的南西翼长英片麻岩层的上部。矿组长1350m,控制倾斜沿深420m。其中，Ⅰ-4、Ⅰ-5、Ⅰ-6、Ⅰ-7 四层具有工业价值。矿体走向为 320°～340°，倾向南西，倾角为 60°～80°，平均品位 26.80%（图 5-2-21、图 5-2-22）。Ⅰ-4-2 矿体长 400m 左右，厚 2.15～21.80m，平均厚 10.56m，品位为 27.42%，控制倾斜沿深 420m。Ⅰ-5 矿体长 1200m 左右，厚 2.80～16.92m，平均厚 8.21m，品位为 25.62%。控制倾斜沿深 413m。Ⅰ-6-2 矿体长 800m 左右，厚 1.50～16.00m，平均厚 8.70m，品位为 26.77%。控制倾斜沿深 403m。Ⅰ-7 矿体长 410m 左右，平均厚 2.43m，品位 27.24%。控制倾斜沿深 387m。

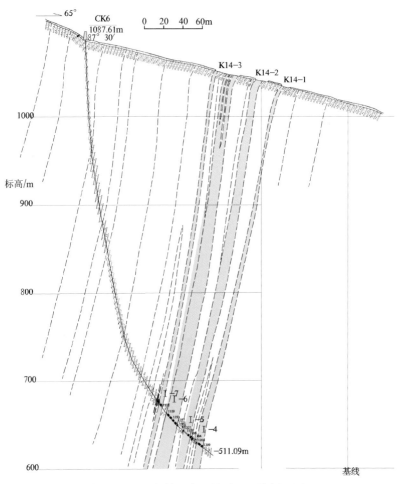

图 5-2-21　和龙铁矿床Ⅰ号矿组 0 线剖面图

2）Ⅴ矿组

Ⅴ矿组赋存于轴向 310°—工队向斜内，出露于向斜的两翼。矿组长 550m，厚 70m，有 8 层铁矿，其中有 4 层具有工业价值。矿体走向 310°～340°，倾向北东或南西，倾角 55°～65°。矿体多赋存于黑云母长英片麻岩中。单个矿体长 50～300m，一般长 150m 左右，厚 1.52～5.83m。各矿体品位范围为 33.51%～36.66%，平均品位为 34.88%。一般矿体多为扁豆状、透镜状，个别为似层状。

3）Ⅵ矿组

Ⅵ矿组长 1100m，宽约 450m，有 28 各铁矿层，其中有 11 层具有工业价值，赋存于轴向 320°的东沟背斜的南西翼的长英片麻岩层内。矿层产状变化较大，一组走向 300°～340°，另一组走向 0°～15°，倾向南西，倾角 30°～40°，个别达 65°左右。单个矿体延长 50～300m，一般 100～250m，厚 3～7m，最厚 16.6m。各矿体平均 27.08%～39.53%，平均品位 34.16%。一般矿体多为扁豆状、透镜状或似层状。

根据Ⅰ矿组 0 线地质剖面的矿体与Ⅵ矿组 65 线地质剖面的矿体特征推断矿床剥蚀深度应在 200m 以上。

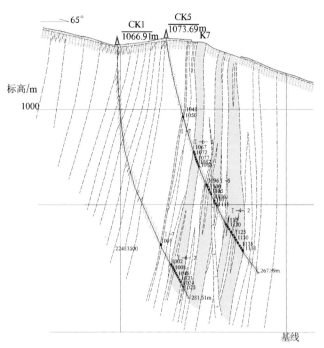

图 5-2-22 和龙铁矿床 I 号矿组 1 线剖面图

3. 矿石物质成分

1) 物质成分

矿石中铁以 Fe_3O_4、Fe_2O_3、$FeSi_3$、$FeCO_3$、FeS 等化合物形式存在,其中以 Fe_3O_4 为主,Fe_3O_4 中铁在矿石全铁中的相对含量一般在 75% 以上。

矿石中伴生的有益组分有 Ti、Mn、V、Cr、Ni、Co 等;有害组分有 S、P、Cu、Pb、Zn 等,见表 5-2-17、表 5-2-18。

表 5-2-17 I 矿组各矿体化学成分 单位:%

项目	P_5O_2	TiO_2	MnO	SiO	Fe_2O_3	FeO	CaO	MgO	Al_2O_3	烧失量
1-4-2	0.250	0.30	0.071	48.20	27.830	16.787	2.638	1.664	2.056	0.50
1-5	0.208	0.533	0.066	44.55	29.388	17.062	1.366	1.561	2.740	1.37
1-6-2	0.235	0.95	0.078	41.37	26.326	19.354	2.139	2.96	2.570	3.05
1-7	0.105	1.00	0.084	39.20	32.882	18.245	2.189	2.051	2.313	0.40
平均值	0.207	0.69	0.078	43.83	28.790	17.846	1.860	2.045	2.533	1.59

表 5-2-18 I 矿组各矿体微量元素 单位:%

项目	S	P	Ti	Mn	V	Zn	Pb	Cu
最高含量	0.985	0.113	0.576	0.140	0.074	0.090	0.045	0.033
最低含量	0.003	0.098	0.174	0.060	0.042	0.042	0.009	0.007
平均含量	0.316	0.101	0.345	0.091	0.054	0.054	0.023	0.019

2) 矿石类型

矿石类型主要为磁铁石英岩型。

3) 矿物组合

金属矿物主要为磁铁矿,其次为赤铁矿,少量的褐铁矿、黑锰矿、黄铁矿、黄铜矿、闪锌矿、磁黄铁矿。非金属矿物主要为石英,其次为角闪石,再次为黑云母、斜长石、方解石、石榴子石,还有少量的磷灰石、绢云母、白云母、绿泥石、绿云母、绿帘石、斜黝帘石。

4) 矿石结构构造

矿石结构以粒状变晶结构、包含状变晶结构为主,其次为交代结构、压碎结构。矿石构造主要有片麻状—条带状构造、片状构造、浸染状构造、块状构造。

4. 成矿阶段

矿床主要经历了3个成矿阶段。

(1) 早期沉积阶段:沉积阶段早期以强烈的基性火山活动为主,堆积了巨厚的拉斑玄武岩,伴随小规模铁建造沉积,形成下铁建造层;中晚期,基性火山活动减弱,中酸性火山活动和沉积作用加强,形成一套包括拉斑玄武岩、中酸性火山岩和沉积岩组合,沉积了大规模铁建造,形成铁建造层。

(2) 中期变质变形阶段:变质作用使元素发生分异,铁和其他元素特别是硅分别聚集,形成磁铁矿、石英等主要的矿石矿物和脉石矿物随着变质作用增强,磁铁矿和其他脉石矿物再结晶又进一步发生铁、硅分离。变形作用使铁矿成矿物质在变形的褶皱转折端等有利构造部位进一步富集,使矿体变厚、品位增高,变质变形阶段是成矿作用的重要过程。

(3) 晚期表生阶段:由于构造运动矿体台升遭到风化剥蚀,地表矿体遭到氧化淋滤,形成次生矿物,并在局部富集。

5. 成矿时代

根据赋矿层位以及与区域成矿对比,该矿床的成矿时代为新太古代。

6. 成矿物质来源

铁矿主要与火山岩,特别是基性火山岩有关。成矿物质与成岩物质具有同源性,主要来自深部,属火山活动开始阶段,基性火山岩厚度不大,从火山活动中带出的成矿物质不可能有大量聚集。尽管这时有硅铁沉积的条件,但由于成矿物质有限,只能形成小规模铁矿。上铁建造产于绿岩带中上部,属于火山活动由强转弱的过渡阶段,火山岩厚度巨大,海盆中聚集了大量从火山活动中带出的成矿物质,沉积大规模铁矿。特别应指出的是,在上铁建造沉积前,岩浆活动主要是基性火山活动,原岩类型为大量的拉斑玄武岩。而在上铁建造沉积之后,岩浆活动以中酸性火山活动为主,基性火山活动显著减少,与此相应的铁建造明显减少,以至最终停止了硅铁质沉积。由此推测,成矿物质主要来自火山活动,特别是基性火山活动,从铁矿石中微量元素和氧同位素特征可以明显反映出以上特征,即成矿物质来自火山活动。

7. 控矿因素及找矿标志

1) 控矿因素

矿床主要受新太古界三道沟组控制。岩性组合为角闪长英片麻岩、长英片麻岩、黑云母长英片麻岩及黑云母角闪长英片麻岩等,夹角闪斜长片麻岩、黑云母角闪片岩、斜长角闪片岩、黑云母绿泥角闪片岩、石英云母片岩。含铁矿层为20层以上。

矿体主要受褶皱构造控制,主要分布于褶皱构造的两翼或核部。

2) 找矿标志

出露有角闪长英片麻岩、长英片麻岩、黑云母长英片麻岩及黑云母角闪长英片麻岩岩石组合,为磁铁矿露头点。太古宙地层出露区磁法异常峰值大于5000γ为直接找矿标志。

8. 矿床形成及就位机制

铁矿伴随绿岩带的形成、发展和消亡演化而成矿，绿岩带形成的裂谷环境环境也就是铁矿的形成环境。绿岩带形早期和中期，岩浆作用以强烈的基性火山活动为主，堆积了厚大的拉斑玄武岩，伴随小规模铁建造沉积，形成下铁建造层；中晚期，基性火山活动减弱，中酸性火山活动和沉积作用加强，形成一套包括拉斑玄武岩、中酸性火山岩和沉积岩组合。在这个过渡性阶段，沉积了大规模铁建造，形成上铁建造层。

根据绿岩带发展不同阶段和不同围岩中铁矿成分与组构的稳定性，可以认为成矿物质是在水盆中经过长时间迁移和聚集之后，在一种合适的化学或生物化学条件下沉积的。

首先变质作用使元素发生分异，改变原始化学沉积时元素分配的均匀性，铁和其他元素特别是硅分别聚集，形成磁铁矿、石英等主要的矿石矿物和脉石矿物，在沉积条带内镶嵌呈特定的结构形式。其次，随着变质作用增强，磁铁矿和其他脉石矿物的粒度明显增大，在磁铁矿粒度增加的同时，磁铁矿本身又进一步发生铁、硅分离。磁铁矿粒度由小到大，硅含量明显减少，铁含量明显增加，磁铁矿得到再次净化。显然，变质作用提高了矿石的可选性和纯度，是成矿作用的重要过程。

总之，新太古代在龙岗陆核南缘的裂陷槽内，喷发了大量中基性火山岩，经后期变质、变形作用，使玄武岩、安山岩、英安岩、火山碎屑岩及其中的铁质演变成斜长角闪岩、变粒岩、片麻岩类、磁铁矿，经后期改造而演变成现在矿床形态。

9. 成矿模式

和龙官地铁矿床成矿模式见表 5-2-19。

表 5-2-19　和龙官地铁矿床成矿模式

名称	和龙市官地铁矿床				
概况	主矿种	铁	储量规模	大型	地理位置 卧龙公社甲山生产大队
					品位 27.87%
成矿的地质构造环境	矿床位于前南华纪华北东部陆块（Ⅱ）、龙岗-陈台沟-沂水前新太古代陆核（Ⅲ）的和龙残块（Ⅳ）内				
控矿的各类及主要控矿因素	矿床主要受新太古界三道沟组控制。岩性组合为角闪长英片麻岩、长英片麻岩、黑云母长英片麻岩及黑云母角闪长英片麻岩等，夹角闪斜长片麻岩、黑云母角闪片麻岩、斜长角闪片岩、黑云母绿泥角闪片岩、石英云母片岩。矿床主要受褶皱构造控制，主要分布于褶皱构造的两翼或核部				
矿床的三度空间分布特征	产状	$230°\sim250°\angle60°\sim80°$			
	形态	层状或似层状			
	埋深	矿体最大埋深大于 450m			
矿床的物质组成	矿石类型	磁铁石英岩型			
	矿物组合	金属矿物主要为磁铁矿，其次为赤铁矿，少量的褐铁矿、黑锰矿、黄铁矿、黄铜矿、闪锌矿、磁黄铁矿			
	结构构造	以粒状变晶结构、包含状变晶结构为主			
	主元素含量	27.87%			
	伴生元素含量	Ti 含量为 0.345%，Mn 含量为 0.091%，V 含量为 0.054%，另有 Cr、Ni、Co			

续表 5-2-19

名称	和龙市官地铁矿床
成矿期次	早期沉积阶段以强烈的基性火山活动为主,堆积了巨厚的拉斑玄武岩,伴随小规模铁建造沉积,形成下铁建造层;中晚期,基性火山活动减弱,中酸性火山活动和沉积作用加强,形成一套包括拉斑玄武岩、中酸性火山岩和沉积岩组合,沉积了大规模铁建造,形成铁建造层。 中期变质作用使元素发生分异,铁和其他元素特别是硅分别聚集,形成磁铁矿、石英等主要的矿石矿物和脉石矿物。随着变质作用增强,铁矿成矿物质在变形的褶皱转折端等有利构造部位进一步富集,使矿体变厚、品位增高。 晚期表生阶段,由于构造运动矿体台升遭到风化剥蚀,地表矿体遭到氧化淋滤,形成次生矿物并在局部富集
矿床的地球物理特征及标志	区域上围岩磁性不强,而含矿层磁性非常强。从全区磁异常的特征看,西部为规整的条带状异常,到预测工作区中东部异常规模变小。异常峰值大于 5000γ 为磁异常
成矿物理化学条件	根据绿岩带发展不同阶段和不同围岩中铁矿成分和组构的稳定性,可以认为成矿物质是在水盆中经过长时间迁移和聚集之后,在一种合适的化学或生物化学条件下沉积的
成矿时代	新太古代
矿床成因	沉积变质

10. 成矿要素

和龙官地铁矿床成矿要素见表 5-2-20。

表 5-2-20 和龙官地铁矿床成矿要素表

成矿要素		内容描述	类别
特征描述		矿床属沉积变质型	
地质环境	岩石类型	角闪长英片麻岩、长英片麻岩、黑云母长英片麻岩及黑云母角闪长英片麻岩等,夹角闪斜长片麻岩、黑云母角闪片岩、斜长角闪片岩、黑云母绿泥角闪片岩、石英云母片岩	必要
	成矿时代	新太古代	必要
	成矿环境	新太古代和龙地块内三道沟组上部长英片麻岩组合层,含铁矿层有 20 层以上。矿体受褶皱构造控制	必要
	构造背景	矿床位于前南华纪华北东部陆块(Ⅱ)、龙岗-陈台沟-沂水前新太古代陆核(Ⅲ)的和龙残块(Ⅳ)内	重要
矿床特征	矿物组合	主要为磁铁矿,其次为赤铁矿,少量的褐铁矿、黑锰矿、黄铁矿、黄铜矿、闪锌矿、磁黄铁矿	重要
	结构构造	粒状变晶结构、包含状变晶结构;片麻状—条带状构造、片状构造、浸染状构造、块状构造	次要
	控矿条件	新太古界三道沟组;矿体主要受褶皱构造控制,分布于褶皱构造的两翼或核部	必要

二、预测工作区成矿规律研究及区域成矿要素、成矿模式

吉林省鞍山式沉积变质型铁矿具有相同的成矿地质条件和相同的演化历史,为此对夹皮沟-溜河、四方山-板石、安口、石棚沟-石道河子、天河兴-那尔轰地、海沟、金城洞-木兰屯预测工作区成矿规律总结如下。

(一)鞍山式沉积变质型铁矿成矿规律

1. 大地构造演化与鞍山式沉积变质型铁矿成矿

区域位于南华纪华北东部陆块(Ⅱ)、龙岗-陈台沟-沂水前新太古代陆核(Ⅲ)的板石新太古代地块(Ⅳ)、夹皮沟新太古代地块(Ⅳ)、和龙新太古代残块(Ⅳ)内。

区域地质演化始于太古宙,在中新太古代时期在吉南龙岗地区形成夹皮沟地块、会全栈地块、清原地块(柳河)、板石沟地块、和龙地块等,这些地块于新太古代末期拼合在一起,称之为龙岗复合陆块。

夹皮沟地块出露在复合陆块最北部,其与会全栈地块边界为红旗沟-夹皮沟剪切带及哑铃状岩体,表壳岩为一套基性火山-硅铁质建造,以含铁、含金为特征。变质深成侵入体为石英闪长质片麻岩-英云闪长岩片麻岩。

会全栈地块出露在复合陆块的中部,南界为通化光华-板石沟-抚松剪切带,带内尚有古元古代地质体残留。其中的表壳岩以富铝质碎屑岩建造为主,有少量火山硅铁岩建造,铁矿不甚发育。变质深成侵入体为英云闪长质-奥长花岗岩片麻岩、变质二长花岗岩,在与夹皮沟地块交接地带发育有紫苏花岗岩。

清原地块出露在复合陆块西部柳河一带,其中变质表壳岩为一套火山-硅铁岩建造。变质深成侵入体主要为英云闪长岩-奥长花岗质片麻岩、变质花岗岩及紫苏花岗岩,并以紫苏花岗岩发育为特征,成矿序列以铁、金、铜为主。

板石沟地块出露在复合陆块的南部,其中的表壳岩一套基性火山-硅铁质建造,以含铁为特征,代表性铁矿为板石沟铁矿。变质深成侵入体主要为英云闪长质-奥长花岗质片麻岩、变质二长花岗岩。在陆块古元古界岩光华岩群中变质玄武岩中获得280Ma的残留锆石。

和龙地块的表壳岩为斜长角闪岩夹变粒岩、磁铁石英岩等,后者为角闪变粒岩、浅粒岩夹斜长角闪岩、磁铁石英岩。变质深成侵入体主要为一套英云闪长质片麻岩以及一套变质超镁铁质岩(蜂蜜河超基性岩体群)。和龙变质地体的成矿序列以金、铁为主,代表性矿产地有和龙鸡南铁矿、官地铁矿、金城洞金矿等。

2. 空间分布

鞍山式沉积变质型铁矿分布在龙岗复合陆块周边,集中分布在板石新太古代地块、夹皮沟新太古代地块、和龙新太古代残块内。

3. 成矿时代

主要成矿时代为新太古代,成矿年龄大于2500Ma。

4. 赋矿层位

鞍山式沉积变质型铁矿赋存于太古宙绿岩地体中,明显受层位控制,在空间上含矿层为分布较稳定,可以横向对比。

矿化分布于海龙、桦甸、抚松、靖宇一带的早期绿岩地体的下部主要为斜长角闪岩、角闪斜长片麻岩,局部夹角闪石岩组合,相当于原鞍山群四道砬子河组和杨家店组(部分),仅分布有小而贫的矿点。早期绿岩地体的上部主要为斜长角闪岩、黑云斜长片麻岩、细粒黑云变粒岩、浅粒岩、二云片岩夹有超镁铁质岩(角闪石岩、滑石岩、透闪石岩),局部有磁铁石英岩组合,大体上相当于原鞍山群杨家店组,是区域上的重要赋矿层位。

分布于吉中桦甸三道沟—夹皮沟以及和龙官地一带的晚期绿岩地体,大体上相当于原夹皮沟群老牛沟组和三道沟组,主要为斜长角闪岩、条带状角闪磁铁石英岩、绢云石英片岩、绿泥石英片岩、绿泥角闪片岩，夹磁铁石英岩组合，是区域上的重要赋矿层位。

5. 成矿作用及演化

鞍山式铁矿普遍经历了早期海底火山-沉积、区域变质、后期表生改造成矿作用。

早期海底火山-沉积成矿作用：早期沉积阶段以强烈的基性火山活动为主，堆积了巨厚的拉斑玄武岩，伴随小规模铁建造沉积，形成下铁建造层；中晚期，基性火山活动减弱，中酸性火山活动和沉积作用加强，形成一套包括拉斑玄武岩、中酸性火山岩和沉积岩组合，沉积了大规模铁建造，形成铁建造层。这一阶段形成了区域上的含铁建造。

区域变质作用：由于（阜平运动？）五台运动，复合陆块边缘裂谷条件下形成的火山-沉积建造发生区域变质作用，变质作用使元素发生分异，铁和其他元素特别是硅分别聚集，形成磁铁矿、石英等主要的矿石矿物和脉石矿物。随着变质作用增强，铁矿成矿物质在变形的褶皱转折端等有利构造部位进一步富集，使矿体变厚、品位增高。

后期表生改造成矿作用：由于构造运动矿体抬升遭到风化剥蚀，地表矿体遭到氧化淋滤，形成次生矿物并在局部富集。

6. 成矿物理化学条件

根据绿岩带发展不同阶段、不同围岩中铁矿成分和组构的稳定性，表明成矿建造为处于海底火山环境下的一套硅铁建造。这一特征可与阿尔戈马型铁矿相似。经地壳丰度标准化后的微量元素，除 Zn 稍高外，其他微量元素均较低，与远源火山沉积铁矿微量元素特征相似。元素对比值 $Sr/Ba<1$，$Cr/Ni>1$ 说明物源与火山活动关系密切。但 $Co/Ni<1$ 的特征，又反映磁铁石英岩是沉积成因。

可以认为，成矿物质是在水盆中经过长时间迁移和聚集之后，在一种合适的化学或生物化学条件下沉积的。根据现代火山资料，铁常与氯作用生成 $FeCl_3$，$FeCl_3$ 在碱性介质中水解生成 $Fe(OH)_3$ 水溶胶，可能是铁质在水域中迁移和聚集的基本形式。随着溶胶不断聚集，浓度增大，形成胶体粒子，在物理和化学条件影响下，由海盆表层氧化环境下向较还原的深水环境沉降，并发生还原反应，$Fe(OH)_3$ 转变成 Fe_3O_4 而沉淀，经过成岩和变质变形作用形成磁铁矿矿石。矿石中磁铁矿的聚粒结构，可能就是胶体粒子的变余结构。

从铁的化合物在 Eh-pH 图上分布来看（Melnik，1980）磁铁矿分布域和硅酸盐相分布域相似。当 $pH>6$，Eh 降至零以下时在缺乏硅酸条件下，$Fe(OH)_3$ 转变成 Fe_3O_4，在存在活性硅酸时，铁的硅酸盐 $Fe_3Si_2O_5(OH)$ 代替铁的氧化物 Fe_3O_4。研究区铁矿的周围和夹层总有硅酸盐相分布，矿石中也常含硅酸盐矿物。这种产状和矿物组合，与铁的化合物 Eh-pH 图解相符，表明铁矿是在有一定硅酸的氧化到还原条件下，由 $Fe(OH)_3$ 胶体还原成 Fe_3O_4 而沉积的原生磁铁矿矿石。

7. 矿体特征

矿体与地层产状一致，矿体形态普遍为层状、似层状、扁豆状和透镜状。矿体规模一般较大，长几米至几千米，厚 0.1~40m，延深几米到 600m 或更深。矿石构造主要为条带状和浸染状，致密块状较少。矿石结构主要为他形粒状变晶结构。矿石类型主要有磁铁石英岩、角闪磁铁石英岩和石榴子石磁铁石英岩型。组成矿石的金属矿物成分为磁铁矿，偶尔见有黄铁矿。脉石矿物主要有石英、角闪石和石榴子石。矿石品位普遍较低，TFe 一般为 20%~40%，矿石普遍含杂质较少。

8. 控矿条件

基底构造控矿：鞍山式铁矿几乎全部地沿龙岗复合陆块的边缘分布，表明其完全受基底构造的控制,即完全受新太古代边缘裂陷控制。

地层控矿:鞍山式铁矿完全受新太古代绿岩地体控制。不同构造部位、不同时段的绿岩建造控制的矿床规模亦不相同。

褶皱构造控矿:区域变质变形作用控制矿体的空间产出部位和矿体形态,如四方山-板石沟倒转复向斜构核部完全控制了四方山-板石沟铁矿带的空间展布。其中,四方山向斜、板石沟复向斜中的珍珠门-上青沟向斜和头道阳岔-五道阳岔向斜分别控制了四方山铁矿、板石沟铁矿。矿床中的主要矿段和厚大矿体主要分布在向斜核部;经本次研究老牛沟和官地铁矿矿体变形特征为紧闭同斜褶皱,后期遭韧性剪切作用多被拉伸,一般表现为翼部矿体长而厚,转折端矿体厚度大,经拉伸作用形态发生变异,如大东沟东山矿体经变形改造后,转折端部位发生变异。

(二)鞍山式沉积变质型铁矿成矿模式

鞍山式沉积变质型铁矿主要形成在华北陆块北部龙岗复合地块边缘新太古代地块中。新太古代在龙岗复合地块边缘由于地壳运动形成裂谷(陷),早期海底火山-沉积成矿作用以强烈的基性火山活动为主,堆积了巨厚的拉斑玄武岩,伴随小规模铁建造沉积,形成下铁建造层;中晚期,基性火山活动减弱,中酸性火山活动和沉积作用加强,形成一套包括拉斑玄武岩、中酸性火山岩和沉积岩组合,沉积了大规模铁建造,形成铁建造层。这一阶段形成了区域上的含铁建造。

由于五台运动和中条运动,以及复合陆块边缘裂谷条件下形成的火山-沉积建造发生区域变质作用,变质作用使元素发生分异,铁和其他元素特别是硅分别聚集,形成磁铁矿和石英等主要的矿石矿物和脉石矿物,随着变质作用增强,铁矿成矿物质在变形的褶皱转折端等有利构造部位进一步富集(图5-2-23)。

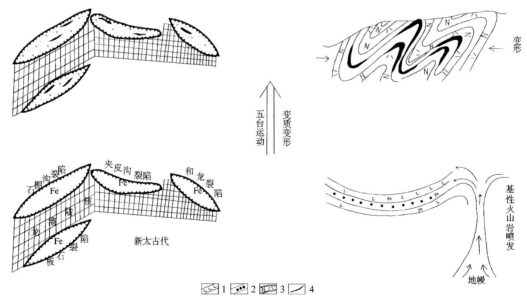

图 5-2-23 鞍山式沉积变质型铁矿成矿模式图
1.中基性火山岩;2.碎屑岩;3.斜长角闪岩;4.矿体

(三)鞍山式沉积变质型铁矿成矿要素

归纳老牛沟、四方山、板石沟、官地及省内相同类型的铁矿成矿地质条件、控矿因素及矿体特征,总结出鞍山式沉积变质型铁矿成矿要素,见表5-2-21。

表 5-2-21　鞍山式沉积变质型铁矿成矿要素表

成矿要素		内容描述	类别
特征描述		矿床属沉积变质型	
地质环境	岩石类型	一是黑云角闪斜长片麻岩、斜长角闪岩、黑云斜长片麻岩夹角闪片岩、黑云变粒岩、磁铁石英岩组合；二是黑云角闪斜长片麻岩夹角闪黑云片岩、斜长角闪岩、绢云石英片岩、磁铁石英岩组合	必要
	成矿时代	新太古代	必要
	成矿环境	新太古代边缘裂陷，新太古代绿岩地体内的褶皱构造的核部及翼部	必要
	构造背景	矿床位于前南华纪华北东部陆块（Ⅱ）、龙岗-陈台沟-沂水前新太古代陆核（Ⅲ）的板石新太古代地块（Ⅳ）、夹皮沟新太古代地块（Ⅳ）、和龙新太古代残块（Ⅳ）内	重要
矿床特征	矿物组合	主要矿物成分有磁铁矿、石英、镁铁闪石，次要矿物有赤铁矿、褐铁矿、角闪石、黑云母及绿泥石，副矿物为锆石、金红石	重要
	结构构造	晶粒结构、聚粒结构和片状结构；以条带状构造为主，其次有片麻状构造和角砾状构造	次要
	蚀变特征	蚀变较弱	重要
	控矿条件	构造控矿：完全受基底构造的控制，即完全受新太古代边缘裂陷控制。 地层控矿：鞍山式铁矿完全受新太古代绿岩地体控制。不同构造部位、不同时段的绿岩建造控制的矿床规模亦不相同。分布于海龙、桦甸、抚松、靖宇一带的早期绿岩地体的下部，主要为斜长角闪岩、角闪斜长片麻岩，局部夹角闪片岩组合，相当于原鞍山群四道砬子河组和杨家店组（部分）。仅分布有小而贫的矿点。早期绿岩地体的上部主要为斜长角闪岩、黑云斜长片麻岩、细粒黑云变粒岩、浅粒岩、二云片岩夹有超镁铁质岩（角闪石岩、滑石岩、透闪石岩），局部有磁铁石英岩组合，大体上相当于原鞍山群杨家店组，是区域上的重要赋矿层位。 分布于吉中桦甸三道沟—夹皮沟以及和龙官地一带的晚期绿岩地体，大体上相当于原夹皮沟群老牛沟组和三道沟组，主要为斜长角闪岩、条带状角闪磁铁石英岩、绢云石英岩、绿泥石英片岩、绿泥角闪片岩、夹磁铁石英岩组合，是区域上的重要赋矿层位。 区域变质变形作用控矿：控制矿体的空间产出部位和矿体形态，一般表现为翼部矿体长而厚，转折端矿体厚度大，经拉伸作用形态发生变异	必要

第三节　物探遥感资料应用

一、物探

（一）资料程度及使用说明

主要参考吉 C-1959-200、吉 C-1977-100、吉 C-1977-99、吉 C-1977-68、吉 C-1977-51、吉 C-1977-69、吉 C-1977-89、吉 C-1977-52、吉 C-1958-238、吉 C-1977-21、吉 C-1977-39、吉 C-1987-2、吉 C-1987-1、吉 C-1987-2、吉 C-1975-32、吉 C-1975-115、吉 C-1975-116、吉 C-1975-35、吉 C-1959-12、吉 C-1959-11、吉 C-1959-13、吉 C-1977-106、吉 C-1976-51、吉 C-1959-107、吉 C-1959-199、吉 C-1976-32、吉 C-1976-70、吉 C-1976-107、吉 C-1960-160、吉 C-1960-106、吉 C-1960-159、吉 C-1960-169、吉 C-1960-157、吉 C-1977-126、吉 C-1977-127 异常信息资料，以及区域上大比例尺地磁资料。

(二)典型矿床特征

1. 老牛沟铁矿

1) 矿床地球物理找矿标志特征

涵盖老牛沟铁矿床的区域地球物理资料有 1959 年和 1976 年进行的 1∶10 万和 1∶5 万航空磁法测量及 1989 年开展的 1∶20 万重力成果。此外,于 20 世纪六七十年代先后在矿区及其外围配合地质普、详查做了 1∶1 万和 1∶5000 的地面磁测。诸多资料对发现和圈定矿体及研究区域(或矿区)控矿地质构造提供了丰富的地球物理信息。

(1) 区域重力异常特征:由图 5-3-1 可知,老牛沟铁矿恰好位于会全栈圆形布格重了高异常的北东侧梯级带上。重力高异常东西长 70km,南北宽 60km。异常中心位于老金厂附近,最高值为 -240g.u,背景强度 -400g.u。该异常是由中部高值区和周围环形梯度带两部分组成。在高值区向周边梯级带的过渡带上局部重力等值线出现正向变异(如苇厦子、老牛沟、夹皮沟等)。

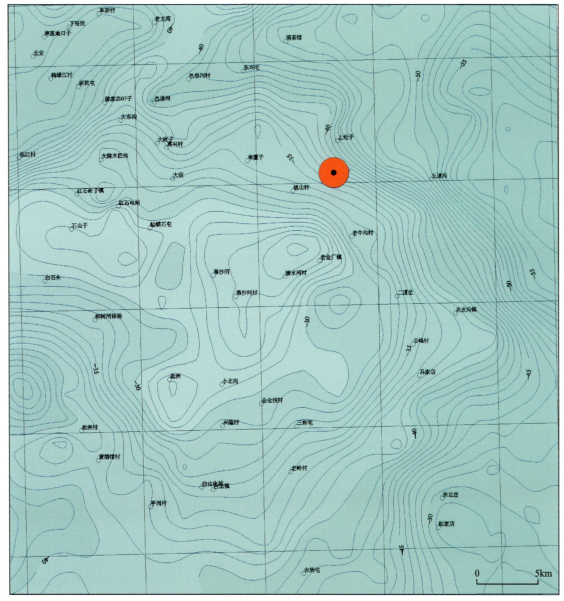

图 5-3-1 桦甸市老牛沟铁矿一带布格重力异常平面图

经与地质关联,异常处于龙岗古隆核的北端,出露岩性系属太古界中—深变质岩系,周边被深大断裂所环绕。异常北西侧有辉发河深断裂,北东侧有富尔河深断裂,东南为两江深断裂,南西侧有一北西向区域断裂存在。据此判定,此异常是由太古宙古穹隆构造所引起,这是本区基本构造格架特征。高值区是与古太古界—中太古界四道砬子河组和杨家店组关系密切,而周边局部正向变异多与太古宙晚期绿岩地体有关。由已知矿产分布不难看出,异常周边的环形梯级带控制了区内金、铁矿产的分布,特别是北东侧的苇厦子-夹皮沟北西向的梯级带控制夹皮沟金矿带和老牛沟铁矿带的产出。此外,异常梯级内正向变异部位往往与中大型金、铁矿床有关。例如苇厦子变异带有板庙子金矿、苇厦子铁矿,老牛沟变异带赋存有老金厂金矿、老牛沟铁矿,夹皮沟变异带则有夹皮沟、二道岔、六批叶金矿床分布区。由此不难推断,会全栈高值重力异常周边环形梯级带和异常的四周正向变异带是重要的找矿信息。

(2)床航磁异常特征:老牛沟沉积变质铁矿床,在1∶10万和1∶5万航磁图上均有清晰高磁异常反映,尤其后者更为明显,见图5-3-2。矿床1∶5万航磁异常,是由C-1959-107、C-1959-107-1、C-1959-107-2、C-1959-107-3及C-1976-26共5个异常组成的北西向异常带,长24km,宽1.5~5km。该异常于三道沟开始向东分成南、北两支(北支由C-1959-107-1和C-1959-107-3异常组成,南支为C-1959-107-2异常),二者之间相距1.7~5km。老牛沟铁矿1∶5万航磁异常为在较平稳负背景场上出现的高强度、陡峰状、带形异常,强度两端弱(167~586nT)而中间强(1335~3270nT),两侧梯度陡并伴负值。南、北两个异常带是由多个近椭圆形的局部异常组成,见图5-3-2,北部异常带由西至东分布有$I_{1,2}$(586~1158nT)、Ⅱ(1335nT)、Ⅲ(1625nT)、Ⅳ(1490nT)、$V_{1,2}$(135~307nT)、Ⅵ(390nT)共6个异常。南带展布有Ⅶ(1770nT)、Ⅷ(3070nT)、Ⅸ(2640nT)、Ⅹ(167nT)共4个异常。与地质关联北带的6个局部异常分别是北矿带上的苇厦子、头道河子、三道沟、大西沟东山、稻草沟、四道河共6个矿段内矿体群的综合反映;南带上的4个局部异常则分别由南矿带中的大西沟、杨树沟、小东沟、高力屯共4个矿段中的矿体群综合引起。

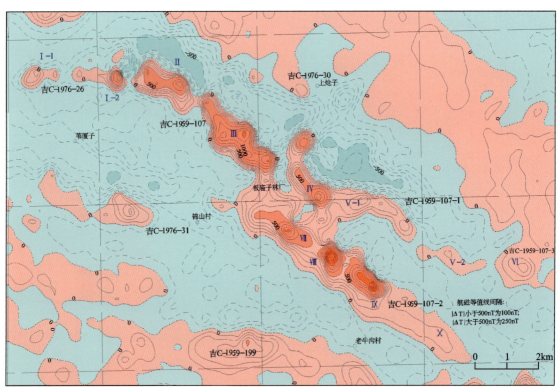

图5-3-2 桦甸市老牛沟铁矿区 ΔT 等值线平面图

综上可知,航磁异常特征反映了老牛沟铁矿南、北分带,带内分段,段内矿体成群的特点。

(3)异常特征:截至1979年10月,完成了矿区近百平方千米1:5000地面磁测,发现了强度、规模不等磁异常百余处。由于矿床各类铁矿石与围岩磁性差异大,各矿段内已知矿体均有地磁异常反映,一些未知异常经工程查证,亦多由埋深不等的盲矿体所引起。找矿勘查表明,地磁找矿效果不仅具有1:5万航磁划分矿带和区分矿段作用外,还能直接圈定出露或近地表较大矿体(或密脉带)及发现一定埋深盲矿体,找矿效果更为显著。

图5-3-3为大西沟东山矿段地磁异常等值线图,该矿段地磁异常分为两条北西向近平行异常带,北侧主要由C_2、C_3、C_4三条紧密相邻的狭窄带状异常组成,强度多在2000~8000nT之间;南侧由断续分布的C_{10}-1和C_{10}-2两个异常组成,异常形态较北侧异常复杂,但规模相对较大,强度亦多在2000~8000nT。经与图5-3-4扣合、关联,矿体与异常基本吻合,形态大体一致,异常系由矿引起无疑。出露或近地表较大的单一矿体或矿脉带上的异常均为狭长、高强度、陡梯度,北侧伴有一定负值带状异常。单矿体上的异常多为规整的单峰状异常,由相邻很近的2~3条矿体组成的矿带,其异常常出现双峰状或多峰状。当矿体不一定埋深盲矿体(或脉带)时,则地磁异常多呈规整、低缓状异常,见图5-3-5。

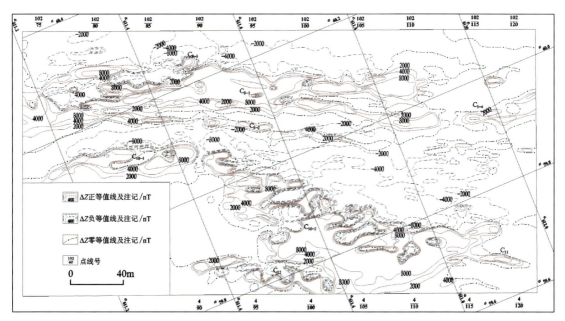

图5-3-3 桦甸市老牛沟铁矿区大西沟东山矿段 ΔZ 等值线平面图

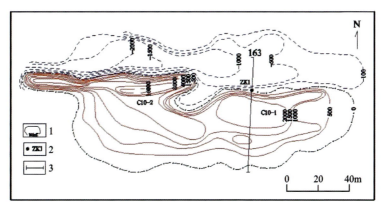

图5-3-4 桦甸市老牛沟铁矿区 C10 异常 ΔZ 等值线平面图

1.ΔZ 等值线(nT);2.钻孔;3.剖面线

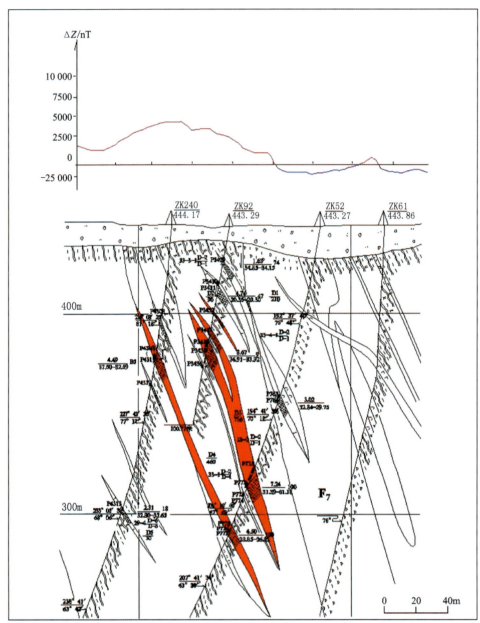

图 5-3-5 桦甸市老牛沟铁矿区稻草沟矿段 103 线综合剖面图

2) 矿床地质-地球物理找矿模型

老牛沟铁矿地质-地球物理找矿模型,依据前述矿床地质特征和地球物理异常标志可归纳、总结如下:

老牛沟铁矿:成矿物质主要来源于海底中基性火山喷发-沉积作用。矿床成因经过了早期火山喷发-沉积阶段,中期铁质聚集阶段、区域变质(含混合岩化)作用阶段而形成的。

该矿床严格受北西向区域性挤压构造带控制,呈北西带状产出。新太古界鞍山群上部三道沟组绿岩建造为本矿床含铁地层。矿床北矿带主矿体往往都产于道沟组上亚组的下部,而南矿带则赋存在下亚组的上部,这是矿床成矿的重要标志。

磁铁石英岩和磁铁角闪石岩是老牛沟铁矿床矿体的两种主要矿石类型。经矿区岩、矿石物性标本测定,两类矿石均属强磁性矿石,前者常见磁化率(κ)为 $97\,000 \times 10^{-5}$ SI,Jr 为 $29\,000 \times 10^{-3}$ A/m。但矿区广泛分布的变质岩类和混合岩类磁性相对较弱,与矿石磁性差异较大。因此,本类型矿床具有较充分的磁测找矿物理前提。

老牛沟铁矿位于1∶20万区域重力场中高、低布格异常间北西向的线性梯度带上,和其局部正向变异扭曲部位。重力异常特征能够清晰地反映成矿的地质构造条件和产出的有利部位。故区域重力区域异常特征是划分此类型铁矿成矿远景区、段的重要地球物理信息。

1∶5万航磁异常具有直接圈定矿带和划分矿段的找矿效果。异常特征是在平稳负背景场上呈现由强度167～3270nT不等的多个椭圆状局部异常有规则排布成的带状异常,与附近异常比具有强度高、梯度陡、形态规律为特征。

1∶5000地面磁测,可以直接圈定出露或近地表规模较大的铁矿体,或多个矿体组成的矿脉带,两者均有强度大(5000～10 000nT)、梯度陡、狭长带状异常反映,但在异常形态上,前者多为规律的单峰状而后者常见为双峰或多峰状。此外,地面磁测尚能发现有一定埋深和规模的盲矿体,异常多为强度小于5000nT的低缓异常。

3)物探预测要素特征

物探预测要素特征详见表5-3-1。

表5-3-1 老牛沟铁矿物探预测要素特征表

预测要素	内容	类别
重力	铁矿位于1∶20万区域重力场中高、低布格异常间北西向的线性梯度带上,和其局部正向变异扭曲部位。重力异常特征能够清晰地反映了成矿的地质构造条件和产出的有利部位。故区域重力区域异常特征是划分此类型铁矿成矿远景区、段的重要地球物理信息	重要
航磁	1∶5万异常特征是在平稳负背景场上呈现由强度167～3270nT不等的多个椭圆状局部异常有规则排布成的带状异常,与其附近异常比,具有强度高、梯度陡、形态规律为矿致异常	必要
地磁	1∶5000地面磁测5000～10 000nT,梯度陡、狭长带状异常,异常形态,多为规律的单峰状而后者常见为双峰或多峰状,可以直接圈定出露或近地表规模较大的铁矿体或多个矿体组成的矿脉带。地面磁测异常强度小于5000nT的低缓异常尚能发现有一定埋深和规模的盲矿体	必要

2. 板石沟铁矿

1)矿床地球物理异常特征

(1)区域重力异常:板石沟铁矿在1∶20万区域布格重力等值线图上处一相对局部重力高异常内,见图5-3-6。异常呈北东向规整椭圆状,长8km,宽4km,为一北东向重力高异常带上叠加异常,背景异常强度3mgl,矿区叠加剩余异常强度3mgl,异常形态和范围与板石沟铁矿带基本吻合。经与地质资料综合分析,异常恰处在珍珠门一上清沟向斜上,与杨家店组的上亚组含磷硅铁质建造层位相同。故该异常认为与古太古界上部旋回顶部角闪岩相含铁绿岩地层关系密切,进而指出了板石沟鞍山式铁矿赋矿层位的分布和矿区控矿构造基本特点,是间接找矿的重要地球物理标志。

(2)航磁异常:板石沟铁矿在1∶5万航磁图上有明显异常反映,见图5-3-7。异常由吉C-1977-15、吉C-1977-17、吉C-1977-239、吉C-1977-16、吉C-1977-21共5个异常组成。异常为呈一北东东向似纺锤状异常带,长11km,最宽处5km。异常强度大(190～888nT)、梯度北陡南缓、北侧伴有-220～-150nT负值异常为特征。该异常是由多个近椭圆状局部异常构成,大体可分为南、北两带。北带呈向北凸出的弧形,由吉C-1977-239、C-1977-16、C-1977-21共3个异常组成,各异常间连续性较好,规律性明显;南带呈略向南突出弧形串珠状异常带,异常出现在西半段。异常规模大小不一,其中吉C-1977-17号异常最大,长2.5km,宽1.2km,呈北东向椭圆状,最大强度888nT,梯度北西侧略大于东南侧,北端伴有不大的负值异常。经综合分析,该异常应由埋深较大的盲矿体引起。北带吉C-1977-21异常由上清沟矿段1至8等矿组综合引起,吉C-1977-16和吉C-1977-239两异常为李家堡子9至15矿组的综合反映;南带吉C-1977-15和吉C-1977-17号异常则由棒棰园子矿段的16、17、18矿组引起。由此看出,1∶5万

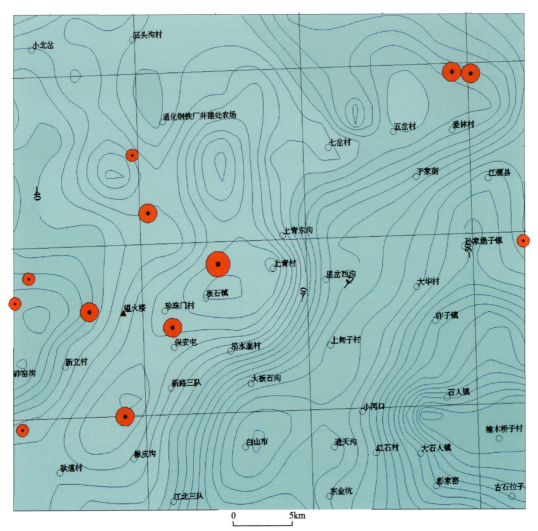

图 5-3-6 白山市板石沟铁矿一带布格重力异常平面图

航磁异常能够较准确地圈出板石沟矿带范围,清晰划出各矿段的分布。

(3)地磁异常:由图 5-3-8 看出,板石沟铁矿区 1∶1 万地面磁法找矿效果十分显著,依然测出了一近东西向分布的似纺锤状异常带,长 9km,最宽处 3.5km。地磁异常结构亦同航磁一样出现了南、北两个异常带:北带由 1~15 等局部异常组成,而南带分布有 16~194 个异常。总的看来,地磁异常具有强度高(1000~10 000nT)、梯度陡,呈狭窄尖峰状,北侧多伴有一定的负值。异常具有成带、分段、成群分布等特征。

经矿区工程勘探表明,区内绝大多数异常系由铁矿体所引起(图 5-3-8 的各编号异常与相应号的矿组对应),地磁异常成了矿区找矿评价的重要标志。

2)矿床地质-地球物理找矿模型

依据上述矿床地质、地球物理找矿标志,将该矿床地质-地球物理找矿模型归纳如下。

板石沟铁矿床铁质来源于海底中基性火山喷发-沉积作用,经过火山喷发间歇或者后期的海水作聚集形成含磷硅铁质建造后,再经过区域变质和混合岩化热液叠加、改造而形成。矿床处于区域北东和东西两组构造体系联合控制的珍珠门-上清沟向斜的太古宙早期绿岩带上部沉积旋回的角闪岩相地层中。

石英磁铁矿、角闪磁铁矿是板石沟铁矿的主要矿石类型,标本磁性测定表明两类矿石均属极强磁性,前者磁化率(κ)为 $130\,000 \times 4\pi \times 10^{-5}$ SI,剩余磁化强度(Jr)为 $30\,610 \times 10^{-3}$ A/m;后者 κ 为 $112\,300 \times 4\pi \times 10^{-5}$ SI,Jr 为 $23\,150 \times 10^{-3}$ A/m。然而,矿体围岩磁性均属弱—中等强度,与矿石磁性差异十分明

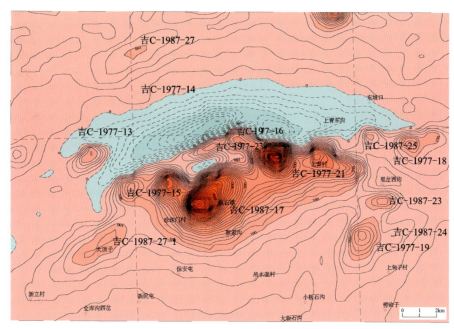

图 5-3-7　白山市板石沟铁矿区航磁 ΔT 等值线平面图

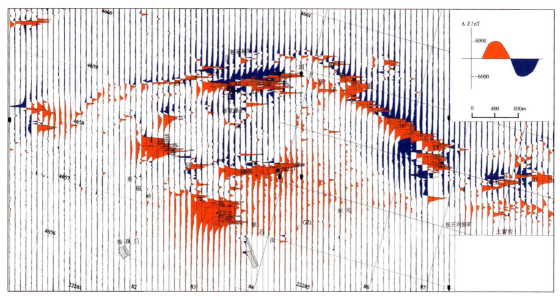

图 5-3-8　白山市板石沟铁矿区航磁 ΔZ 剖面平面图

显,具有较充分磁性找矿前提。

板石沟铁矿在 1∶20 万区域布格重力等值线图上,恰好处于区域负重力场中一相对 3mgl 强度局部重力高异常内。经与地质关联,异常是与该矿床赋矿层位(硅铁质建造)关系密切。因此,重力高异常是该类型矿床重要区域间接找矿标志。

该矿床在 1∶5 万航磁图中有十分明显的异常反映。异常均有强度大(190~888nT)、梯度陡、北侧伴有较大负值等特征,异常不仅能够圈定出矿带,而且尚能够指示矿段的空间分布。

1∶1 万地磁找矿效果更为翔实、具体,地磁异常除了能够确定矿带和划分矿段外,更大的作用是可以直接圈定出露或近地表规模较大的单个矿体或矿组(密脉带)。前者异常多为强度 10 000~20 000nT 的单峰状狭窄的带状异常,后者多为尖陡的双峰或多峰异常带。板石沟铁矿床地质-地球物理找矿模型详见图 5-3-9。

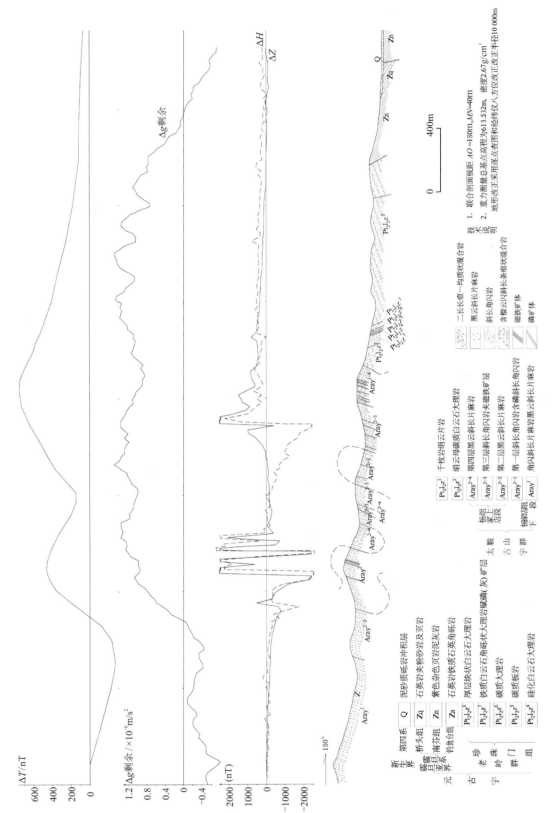

图5-3-9 白山市板石沟铁矿598线综合剖面图

3) 物探预测要素特征

物探预测要素特征详见表 5-3-2。

表 5-3-2 板石沟铁矿物探预测要素特征表

预测要素	内容	类别
重力	在 1∶20 万区域布格重力等值线图上,重力高异常是该类型矿床重要区域间接找矿标志	重要
航磁	1∶5 万航磁异常强度 190~888nT,梯度陡,指示矿段的空间分布	必要
地磁	1∶1 万地磁异常强度 10 000~20 000nT 的单峰状狭窄的带状异常和尖陡的双峰或多峰异常带,可以直接圈定出露或近地表规模较大的单个矿体或矿组(密脉带)	必要

3. 四方山铁矿

1) 矿床地球物理找矿标志特征

(1) 区域重力异常:四方山铁矿在 1∶20 万布格重力等值图上处在通化重力高异常与其北侧光华重力低异常间,大安镇-马老镇近于东西分布梯级带中部向北凸出的正向变异异常的边部。该异常是处于此东西向梯级带与四方山-板石沟北东向重力梯级带交会处,见图 5-3-10。

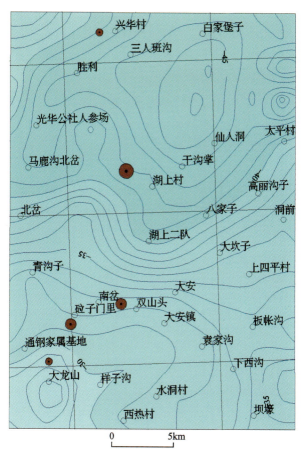

图 5-3-10 通化市四方山铁矿一带布格重力异常平面图

经与地质关联,该变异异常恰与太古宙早期杨家店组含铁硅铁质绿岩地体相吻合,故重力变异异常反映了古陆壳边缘绿岩带分布,是沉积变质铁矿(鞍山式)成矿的有利层位。区内东西向和北东向重力梯级带反映两组断裂构造体系的存在,由此可见,该区刚好处在两组区域断裂构造交会部位,应是控制矿区含矿地层及矿体空间分布的基本构造格架。重力异常是研究矿区区域地质条件的基础地球物理信息。

(2)区域航磁异常:1978年在1∶5万航空磁测中,四方山铁矿床存在强度高而又十分规整的C-1958-238航磁异常,见图5-3-11。该异常为一近南北向椭圆状二级叠加高值正异常(北侧伴有明显负值),长4.6km,宽3.7km。一级异常位于南部,曲线规整、低缓,ΔT最高为260nT。北侧两个叠加异常,东部异常规模较大,呈扁豆状北东向分布,异常规律明显,最高强度为526nT,梯度北侧陡于南侧,长2.2km,宽1.5km。西部异常较小,似椭圆形,近东西向展布,梯度北陡南缓,最大强度为344nT,东西长1.5km,宽1km。经综合资料对比分析,东、西两个局部异常分别为小房沟矿段Ⅷ、Ⅸ、Ⅺ三个矿组和苗圃矿段Ⅰ、Ⅱ、Ⅲ、Ⅳ、Ⅴ矿组的综合反映,异常特征与矿体群分布,产状相一致,是四方山铁矿床重要区域找矿标志。此外,异常南半部低缓异常,经ZK65深孔(931.16m)查证,进尺深550m和680m处见到了两层磁铁矿体,总厚40m,由此表明,异常与埋深较大的盲矿体关系密切。另外,此孔单分量磁侧井曲线在760m往下又出现升高趋势,进而指出深部还有矿体赋存的可能,找矿尚有一定潜在远景。

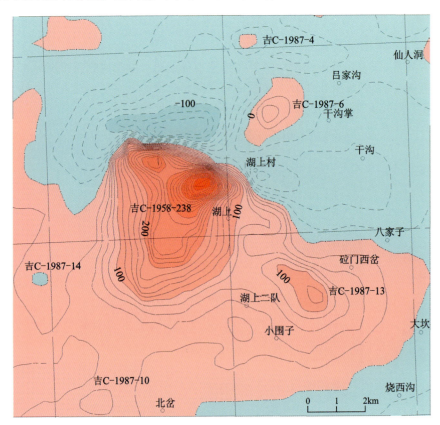

图5-3-11 通化市四方山铁矿区1∶5万航磁ΔT等值线平面图

(3)地面磁异常:矿区1∶2000地面磁侧共发现有一定规模的磁异常11处(编号Ⅰ、Ⅱ、…、Ⅺ),依据诸异常关系,可划分出东、西两个向北东收敛的对称异常带,两个异常带又可明显分为两层结构的内、外两个亚带,异常对称性分布是地磁异常最突出的特征。由图5-3-11可看出,在预测工作区范围内,东部异常带外亚带是由Ⅺ号异常组成,呈北东走向,长2.2km,宽100~200m,位于西侧的内亚带由Ⅷ、Ⅸ、Ⅹ共三个异常组成,走向北东,长1km,宽200~300m。西部异常带外亚带由Ⅰ、Ⅱ、Ⅶ等异常组成,走向北东,长2.4km,宽200~300m。位其东侧的内亚带由Ⅲ、Ⅵ、Ⅴ等异常组成,走向北东,长2km,宽200~300m。各异常带(亚带)均由数个大小不等不规则状椭圆形局部异常组成。异常具有陡尖峰状,递度北西侧大于南东侧,北部多伴有负值,强度一般多在500~1000nT之间。在东、西两异常带内亚带之间小于500nT低缓异常及在矿区南部北东走向椭圆状低缓异常,面积约为6.7km²,强度300~500nT,与1∶5万航磁叠加异常的一级背景异常分布一致。

矿区内地磁异常经勘探工程验证,绝大多数系磁铁矿引起,效果显著,见图5-3-12。4个异常带分布与地质上、下含矿层位相一致,异常两侧外亚异常带反映了矿区下部含矿层位分布,其内亚异常带则是上部含矿层的反映。依据异常对称性特征,推断四方山铁矿应该受一向北东方向收敛而向南西倾伏的向斜构造控制。由此判断两个内亚带中间的低值异常和矿区南侧的低缓异常可能与深部含矿层位关系更为密切,应是矿区深部找矿的重要地球物理标志。

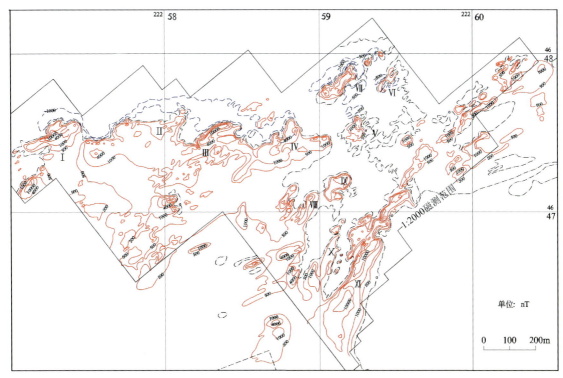

图 5-3-12　通化市四方山铁矿区 1∶2000 地磁异常 ΔZ 等值线平面图

2) 矿床地质-地球物理找矿模型

综合上述地质、地球物理找矿标志特征,矿床地质-地球物理找矿模型归纳整理如下。

四方山铁矿系属古太古代晚期含铁硅铁质绿岩型的沉积质铁矿床。矿床含矿层为鞍山群杨家店组中亚组 2~4 岩性段(下、上含矿层)。含矿层空间分布受四方山枢纽向斜控制。

石英磁铁矿石是四方山铁矿床矿体的主要矿石类型,物性标本测定,磁化率(κ)为(3000~10 000)×$4\pi10^{-5}$SI,剩余磁化强度(Jr)为(30 000~50 000)×10^{-3}A/m,属强磁性矿石,而其围岩角闪斜长片麻岩,斜长角闪岩,混合花岗岩等,磁性相对较弱,磁化率(κ)一般小于 $1000×4\pi10^{-5}$SI,剩余磁化强度(Jr)为(100~500)×10^{-3}A/m。矿体与围岩存在较大磁性差异,具有强磁性矿体物理特征,存在有磁法找矿的有利前提。

四方山铁矿位于 1∶20 万布格重力等值线一正向变异异常边部,处在北东向和东西向两个重力梯级带的交会部位。区域重力异常反映了与成矿有关古太古代晚期含铁硅铁质绿岩体的分布,并且揭示了基本控矿构造特征,是圈定该类型铁矿成矿有利区极重要区域基础信息。

1∶5 万航磁在四方山铁矿测到了十分规整明显的二级叠加异常。两个浅部叠加局部异常(344~526nT)较准确地反映了矿床小房沟和苗圃两个主要矿体的分布,一级低缓异常(100~300nT)指出了该矿床深部找矿的潜在远景。总之,1∶5 万航磁异常具有直接找矿的地质效果。

1∶2000~1∶1 万地面磁测结果,强度 1000~10 000nT 陡峰状异常,均属出露或近地表磁铁矿体异常,是发现和圈定矿体的主要标志。此外,地磁异常分布规律进一步指出了控制矿体分布的构造形态。据此认为,在矿区东、西两异常带之间的低值异常和它们南侧规模较大的低缓(300~500nT)异常,具有寻找深部盲矿体的潜在价值,见图 5-3-13。

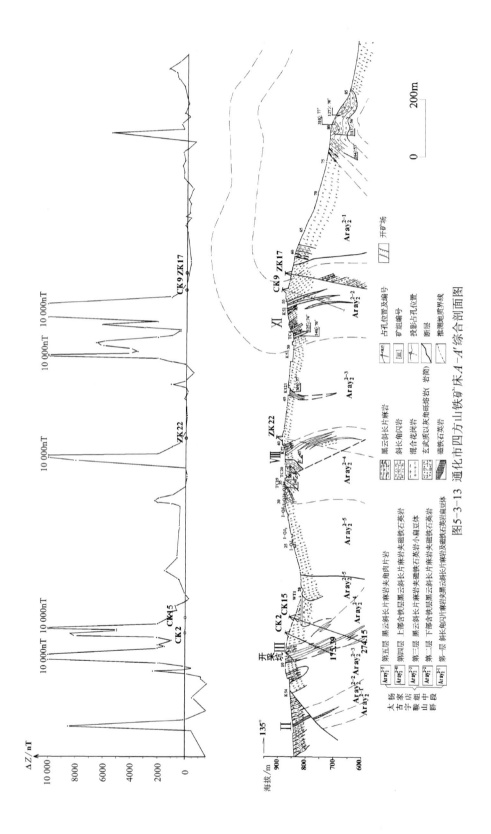

图5-3-13 通化市四方山铁矿床 A-A′ 综合剖面图

3）物探预测要素特征

物探预测要素特征详见表5-3-3。

表5-3-3　四方山铁矿物探预测要素特征表

预测要素	内容	类别
重力	1∶20万布格重力等值线正向变异异常边部，北东向和东西向两个重力梯级带的交会部位，是圈定该类型铁矿成矿有利区极重要区域基础信息	重要
航磁	1∶5万航磁浅部叠加局部异常344～526nT较准确地反映了矿床小房沟和苗圃两个主要矿体的分布，一级低缓异常100～300nT指出了该矿床深部找矿的潜在远景	必要
地磁	1∶2000～1∶1万地面磁测结果，强度1000～10 000nT陡峰状异常，均属出露或近地表磁铁矿体异常，是发现和圈定矿体的主要标志。此外，地磁异常分布规律进一步指出了控制矿体分布的构造形态。在矿区东、西两异常带之间的低值异常和它们南侧规模较大的低缓（300～500nT）异常，具有寻找深部盲矿体的潜在价值	必要

（三）预测工作区特征

鞍山式沉积变质铁矿包括夹皮沟-溜河、四方山-板石、安口、石棚沟-石道河子、天河兴-那尔轰地、海沟、金城洞-木兰屯7个预测工作区。

吉林省内鞍山式铁矿赋存于太古宙早期绿岩和晚期绿岩带中。早期绿岩带即龙岗群下部杨家店组，在通化、浑江、靖宇、海龙均有分布。岩性以黑云角闪片麻岩、变粒岩、片岩、斜长角闪岩、混合岩、混合花岗岩及含磷磁铁石英为主。上述岩性平均磁化率 $\bar{\kappa}=2363\times10^{-5}$ SI，平均剩磁 $Jr=890\times10^{-3}$ A/m。晚期绿岩带，即太古宇上部夹皮沟群，出露在桦甸的夹皮沟、老牛沟及和龙的官地、鸡南一带。晚期绿岩带是吉林省内最重要的含铁层位，岩性主要为各类片岩、角闪岩、混合岩、混合花岗岩及磁铁石英岩。平均磁化率 $\bar{\kappa}=2843\times10^{-5}$ SI，平均剩磁 $Jr=980\times10^{-3}$ A/m。由此可见二者磁化率接近，剩磁不高，航磁反映除局部高值外，一般反映呈现50～150nT异常。

1. 夹皮沟-溜河预测工作区特征

1）磁场特征

从航磁图上看，预测工作区中部是一条北西向的负异常带，宽6～9km，两端延出预测工作区，异常带上分布若干条带状正异常，强度高，梯度陡。如吉C-1959-107异常等，强度一般为500～1000nT，最高为1900nT。异常处于三道沟组，岩性为绿泥角闪片岩、斜长角闪岩、混合质斜长角闪岩、绿泥片岩、磁铁石英岩等。高值异常北侧的负磁场是一条新元古代地层，呈带状分布，岩性为大理岩、变质砂岩、板岩等无磁地层。

在预测工作区南部，东侧为强磁场，局部异常多为条带状，异常梯度陡，强度一般为300～500nT，最高700nT。岩性主要为杨家店组（Ar_2y）斜长角闪岩、黑云片岩麻岩，以及新太古代的二长花岗岩和脉岩等。西侧磁场较弱，且磁场正负交替，强度一般为100～200nT，低背景场上分布一些弧立异常。岩性与东侧没有明显差异。

在预测工作区东北部，大面积出露侏罗纪花岗闪长岩（$J_2\gamma\delta$）。航磁异常为中等强度，一般为300～500nT，局部异常走向多为北东向，向北磁场变弱出现负磁场，可能与岩体内部岩相变化有关。

2）区内航磁异常吉C-1959-107老牛沟铁矿异常带：异常呈北西向长条状分布，向北西端收敛，向南东发散，全长15km，宽0.5～2.5km。最高强度为2600nT，一般强度为750nT。正异常两侧均有负值，北东侧明显，为－750nT。异常形态连续，规整，梯度陡。地面磁异常的特点：铁矿异常分布在矿带上，由北西西向南东东逐渐散开，与航磁异常范围基本一致。异常梯度陡，强度高，一般在5000nT以上。北侧、北东侧出现明显负值。

吉C-1959-199，杨家店异常带：位于老金厂镇北约2km，杨家店附近。1∶5万航磁异常呈东西向条状分布，长约4km，宽1.5km，最高强度为800nT，曲线圆滑，梯度比较平缓，北侧有负值。1∶1万地面磁测显示异常呈东西向分布，长4km，宽1km。最高强度为2800nT，一般强度为1500nT，北侧有明显负值，曲线平缓，略有起伏，边续性好。异常区分布在杨家店组石榴子石黑云变粒岩、斜长角闪岩、角闪岩等。异常性质不明。

吉C-1976-32老金厂异常：位于老金厂镇南0.6km。1∶5万航磁异常量近似等轴状，直径约1.2km，梯度较平缓，最高强度为630nT。1∶1万地磁异常分布范围与航磁一致，一般强度在1000nT左右，曲线有起伏，相邻测线可比性差。异常位于太古宇鞍山群杨家店组，主要为角闪岩、斜长角闪岩、石榴子石黑云变粒岩等。异常未做定性，属性质不明。

吉C-1976-70异常：位于预测工作区南部699高地。1∶5万航磁化极图上，异常呈东西向带状分布，长3.5km，宽1.5km，强度为150～200nT，曲线略有起伏，梯度比较平缓，北东、南西两侧均有负值。地检异常范围和航磁异常相似，但曲线起伏变化大，梯度较陡，最高强度为7571nT，一般为700～2000nT。异常处在三道沟组，周围是大面积的混合花岗岩。异常由磁铁石英岩、角闪辉长岩、斜长角闪岩等引起。

吉C-1976-107异常：位于预测工作区南端，走向为北西西向，长2.5km，宽2.0km，强度为750nT，两侧梯度较陡，北侧有明显负磁场。异常处于五道溜河岩体与鞍山群杨家店组接触带上，是寻找鞍山式铁矿的有利地段。

3）推断断裂

F_7、F_8、F_9、F_{10}为一条断裂，位于预测工作区东北部，沿北西向梯度带展布。断裂北侧出露侏罗纪花岗闪长岩，磁场呈现低缓正异常或局部负异常，磁场较隐定。断裂另一侧负磁异常为元古宙砂岩、板岩、大理岩等无磁性地层。

F_7、F_8、F_9、F_{10}为两者的断层接触线。该断裂属于深大断裂的一部分，控制了岩浆岩的分布。

F_{18}位于预测工作区中部，沿北西向梯度带呈弧形延伸，长约50km。断裂北侧负磁场为老牛沟成矿带、太古宙变质岩，且沿断裂片理化、糜棱岩化十分强烈。断裂南东侧，磁场升高，但断裂两侧岩性没有明显差异。该断裂控制了老牛沟铁矿的分布。

F_{13}、F_{14}、F_{15}为一条断裂位于预测工作区中部，与F_7、F_8、F_9、F_{10}平行，沿梯度带延伸，长25km。F_{13}、F_{14}、F_{15}与F_7、F_8、F_9、F_{10}所夹狭长的负异常带为元古宙岩组分布区。

F_{23}、F_{24}位于预测工作区西南部，两个断裂所夹的负异常带为北北西向断裂带，该断裂带分别穿过新太古代二长花岗岩、杨家店组，可能为较晚形成的挤压破碎带。

F_8位于预测工作区北部锦山村附近，断裂沿正异常中的低值带分布，长5.5km。断裂处在新太古代二长花岗岩中。

F_{19}位于预测工作区南部，东北岔、郎家店一带沿北西向梯度带及磁场低值带展布，长13km，断裂出现在太古宙变质岩中，与夹皮沟老牛沟断裂平行分布，可能为夹皮沟断裂的次级小断裂。

北西向断裂为区内主要构造方向，控制了夹皮沟铁矿的成矿带的分布。区内推断断裂17条，其中北西向10条，东西向6条，南北向2条。

4）区内岩浆岩

侵入岩：区内圈定侏罗纪侵入岩体两处，一处在预测工作区东北部，老牛沟铁矿成矿带的北东侧，磁场呈北西向带状分布，强度一般为200～300nT，最高为500nT左右。岩性为中侏罗纪花岗闪长岩（$J_2\gamma\delta$）。向北西端磁场变化小，一般为100～200nT，最高约300nT。异常带北东侧岩体内磁场明显变弱，正、负异常相间，强度在-50～50nT，可能为不同期或不同岩体磁性不同所致。另一处岩体为早侏罗世二长花岗岩（$J_1\eta\gamma$），位于预测工作区南端，摩天岭附近，异常呈东西向分布，长约14km，呈椭圆状，异常强度最高约 150nT,结合垂向一导图上的异常范围,圈出该岩体。

火山岩:区内共圈定新生代玄武岩($N_2\beta$)3 处:① 在预测工作区西北部蛤蟆屯石附近,异常形态为尖锐多峰状,最高强度为 800nT;② 位于预测工作区北东端,异常杂乱,为锯齿多峰状,北侧有 -400~-600nT 值,最高强度为 1780nT;③ 预测工作区东南端,宝石村附近,为负磁场中的尖锐异常带,呈东西向分布,最高强度为 520nT。以上 3 处玄武岩异常有的为弧立异常,面积都不大。

5) 推断变质岩地层

区内变质岩圈定依据是利用 1∶5 万化极图上磁场特征,结合 1∶10 万地质图,圈出一部分元古宙地层及太古宙变质岩。

F_{13}、F_{14}、F_{15} 和 F_7、F_8、F_9、F_{10} 两条断裂之间的北西向狭长负异常带,为元古宙变质岩。

以 F_{13}、F_{14}、F_{15}、F_{17} 及 F_1、F_2、F_3、F_4 最南端的一小部分断裂为界,南东一侧为太古宙变质岩,包括中太古代英云质片麻岩(Ar_2gnt)、新太古代变二长花岗岩($Ar_3\eta\gamma$)、新太古代变钾长花岗岩,等变质侵入岩,以及四道砬子河组下段、四道砬子河组上段、杨家店组、老牛沟组、三道沟组等变质岩地层。因磁场较复杂,不易作详细划分。

6) 结论

区内老牛沟铁矿是吉林省内大型铁矿之一,现已探明储量。为扩大铁矿资源储量,今后应认真研究低缓异常以寻找深部铁矿;对于区内一些未查证异常,如在预测工作区南部的吉 C-1976-107、吉 C-1976-108 等异常;吉 C-1976-107 位于五道溜河岩体,南缘与杨家店组接触带上具有较好的成矿条件,是寻找铁矿有希望的异常,吉 C-1976-108 和 C-1976-107 条件相同。还有一些性质不明或未做检查的异常,如吉 C-1976-63、C-1976-109、C-1976-71、C-1976-33,吉 C-1959-199 等。另外区内有很多未编号异常,有的异常形态较好。这些异常都处在太古宙变质岩中,具有成矿的有利条件,应认真加以研究,以期发现新的找矿线索。

2. 四方山-板石预测工作区特征

1) 磁场特征

本区磁场以宽缓正异常和负异常为主要特征,异常呈带状、等轴状沿北东向分布。幅值在 -100~100nT 范围内变化。地质上对应太古宇鞍山群变质岩,其中混合岩类及一般片麻岩等无磁性或具弱磁性。而角闪质类岩有较强磁性,是形成低缓正异常的主要岩性。

在北东向的异常带上分布几处强异常,强度达 500nT 以上的局部有异常,如吉 C-1987-2(朝阳村)异常为 600nT,吉 C-1958-238(四方山)异常为 800nT,吉 C-1977-17(板石沟)异常为 1200nT,异常形态上皆为北陡南缓北侧伴有负值。

鞍山群杨家店组中磁铁石英岩及磁铁矿磁化率在 $10\,000\times10^{-5}$SI 以上。板石沟、四方山异常由鞍山式铁矿引起。异常与矿体在北东方向的分布上反映了矿体沿空层位方向分布的特点。

预测工作区内以 F_8、F_5、F_2 为界,以北为太古宙变质岩,磁场较强,以南为古元古代、新元古代青白口纪、古生代地层多为弱磁性岩层,航磁为负磁场,磁法不易区分。

2) 区内航磁异常特征

四方山铁矿异常(吉 C-1958-238):出现在平隐负磁场中的异常,呈北东走向,强度为 1960nT,长 3.0km,宽 1.5km,北侧为峰形强异常,南侧为低缓异常带,处于太古界杨家店组及混合岩中,北侧峰形异常带为四方山地表或浅部铁矿引起,推断南侧的短轴低缓异常为深部隐伏铁矿引起。

板石沟铁矿异常(包括吉 C-1977-13、吉 C-1977-14、吉 C-1977-15、吉 C-1977-16、吉 C-1977-17、吉 C-1977-21):由 6 个异常组成近东西向异常带长 10km,宽 1.5~3.5km。其中,板石沟异常(吉 C-1977-17),呈北东走向,高值区有两处,东南处异常范围较大,北端范围较小,异常全,长 2.5km,宽 1.2km,值高达 1200nT。异常位于鞍山群杨家组中,已做地面磁测。

上青沟异常(吉 C-1977-21):异常呈东西走向,长 3.5km,宽 1.5km,有两个高值区,最高值达

1100nT，北侧伴有明显负值。异常位于鞍山群杨家店组，已做过地面磁测，证实异常为上青沟铁矿2号、3号、4号、5号、7号、8号、11号矿体综合引起。另外，还有在预测工作区外北东部，与四方山、板石沟铁矿在同一成矿带上的吉C-1987-39异常。异常呈北北东走向，长3.5km，宽2.0km，包括4个高值点，最高值为580nT。异常位于混合花岗岩出露区，异常内有鞍山式铁矿点，东部高值区推断亦是鞍山式铁矿。

吉C-1977-39异常，在吉C-1987-39异常东部。异常呈东西走向，有南、北两个高值区，异常最高值为600nT。位于混合花岗岩出露区，异常由已知爱林铁矿引起。

吉C-1987-2朝阳村异常位于预测工作区北侧边部，朝阳村附近，曲线规则，走向北东，长2.5km，宽2km，强度600nT左右，北侧伴生明显负值。经检查，异常呈北东走向，长约1.5km，宽0.5~0.7km，曲线呈跳跃多峰状，$\Delta Z=2000$nT，另一高峰值为3000nT。区内见有含铁质岩石的转石和鞍山群，在异常南部有一铁矿点，推断异常由铁矿引起。

吉C-1987-1禹甸子异常，位于预测工作区外在吉C-1987-2异常的西北部禹甸子，走向北西，长约3km，宽2.0km，最高强度为700nT，北侧伴有明显负值，西部未封闭。经检查，地磁异常分成3条带，均被第四系覆盖。推断异常由铁矿埋藏不深的含铁地质体引起。

3）推断断裂

区内断裂以北东向为主，为主要成矿控矿断裂，其次为北西向或北北西向。

F_8、F_5、F_2断层位于预测工作区中部，沿北东向延伸68km，区内长38.2km，断裂南、北两侧存在显著差异。北侧为四方山-板石沟高磁异常区，异常不连贯，对应太古宙变质岩。南侧是一片平稳负磁场区，对应的是元古宙弱磁性变质岩。该断裂为两个不同磁场区分界线，据前人资料这是一条较大的逆掩断层，使龙岗群推覆到元古宇之上，沿断裂线受后期次级断裂影响，常有错动现象，使断层线出现曲折并略呈弯曲。沿该断裂北侧分布有多个规模不等的鞍山式铁矿床（点），西南侧则分布若干新元古代浑江式铁矿点。

F_6断裂位于预测工作区中部，沿北东向梯变带延伸，长15.8km，断裂两侧磁场不同，东段南侧为板石沟强磁异常带，梯度陡；西段在负磁场区，梯度平缓。断裂处在太古宙变质岩中，为北东向次级小断裂。

F_7断裂位于预测工作区北东部，部分分延出预测工作区，预测工作区部分长10.0km，东段沿东西向梯度带展布，西段转为北西向延伸，断裂两侧态不同，南侧为中—强异常带，北侧为平静负场区。断裂处于太古宙变质岩中，属于次级小断裂。

F_4断裂位于预测工作区西侧，沿北西向延伸，长7.5km，断裂处在一片负磁场中，两侧磁场形态略有不同，断裂南段为太古宙、元古宙两变质地层的断层接触带。本区共推断断裂7条，其中北东向4条，北西向3条。

4）推断变质岩地层

变质岩地层推断的依据是航磁形态特征，结合重力资料及1:5万地质图。共圈出两套地层，一是太古宇鞍山群，二是元古宇地层。

鞍山群：区内以F_5断裂为界，以北为鞍山群变质岩。鞍山群变质岩上磁场特点较为明显，低缓正异常上叠加了不连续的高峰值异常。对比重力资料，鞍山群变质岩对应重力高或重力高向重力低的过渡地带。

元古宙地层分布在预测工作区南部，航磁表现为平静负磁场，重力资料显示元古宙地层为重力高。

5）结论

本区今后找铁仍然是着重对已知铁矿已知异常的研究。如四方山铁矿（吉C-1958-238异常）。根据异常形态，北部高值异常是浅部铁矿的反映，西南的低缓异常，可能是深部隐伏矿体的反映。板石沟铁矿含铁异常带形态好，带内有些低缓异常，应加以研究。

寻找深部铁矿：对于吉C-1987-39异常具有一定的规模，并有铁矿点，属于小矿点，大异常应该很有前景；对于吉 C-1987-1、吉 C-1987-2 两个未知异常形态好，处于成矿有利地段，应进一步工作，以便搞清异常的性质。

3. 安口预测工作区特征

1) 磁场特征

预测工作区东北部何家屯、三人班至张家店一带，航磁为平静负磁场，强度在 $-50\sim100\text{nT}$，局部为低缓正异常，强度 $0\sim50\text{nT}$。东北部出露岩性为元古宙和古生宙弱磁性变质岩地层，岩性为泥质白云岩、灰岩、页岩、粉砂岩等。预测工作区中部和南部，从老营场、东兴野猪沟至大顶子一带，出露新太古宙雪花片麻岩、云英闪长岩等变质岩。航磁异常为一条宽窄不等，强度为 $100\sim200\text{nT}$ 的异常带，长约 42km。两侧负磁场为侏罗系的反映。

2) 航磁异常特征

吉 C-1975-32 异常位于胜利屯附近，异常走向北东，长 5km，宽 $0.5\sim1\text{km}$，曲线规律，两翼对称，中部对应铁矿，出现叠加尖峰，强度可达 800nT，向两端强度降低到 $300\sim400\text{nT}$。据地面检查，异常带主要分布在鞍山群杨家店组变质岩系，岩性为黑云斜长片麻岩、斜长角闪岩等，并夹有石英磁铁矿，东部见侏罗系页岩、砂岩等覆盖于老地层之上。ΔZ 与 ΔT 异常基本相似，除在已知铁矿上反映了梯度变化大的尖峰外，其他地段多呈宽缓曲线，强度在 500nT 左右。经物性测定，区内出露岩石多为弱磁性反映，局部具中等磁性的角闪片麻岩，仅能引起局部点异常，据此推断低缓异常反映了深部变质岩中的铁矿。

吉 C-1975-115 异常，位于大兴村南 4km，异常走向北东呈带状分布，长 4km，宽 700m，强度为 500nT 以上。经地面检查异常区出露鞍山群杨家店组变质岩，岩性为斜长角闪片麻岩、斜长角闪岩、黑云母、斜长片麻岩等，混合岩化强烈，并见有蚀变。ΔZ 曲线呈多峰出现，为一两翼近于对称的高值异常，说明引起异常的磁性体有较大的埋深。据物性资料，分布于高值异常中的斜长角闪岩及混合岩磁性微弱，无法引起有一定规模的异常。该异常形态规则，北部有大兴铁矿点，推测可能为深部铁矿引起，需进一步工作。另外，在 C-1975-115 异常西北部 2.5km 处，有一未编号异常，北东走向长 1.5km，宽 500m，强度为 500nT，柳河谢家沟铁矿点与异常吻合，推断异常由铁矿引起。

吉 C-1975-116 异常位于 115 号异常南侧，形态规整，走向北东，强度为 600nT，分布在鞍山群片麻岩中，经通化地质队初步查证，异常由贫铁矿和脉岩引起。根据异常形态，不排除深部存在富矿的可能。

吉 C-1975-35 异常，为一断续延长达 5km，宽 0.5km 的北东向低缓异常带，强度一般为 200nT，处于鞍山群变质岩中。附近有铁、铜矿点和 Cu、Ni、Co、Zn 异常分布。经查证，异常由磁铁石英岩引起。

3) 推断断裂

F_{14} 断裂位于预测工作区北部，沿北西向梯度带展布，长 10.5km，断裂北段处于元古宙地层及太古宙二长花岗岩中，切割了老地层，与地质上实测断裂吻合，南东段切割了古生代地层。

F_2 断裂位于预测工作区南部，经老鹰沟、大兴村，沿北东向梯度带展布，断裂两侧磁场明显不同，西侧负场区为中生界侏罗系及白垩系东侧是北东向的正异常带，出露新太古代雪花片麻岩，二者为断层接触，断裂长约 24.2km。

F_6 断裂位于预测工作区西侧安口镇至跃进一带，长 14.5km，断裂沿北东向线性梯度带展布。断裂西侧负磁场出露白垩系，正磁场一侧出露新太古代英云闪长岩，二者为断层接触，并有玄武岩沿断裂分布。

F_7 断裂位于预测工作区东南部，沿北东向梯度带展布，长 13.7km，断裂东侧负磁场反映了侏罗纪沉积岩地层。西侧北东向异常带为新太古代英云闪长岩。

F_4、F_5 断裂位于预测工作区南部，沿北西向梯度带展布，长 6.5km，该断裂为新太古代两种岩性分界线，北东一侧为新太古代英云闪长岩，南西侧为雪花片麻岩。区内推断断裂 15 条，其中北东向 6 条，北西向 4 条，东西向 4 条，南北向 1 条。

4）推断变质岩地层

本区推断太古宙变质岩3处,古生代变质岩2处。

新太古代雪花片麻岩分布在预测工作区南部,南起老营场向北经老鹰沟,到大兴村、东兴一带,西部边界是F_2断裂,东到预测工作区边界。片麻岩上磁场以低缓正异常为背景叠加一些条带状异常带。与断裂西侧的侏罗系,磁场有明显差别。在重力场上,表现为重力高。该处片麻岩分布的异常如吉C-1975-115、吉C-1975-116异常及几个未编异常是寻找变质型铁矿的有利地段。

新太古代变质英云闪长岩($Ar_3\gamma o$),位于预测工作区中部,南起跃进、翁园岭,向北到长兴村。该岩体上航磁异常为低缓异常带,强度为0~100nT。与西侧侏罗系和东侧侏罗系、古生界磁场明显不同。在重力场中为重力高。吉C-1975-21异常由几个弧立异常组成,最高为250nT。异常由八宝超基性岩引起,北部有八宝屯铁矿点异常,局部异常可能与铁矿有关。吉C-1975-21异常北部是吉C-1975-35野猪沟异常低缓带状异常,断续长5km,强度一般为200nT,异常区内有宋家沟铁矿点,并有Cu、Ni、Co、Zn晕异常,是寻找铁及多金属的有利地段。

古生代变质地层,位于预测工作区北部,从长兴村向北到张家店附近,岩性是寒武纪灰岩,震旦纪灰岩、页岩等。航磁以负异常为主,局部为低缓正异常,对应重力场为重力高。

5）推断火山岩

本区推火山岩,主要是侏罗纪火山岩,分布在侏罗系中,异常多为等轴状,弧立异常,强度高,梯度陡,与周围磁场有明显差别,位于预测工作区南部富裕村附近。

6）结论

预测工作区内与铁矿有关,并且有一定规模的异常区内,只有吉C-1975-115、吉C-1975-116异常两处。附近一处吉C-1975-32异常位于区外在安口镇北西约9km,为胜利屯异常长5km,有5个高值点,经查证中间最高值由铁矿引起,两边的低缓异常推断由深部隐伏铁矿引起,应对低缓异常进一步工作,以寻找深部的隐伏铁矿。吉C-1975-115异常由两部分高值区,据野外异常查证,只在北东段进行了检查认为异常由铁矿引起,而西南段异常是否与铁矿有关,仍需进一步工作。另外对一些处在成矿有利地段的未编号异常,如吉C-1975-115以北约2.5km处的异常,形态较好,并且在异常上有铁矿点,应进一步工作,以便扩大铁矿找矿线索。

4. 石棚沟-石道河子预测工作区特征

1）磁场特征

预测工作区位于辉发河深大断裂的南侧,区内是一片变化的弱磁场,为一北东向的以负磁场为主的异常带,在区内大体可分为两部分,以F_8、F_9断裂为界,断裂以北为一平静负异常带。狭长的负磁场是辉发河深大断裂一侧的中生代断陷盆地,西部是第四系堆积物,向东侧是白垩系小南沟组的砂岩、页岩等无磁性地层。沿断裂分布的安山岩呈条带状或串珠状排列在北部边缘。断裂的南侧,北东段磁场强,有断续的异常分布如吉C-1977-69、吉C-1977-68为低缓正异常,吉C-1977-99、吉C-1959-200为高值正异常。南西段磁场变弱。从地质图上看南部预测工作区是太古宙变质岩,岩性是英云闪长麻岩,北段零星分布杨家店组。

2）航磁异常特征

吉C-1959-200石门子异常,1:5万航磁异常呈北东向长条状分布,长3km,宽0.5km,最高强度为700nT,梯度陡,曲线呈尖峰状,四周为-100nT左右的平静磁场,北西侧有-200nT的负磁场。对该异常吉中队作过Ⅱ级查证,异常规模与航磁相似,ΔZ最高为11 805nT。异常区内出露白垩系保家屯组砾岩夹砂岩、页岩等出现在异常边部,鞍山群三道沟组变质岩和杨家店组变质岩呈大小不等的残留体出现在混合花岗岩中,磁铁矿体赋存在该组地层中。异常由磁铁石英岩和角闪磁铁石英岩引起,异常有一定的规模。

吉C-1977-100玉德屯异常1:5万航磁异常呈北东向带状分布,长2km,宽0.5km四周均为负值,强度一般为 50~150nT，最高为 270nT。地面 1∶1 万磁测出现数个分异常，强度为 2000nT 左右，连续性较差。异常区内出露大面积混合花岗岩，杨家店组呈捕房体存在，岩性多为角闪质岩石，并有磁铁石英岩。异常由磁铁石英岩引起。铁矿很小，不连续。

吉 C-1977-99 异常位于预测工作区东端边部。1∶5 万航磁呈北东向长条状分布，长 1.5km，宽 0.4km，一般强度为 100nT，最高为 300nT，四周均有负值。地面 1∶1 万磁测出现若干分异常，多数梯度陡，宽度小，长轴方面连续性不好，ΔZ 在 1000~6000nT 之间。

异常区内出露大面积混合花岗岩，其中有鞍山群杨家店组残留体，为角闪质岩石及磁铁石英岩等。异常由磁铁石英岩和磁铁角闪岩引起，但矿体太小，不连续。

吉 C-1977-68 长碾沟异常出现在大片平稳负磁场中的低缓异常带，走向北东，范围 1.3km，强度为 60nT。异常处在太古宙鞍山群三道沟组下段含铁层中，经查证由铁矿引起。

吉 C-1977-51 石大院异常出现在大片平稳负磁场中的弧立小异常，方向北东，范围为 1.3km×0.5km，强度为 60nT。异常处于太古宇鞍山群杨家店组上段中，附近有小的鞍山式铁矿点分布，经查证由矿点引起。

另外，区内还有吉 C-1977-69、吉 C-1977-89、吉 C-1977-52 等异常均由铁矿引起。

3) 推断断裂

预测工作区断裂有北东向、北西向、北北西向及南北向共 8 条。以下简要描述。

F_1、F_2 断裂位于预测工作区北侧边部，沿线性梯度带不同场区分界线，北东向分布。在区内长 45km，两端延出预测工作区。断裂两侧磁场不同，南侧分布中生代地层，即中生代断陷沉降带，为弱磁场区；北侧是一系列侏罗纪火山岩，呈条状或串珠状异常分布在预测工作区边部及区外，异常很醒目。该断裂为北东向深大断裂的一部分。

F_8、F_9 断裂位于预测工作区中部，沿异常梯度带及不同场区分界线分布。断裂北侧为中生代沉积岩，磁性较弱，磁场是一片负磁场，局部有火山岩出露，表现零星的正异常；断裂南侧是太古宙片麻岩、并且北东段磁场强，南西段磁场稍弱。断裂控制了新老地层的分布，为深大断裂的一部分。

F_{11}、F_{12} 断裂位于预测工作区南侧，沿梯度带及不同场区分界线，呈北东向分布，长 23km。断裂位于太古宙片麻岩中，另一侧是条带状的中生代地层，两侧磁场强弱不同。该断裂为北东向大断裂的次级断裂。

F_{13} 断裂位于 F_{11}、F_{12} 断裂南部，长 14km，为另一侧中生代与太古宙断层的分界线。

F_4、F_5 断裂位于预测工作区南西部，走向近南北，长 14km，沿不同场区分界线分布，断裂大部分处于负磁场中。断裂南段穿过太古宙地层，向北进入中生代地层；断裂北段，在预测工作区边部有白垩纪碱长花岗岩沿断裂分布。

F_6 断裂位于预测工作区中部，呈北北西向分布，长 6.5km。断裂位于负磁场中，主要岩性为中生代沉积岩，为次级小断裂。

F_7 断裂位于预测工作区东部沿不同场区分界线呈北西向分布，长 8km。断裂南段在太古宙地层中，磁场略高，北段进入中生代白垩纪地层磁场较弱。

4) 航磁推断变质岩地层

本区推断太古宙变质岩，根据磁场特征，结合地质资料及重力资料，推出一处太古宙地层。位于预测工作区南东部，以 F_2 北东向断裂为界，北侧为中生代地层。磁场上为负磁场。老地层北东段磁场较强，以片麻岩为主，分布一些含 Fe 异常带，如吉 C-1977-99 异常，强度为 300nT，处于太古宇鞍山群三道组含铁地层中，推断为含铁石英岩小扁豆体引起。还有吉 C-1959-200 异常，强度为 700nT，处于太古宇三道沟组，经查证异常由鞍山式小铁矿引起。磁铁矿小异常在北西段有 5 处，南西段磁场较弱。磁铁矿小异常只 1 处。

5) 推断火山岩

预测工作区火山岩主要分布在预测工作区北西侧边部，位于 F_1、F_2 大断裂北西侧，在长青村、民主村、王恒村一带。异常形态以北东向分布的条状或串珠状出现,主要是侏罗纪安山岩。

6）结论

本区处于龙岗复式背斜的北翼,太古宇鞍山群三道沟组及杨家店组广泛分布,是寻找鞍山式铁矿的有利地区。区内矿点较密集,并且与磁异常吻合较好,但异常规模小,多为弧立小异常,强度低,区内强度较高的吉C-1959-200异常最高也只有700nT。从现有资料看,到目前为止,尚未发现具工业规模的磁铁矿床。

5. 天河兴-那尔轰地预测工作区特征

1. 磁场持征

预测工作区位于大面积中太古代英云闪长质片麻岩中。在预测工作区西北部,从杨岔河村、西南岔镇以北,出露大片不连续的杨家店组。磁场形态是在低缓的正磁上分布几处高值异常,如吉C-1959-12、吉C-1959-11等异常,该异常带对应重力场为重力高。在预测工作区东南部,片麻岩分布区,局部为第三纪玄武岩所覆盖。航磁异常多为条形北东向分布,强度较高,如吉C-1977-113异常,强度为600nT,由玄武岩引起。在预测工作区中部出露一条北北东向脉状侵入岩,航磁对应一条北东向的磁异常低值带。脉岩的岩性是早白垩世花岗斑岩、石英斑岩脉及早白垩世花岗闪长岩等,可见沿带岩浆有多次活动。中部、北部磁场低值带,重力场也是一条北东向的重力低场区。分析认为,片麻岩底部隐伏中西变性侵入体。

2. 航磁异常特征

吉C-1959-12杨岔河异常,位于预测工作区西侧边部,出现在平稳正磁场的规整强磁异常,走向近东西,范围2.5km×0.6km,强度为1280nT。异常处于太古宇鞍山群杨家店组中,在异常中心南部有杨岔河鞍山式铁矿点,位于异常边部,推断异常与矿点有关。该异常形态好,有一定规模,强度较高,是很有希望的异常,应进一步工作。

吉C-1959-11那尔轰异常,位于那尔轰镇西北6km处,出现在平稳正磁场边缘的规整异常带,北部比南部梯度变化大,北侧伴有负值。异常为东西走向,范围2.5km×0.6km,强度为800nT。异常处于杨家店组中,在异常南部有那尔轰铁矿点,该异常与吉C-1959-12相似,应进一步工作。另外在吉C-1959-12北部2km处的未编号异常也应引起注意。

吉C-1959-13马架子异常,位于马架子村北3km处。异常走向南北,范围1.8km×0.6km,最高强度为1420nT。异常处在太古宇鞍山群杨家店组和第三纪玄武岩中,北侧有马家庙岭鞍山式铁矿点。异常南部高值区在玄武岩中,异常可能主要与玄武岩有关,北部强度略低,可能与铁矿有关。

吉C-1977-106天合兴异常,出现在正磁场边缘的规整异常带,异常走向北东,范围1.5km×0.6km^2,强度为500nT,异常处于太古宇鞍山群四道砬子河组,异常由已知天合兴磷超基性岩引起。

吉C-1976-51异常,出现在平稳磁场的弧立异常,呈等轴状,范围0.7km×0.7km,强度为300nT,处在太古宇四道砬子河组,经查证异常由辉绿岩引起。

3）推断断裂

F_1断裂位于预测工作区东北部,沿北西向异常梯度带延伸,长14.7km。断裂两侧磁场明显不同,北侧是一个逐步降低的负磁场,南侧是一条低缓的正异常带。在重力场中,断裂处于重力低梯度带上。断裂处在新太古代紫苏花岗岩中。该断裂截断了北东向断裂,应晚于北东向断裂形成。

F_{16}、F_{10}、F_2断裂位于预测工作区东部,沿南北向梯度带及磁场低值带延伸,3个编号为一条断裂,全长33.2km。断裂北段在新太古代紫苏花岗岩中,南段在中太古代英云片麻岩中。

F_8断裂位于预测工作区中部,沿北东向梯度带,磁场低值带延伸,长39km。断裂北段在新太古代紫苏花岗岩中,南段在中太古代英云闪长岩片麻岩中。

F_6、F_{13}断裂位于预测工作区中部,沿北东向、北北东向梯度带及磁场低值带延伸,长32.7km,断裂处在北东向,北北东向重力低中断裂北段与一条北北东向的脉岩吻合。该断裂控制了后期侵入岩的分布。南段在新太古代英云闪长岩片麻岩中。

F_{15}断裂位于预测工作区东南部,沿北东向梯度带及异常低值带展布,长14.6km。断裂处在重力高边部梯度带上,断裂位于中太古代英云闪长质片麻岩,沿断裂两侧均有玄武岩分布,反映出断裂切割较深新生代,有强烈的火山活动,断裂控制了火山岩分布。本区共推断断12条,其中北东向6条,北西向5条,南北向1条。

4)侵入岩

本区岩浆活动频繁,小岩体较发育。基性、超基性岩主要分布在预测工作区北部,如吉C-1976-51、吉C-1976-52、吉C-1977-106异常为已知超基性岩体反映,航磁异常多为弧立异常范围不大。圈定的基性、超基性岩体为已知超基性岩体及附近的未编号弧立小异常,区内共有7处。

圈定的中—基性岩体,编号异常包括吉C-1977-112、C-1977-113、C-1977-114、吉C-1976-49共4处异常,未编号异常6处,共10处。

根据地质资料及磁场特征圈定的中生代脉岩范围较大,经沙河子村向北延伸,长22km,宽0.5~2km,北起马架子村北的吉C-1959-13异常附近,沿北北东向分布在预测工作区中部,沿磁场低值带狭长带状展布。

5)火山岩

本区火山岩分布在预测工作区南部为第三系军舰组玄武岩,磁场杂乱,正负相间,局部异常呈等轴状或团块状,梯度陡,周围有明显负值。火山岩主要分布在马架子村一带,如吉C-1959-13、吉C-1977-107等异常。另外,在赤柏村、三瞪眼、二道河子村一带,如吉C-1977-110、C-1977-111等异常及一些未编号异常等均由玄武岩引起。

6)结论

预测工作区寻找变质型铁有利地段主要在预测工作区的西北部,即阳岔河村,新胜利至马家店一线向北到预测工作区北部边界。该地段磁场特征明显,在中等强度的背景场上分布一些高值异常,重力场处于重力高。地质上密集不连续,分布一些杨家店组,具成矿有利条件。铁矿点分布在异常带上,如新立屯矿点、杨岔子矿点、小营子矿点等。区内两个较大异常,吉C-1959-12异常与杨岔河铁矿点有关,吉C-1959-11异常与那尔轰铁矿点有关,两个异常都有一定的规模,属小矿点,大异常前景可观;预测工作区内有些异常带与基性、超基性岩有关,如吉C-1977-113、C-1977-114、C-1977-115异常,由基性岩脉引起,吉C-1976-52(崇礼屯)异常由透辉透闪岩引起,吉C-1976-106(天合兴)由含磷超基性岩引起。另外,还有些异常未进行航检,如吉C-1976-53、吉C-1976-54等,以及一些未编号异常,对于今后寻找与基性、超基性岩有关的矿产很有前景。

6. 海沟预测工作区特征

1)磁场特征

预测工作区位于富尔河深大断裂南侧。区内异常走向多为北西向,磁场为东强西弱。东部强异常区异常密集,强度较高,一般为300~500nT,最高为1000~1300nT。岩性是海西期花岗岩及中—基性岩类有关。北西向的异常带与糜棱岩带,片麻理带一致或平行,反映了区内异常与断裂构造具有密切关系。预测工作区西部异常场以负磁场为背景,中间分布有北西向条带状异常或一些孤立小异常。预测工作区西南部是晚三叠,侏罗系及白垩系和第四纪玄武岩。根据重力资料,预测工作区北部重力低反映了中酸性侵入岩的分布,南部为重力高反映中生代覆盖层下为隐伏的老地层。

2)区内航磁异常

吉C-1977-126异常位于阳保太大顶子附近,北西向的线性尖锐强磁异常带,长4.8km,宽0.5km,强度为1000nT,两侧梯度陡。处于早三叠世—晚二叠世黑云母花岗闪长岩和中元古界东方红岩组的接触带上。异常由四岔铁矿（塔东式）吻合，经查证由铁矿引起。

吉 C-1977-127 异常位于 C-1977-126 异常南，走向北西，长 1.2km，宽 0.7km，西侧梯度陡，强度为 960nT。异常处于早三叠—晚二叠世黑云母花岗闪长岩与中元古界东方红岩组接触带上，处于成矿有利地段，可能和铁矿或基性岩有关。旁边的吉 C-1977-127-1 和吉 C-1977-127 相似。

3）推断断裂

区内断裂有北西向，北东向和东西向 3 组，分别简要叙述。

F_{12} 断裂位于预测工作区北部，沿异常梯度带，异常低值带北西向分布，长 18km，断裂分布在海西期花岗岩中，断裂北侧异常带与北西向的糜棱岩化带吻合，北西向深大断裂的次级断裂。

F_{11} 断裂位于预测工作区北侧，沿北西向梯度带分布，断裂北侧是负场区。该断裂是富尔河深大断裂的一部分。断裂南侧是海西期花岗岩中的糜棱岩化带。F_{11} 与 F_1 断裂大体平行。

F_1、F_2、F_3 断裂位于预测工作区中部，沿北西向异常梯度带分布，长 22km，断裂在海西花岗岩中，南侧是北西向的糜棱岩带，在北西端异常位于糜棱岩带中。该组断裂为北西向深断裂的其中一段。

F_4、F_5 断裂位于预测工作区北部，分布于北西向的异常梯度带上，长 8.5km，与 F_1、F_2、F_3 断裂平行。断裂北侧是海西期花岗岩，南侧是中生代沉积岩。

F_8、F_9 断裂位于预测工作区西南部，分布于北西向的异常梯度带及不同场区分界线上。断裂在负磁场中，长 11km。断裂北侧是下白垩统大拉子组地层中，南侧是上三叠统小河口组地层。

F_{10} 位于预测工作区西南部，北西向的梯度带上，在负磁场中，长 5.7km。断裂北侧是上三叠统托盘沟组地层。南侧是新太古代变质二长花岗岩沿断裂有北西向片麻理带，为北西向大断裂的一部分。

F_7 断裂位于预测工作区中部，位于北东向的梯度带上，与断裂西侧场区不同，长 21.5km。断裂南段穿过上三叠统和下白垩统地层，北段在早三叠世—晚二叠世中细粒黑云母花岗闪长岩中。

F_{14} 断裂位于预测工作区东部，在近南北向梯度带呈弧状分布。长 7.6km，断裂北段在早三叠世—晚二叠世中细粒黑云母花岗闪长岩中，南段在下侏罗统大海沟二长岩与中元古界东方红岩组变质岩地层接触带上。该断裂为北西向深断裂的一部分，控制了中生代侵入岩的分布。

F_{13} 位于预测工作区东部，在北西向的异常梯度带上，长 10km。断裂北段在海西期花岗岩中，南段在海西期花岗岩与中元古界东方红岩组变质岩地层接触带上。区内推断断裂共 17 条，其中北西向 7 条，北东向 2 条，南北向和东西向各 1 条。

4）推断侵入岩

本区侵入岩推断主要依据 1∶5 万航磁异常中编号异常的推断结果，参照 1∶20 万（或 1∶50 万）地质图，利用 ΔT 化极图，并结合垂向一导图圈定。

中—基性岩位于预测工作区东部北侧珍珠门电站—东乐村一带，包括吉 C-1977-125 异常，长 11km，宽 1.5~2.5km，分布在海西期花岗岩体中为中—基性岩与北西向的糜棱岩带对应，可能由于构造活动挤压，错动使磁性矿物增加所致，产生条带状磁异常。

东西方向分布中—基性岩带位于预测工作区东南部西起防火树，东至朝阳村，长 15km，宽 4~5km，密集分布一些独立岩体。推断异常由中—基性岩引起，但局部异常由火山岩引起。

北西向中—基性岩带位于预测工作区西部北，滩头村北，长约 5km，宽 2~2.5km。如吉 C-1977-129 异常由安山岩引起。另外，还有两处等轴状小岩体，一是吉 C-1976-111 异常，另一处在吉 C-1976-118 异常南 3.5km 处。

在东西向异常带中，有两处基性岩体，即吉 C-1977-127-1、吉 C-1977-127 异常，所反映的地质体。

5）火山岩

玄武岩有两处，即吉 C-1976-119、吉 C-1976-118 异常所反映的地质体，推断由玄武岩引起。安山岩有一处，即吉 C-1977-129 反映的地质体。

6）结论

本区编号异常共有 8 处，其中 3 处，吉 C-1976-118、吉 C-1976-119、吉 C-1977-129 为火山岩异常，

1处为矿致异常即吉C-1977-126。其余几处，吉C-1976-111、吉C-1977-125、吉C-1977-127、吉C-1977-127-1、吉C-1977-127-2。这些异常初步推断为与中—基性岩有关，有些异常分布在花岗岩中，并且在断裂带附近，具有一定的成矿可能。如吉C-1977-127-1、吉C-1997-127、与吉C-1977-126地质条件相同，并且都处在重力高梯度带上，成矿条件十分有利。另外，有些未编号异常，如朝阳村西北4km处有一未编号异常，形态较好，应注意研究。

7. 金城洞-木兰屯预测工作区特征

1）磁场持征

预测工作区位于古洞河深大断裂南侧。区内航磁异常呈带状沿北西向断续分布，强度一般为200～400nT，局部异常方向为东西向或北西向，最高强度700nT以上。异常对应新太古代变质岩，主要是鸡南岩组（Ar_3j）、官地岩组（Ar_3g）及新太古代英云闪长岩（$Ar_3\gamma\delta o$），该变质岩分布受深大断裂控制，是吉林省重要变质型铁矿成矿带。分布有官地铁矿、鸡南铁矿及一些矿点。预测工作区北侧边部航磁负异常区，异常值为-100～-50nT，反映了沿断裂分布的晚古生代侵入岩。岩性主要为花岗闪长岩，磁性较弱，据物性资料，花岗闪长岩磁化率$\kappa=(0\sim500)\times10^{-5}$SI。预测工作区南部部分地区为玄武岩覆盖，航磁反映一片杂乱磁场。

2）区内航磁异常

吉C-1960-160官地铁矿异常走向北西长3km，宽1～1.5km，为峰值密集异常区，南部东部有负值，强度在750nT以上。异常位于新太古界官地岩组和鸡南岩组中，检查证实异常由官地铁矿引起。

吉C-1960-106鸡南铁矿异常位于鸡南村北，长2.5km，宽约1km，走向东西，强度为500nT，曲线尖锐，北临负磁场，南为起伏跳动的正磁场。异常处在新太古界鸡南岩组中，由已知鸡南山铁矿引起。

吉C-1960-159异常位于青年营林村附近，走向北西，长2.5km，宽1.3km，曲线梯度较陡，最大强度达1500nT。异常处在新太古界官地岩组中，附近有玄武岩分布，推断异常由铁矿与玄武岩共同引起。

吉C-1960-169土山子异常，位于预测工作区南东端夹皮沟附近，异常在负磁场带南缘，呈北西向排列6个宽度极窄的弧立异常组成强度150～750nT。异常区出露新太古界官地岩组，由已知土山子铁矿引起。

吉C-1960-157异常位于预测工作区南侧外部，八家子荒沟林场附近，东西向分布，长1.2km，宽0.7km，尖峰状异常，强度可达1000nT。异常出现在新太古界鸡南岩组中，异常由已知铁矿引起。

3）推断断裂

F_1断裂位于预测工作区北部，断裂沿北西向线性梯度带展布，为古洞河深大断裂的一部分，在区内长44km，两端延出预测工作区。断裂北侧负磁场对应大面积沿断裂侵入的晚二叠世花岗闪长岩，该岩体磁性较弱。南侧条带状正异常带为新太古界官地岩组和鸡南岩组变质岩分布区，该断裂铁矿形成起到了控制作用。

F_{11}断裂沿磁场线性梯度带及不同场区分界线延伸。断裂西段北侧正磁异常为官地岩组及玄武岩覆盖区；南侧大片负磁场区，分布中生代地层，该断裂西段反映了新老地层的断层接触线。东段位于负磁场中，为新太古代英云闪长岩和早白垩世石英二长岩接触带部位。

F_6断裂沿东西向磁场梯度带延伸，长11.5km。断裂两侧磁场略有不同，南侧为连续的正磁场，北侧为正负变化的磁场。断裂穿过新太古界官地组和鸡南组，可能属于东西向断裂的次级小裂隙。

F_{15}断裂沿两片正异常之间的东西向低值带，梯度带延伸，长12km。断裂西段对应新太古代地层与晚二叠世二长花岗岩的断层接触线，与地质上实测断裂吻合，东段是新太古代英云闪长岩和鸡南组地层界线。

F_{16}断裂沿东西走向的梯度带，磁场低值带及不同场区分界线展布，在区内长34km，两端延出预测工作区。断裂西段穿过新太古代英云闪长岩体及部分玄武岩覆盖层。

东段是在新太古界官地组、鸡南组及英云闪长岩中，可能为东西向断裂的次级小断裂。

F_{13} 断裂位于预测工作区中部，沿北东向梯度带、磁场低值带展布，长 11.5km。南段处于新太古代英云闪长岩中，北段在新太古界鸡南组地层与晚二叠世花岗闪长岩接触带上。地貌上该断裂与北东的河道吻合。

F_{14}、F_{21} 断裂位于预测工作区中部，断裂处在北东向梯度带及磁场低值带上，长 11.5km。断裂南段在新太古代英云闪长岩中，向南进入玄武岩覆盖区，北段切割了鸡南组、官地组。该断裂与地质上实测断裂吻合。

F_{17} 断裂沿北东向梯度带，磁场低值带展布，长 12km。南段位于新太古代英云闪长岩中，北段切割了官地组。该断裂北段与北东向的河道吻合。区内推断断裂 14 条，其中北西向 4 条，北东向 5 条，东西向 5 条。

4）变质岩地层

新太古代变质岩是鞍山式铁矿赋存的重要层位。新太古代变质地层在区内广泛分布，除局部出露中生代、古生代侵入岩及西部中生代地层外，其余均为老地层。

在新太古代变质岩地层上，航磁异常多为正异常，局部为负异常。因此，圈定新太古代变质地层需要结合 1：5 万地质图及重力资料。

圈定的新太古代变质地层，除预测工作区内外，在预测工作区西南侧，外部西起安北林场，具种畜场到新建村、八家子荒沟林场、老岭、先锋林场范围内均有分布。航磁特点是异常由条带状正异常和负磁场组成。地质上有官地组和鸡南组变质岩分布，在南端有吉 C-1960-157 异常，为矿致异常。据重力资料，为重力高，与区内连成一片，是寻找变质型铁矿的有利地带。

5）侵入岩

晚二叠世花岗闪长岩，位预测工作区北部深大断裂带上，呈北西向分布。航磁为负磁场，据重力资料，对应岩体重力低。从 1：5 万地质图上看，预测工作区内还有 2 处，晚二叠世侵入岩，但从磁场上无法区分故未圈出。本区侵入岩仅圈出 1 处。

6）结论

本区官地铁矿，鸡南铁还应继续工作，以期扩大储量。另外还有一些形态较好的异常处在成矿有利地段。吉 C-1960-101 异常，位于平安西南部 2.5km，强度为 1000nT，位于鸡南组变质地层中，推断异常由铁矿引起。吉 C-1960-161 异常位于预测工作区东南部，东西走向，范围 1.5km×0.7km，强度为 300nT。异常处在新太古代英云质闪长岩中，北部有鸡南组，推断异常由铁矿引起。

另还有几处未编号异常，形态较好，处在成矿有利地段。鸡南村南 2km 处范围约 2km×0.7km，强度约 600nT，异常处在鸡南组中，南部有新太古代英云闪长岩分布，推断异常由铁矿引起，吉 C-1960-159 异常东北方向 3.5km 处异常呈近等轴状，强度为 300nT，异常处于鸡南组，东侧为晚二叠世侵入岩，北部有玄武岩分布，推测异常与铁矿有关；位于东升林场东南 5km 处异常，范围 1km×0.5km，强度为 600nT，异常处于官地组中，由推断铁矿引起。另外，吉 C-1960-159、吉 C-1960-102 异常，推断由铁矿引起。本区是寻找鞍山式铁矿有利地区，区内航磁异常很多，特别是还有一些未编写异常也不能忽略。

二、遥感

（一）资料程度及使用说明

预测工作区及典型矿床所使用的资料均为全国项目组提供的 ETM 数据和本项目组自行购买的 ETM 数据，经计算机录入、融合处理、校正并镶嵌的吉林省遥感影像图，校正底图为 1：5 万地形图，校正误差控制在一个象元内，所成图像完全满足不大于 1：5 万制图精度。预测工作区及典型矿床遥感解译精度均为 1：5 万，遥感异常提取精度为 30m×30m 的象元分辨率。

(二) 典型矿床特征

1. 老牛沟铁矿遥感矿产地质特征

老牛沟沉积变质型铁矿形成于北东向与北西向断裂密集分布区，7个隐伏岩体形成的环形构造在此区集中分布，遥感浅色色调异常区为北西向韧脆性变形构造集中分布区；矿体西南为铁染异常相对集中，见图5-3-14。

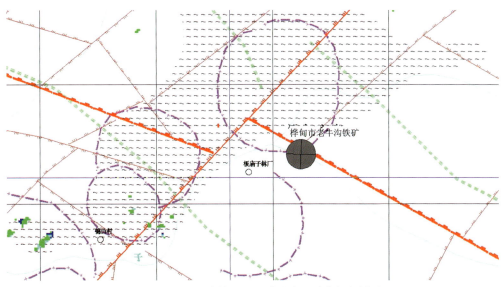

图 5-3-14　老牛沟铁矿区遥感矿产地质特征解译图

2. 板石沟铁矿遥感矿产地质特征

白山市板石沟铁矿形成于大川-江源断裂带最宽处向北东收敛部位，有晚期的北西向断裂通过矿区，北东向脆韧性变形构造带通过矿区。矿区内环形构造集中分布，遥感浅色色调异常区为中太古代英云闪长片麻岩形成的带要素内。板石块状构造边部，矿区及周围，羟基异常、铁染异常集中分布，见图5-3-15。

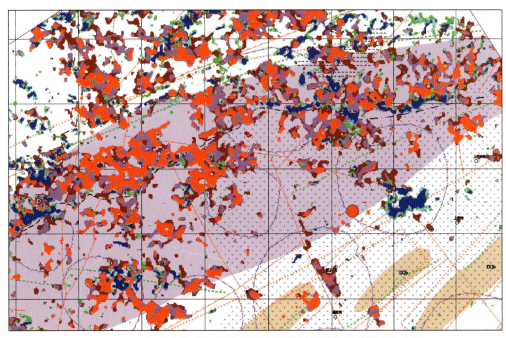

图 5-3-15　板石沟铁矿区遥感矿产地质特征解译与遥感异常分布图

3. 四方山铁矿遥感矿产地质特征

通化四方山铁矿形成于兴华-长白山断裂带近东西向断裂带与大川-江源北东向断裂带交会部位，大川-江源断裂带最宽处有晚期的北西向断裂通过，北东向脆韧性变形构造带通过矿区。矿体形成于湖上环形构造内部，遥感浅色色调异常区，中太古代英云闪长片麻岩形成的带要素内，板石块状构造边部，矿区及周围羟基异常、铁染异常集中分布，见图 5-3-16。

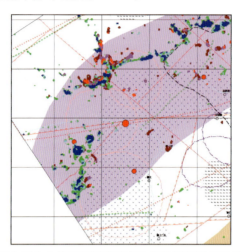

图 5-3-16　通化四方山铁矿区遥感矿产地质特征解译与遥感异常分布图

4. 和龙官地铁矿遥感矿产地质特征

和龙官地铁矿形成于北东东向断裂附近，位于北东向脆韧性变形构造带上，两个相距较近的隐伏岩体形成的环形构造中间，为遥感浅色色调异常区，见图 5-3-17。

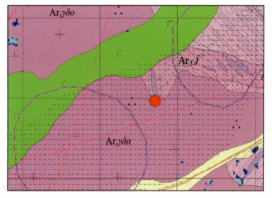

图 5-3-17　官地铁矿区遥感矿产地质特征解译与遥感异常分布图

（三）预测工作区的特征

1. 夹皮沟—溜河沉积变质型铁矿预测工作区

1）地质概况

预测工作区位于吉林省中东部夹皮沟—溜河地区槽台接触带附近，台区一侧主要为太古宙变质表壳岩、英云闪长片麻岩，槽区主要出露古生代花岗岩、花岗闪长岩。

2）遥感矿产地质特征

预测工作区内解译解译出 1 条巨型断裂带，即华北地台北缘断裂带。该断裂带横贯吉林省南部，由辽宁省西丰县进入，经海龙、桦甸、安图、和龙，向东延伸至朝鲜境内，省内长达260km。由于受后期断裂干扰、错动，该断裂带走向在不同地段发生北东向、北西向偏转和位移，敦化-密山岩石圈断裂带使其南东盘向北东位移约120km，并使该断裂带变为北西西向；集安-松江岩石圈断裂使其南东盘向北东位移约20km，并使该断裂带变为北西向。因此，该断裂带在吉林省内大体分为3段，分别为小四平-海龙段（西段）、柳树河子-大蒲柴河段（中段）、古洞河-白金段（东段）。本预测工作区内分布该断裂带的柳树河子-大蒲柴河段，位于敦化县柳树河子至敦化县大蒲柴河一带，北西至敦-密断裂，南东止集安-松江断裂。断裂带的主要特征是以强烈挤压逆冲为主，伴有太古宙、元古宙、古生代的酸性、基性岩浆侵入和喜马拉雅期玄武岩浆喷发。

本区内解译出1条大型断裂（带），即敦化-密山岩石圈断裂。该断裂带由辽宁省清源循浑河进入吉林省，越海龙县山城镇—辉南—桦甸—敦化一线循辉发河呈北东方向延入黑龙江省，省内长近360km。由东西两条近于平行的高角度逆断层构成，并相向对冲。西支断裂：山城镇一带表现为太古宙地层逆冲在古近系、新近系和白垩系之上，桦甸一带表现为下古生界，石炭系，海西期和燕山期花岗岩逆冲到侏罗系—白垩系之上。东支断裂：南段位于柳河盆地西侧，古老的太古宇逆覆于中生界之上。该断裂带除具逆冲特点外，还有左旋特点，东盘向北东移动约120km。该断裂带通过本预测工作区的西北角。

本区内共解译出3条中型断裂（带），分别为抚松-蛟河断裂带、富江-景山断裂带和三源浦-样子哨断裂带。

抚松-蛟河断裂带：切割两个Ⅰ级构造单元地质体，蛟河盆地分布在该断裂带上。该断裂带与其他方向断裂交会部位，为金-多金属矿产形成的有利部位。该断裂带呈近南北向通过本预测工作区中部。

富江-景山断裂带：由两条主要断裂和数条与之平行的断裂组成，切割自太古宇至白垩系及岩体，西南段晚侏罗世辉长岩岩珠成群分布，该断裂带呈北东向斜穿本预测工作区西北部。

三源浦-样子哨断裂带：该断裂带主要由两条断裂组成，构成三源浦-样子哨断陷盆地之西北侧和东南侧边缘挤压性断裂，控制新元古界—古生界沉积，南段限制三源浦-三棵榆树中生代火山洼地的西北缘。该断裂带与北西向断裂交会部位为金矿成矿有利地段。该断裂带在本预测工作区西北部有所显示。

小型断裂比较发育，并且以北西向和北东向为主，次为近南北向断裂，局部见近东西向断裂。不同方向断裂交会部位以及北西向弧形断裂是重要的铁、金成矿地段。

脆韧变形趋势带比较发育，共解译出14条，全部为区域性规模脆韧性变形构造。其中，总体呈北西走向的脆韧性变形构造与华北地台北缘断裂带相伴生，形成一条北东向韧性变形构造带，该带与铁矿、金矿均有较密切的关系。

环形构造比较发育，共圈出56个环形构造。它们在空间分布上有明显的规律，主要分布在不同方向断裂交会部位。按其成因类型分为两类，其中与隐伏岩体有关的环形构造49个，由古生代花岗岩类引起的环形构造7个。这些环形构造与铁矿、铜矿、金矿的关系均较密切，桦甸市老牛沟铁矿分布于两个环形构造相切部位。

本区共解译出色调异常5处，其中3处由绢云母化、硅化引起，两处由侵入岩体内外接触带及残留顶盖引起，它们在遥感图像上均显示为浅色色调异常。从空间分布上看，区内的色调异常明显与断裂构造及环形构造有关，在北东向断裂带上及北东向断裂带与其他方向断裂交会部位以及环形构造集中区，色调异常呈不规则状分布。

3）预测工作区遥感异常分布特征

夹皮沟-溜河沉积变质型铁矿预测工作区共提取遥感羟基异常面积2 140 923m^2，其中一级异常554 016m^2，二级异常495 743m^2，三级异常1 091 164m^2。

在第四纪玄武岩分布区，羟基异常集中分布，由地层岩性引起，与矿化无关。

在晚侏罗世花岗闪长岩内外接触带，羟基异常相对集中，与矿化有关。

北东向断裂附近、北西向断裂附近及它们的交会部位，以及环形内部和边部，羟基异常集中分布，由矿化蚀变引起。

吉林省夹皮沟-溜河沉积变质型铁矿预测工作区共提取遥感铁染异常面积4 957 996m², 其中一级异常3 288 363m², 二级异常517 530m², 三级异常1 152 103m²。

新太古代变质表壳岩、中太古代英云闪长质片麻岩、新太古代钾长花岗质片麻岩、古元古代变质正长花岗岩等老变质岩系分布区, 铁染异常集中分布, 与矿化有关。

奥陶纪花岗闪长岩内外接触带, 铁染异常相对集中, 由矿化蚀变引起。

北东向断裂附近、北西向断裂附近及它们的交会部位, 以及环形构造集中区, 铁染异常集中分布, 由矿化蚀变引起。

4) 遥感矿产预测分析

(1) 板庙子林杨预测工作区(Ⅰ): 太古宙变质表壳岩分布区, 北东向与北西向断裂在此区集中分布, 4个环形构造集中分布于此区, 北西向脆韧性变形构造带通过部位, 遥感浅色色调异常区。桦甸市老牛沟铁矿分布于此区。

(2) 老金厂镇预测工作区(Ⅱ): 太古宙变质表壳岩及英云闪长质片麻岩分布区, 中部有古元古代变质正长花岗岩侵入, 北西向与北北东向断裂密集分布区, 北东向及北西向脆韧性变形构造带通过部位, 7个环形构造在此区集中分布, 遥感浅色色调异常区, 预测工作区东部及南部, 遥感铁染异常集中分布。

(3) 二道岔预测工作区(Ⅲ): 太古宙变质表壳岩及英云闪长质片麻岩分布区, 中部有古元古代变质正长花岗岩侵入, 北东向与北西向断裂密集分布区, 北西西向脆韧性变形构造带通过部位, 8个环形构造在此区集中分布, 遥感浅色色调异常区, 预测工作区东部, 遥感羟基异常及铁染异常集中分布。

(4) 马家店预测工作区(Ⅳ): 太古宙变质表壳岩及英云闪长质片麻岩分布区, 北东向与北西西向断裂通过区, 3个环形构造呈北西西向串珠状分布, 东部有铁染异常分布。

2. 四方山-板石沉积变质型铁矿预测工作区

1) 地质概况

预测工作区位于吉林省南部白山市西北侧, 区内主要出露太古宙变质表壳岩、英云闪长片麻岩; 珍珠门岩组白云质大理岩, 透闪石化、硅化、白云质大理岩; 钓鱼台组、南芬组并层的石英砂岩、页岩。

2) 遥感地质特征解译

吉林省四方山-板石鞍山式沉积变质型铁矿预测工作区遥感矿产地质特征与近矿找矿标志解译图, 共解译线要素105条(其中遥感断层要素88条, 遥感脆韧性变形构造带要素17条), 环要素31个, 块要素5块, 带要素6块, 色要素6块。

本区共解译出2条中型断裂带, 分别为大川-江源断裂带和兴华-长白山断裂带。

小型断裂比较发育, 并且以北西向为主, 局部发育北西西向、北东向及近南北向小型断层。其中, 北西向及近南北向小型断裂多为正断层, 形成时间较晚, 多错断其他方向的断裂构造, 北东向的小型断裂多为逆断层, 形成时间明显早于北西向断裂。

脆韧变形趋势带比较发育, 共解译出17条, 全部为区域性规模脆韧性变形构造。其中呈北东走向的脆韧性变形构造与大川-江源断裂带相伴生, 形成一条北东向韧性变形构造带, 该带与铁矿、金矿均有较密切的关系。近东西向的脆韧性变形构造与兴华-长白山断裂带相伴生, 空间上与金-多金属关系密切。

环形构造比较发育, 共圈出31个环形构造。它们在空间分布上有明显的规律, 主要分布在大川-江源断裂带与其他方向断裂交会部位。

按其成因类型分为两类, 其中与隐伏岩体有关的环形构造28个, 古生代花岗岩类引起的环形构造2个。这些环形构造与铁矿、铜矿、金矿的关系均较密切, 通化四方山铁矿、浑江板石沟铁矿以及一些铁、铜、金矿点分布于环形构造内部或边部。

本区共解译出色调异常6处, 其中3处由绢云母化、硅化引起, 3处由侵入岩体内外接触带及残留顶盖引起，它们在遥感图像上均显示为浅色色调异常。从空间分布上看，区内的色调异常明显与断裂构造及环形构造有关，在北东向断裂带上和北东向断裂带与其他方向断裂交会部位以及环形构造集中区，色调异常呈不规则状分布。

区内的矿床(点)在空间上与遥感色调异常有较密切的关系，其中通化四方山铁矿、浑江板石沟铁矿，以及一些铁、铜、金矿点等均形成于遥感色调异常区。

本区共解译出 6 处遥感带要素，均由变质岩组成，其中 1 处为中太古代英云闪长片麻岩、斜长角闪岩夹磁铁石英岩，分布于浑江上游凹褶断束与龙岗断块接触带附近、该带与铁矿关系密切，通化四方山铁矿、浑江板石沟铁均分布于该带内；5 处由钓鱼台组、南芬组石英砂岩、页岩组成，分布于浑江上游凹褶断束内，该种成因类型的带要素与铁矿及金矿的关系密切，通化二道江铁矿及数处铁矿点分布于此类带内。

本区共解译出 5 处遥感块要素，其中 1 处为区域压扭应力形成的构造透镜体，4 处为小规模块体所受应力形成的菱形块体，它们全呈北东向展布，分布于大川-江源断裂带内。这些块体与矿产在空间上有一定的关系，通化四方山铁矿及浑江板石沟铁矿均形成于板石块状构造边部。

3) 预测工作区遥感异常分布特征

提取出遥感羟基异常面积 75 287 793 m^2，其中一级异常 27 298 835 m^2，二级异常 20 235 184 m^2，三级异常 27 753 774 m^2。

中太古代英云闪长质片麻岩分布区为羟基异常密集分布区；古元古代英云闪长质片麻岩分布区，羟基异常比较集中；中太古代变质表壳岩分布区，羟基异常比较集中；高丽沟子环形构造群、新立村环形构造群、板石环形构造群、湖上环形构造群等一些隐伏岩体所形成的环形构造内部及边部，羟基异常相对集中；浑江板石沟铁矿矿区及周围、通化四方山铁矿矿区周围、白山市板庙子金矿矿区及周围，羟基异常明显集中。

本区提取出遥感铁染异常面积 38 532 369 m^2，其中一级异常 15 631 629 m^2，二级异常 7 249 644 m^2，三级异常 15 651 095 m^2。

中太古代英云闪长质片麻岩分布区，为铁染异常密集分布区；古元古代英云闪长质片麻岩分布区，铁染异常比较集中；中太古代变质表壳岩分布区，铁染异常比较集中；高丽沟子环形构造群、新立村环形构造群、板石环形构造群、湖上环形构造群等一些隐伏岩体所形成的环形构造内部及边部，铁染异常相对集中；浑江板石沟铁矿矿区及周围、通化四方山铁矿矿区周围、白山市板庙子金矿矿区及周围，铁染异常明显集中。

4) 遥感矿产预测分析

通过对通化四方山铁矿和浑江板石沟铁矿遥感地质解译及整个预测工作区遥感影像特征分析，吉林省四方山-板石鞍山式沉积变质型铁矿成矿因素总结如下。

(1)中太古代变质表壳岩、中太古代英云闪长质片麻岩、古元古代英云闪长质片麻岩为其含矿岩层。

(2)区域变质作用造成成矿元素迁移富集，与区域变质作用同其形成的脆韧性变形构造为成矿元素提供了储存空间。

(3)后期岩浆沿构造薄弱部位侵入，造成围岩的矿化蚀变，并使成矿元素再次富集并形成矿体。为此，在四方山-板石地区划分出两个预测工作区。

白山板石预测工作区(Ⅰ)：中太古代变质表壳岩、中太古代英云闪长质片麻岩分布区，大川-江源断裂带最宽处向北东收敛部位，有晚期的北西向断裂通过矿区，北东向脆韧性变形构造集中分布区，8 个环形构造在此区集中分布，东半部为遥感浅色色调异常区，中太古代英云闪长片麻岩形成的带要素内，板石块状构造内部，遥感羟基异常、铁染异常集中分布区。浑江板石铁矿分布于该区内。

通化四方山预测工作区(Ⅱ)：中太古代英云闪长质片麻岩、古元古代英云闪长质片麻岩，北东向、北西向及近东西向断裂交会部位，北东向及近东西向脆韧性变形构造通过此区，3 个环形构造在此区集中分布,遥感浅色色调异常区,中太古代英云闪长片麻岩形成的带要素通过此区,板石块状构造南部,预测工作区内部,遥感羟基异常、铁染异常集中分布区。通化四方山铁矿分布于该区内。

3. 安口沉积变质型铁矿预测工作区

1) 地质概况

预测工作区位于吉林省南部柳河县西南,区内主要出露太古宙变质表壳岩、英云闪长片麻岩,预测工作区北东端有少量古生代灰岩。

2) 预测工作区遥感地质特征解译

本预测要作区内解译出两条大型断裂(带),分别为敦化-密山岩石圈断裂和向阳-柳河断裂带。敦化-密山岩石圈断裂通过本预测工作区西北角,向阳-柳河断裂带通过本预测工作区西南角。

本区解译出3条中型断裂(带),分别为柳河-靖宇断裂带,呈近东西向通过本预测工作区中部;三源浦-样子哨断裂带,仅分布在本预测工作区东南部边缘;兴华-长白山断裂带,呈近东西向通过本预测工作区中南部。

预测工作区内小型断裂比较发育,小型断裂以北东向、北北东向和北西向为主,局部见近东西向小型断裂,其中北西向断裂多表现为张性特点,其他方向断裂多表现为压性特征。区内的铁矿、金-多金属矿床(点)多分布于不同方向小型断裂的交会部位。

环形构造比较发育,共圈出49个环形构造。它们主要集中于不同方向断裂交会部位。按其成因类型分为2类,其中与隐伏岩体有关的环形构造38个,中生代花岗岩类引起的环形构造1个,成因不明的环形构造10个。隐伏岩体形成的环形构造与铁矿、金、多金属矿床(点)的关系均较密切。

本区共解译出色调异常10处,其中7处由绢云母化、硅化引起,3处由侵入岩体内外接触带及残留顶盖引起,它们在遥感图像上均显示为浅色色调异常。从空间分布上看,区内的色调异常明显与断裂构造及环形构造有关,在不同方向断裂交会部位以及环形构造集中区,色调异常呈不规则状分布。

3) 预测工作区遥感异常分布特征

本预测工作区共提取遥感羟基异常面积3 164 485m^2,其中一级异常544 708m^2,二级异常404 553m^2,三级异常2 215 224m^2。

本预测区东部,不同方向断裂交会部位以及环形构造集中区,羟基异常集中分布,为矿化引起的羟基异常;遥感浅色色调异常区,羟基异常集中分布,与矿化有关;北东向、北西向断裂附近及它们的交会部位,有羟基异常分布,与矿化有关。

本区共提取遥感铁染异常面积1 123 970m^2,其中一级异常341 356m^2,二级异常75 474m^2,三级异常707 140m^2。

北东向、北西向及近东西向断裂附近,北东向与北西向断裂交会处,有羟基异常分布,与矿化有关;环形构造内部或边部,遥感浅色色调异常区,有零星羟基异常分布,与矿化有关;第四纪冲沟中,羟基异常相对集中,与矿化无关。

4. 石棚沟-石道河子沉积变质型铁矿预测工作区

1) 地质概况

预测工作区位于吉林省南部柳河县与辉南县之间,区内主要出露太古宙变质表壳岩、英云闪长片麻岩,北西侧有早白垩世碱长花岗岩出露,中部被以白垩纪紫色砾岩为主夹杂色粉砂岩、粉砂岩夹紫色砾岩覆盖。

2) 预测工作区遥感地质特征解译

本区内解译出1条大型断裂带,为敦化-密山断裂带。该断裂带由辽宁省清源循浑河进入吉林省,越海龙县山城镇—辉南—桦甸—敦化一线循辉发河呈北东方向延入黑龙江省,省内长近360km,由两条近于平行的高角度逆断层构成,并相向对冲。该断裂带除具逆冲特点外,还有左旋特点,东盘向北东移动约 120km。该断裂带呈北东向斜穿本预测工作区。

本区解译出 1 条中型断裂带,为双阳-长白断裂带,北段西南侧七顶子—磐石一带燕山早期的花岗岩体和基性岩体群,中段石咀红旗岭、黑石一带众多的燕山早期花岗岩小岩株和海西期基性—超基性岩体群均沿此断裂带呈北西向展布。该带内分布有多处金、铜矿床(点)。该断裂带呈北西向通过预测工作区东北部。

小型断裂以北东向和近南北向为主,次为北西向及北东东向小型断裂。其中,北西向小型断裂多显示张性特点,其他方向小型断裂多为压性断层,不同方向断裂交会部位是重要的铁、金成矿地段。

本区解译出两条遥感脆韧性变形构造,为区域性规模脆韧性变形构造,分布于敦化-密山岩石圈断裂带内,为该断裂带同期形成的韧性变形构造带。

本区共圈出 18 个环形构造。它们在空间分布上有明显的规律,主要分布在不同方向断裂交会部位。其成因类型全部为与隐伏岩体有关的环形构造。

3)预测工作区遥感异常分布特征

共提取遥感羟基异常面积 60 300m^2,其中一级异常 12 600m^2,二级异常 8100m^2,三级异常 39 600m^2。

提取的遥感羟基异常全部分布于新太古代变质表壳岩中,由矿化蚀变引起。

共提取遥感铁染异常面积 693 020m^2,其中一级异常 575 410m^2,二级异常 78 910m^2,三级异常 38 700m^2。

提取的遥感铁染异常多分布于中太古代英云闪长质片麻岩,由矿化蚀变引起。

5. 天河兴-那尔轰地沉积变质型铁矿预测工作区

1)地质概况

预测工作区位于吉林省中部桦甸县南,区内主要出露太古宙变质表壳岩、英云闪长片麻岩,局部被灰黑色玄武岩、橄榄玄武岩、安山玄武岩、粗面玄武岩覆盖。

2)预测工作区遥感地质特征解译

本区解译出 3 条中型断裂带,分别为富江-景山断裂带、三源浦-样子哨断裂带、双阳-长白断裂带。

富江-景山断裂带:由两条主要断裂和数条与之平行的断裂组成,切割自太古宇至白垩系及岩体,西南段晚侏罗世辉长岩呈岩珠成群分布,该断裂带呈北东向斜穿预测工作区。

三源浦-样子哨断裂带:该断裂带主要由两条断裂组成,构成三源浦-样子哨断陷盆地之西北侧和东南侧边缘挤压性断裂,控制新元古界—古生界沉积,南段限制三源浦-三棵榆树中生代火山洼地的西北缘。该断裂带与北西向断裂交会部位为金矿成矿有利地段。该断裂带呈北东向通过预测工作区西北部。

双阳-长白断裂带:北段西南侧七顶子—磐石一带燕山早期的花岗岩体和基性岩体群,中段石咀红旗岭、黑石一带众多的燕山早期花岗岩小岩株和海西期基性—超基性岩体群均沿此断裂带呈北西向展布。该带内分布有多处金、铜矿床(点),该断裂带呈北西向分布于预测工作区西南部。

小型断裂以北东向和北西向为主,次为近南北向和近东西向小型断裂,其中北西向断裂多表现为张性特点,其他方向断裂多为逆断层。

环形构造比较发育,共圈出 6 个环形构造,分布比较分散。按其成因类型分为 2 类,其中与隐伏岩体有关的环形构造 5 个,由古生代花岗岩类引起的环形构造 1 个。

本区共解译出色调异常 2 处,全部由绢云母化、硅化引起,它们在遥感图像上均显示为浅色色调异常。

3)预测工作区遥感异常分布特征

提取遥感羟基异常面积 297 000m^2,其中一级异常 64 800m^2,二级异常 85 500m^2,三级异常

146 700m²。

提取的遥感羟基异常全部分布于中太古代变质表壳岩中，富江-景山北东向断裂带附近，由矿化蚀变引起。

本区共提取遥感铁染异常面积 297 000m²，其中一级异常 64 800m²，二级异常 85 500m²，三级异常 146 700m²。

提取的遥感铁染异常主要分布于中太古代英云闪长质片麻岩，并且在北东向与北西向近东西向断裂交会处，铁染异常相对集中，由矿化蚀变引起。

6. 海沟沉积变质型铁矿预测工作区

1）地质概况

预测工作区位于吉林省中东部二道白河北，区内主要出露寒武纪花岗闪长岩、色洛河构造地层地体，西南角有少量太古宙变质表壳岩。

2）预测工作区遥感地质特征解译

预测工作区内解译解译出 1 条巨型断裂带，即华北地台北缘断裂带。该断裂带横贯吉林省南部，呈北西西向通过本预测工作区中部。断裂带的主要特征是以强烈挤压逆冲为主，伴有太古宙、元古宙、古生代的酸性、基性岩浆侵入和喜马拉雅期玄武岩浆喷发。

本区内共解译出 1 条中型断裂带，为丰满-崇善断裂带，由吉林丰满向东南经横道子切过敦-密断裂带并进入台区，再经崇善后进入朝鲜。断裂带切割由二叠系组成的北东向褶皱及中新生代地层，沿断裂带有第四纪玄武岩溢出。断裂带内有金、铁、钼矿点分布。该断裂带呈北西向通过本预测工作区东北部。

本预测工作区内的小型断裂以北西向和北东向为主，次为近南北向断裂，局部见近东西向断裂。其中，北西向小型断裂多显示张性特点，其他方向小型断裂多为压性断层，不同方向断裂交会部位是重要的铁、金成矿地段。

本预测工作区内的脆韧变形趋势带比较发育，共解译出 4 条，全部为区域性规模脆韧性变形构造。构成与华北地台北缘断裂带相伴生的脆韧性变形构造带，该带与铁矿、金矿均有较密切的关系。

本预测工作区内的环形构造比较发育，共圈出 22 个环形构造。它们在空间分布上有明显的规律，主要分布在不同方向断裂交会部位。按其成因类型分为 3 类，其中与隐伏岩体有关的环形构造 15 个，中生代花岗岩类引起的环形构造 1 个，古生代花岗岩类引起的环形构造 6 个。

3）预测工作区遥感异常分布特征

吉林省海沟地区沉积变质型铁矿预测工作区共提取遥感羟基异常面积 402 567m²，其中一级异常 59 052m²，二级异常 22 612m²，三级异常 320 903m²。

华北地台北缘断裂带附近，羟基异常集中分布，由矿化蚀变引起；近南北向断裂附近及环形构造内部零星分布羟基异常，与矿化有关。

本预测工作区共提取遥感铁染异常面积 1 512 434m²，其中一级异常 118 410m²，二级异常 275 996m²，三级异常 1 118 027m²。

太古宙变质表壳岩内，铁染异常集中分布，为矿化蚀变引起；晚三叠世二长花岗岩内外接触带，铁染异常集中分布，由矿化蚀变引起；近南北向断裂附近零星分布的铁染异常，与矿化有关。

7. 金城洞-木兰屯沉积变质型铁矿预测工作区

1）地质概况

预测工作区位于吉林省东部和龙县北，区内主要出露中太古代英云闪长质片麻岩及变质表壳岩，有晚二叠世二长花岗岩侵入，南部有船底山组玄武岩覆盖。

2）预测工作区遥感地质特征解译

共解译出 1 条中型断裂带，为望天鹅-春阳断裂带。该断裂带切割中生界、新生界地层及岩体，控制晚侏罗世—早白垩世春阳盆地的展布,望天鹅及长白山火山口分布在该带上。该带呈北东向通过本预测工作区中部。

小型断裂比较发育,并且以北西向和北东向为主,偶见近南北向和近东西向小型断裂。其中,北西向小型断裂多显张性特征,其他方向小型断裂多表现为压性特点。不同方向小型断裂交会部位是重要的铁、金成矿地段。

本区共解译出 2 条脆韧性变形构造带,全部为区域性规模脆韧性变形构造,分布于太古宙绿岩地体内。

环形构造比较发育,共圈出 26 个环形构造。它们在空间分布上有明显的规律,主要分布在不同方向断裂交会部位,成因类型为与隐伏岩体有关的环形构造。这些环形构造与铁矿、金矿的关系均较密切,安图腰团铁矿、和龙官地铁矿均分布于环形构造边部。

本区共解译出色调异常 3 处,全部由绢云母化、硅化引起,它们在遥感图像上均显示为浅色色调异常。从空间分布上看,区内的色调异常明显与断裂构造及环形构造有关,在北东向断裂带上及北东向断裂带与其他方向断裂交会部位以及环形构造集中区,色调异常呈不规则状分布。

区内的矿床(点)在空间上与遥感色调异常有较密切的关系,其中安图腰团铁矿、和龙官地铁矿,以及一些铁、金矿点等均形成于遥感色调异常区。

3)预测工作区遥感异常分布特征

本区共提取遥感羟基异常面积 4 226 808m^2,其中一级异常 669 733m^2,二级异常 614 873m^2,三级异常 2 942 201m^2。

在预测工作区东部,北东向与北西向断裂交会部位的环形构造集中区,以及遥感浅色色调异常区,羟基异常集中分布,由矿化引起的羟基异常。

共提取遥感铁染异常面积 5 847 596m^2,其中一级异常 1 405 691m^2,二级异常 877 450m^2,三级异常 3 564 455m^2。在预测工作区东部的北东向与北西向断裂交会部位的环形构造集中区,以及遥感浅色色调异常区,铁染异常集中分布,为矿化引起的羟基异常。北东向、北北东向以及北西向断裂附近,铁染异常相对集中,与矿化有关。

本区共提取遥感铁染异常面积 5 847 596m^2,其中一级异常 1 405 691m^2,二级异常 877 450m^2,三级异常 3 564 455m^2。

遥感异常分布特征:在预测工作区东部,北东向与北西向断裂交会部位的环形构造集中区,以及遥感浅色色调异常区,铁染异常集中分布,由矿化引起的羟基异常。北东向、北北东向以及北西向断裂附近,铁染异常相对集中,与矿化有关。

4)遥感矿产预测分析

通过对和龙市官地铁矿遥感地质解译及整个预测工作区遥感影像特征分析,认为吉林省和龙市官地铁矿成矿因素如下。

(1)中太古代变质表壳岩、中太古代英云闪长质片麻岩、古元古代英云闪长质片麻岩为其含矿岩层。

(2)区域变质作用造成成矿元素迁移富集,与区域变质作用同其形成的脆韧性变形构造为成矿元素提供了储存空间。

(3)后期岩浆沿构造薄弱部位侵入,造成围岩的矿化蚀变,并使成矿元素再次富集并形成矿体。

根据该区地质体分布状况,结合本区遥感综合信息,在该区圈出如下 3 个铁矿预测工作区。

源鹤洞预测工作区(Ⅰ):中太古代英云闪长质片麻岩出露区,北东向及北西向断裂通过此区,10 个隐伏岩体形成的环形构造在此区集中分布,为遥感浅色色调异常区,遥感羟基异常、铁染异常高度集中区。

官地林场预测工作区(Ⅱ):中太古代英云闪长质片麻岩出露区,北东东向、北西向断裂及北东向脆韧性变形构造带通过区,官地林场环形构造分布此区,遥感浅色色调异常区。和龙官地铁矿分布此区。

安图腰团预测工作区(Ⅲ):中太古代英云闪长质片麻岩出露区,北东向断裂通过此区,3 个隐伏岩体集中分布此区,遥感浅色色调异常区。安图县腰团铁矿分布于该预测工作区内。

第四节 矿产预测

一、矿产预测方法类型选择

本次预测工作目前主要选择了德尔菲法、地质体积法、磁性矿产定量预测法。地质体积法选择的预测方法类型为变质岩型。

二、预测模型建立

(一)典型矿床预测模型

1. 老牛沟铁矿

1)预测要素

根据典型矿床成矿要素和地球物理、遥感特征,确立典型矿床预测要素,见表5-4-1。

表5-4-1 桦甸市老牛沟铁矿床预测要素表

预测要素		内容描述	类别
地质条件	岩石类型	为黑云斜长片麻岩、斜长角闪岩和磁铁石英岩、黑云片岩夹多层磁铁石英岩组合	必要
	成矿时代	新太古代	必要
	成矿环境	位于华北东部陆块(Ⅱ)、龙岗-陈台沟-沂水前新太古代陆核(Ⅲ)的夹皮沟新太古代地块(Ⅳ)内	必要
	构造背景	在褶皱构造的翼部或转折端部位	重要
矿床特征	控矿条件	三道沟组上段黑云斜长片麻岩、斜长角闪岩和磁铁石英岩、黑云片岩夹多层磁铁石英岩组合是重要控矿层位;在褶皱翼部矿体被拉长或拉断,形成扁豆体或似层状矿体,而转折端部位的矿体则强烈加厚	必要
	矿化特征	为黑云斜长片麻岩、斜长角闪岩和磁铁石英岩、黑云片岩夹多层磁铁石英岩组合	重要
综合信息	地球物理	1:20万区域重力场中高、低布格异常间北西向的线性梯度带及其局部正向变异扭曲部位;1:5万航磁167~3270nT异常具有直接圈定矿带和划分矿段的找矿效果;1:5000地面磁测5000~1000nT可以直接圈定出露或近地表规模较大的铁矿体,异常强度小于5000nT的低缓异常为一定埋深和规模的盲矿体	必要
	遥感	于北东向与北西向断裂密集分布区,7个隐伏岩体形成的环形构造在此区集中分布,遥感浅色色调异常区,北西向韧脆性变形构造集中分布区,矿体西南,铁染异常相对集中	次要

2)预测要素编图

在典型矿床成矿要素图基础上,将原比例尺地磁异常添加到成矿要素图上,如果没有地磁异常资料,将1:5万航磁异常放大到1:1万叠加到成矿要素图上,同时将遥感信息叠加其上形成预测要素编图。

3)预测模型

预测模型详见图5-3-5。

2. 板石沟铁矿

1) 预测要素

根据典型矿床成矿要素和地球物理、遥感特征,确立典型矿床预测要素,见表 5-4-2。

表 5-4-2　浑江市板石沟铁矿床预测要素表

预测要素		内容描述	类别
地质条件	岩石类型	为片麻岩类、斜长角闪岩、黑云变粒岩、黑云片岩,夹磁铁矿层组合	必要
	成矿时代	在 2700～2500Ma 之间	必要
	成矿环境	新太古代绿岩地体内的褶皱构造的核部及翼部	必要
	构造背景	位于前南华纪华北东部陆块(Ⅱ)、龙岗-陈台沟-沂水前新太古代陆核(Ⅲ)的板石新太古代地块(Ⅳ)内	重要
矿床特征	控矿条件	地层控矿:含铁岩系的岩石类型主要有片麻岩类、斜长角闪岩、黑云变粒岩、黑云片岩,褶皱构造控制矿体的空间产出位置	必要
	矿化特征	在褶皱翼部矿体被拉长或拉断,形成扁豆体或似层状矿体,而转折端部位的矿体则强烈加厚。	重要
	地球物理	重力高异常是该类型矿床重要区域间接找矿标志;1:5 万航磁图中有十分明显的异常反映,异常强度大(190～888nT)指示矿段的空间分布;1:1 万 10 000～20 000nT 的单峰状狭窄的带状异常为出露地表矿体,尖陡的双峰或多峰异常带多为隐伏或埋深矿体	重要
	遥感	有较宽的糜棱岩带通过矿区;多方向断裂构造交会部位;环形构造发育且集中分布;老变质岩形成带状要素;硅化、绿泥石化等形成浅色色调异常	次要

2) 预测要素编图

在典型矿床成矿要素图基础上,将原比例尺地磁异常添加到成矿要素图上,如果没有地磁异常资料,将 1:5 万航磁异常放大到 1:1 万叠加到成矿要素图上,同时将遥感信息叠加其上形成预测要素编图。

3) 预测模型

预测模型详见图 5-3-9。

3. 四方山铁矿

1) 预测要素

根据典型矿床成矿要素和地球物理、遥感特征,确立典型矿床预测要素,见表 5-4-3。

表 5-4-3　通化市四方山铁矿床预测要素表

预测要素		内容描述	类别
地质条件	岩石类型	一是黑云角闪斜长片麻岩、斜长角闪岩、黑云斜长片麻岩夹角闪片岩、黑云变粒岩、磁铁石英岩组合;二是黑云角闪斜长片片麻岩夹角闪黑云片岩、斜长角闪岩、绢云石英片岩、磁铁石英岩组合	必要
	成矿时代	新太古代	必要
	成矿环境	新太古代绿岩地体内的褶皱构造的核部及翼部	必要
	构造背景	位于前南华纪华北东部陆块(Ⅱ)、龙岗-陈台沟-沂水前新太古代陆核(Ⅲ)的板石新太古代地块(Ⅳ)内	重要

续表 5-4-3

预测要素		内容描述	类别
矿床特征	控矿条件	黑云角闪斜长片麻岩、斜长角闪岩、黑云斜长片麻岩夹角闪片岩、黑云变粒岩、磁铁石英岩组合为下部主要含矿层;黑云角闪斜长片麻岩夹角闪黑云斜长片麻岩、斜长角闪岩、绢云石英片岩、磁铁石英岩组合为上部含矿层。褶皱构造控矿,矿体在转折端加厚,翼部往往被拉断或被拉薄	必要
	蚀变特征	蚀变较弱	重要
	矿化特征	在褶皱翼部矿体被拉长或拉断,形成扁豆体或似层状矿体,而转折端部位的矿体则强烈加厚	重要
矿床特征	地球物理	1:20万布格重力等值线-正向变异异常边部,处在北东向和东西向两个重力梯级带的交会部位;1:5万航磁浅部叠加局部异常(344~526nT)反映了主要矿体的分布,一级低缓异常(100~300nT)指出了该矿床深部找矿的潜在远景;1:2000~1:1万地面磁测强度 1000~10 000nT 陡峰状异常,均属出露或近地表磁铁矿体异常,是发现和圈定矿体的主要标志。低值异常和规模较大的低缓(300~500nT)异常,具有寻找深部盲矿体的潜在价值	重要
	遥感	形成于兴华-长白山断裂带近东西向断裂带,与大川-江源北东向断裂带交会部位,大川-江源断裂带最宽处有晚期的北西向断裂通过,北东向脆韧性变形构造带通过矿区;矿体形成于湖上环形构造内部;遥感浅色色调异常区,中太古代英云闪长片麻岩形成的带要素内,板石块状构造边部,矿区及周围,羟基异常、铁染异常集中分布	次要

2) 预测要素编图

在典型矿床成矿要素图基础上,将 1:1 万地磁异常叠加到成矿要素图上,同时将遥感信息叠加其上形成预测要素编图。

3) 预测模型

预测模型详见图 5-3-13。

4. 和龙官地铁矿

1) 预测要素

根据典型矿床成矿要素和地球物理、遥感特征,确立典型矿床预测要素,见表 5-4-4。

表 5-4-4 和龙官地铁矿床预测要素表

预测要素		内容描述	类别
地质条件	岩石类型	区域上为新太古代角闪长英片麻岩、长英片麻岩、黑云母长英片麻岩及黑云母角闪长英片麻岩组合	必要
	成矿时代	新太古代	必要
	成矿环境	新太古代和龙地块内三道沟组上部长英片麻岩组合,含铁矿层有 20 层以上。矿体受褶皱构造控制	必要
	构造背景	位于前南华纪华北东部陆块(Ⅱ)、龙岗-陈台沟-沂水前新太古代陆核(Ⅲ)的和龙残块(Ⅳ)内	重要
矿床特征	控矿条件	太古宙三道沟组;矿体主要受褶皱构造控制,分布于褶皱构造的两翼或核部	必要
	矿化特征	区域上磁铁矿化、闪锌矿化、方铅矿化、黄铁矿化点或蚀变带	重要

续表 5-4-4

预测要素		内容描述	类别
综合信息	地球物理	磁法异常峰值大于 5000γ	必要
	遥感	形成于北东东向断裂附近,北东向脆韧性变形构造带上,两个相距较近的隐伏岩体形成的环形构造中间,遥感浅色色调异常区	次要

2)预测要素编图

在典型矿床成矿要素图基础上,将1∶1万地磁异常叠加到成矿要素图上,同时将遥感信息叠加其上形成预测要素编图。

3)预测模型

预测模型详见图 5-4-1。

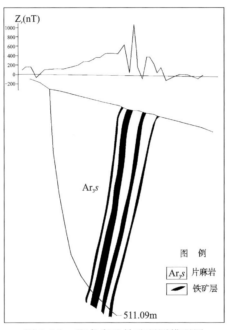

图 5-4-1　和龙官地铁矿预测模型图

(二)预测工作区预测模型

1. 预测要素

鞍山式沉积变质型铁矿具有相同的成矿地质条件和相同的演化历史,成矿地质条件和找矿标志具有相同性。根据夹皮沟-溜河、四方山-板石、安口、石棚沟-石道河子、天河兴-那尔轰地、海沟、金城洞-木兰屯预测工作区成矿要素和地球物理、遥感特征,确立区域预测要素,见表 5-4-5。

2. 预测要素编图

在预测工作区成矿要素图基础上,将1∶5万航磁异常叠加到成矿要素图上,同时将遥感信息叠加其上形成预测要素编图。

3. 预测模型

根据该类型矿床的成矿特点和预测要素的相同性,在老牛沟地区和板石沟地区各建1个预测模型,见图 5-4-2、图 5-4-3。

表 5-4-5 鞍山式沉积变质型铁矿床预测要素表

预测要素		内容描述	类别
地质条件	岩石类型	一是黑云角闪斜长片麻岩、斜长角闪岩、黑云斜长片麻岩夹角闪片岩、黑云变粒岩、磁铁石英岩组合；二是黑云角闪斜长片麻岩夹角闪黑云片岩、斜长角闪岩、绢云石英片岩、磁铁石英岩组合	必要
	成矿时代	新太古代	必要
	成矿环境	新太古代边缘裂陷，新太古代绿岩地体内的褶皱构造的核部及翼部	必要
	构造背景	位于前南华纪华北东部陆块（Ⅱ）、龙岗-陈台沟-沂水前新太古代陆核（Ⅲ）的板石新太古代地块（Ⅳ）、夹皮沟新太古代地块（Ⅳ）、和龙新太古代残块（Ⅳ）内	重要
矿床特征	控矿条件	（1）构造控矿：完全受基底构造的控制，即完全受新太古代边缘裂陷控制； （2）地层控矿：鞍山式铁矿完全受新太古代绿岩地体控制。不同构造部位、不同时段的绿岩建造控制的矿床规模亦不相同。 ①分布于海龙、桦甸、抚松、靖宇一带的早期绿岩地体的下部主要为斜长角闪岩、角闪斜长片麻岩，局部夹角闪石岩组合，相当于原鞍山群四道砬子河岩组和杨家店岩组（部分）。仅分布有小而贫的矿点；早期绿岩地体的上部主要为斜长角闪岩、黑云斜长片麻岩、细粒黑云变粒岩、浅粒岩、二云片岩夹有超镁铁质岩（角闪石岩、滑石岩、透闪石岩），局部有磁铁石英岩组合。大体上相当于原鞍山群杨家店岩组，是区域上的重要赋矿层位； ②分布于吉中桦甸三道沟—夹皮沟以及和龙官地一带的晚期绿岩地体大体上相当于原夹皮沟群老牛沟岩组和三道沟岩组，主要为斜长角闪岩、条带状角闪磁铁石英岩、绢云石英片岩、绿泥石英片岩、绿泥角闪片岩，夹磁铁石英岩组合，是区域上的重要赋矿层位； （3）变质控矿：区域变质变形作用控制矿体的空间产出部位和矿体形态，一般表现为翼部矿体长而厚，转折端矿体厚度大，经拉伸作用形态发生变异	必要
	矿化特征	区域上发育磁铁矿化、闪锌矿化、方铅矿化、黄铁矿化点或蚀变带	重要
综合信息	地球物理	1:20万区域重力场中重力高异常是该类型矿床重要区域间接找矿标志；1:5万航磁167～3270nT 异常具有直接圈定矿带和划分矿段的找矿效果；1:5000地面磁测5000～1000nT可以直接圈定出露或近地表规模较大的铁矿体，异常强度小于5000nT的低缓异常为一定埋深和规模的盲矿体；1:1万～1:2000地面磁测强度1000～10 000nT的单峰状狭窄的带状异常为出露地表矿体，尖陡的双峰或多峰异常带多为隐伏或埋深矿体。低缓异常（100～300nT）指出了该矿床深部找矿的潜在远景；低缓异常（300～500nT），具有寻找深部盲矿体的潜在价值	必要
	遥感	沿华北地台北缘断裂带台缘一侧分布；多分布于北东向或近东西向区域性规模较大的断裂构造带内；不同方向、不同规模断裂构造密集分布区及交会部位；预测工作区多发育脆韧性变形构造带；预测工作区内环形构造发育，由隐伏岩体形成的环形构造在不同方向断裂交会部位成群出现；预测工作区内多有遥感浅色色调异常	次要

三、预测单元划分及预测地质变量选择

本省鞍山式沉积变质铁矿主要产于吉南地区，含矿地质体为三道沟岩组、老牛沟岩组、杨家店岩组、四道砬子河岩组。这4个岩组均夹有磁铁石英岩岩层，是划分预测单元的主要依据。矿体含有磁性，因此航磁、地磁也是重要的地质变量，矿产地（或矿体产出部位）也是另一个重要的地质变量，同时也是重

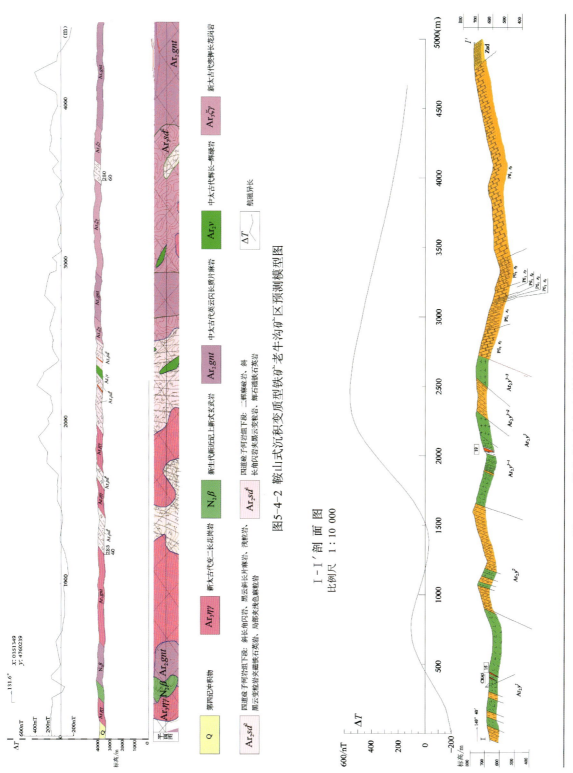

图5-4-2 鞍山式沉积变质型铁矿老牛沟矿区预测模型图

图5-4-3 鞍山式沉积变质型铁矿板石沟矿区预测模型图

要的预测变量。预测底图编制按照1∶5万比例尺精度编制，考虑到编图面积过大，出图比例尺定为1∶10万，因此网格单元按1∶10万计算大小。计算机给出的网格单元值太大，考虑到含矿岩体大小不一，小的地质体与大的岩体产矿可能性一样，尽量将网格单元划小一些，以提高预测精度。网格单元选择20×20网格，相当于2km×2km的单元网格。

木兰屯-金城洞预测工作区工作沉积变质型矿床产于太古宇官地组浅粒岩-黑云变粒岩和鸡南组斜长角闪岩-黑云变粒岩中，有确定的产出地质体。地质体单元作为重要的预测单元划分依据，官地组和鸡南组为必要的预测地质变量，航磁、矿体产出部位也是重要的预测变量。重力为次要预测要素。预测底图比例尺为1∶5万，预测工作区面积大，预测软件推荐网格大小为47.10，为了提高预测精度，修正取整后为40×40网格，网格相当于2km×2km，见图5-4-4、图5-4-5。

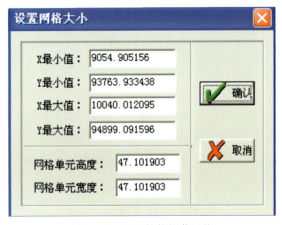

图 5-4-4 预测软件推荐网格

图 5-4-5 修正取整后

四、预测工作区圈定及优选

预测工作区圈定以含矿地质体和矿体产出部位为圈定依据，首先应用MRAS软件对预测要素进行空间叠加的方法对预测工作区进行空间评价，圈定预测工作区。优选最小预测工作区以航磁、遥感和重力做为确定依据，优选中以权重系数大于2.9为A类预测工作区，1.8~2.9为B类预测工作区，0.9~1.8为C类预测工作区。经过地质专家进一步修正和筛选，最终优选出最小预测工作区。这也作为地质体法空间评价的客观认识基础（图5-4-6，图5-4-7）。

木兰屯-金城洞预测工作区以含矿地质体和矿体产出部位为圈定依据，首先应用MRAS软件对预测要素进行空间叠加的方法对预测工作区进行空间评价，圈定预测工作区。优选最小预测工作区以矿产地、航磁、遥感和重力做为确定依据，特别是矿体产出部位，是区分预测工作区类别和资源量级别的决定性依据。优选中以权重系数大于2.5为A类预测工作区，1.5~2.5为B类预测工作区，0.5~1.5为C类预测工作区，经过地质专家进一步修正和筛选，最终优选出最小预测工作区。这也作为地质体法空间评价的客观认识基础。

五、德尔菲法资源量估算

1. 分析过程

通过聘请专家对吉林省铁矿成矿地质条件、控矿因素、找矿远景熟知的地质矿产专家成立德尔菲法评价专家组，专家有原局总工程师陈尔臻、原三所总工赵显德、原四所总工组韩雪、原六所总工柴旭峰、地调院副院长张贵生、地调院副院长刘忠、本项目成矿规律技术负责段建祥。

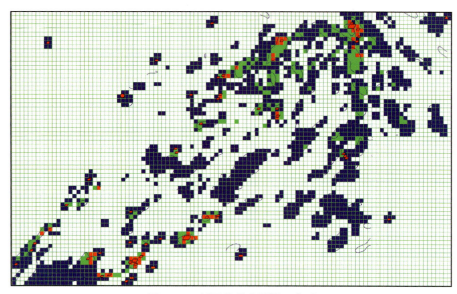

图 5-4-6 板石沟最小预测工作区

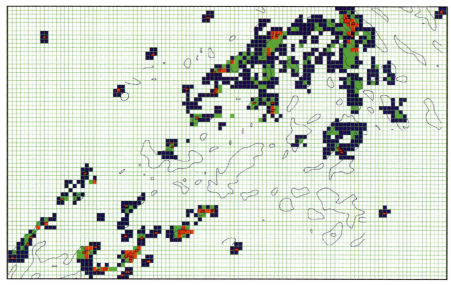

图 5-4-7 板石沟优选最小预测工作区

将夹皮沟-溜河、四方山-板石、安口、石棚沟-石道河子、天河兴-那尔轰地、海沟、金城洞-木兰屯预测工作区的地质矿产资料、物探资料、以及相关图件送专家组阅读。

将德尔菲法的预测技术要求和技术流程资料送专家组阅读。

2. 预测成果

通过对"资源量征询意见表"和按"概率征询意见表"进行统计(按 MRAS 软件),对统计结果进行判断。

判断公式为

$$C = \frac{1}{\delta^4}[\overline{x^4} - 4\overline{x^3} \cdot \overline{x} + 6\overline{x} \cdot \overline{x}^2 - 3(\overline{x})^4] \tag{5-4-1}$$

预测成果见表 5-4-6。

表 5-4-6　吉林省沉积变质型铁矿德尔菲法资源量预测表

预测工作区名称	深度	面积/km²	预测资源量（规模）		
			90%	50%	10%
安口沉积变质型铁矿预测工作区	500m 以浅	279	中型	大型	大型
石棚沟-石道河子沉积变质型铁矿预测工作区		204	中型	中型	中型
天河兴-哪尔轰沉积变质型铁矿预测工作区		127	中型	中型	中型
老牛沟-溜河沉积变质型铁矿预测工作区		304	中型	大型	大型
海沟沉积变质型铁矿预测工作区		192	中型	中型	中型
金城洞-木兰屯沉积变质型铁矿预测工作区		297	中型	中型	大型
四方山-板石沉积变质型铁矿预测工作区		195	中型	大型	大型
安口沉积变质型铁矿预测工作区	1000m 以浅	279	大型	大型	大型
石棚沟-石道河子沉积变质型铁矿预测工作区		204	中型	中型	中型
天河兴-哪尔轰沉积变质型铁矿预测工作区		127	中型	中型	中型
老牛沟-溜河沉积变质型铁矿预测工作区		304	中型	大型	大型
海沟沉积变质型铁矿预测工作区		192	中型	中型	中型
金城洞-木兰屯沉积变质型铁矿预测工作区		297	中型	大型	大型
四方山-板石沉积变质型铁矿预测工作区		195	大型	大型	大型
安口沉积变质型铁矿预测工作区	2000m 以浅	279	大型	大型	大型
石棚沟-石道河子沉积变质型铁矿预测工作区		204	中型		中型
天河兴-哪尔轰沉积变质型铁矿预测工作区		127	中型	中型	大型
老牛沟-溜河沉积变质型铁矿预测工作区		304	大型	大型	
海沟沉积变质型铁矿预测工作区		192	中型	中型	大型
金城洞-木兰屯沉积变质型铁矿预测工作区		297	大型	大型	
四方山-板石沉积变质型铁矿预测工作区		195	大型	大型	大型

六、地质体积法资源量估算

(一)典型矿床已查明资源储量及其估算参数

1. 鞍山式沉积变质型铁矿夹皮沟-溜河预测工作区

该预测工作区内的典型矿床为老牛沟铁矿。

(1)查明资源储量：老牛沟典型矿床所在区，以往工程控制实际查明的并且已经记录在储量登记表中。

(2)面积：老牛沟典型矿床所在区域经1∶1万地质填图确定的勘探评价区，含矿层位的平均倾角为70°。

(3)延深：老牛沟矿床勘探控制矿体的最大延深为870m。

(4)体积含矿率：体积含矿率＝查明资源储量/(面积×sinα×延深)，其中α为含矿层位的平均倾角，计算得出老牛沟铁矿床体积含矿率为 0.00 827 496t/m³。

2. 鞍山式沉积变质型铁矿四方山-板石预测工作区

该预测工作区内包括板石和四方山两个典型矿床,计算得出板石铁矿床体积含矿率为 $0.01\,101\,275\,t/m^3$,四方山铁矿床体积含矿率为 $0.65\,962\,019\,t/m^3$。

3. 鞍山式沉积变质型铁矿金城洞-木兰屯预测工作区

该预测工作区内典型矿床为官地铁矿,计算得出官地铁矿床体积含矿率为 $0.02\,991\,159\,t/m^3$。

(二)典型矿床深部及外围预测资源量及其估算参数

1. 鞍山式沉积变质型铁矿夹皮沟-溜河预测工作区

老牛沟铁矿床深部资源量预测:矿体沿倾向最大延深870m,矿体倾角70°,实际垂深817m,根据该含矿层位在区域上的产状、走向、延伸等均比较稳定,推断该套含矿层位在1500m深度仍然存在,所以本次对该矿床的深部预测垂深选择1500m。矿床深部预测实际深度为683m。面积仍然采用原矿床含矿的最大面积。预测其深部资源量。应用预测资源量=面积×延深×体积含矿率(表5-4-7)。

表5-4-7 沉积变质型夹皮沟-溜河预测工作区典型矿床深部预测资源量表

名称	预测资源量	面积/m²	延深/m	体积含矿率
老牛沟铁矿	大型	26 090 859.98	683	0.00 827 496

2. 鞍山式沉积变质型铁矿四方山-板石预测工作区

板石沟铁矿床深部资源量预测:矿体沿倾向最大延深550m,矿体倾角70°,实际垂深516m,近年邻区铁矿最大勘探深度垂深1100m,证实该套含矿层位在1000m深度仍然稳定延深。根据该含矿层位在区域上的产状、走向、延伸等均比较稳定,推断该套含矿层位在1500m深度仍然存在,所以本次对该矿床的深部预测垂深选择1500m。矿床深部预测实际深度为984m。面积仍然采用原矿床含矿的最大面积。

四方山铁矿床深部资源量预测:矿体沿倾向最大延深620m,矿体倾角70°,实际垂深583m,近年该区铁矿最大勘探深度垂深1100m,证实该套含矿层位在1100m深度仍然稳定延深。根据该含矿层位在区域上的产状、走向、延伸等均比较稳定,推断该套含矿层位在1500m深度仍然存在,所以本次对该矿床的深部预测垂深选择1500m。矿床深部预测实际深度为917m。面积仍然采用原矿床含矿的最大面积,预测其深部资源量。应用预测资源量=面积×延深×体积含矿率(表5-4-8)。

表5-4-8 沉积变质型四方山-板石预测工作区典型矿床深部预测资源量表

名称	预测资源量	面积/m²	延深/m	体积含矿率
浑江市板石沟铁矿	大型	21 937 085.97	984	0.01 101 275
通化市四方山铁矿	大型	248 693.12	917	0.65 962 019

3. 鞍山式沉积变质型铁矿金城洞-木兰屯预测工作区

官地铁矿床深部资源量预测:矿体沿倾向最大延深500m,矿体倾角55°,实际垂深410m,近年该区铁矿最大勘探深度垂深800m,证实该套含矿层位在800m深度仍然稳定延深。根据该含矿层位在区域上的产状、走向、延伸等均比较稳定,但考虑到后期岩浆改造作用较强,所以本次对该矿床的深部预测垂深选择1300m。矿床深部预测实际深度为890m。面积仍然采用原矿床含矿的最大面积,预测其深部资源量。应用预测资源量＝面积×延深×体积含矿率(表5-4-9)。

表5-4-9 沉积变质型金城洞-木兰屯预测工作区典型矿床深部预测资源量表

名称	预测资源量	面积/m²	延深/m	体积含矿率
官地铁矿	中型	2 800 000	890	0.02 991 159

(三)典型矿床总资源量

鞍山式沉积变质型铁矿夹皮沟-溜河预测工作区、鞍山式沉积变质型铁矿四方山-板石预测工作区、鞍山式沉积变质型铁矿金城洞-木兰屯预测工作区的典型矿床总质量分别见表5-4-10～表5-4-12。

表5-4-10 鞍山式沉积变质型铁矿夹皮沟-溜河预测工作区典型矿床总资源量表

名称	查明资源储量（规模）	预测资源量（规模）	总资源量（规模）	总面积/m²	总延深/m	含矿系数
老牛沟铁矿	大型	大型	大型	26 090 859.98	1500	0.00 827 496

表5-4-11 鞍山式沉积变质型铁矿四方山-板石预测工作区典型矿床总资源量表

名称	查明资源储量（规模）	预测资源量（规模）	总资源量（规模）	总面积/m²	总延深/m	含矿系数
白山市板石沟铁矿	大型	大型	大型	21 937 085.97	1500	0.01 101 275
通化市四方山铁矿	中型	大型	大型	248 693.12	1500	0.65 962 019

表5-4-12 鞍山式沉积变质型铁矿金城洞-木兰屯预测工作区典型矿床总资源量表

名称	查明资源储量（规模）	预测资源量（规模）	总资源量（规模）	总面积/m²	总延深/m	含矿系数
官地铁矿	大型	中型	大型	2 800 000	1300	0.029 91 159

(四)预测工作区模型区估算参数确定

1.鞍山式沉积变质型铁矿夹皮沟-溜河预测工作区

模型区:老牛沟铁矿典型矿床所在的最小预测工作区。

模型区预测资源量:老牛沟典型矿床探明和典型矿床深部预测资源量的总资源量,即查明资源量＋深部预测资源量。

面积:老牛沟典型矿床含矿建造老牛沟组的出露面积叠加航磁异常,加以人工修正后的最小预测工作区面积。

延深:模型区内典型矿床的总延深,即最大预测深度。区域上该套含矿层位的最大勘探深度在1300m左右,该套含矿层位延深仍然比较稳定。所以,模型区的预测深度选择1500m,沿用老牛沟典型矿床的最大预测深度。

含矿地质体面积参数:为含矿地质体面积/模型区面积,当含矿地质体面积＝模型区面积,其为1,含矿地质体面积小于模型区面积,其小于1。老牛沟典型矿床所在的最小预测工作区内出露为含矿建造的面积,所以含矿地质体面积参数为1(表5-4-13)。

表 5-4-13 模型区预测资源量及其估算参数

名称	模型区预测资源量（规模）	模型区面积/m²	延深/m	含矿地质体面积/m²	含矿地质体面积参数
YJA1	大型	28 614 848.46	1500	28 614 848.46	1

2. 鞍山式沉积变质型铁矿四方山-板石预测工作区

模型区：典型矿床所在的最小预测工作区，该预测工作区有两个模型区，即四方山铁矿所在的 YJA3 最小预测工作区，板石铁矿典型矿床所在的 YJA2 最小预测工作区。

模型区预测资源量：YJA3 和 YJA2 每个模型区预测资源量分别是四方山和板石典型矿床探明和典型矿床深部预测资源量的总资源量，即查明资源量＋深部预测资源量。

面积：YJA3 模型区的面积是四方山典型矿床所在区含矿建造杨家店组的出露面积叠加航磁异常，加以人工修正后的最小预测工作区面积。YJA3 模型区的面积是四方山典型矿床所在区含矿建造杨家店组的出露面积叠加航磁异常，加以人工修正后的最小预测工作区面积。

延深：模型区内典型矿床的总延深，即最大预测深度。四方山铁矿和板石铁矿现在最大的勘探深度均达到 1000m 左右，该套含矿层位延深仍然比较稳定。所以，模型区的预测深度选择 1500m，沿用四方山和板石铁矿典型矿床的最大预测深度。

含矿地质体面积参数：为含矿地质体面积/模型区面积，当含矿地质体面积＝模型区面积，其为 1，含矿地质体面积小于模型区面积，其小于 1。四方山和板石典型矿床所在的最小预测工作区内出露为含矿建造的面积，所以含矿地质体面积参数为 1（表 5-4-14）。

表 5-4-14 模型区预测资源量及其估算参数

名称	模型区预测资源量（规模）	模型区面积/m²	延深/m	含矿地质体面积/m²	含矿地质体面积参数
YJA2	大型	36 225 410.88	1500	36 225 410.88	1
YJA3	大型	24 863 178.53	1500	24 863 178.53	1

3. 鞍山式沉积变质型铁矿金城洞-木兰屯预测工作区

模型区：典型矿床所在的最小预测工作区。即官地铁矿所在的 JMA2 最小预测工作区。

模型区预测资源量：YMA2 模型区预测资源量是官地典型矿床探明和典型矿床深部预测资源量的总资源量，即查明资源量＋深部预测资源量。

面积：YMA2 模型区的面积是官地典型矿床所在区含矿建造官地组的出露面积叠加航磁异常，加以人工修正后的最小预测工作区面积。

延深：模型区内典型矿床的总延深，即最大预测深度。官地铁矿现在最大的勘探深度均达到 800m 左右，同时由于该套含矿层位在区域上延深比较稳定。所以模型区的预测深度选择 1300m，沿用官地铁矿典型矿床的最大预测深度。

含矿地质体面积参数：为含矿地质体面积/模型区面积，当含矿地质体面积＝模型区面积，其为 1，含矿地质体面积小于模型区面积，其小于 1。官地典型矿床所在的最小预测工作区内出露为含矿建造的面积，所以含矿地质体面积参数为 1（表 5-4-15）。

表 5-4-15　模型区预测资源量及其估算参数

名称	模型区预测资源量（规模）	模型区面积/m²	延深/m	含矿地质体面积/m²	含矿地质体面积参数
JMA2	大型	3 251 405.86	1300	3 251 405.86	1

(五)预测工作区模型区含矿系数确定

1. 鞍山式沉积变质型铁矿夹皮沟-溜河预测工作区

区模型区 YJA1 的含矿地质体含矿系数确定公式：YJA1 含矿地质体含矿系数＝模型区 YJA1 资源总量/含矿地质体总体积，含矿地质体的总体积为含矿地质体面积×预测总深度。计算得出 YJA1 模型区的含矿地质体含矿系数为 0.00 754 774(表 5-4-16)。

表 5-4-16　鞍山式沉积变质型铁矿夹皮沟-溜河预测工作区模型区含矿地质体含矿系数表

模型区名称	含矿地质体含矿系数	资源总量(规模)	含矿地质体总体积/m³
YJA1	0.00 754 774	大型	42 922 272 690

2. 鞍山式沉积变质型铁矿四方山-板石预测工作区

模型区 YJA2、YJA3 的含矿地质体含矿系数确定公式：YJA2 含矿地质体含矿系数＝模型区 YJA2 资源总量/含矿地质体总体积，含矿地质体的总体积为含矿地质体面积×预测总深度。计算得出 YJA2 模型区的含矿地质体含矿系数为 0.006 672 705。同理计算得出 YJA3 的含矿地质体含矿系数为 0.006 596 111(表 5-4-17)。

表 5-4-17　鞍山式沉积变质型铁矿四方山-板石预测工作区模型区含矿地质体含矿系数表

模型区名称	含矿地质体含矿系数	资源总量(规模)	含矿地质体总体积/m³
YJA2	0.006 672 705	大型	54 338 116 320
YJA3	0.00 659 611	大型	37 294 767 795

3. 鞍山式沉积变质型铁矿金城洞-木兰屯预测工作区

模型区 JMA2 的含矿地质体含矿系数确定公式：JMA2 含矿地质体含矿系数＝模型区 JMA2 资源总量/含矿地质体总体积，含矿地质体的总体积为含矿地质体面积×预测总深度。计算得出 JMA2 模型区的含矿地质体含矿系数为 0.033 356 522(表 5-4-18)。

表 5-4-18　鞍山式沉积变质型金城洞-木兰屯预测工作区模型区含矿地质体含矿系数表

模型区名称	含矿地质体含矿系数	资源总量(规模)	含矿地质体总体积/m³
JMA2	0.033 356 522	大型	4 877 108 790

(六)预测工作区最小预测工作区估算参数的确定

1. 最小预测工作区面积圈定方法及圈定结果

(1)鞍山式沉积变质型铁矿夹皮沟-溜河预测工作区：面积的确定主要依据是在太古宇老牛沟组含

铁建造存在的基础上,叠加航次异常,两者叠加并经地质矿产专业人员人工修整后的最小区域(见表5-4-19)。

表 5-4-19 夹皮沟-溜河预测工作区最小预测工作区面积圈定大小及方法依据

最小预测工作区编号	最小预测工作区名称	面积/m²	参数确定依据
53	YJB3	6 480 281.68	老牛沟组含铁建造+航磁异常
55	YJB4	40 638 340.28	老牛沟组含铁建造+航磁异常
60	YJC4	4 064 459.28	老牛沟组含铁建造+航磁异常
62	YJC5	5 251 285.67	老牛沟组含铁建造+航磁异常

(2)鞍山式沉积变质型铁矿四方山-板石预测工作区:面积的确定主要依据是在太古宇杨家店组含铁建造存在的基础上,叠加航次异常,两者叠加并经地质矿产专业人员人工修整后的最小区域(表5-4-20)。

表 5-4-20 四方山-板石预测工作区最小预测工作区面积圈定大小及方法依据

最小预测工作区编号	最小预测工作区名称	面积/m²	参数确定依据
75	YJB16	8 167 971.40	杨家店组含铁建造+航磁异常
74	YJC7	14 288 329.64	杨家店组含铁建造+航磁异常
77	YJC8	7 305 360.02	杨家店组含铁建造+航磁异常
82	YJB21	1 949 534.14	杨家店组含铁建造+航磁异常
83	YJB20	8 527 521.50	杨家店组含铁建造+航磁异常

(3)鞍山式沉积变质型铁矿安口预测工作区:面积的确定主要依据是在太古宇杨家店组含铁建造存在的基础上,叠加航次异常,两者叠加并经地质矿产专业人员人工修整后的最小区域(表5-4-21)。

表 5-4-21 安口预测工作区最小预测工作区面积圈定大小及方法依据

最小预测工作区编号	最小预测工作区名称	面积/m²	参数确定依据
73	YJB15	1 625 991.99	杨家店组含铁建造+航磁异常
78	YJB17	1 158 863.52	杨家店组含铁建造+航磁异常
76	YJB18	2 982 805.67	杨家店组含铁建造+航磁异常
72	YJC9	4 734 174.79	杨家店组含铁建造+航磁异常

(4)鞍山式沉积变质型铁矿石棚沟-石道河子预测工作区:面积的确定主要依据是在太古宇杨家店组含铁建造存在的基础上,叠加航次异常,两者叠加并经地质矿产专业人员人工修整后的最小区域(表5-4-22)。

表 5-4-22 石棚沟-石道河子预测工作区最小预测工作区面积圈定大小及方法依据

最小预测工作区编号	最小预测工作区名称	面积/m²	参数确定依据
58	YJB2	28 908 871.01	杨家店组含铁建造+航磁异常

(5)鞍山式沉积变质型铁矿天河兴-那尔轰预测工作区:面积的确定主要依据是在太古宇杨家店组含铁建造存在的基础上,叠加航次异常,两者叠加并经地质矿产专业人员人工修整后的最小区域(表5-4-23)。

表 5-4-23　天河兴-那尔轰预测工作区最小预测工作区面积圈定大小及方法依据

最小预测工作区编号	最小预测工作区名称	面积/m²	参数确定依据
52	YJB1	49 126 554.73	杨家店组含铁建造＋航磁异常
54	YJB5	19 081 485.58	杨家店组含铁建造＋航磁异常
61	YJB6	81 761 036.14	杨家店组含铁建造＋航磁异常
63	YJB7	9 065 177.80	杨家店组含铁建造＋航磁异常
64	YJB10	3 379 783.24	三道沟组含铁建造＋航磁异常
68	YJB12	2 338 370.04	三道沟组含铁建造＋航磁异常
57	YJC1	54 640 882.84	杨家店组含铁建造＋航磁异常
59	YJC2	25 228 554.22	杨家店组含铁建造＋航磁异常
56	YJC3	20 797 481.23	杨家店组含铁建造＋航磁异常

（6）鞍山式沉积变质型铁矿海沟预测工作区：面积的确定主要依据是在太古宇杨家店组含铁建造存在的基础上，叠加航次异常，两者叠加并经地质矿产专业人员人工修整后的最小区域（表5-4-24）。

表 5-4-24　海沟预测工作区最小预测工作区面积圈定大小及方法依据

最小预测工作区名称	面积/m²	参数确定依据
HGC1	1 580 858.68	新太古界含矿层位＋磁异常

（7）鞍山式沉积变质型铁矿金城洞-木兰屯预测工作区：最小预测工作区面积的确定主要依据是在太古宇官地岩组和鸡南组含铁建造存在的基础上，叠加航次异常，两者叠加并经地质矿产专业人员人工修整后的最小区域（表5-4-25）。

表 5-4-25　金城洞-木兰屯预测工作区最小预测工作区面积圈定大小及方法依据

最小预测工作区编号	最小预测工作区名称	面积/m²	参数确定依据
106	JMA1	1 580 858.68	新太古界官地岩组＋磁异常
89	JMB1	2 746 173.71	新太古界官地岩组＋磁异常
93	JMB2	1 664 567.55	新太古界官地岩组＋磁异常
97	JMB3	350 451.25	新太古界官地岩组＋磁异常
105	JMB4	1 540 544.62	新太古界官地岩组＋磁异常
108	JMB5	1 158 286.31	新太古界官地岩组＋磁异常
115	JMB7	167 936.14	新太古界鸡南岩组＋磁异常
116	JMB8	1 682 431.27	新太古界鸡南岩组＋磁异常
118	JMB9	471 967.33	新太古界鸡南岩组＋磁异常
117	JMB10	1 336 408.11	新太古界鸡南岩组＋磁异常
87	JMC1	389 563.91	新太古界官地岩组＋磁异常
88	JMC2	885 758.96	新太古界官地岩组＋磁异常
90	JMC3	1 563 598.94	新太古界官地岩组＋磁异常
91	JMC4	423 633.52	新太古界官地岩组＋磁异常

续表 5-4-25

最小预测工作区编号	最小预测工作区名称	面积/m²	参数确定依据
92	JMC5	1 191 527.03	新太古界官地岩组+磁异常
94	JMC6	1 093 580.18	新太古界官地岩组+磁异常
95	JMC7	1 587 110.50	新太古界官地岩组+磁异常
96	JMC8	2 146 965.59	新太古界官地岩组+磁异常
100	JMC9	1 036 392.90	新太古界官地岩组+磁异常
98	JMC10	334 349.40	新太古界官地岩组+磁异常
99	JMC11	569 529.22	新太古界官地岩组+磁异常
102	JMC12	1 402 081.13	新太古界官地岩组+磁异常
101	JMC13	638 231.54	新太古界官地岩组+磁异常
104	JMC14	2 207 536.95	新太古界官地岩组+磁异常
103	JMC15	121 018.68	新太古界官地岩组+磁异常
107	JMC16	187 282.72	新太古界官地岩组+磁异常
109	JMC17	1 378 387.08	新太古界官地岩组+磁异常
110	JMC18	2 015 075.81	新太古界官地岩组+磁异常
114	JMC19	529 375.92	新太古界官地岩组+磁异常
111	JMC20	424 848.34	新太古界官地岩组+磁异常
113	JMC21	3 346 234.85	新太古界官地岩组+磁异常
120	JMC22	1 220 992.63	新太古界鸡南岩组+磁异常
121	JMC23	2 394 184.09	新太古界鸡南岩组+磁异常
123	JMC24	1 489 624.11	新太古界鸡南岩组+磁异常
122	JMC25	783 288.54	新太古界鸡南岩组+磁异常
124	JMC26	395 117.14	新太古界鸡南岩组+磁异常
125	JMC27	519 001.12	新太古界鸡南岩组+磁异常

2. 最小预测工作区延深参数的确定及结果

(1)鞍山式沉积变质型铁矿夹皮沟-溜河预测工作区:延深参数的确定主要参考区域上老牛沟组含矿建造的稳定性、典型矿床最大勘探深度、区域上相同或相近含矿建造的最大勘探深度、区域上磁异常的反演深度,在此基础上推测含矿建造可能的延深而确定。老牛沟组含矿建造在预测工作区内沿走向和倾向延伸比较的稳定,老牛沟铁矿最大勘探深度为817m,铁矿含矿层位仍然稳定存在,区域上磁异常的反演最大深度为2000m,由此确定沉积变质型夹皮沟-溜河预测工作区最小预测工作区延深参数为1500m(表 5-4-26)。

表 5-4-26 夹皮沟-溜河预测工作区最小预测工作区延深圈定大小及方法依据

最小预测工作区编号	最小预测工作区名称	延深/m	参数确定依据
53	YJB3	1500	区域上含矿建造+类比已知区+磁异常反演
55	YJB4	1500	区域上含矿建造+类比已知区+磁异常反演

续表 5-4-26

最小预测工作区编号	最小预测工作区名称	延深/m	参数确定依据
60	YJC4	1500	区域上含矿建造+类比已知区+磁异常反演
62	YJC5	1500	区域上含矿建造+类比已知区+磁异常反演

(2)鞍山式沉积变质型铁矿四方山-板石预测工作区：延深参数的确定主要参考区域上杨家店组含矿建造的稳定性、典型矿床最大勘探深度、区域上磁异常的反演深度，在此基础上推测含矿建造可能的延深而确定。杨家店组含矿建造在预测工作区内沿走向和倾向延伸相对比较的稳定，四方山、板石铁矿最大勘探深度为现在已经达到1000m左右，铁矿含矿层位仍然稳定存在，区域上磁异常的反演最大深度为1500m，由此确定沉积变质型四方山-板石预测工作区最小预测工作区延深参数为1500m（表5-4-27）。

表 5-4-27 四方山-板石预测工作区最小预测工作区延深圈定大小及方法依据

最小预测工作区编号	最小预测工作区名称	延深/m	参数确定依据
75	YJB16	1500	区域上含矿建造+类比已知区+磁异常反演
74	YJC7	1500	区域上含矿建造+类比已知区+磁异常反演
77	YJC8	1500	区域上含矿建造+类比已知区+磁异常反演
82	YJB21	1500	区域上含矿建造+类比已知区+磁异常反演
83	YJB20	1500	区域上含矿建造+类比已知区+磁异常反演

(3)鞍山式沉积变质型铁矿安口预测工作区：延深参数的确定主要参考区域上杨家店组含矿建造的稳定性区，域上磁异常的反演深度，同时参照处于相同构造环境、相同成矿时代、相同成因类型的板石铁矿典型矿床最大勘探深度，在此基础上推测含矿建造可能的延深而确定。根据区域地质调查资料杨家店组含矿建造在预测工作区内沿走向和倾向延伸比较的稳定，区域上磁异常的反演最大深度为1000余米，相同构造环境、相同成矿时代、相同成因类型的板石铁矿典型矿床区域上最大勘探深度达800余米，铁矿含矿层位仍然稳定存在，由此确定沉积变质型安口预测工作区最小预测工作区延深参数为1000m（表5-4-28）。

表 5-4-28 安口预测工作区最小预测工作区延深圈定大小及方法依据

最小预测工作区编号	最小预测工作区名称	延深/m	参数确定依据
73	YJB15	1000	区域上含矿建造+类比已知区+磁异常反演
78	YJB17	1000	区域上含矿建造+类比已知区+磁异常反演
76	YJB18	1000	区域上含矿建造+类比已知区+磁异常反演
72	YJC9	1000	区域上含矿建造+类比已知区+磁异常反演

(4)鞍山式沉积变质型铁矿石棚沟-石道河子预测工作区：延深参数的确定主要参考区域上杨家店组含矿建造的稳定性区，域上磁异常的反演深度，同时参照处于相同构造环境、相同成矿时代、相同成因类型的板石铁矿典型矿床最大勘探深度，在此基础上推测含矿建造可能的延深而确定。根据区域地质调查资料杨家店组含矿建造在预测工作区内沿走向和倾向延伸比较的稳定，区域上磁异常的反演最大深度为1000余米，相同构造环境、相同成矿时代、相同成因类型的板石铁矿典型矿床区域上最大勘探深度达1000余米，铁矿含矿层位仍然稳定存在，由此确定沉积变质型石棚沟-石道河子预测工作区最小预测工作区延深参数为1000m（表5-4-29）。

表 5-4-29　石棚沟-石道河子预测工作区最小预测工作区延深圈定大小及方法依据

最小预测工作区编号	最小预测工作区名称	延深/m	参数确定依据
58	YJB2	1000	区域上含矿建造+类比已知区+磁异常反演

(5)鞍山式沉积变质型铁矿天河兴-那尔轰预测工作区：延深参数的确定主要参考区域上杨家店组含矿建造的稳定性区、域上磁异常的反演深度，同时参照处于相同构造环境、相同成矿时代、相同成因类型的板石铁矿典型矿床最大勘探深度，在此基础上推测含矿建造可能的延深而确定。根据区域地质调查资料杨家店组含矿建造在预测工作区内沿走向和倾向延伸比较的稳定，区域上磁异常的反演最大深度为1000余米，相同构造环境、相同成矿时代、相同成因类型的板石铁矿典型矿床区域上最大勘探深度达800余米，铁矿含矿层位仍然稳定存在，由此确定沉积变质型天河兴-那尔轰预测工作区最小预测工作区延深参数为1000m(表5-4-30)。

表 5-4-30　天河兴-那尔轰预测工作区最小预测工作区延深圈定大小及方法依据

最小预测工作区编号	最小预测工作区名称	延深/m	参数确定依据
52	YJB1	1000	区域上含矿建造+类比已知区+磁异常反演
54	YJB5	1000	区域上含矿建造+类比已知区+磁异常反演
61	YJB6	1000	区域上含矿建造+类比已知区+磁异常反演
63	YJB7	1000	区域上含矿建造+类比已知区+磁异常反演
64	YJB10	1000	区域上含矿建造+类比已知区+磁异常反演
68	YJB12	1000	区域上含矿建造+类比已知区+磁异常反演
57	YJC1	1000	区域上含矿建造+类比已知区+磁异常反演
59	YJC2	1000	区域上含矿建造+类比已知区+磁异常反演
56	YJC3	1000	区域上含矿建造+类比已知区+磁异常反演

(6)鞍山式沉积变质型铁矿金城洞-木兰屯预测工作区：延深参数的确定主要参考区域上官地岩组和鸡南组含矿建造的稳定性、典型矿床最大勘探深度、区域上相同或相近含矿建造的最大勘探深度、区域上磁异常的反演深度，在此基础上推测含矿建造可能的延深而确定。官地岩组和鸡南组含矿建造在预测工作区内沿走向和倾向延伸相对比较的稳定，官地铁矿最大勘探深度为800余米，铁矿含矿层位仍然稳定存在，区域上磁异常的反演最大深度为1000余米，由此确定沉积变质型金城洞-木兰屯预测工作区最小预测工作区延深参数为1300m。当其最小预测工作区长轴小于2000m时，最深预测到1000m(表5-4-31)。

表 5-4-31　金城洞-木兰屯预测工作区最小预测工作区延深圈定大小及方法依据

最小预测工作区编号	最小预测工作区名称	延深/m	参数确定依据
106	JMA1	1300	区域上含矿建造+类比已知区+磁异常反演
89	JMB1	1300	区域上含矿建造+类比已知区+磁异常反演
93	JMB2	1300	区域上含矿建造+类比已知区+磁异常反演
97	JMB3	1000	区域上含矿建造+类比已知区+磁异常反演
105	JMB4	1300	区域上含矿建造+类比已知区+磁异常反演
108	JMB5	1300	区域上含矿建造+类比已知区+磁异常反演

续表 5-4-31

最小预测工作区编号	最小预测工作区名称	延深/m	参数确定依据
112	JMB6	1000	区域上含矿建造＋类比已知区＋磁异常反演
115	JMB7	1000	区域上含矿建造＋类比已知区＋磁异常反演
116	JMB8	1300	区域上含矿建造＋类比已知区＋磁异常反演
118	JMB9	1000	区域上含矿建造＋类比已知区＋磁异常反演
117	JMB10	1300	区域上含矿建造＋类比已知区＋磁异常反演
87	JMC1	1000	区域上含矿建造＋类比已知区＋磁异常反演
88	JMC2	1000	区域上含矿建造＋类比已知区＋磁异常反演
90	JMC3	1300	区域上含矿建造＋类比已知区＋磁异常反演
91	JMC4	1000	区域上含矿建造＋类比已知区＋磁异常反演
92	JMC5	1000	区域上含矿建造＋类比已知区＋磁异常反演
94	JMC6	1000	区域上含矿建造＋类比已知区＋磁异常反演
95	JMC7	1300	区域上含矿建造＋类比已知区＋磁异常反演
96	JMC8	1300	区域上含矿建造＋类比已知区＋磁异常反演
100	JMC9	1000	区域上含矿建造＋类比已知区＋磁异常反演
98	JMC10	1000	区域上含矿建造＋类比已知区＋磁异常反演
99	JMC11	1000	区域上含矿建造＋类比已知区＋磁异常反演
102	JMC12	1300	区域上含矿建造＋类比已知区＋磁异常反演
101	JMC13	1300	区域上含矿建造＋类比已知区＋磁异常反演
104	JMC14	1300	区域上含矿建造＋类比已知区＋磁异常反演
103	JMC15	1000	区域上含矿建造＋类比已知区＋磁异常反演
107	JMC16	1000	区域上含矿建造＋类比已知区＋磁异常反演
109	JMC17	1000	区域上含矿建造＋类比已知区＋磁异常反演
110	JMC18	1300	区域上含矿建造＋类比已知区＋磁异常反演
114	JMC19	1000	区域上含矿建造＋类比已知区＋磁异常反演
111	JMC20	1000	区域上含矿建造＋类比已知区＋磁异常反演
113	JMC21	1300	区域上含矿建造＋类比已知区＋磁异常反演
120	JMC22	1300	区域上含矿建造＋类比已知区＋磁异常反演
121	JMC23	1300	区域上含矿建造＋类比已知区＋磁异常反演
123	JMC24	1300	区域上含矿建造＋类比已知区＋磁异常反演
122	JMC25	1000	区域上含矿建造＋类比已知区＋磁异常反演
124	JMC26	1000	区域上含矿建造＋类比已知区＋磁异常反演
125	JMC27	1000	区域上含矿建造＋类比已知区＋磁异常反演

3. 品位和体重的确定

(1)鞍山式沉积变质型铁矿夹皮沟-溜河预测工作区：预测工作区内最小预测工作区主要是预测寻

找成因类型相同、含矿建造相同、成矿时代相同的老牛沟式沉积变质铁矿，因此最小预测工作区的矿石品位和体重的确定主要参考老牛沟铁矿典型矿床的实测数据，确定最小预测工作区矿石平均品位为32.65%，体重为3.35t/m³。

(2)鞍山式沉积变质型铁矿四方山-板石预测工作区：预测工作区内最小预测工作区主要是预测寻找成因类型相同、含矿建造相同、成矿时代相同的四方山式、板石式沉积变质铁矿，因此最小预测工作区的矿石品位和体重的确定主要参考四方山和板石铁矿典型矿床的实测数据，与四方山铁矿附近的最小预测工作区采用四方山实测数据，确定最小预测工作区矿石平均品位为36.17%，体重为3.23t/m³。与板石铁矿附近的最小预测工作区采用板石实测数据，确定最小预测工作区矿石平均品位为37.07%，体重为3.6t/m³。

(3)鞍山式沉积变质型铁矿安口预测工作区：预测工作区内最小预测工作区主要是预测寻找成因类型相同、含矿建造相同、成矿时代相同的板石式沉积变质铁矿，因此最小预测工作区的矿石品位和体重的确定主要参考板石铁矿典型矿床的实测数据，确定最小预测工作区矿石平均品位为32.65%，体重为3.35t/m³。

(4)鞍山式沉积变质型铁矿石棚沟-石道河子预测工作区：预测工作区内最小预测工作区主要是预测寻找成因类型相同、含矿建造相同、成矿时代相同的板石式沉积变质铁矿，因此最小预测工作区的矿石品位和体重的确定主要参考板石铁矿典型矿床的实测数据，确定最小预测工作区矿石平均品位为32.65%，体重为3.35t/m³。

(5)鞍山式沉积变质型铁矿天河兴-那尔轰预测工作区：预测工作区内最小预测工作区主要是预测寻找成因类型相同、含矿建造相同、成矿时代相同的板石式沉积变质铁矿，因此最小预测工作区的矿石品位和体重的确定主要参考板石铁矿典型矿床的实测数据，确定最小预测工作区矿石平均品位为32.65%，体重为3.35t/m³。

(6)鞍山式沉积变质型铁矿海沟预测工作区：预测工作区内最小预测工作区主要是预测寻找成因类型相同、含矿建造相同、成矿时代相同的老牛沟式沉积变质铁矿，因此最小预测工作区的矿石品位和体重的确定主要参考老牛沟铁矿典型矿床的实测数据，确定最小预测工作区矿石平均品位为32.65%，体重为3.35t/m³。

(7)鞍山式沉积变质型铁矿金城洞-木兰屯预测工作区：预测工作区内最小预测工作区主要是预测寻找成因类型相同、含矿建造相同、成矿时代与官地铁矿相同的沉积变质铁矿，因此最小预测工作区的矿石品位和体重的确定主要参考官地铁矿典型矿床的实测数据，确定最小预测工作区矿石平均品位为27.87%，体重为3.5t/m³。

4. 相似系数的确定

1)相似系数的确定原则

(1)沉积变质型。

预测工作区内有模型区：最小预测工作区与模型区含矿建造相同，具有航磁异常，且最小预测工作区内有已知铁矿点，这样的最小预测工作区与模型区的相似系数为0.8；与模型区含矿建造相同，具有航磁异常，但最小预测工作区内没有已知铁矿点，这样的最小预测工作区与模型区的相似系数为0.6。

预测工作区内无模型区：主要参考成因类型相同、含矿建造相同、成矿时代相同的已知模型区。最小预测工作区与相同的已知模型区含矿建造相同，具有航磁异常，且最小预测工作区内有已知铁矿点，这样的最小预测工作区与相同的已知模型区的相似系数为0.5；与相同的已知模型区含矿建造相同，具有航磁异常，但最小预测工作区内没有已知铁矿点，这样的最小预测工作区与相同的已知模型区的相似系数为0.3。

(2)沉积型。

最小预测工作区相似系数的确定仅靠含矿建造中是否出露最小的含铁层位对比，判断相似系数的条件比较单一,可靠程度比较低,所以给定的相似系数应相对较低。

与模型区含矿建造相同,且最小预测工作区内有已知铁矿点,这样的最小预测工作区与模型区的相似系数为 0.5;与模型区含矿建造相同,但最小预测工作区内没有已知铁矿点,这样的最小预测工作区与 DBB11 模型区的相似系数为 0.3。

(3)夕卡岩型。

由于夕卡岩型铁矿赋存空间的不稳定性,所以在含矿建造相同、具有航磁异常的情况下,相似系数较低。

最小预测工作区与模型区含矿建造相同,具有航磁异常,有已知矿点,这样的最小预测工作区与模型区的相似系数为 0.5;只有花岗岩或灰岩建造,但存在磁异常,这样的最小预测工作区与模型区的相似系数为 0.3。

2)相似系数的确定。

(1)鞍山式沉积变质型铁矿夹皮沟-溜河预测工作区:预测工作区内最小预测工作区与 YJA1 模型区含矿建造相同,具有航磁异常,且最小预测工作区内有已知铁矿点,这样的最小预测工作区与 YJA1 模型区的相似系数为 0.8;与 YJA1 模型区含矿建造相同,具有航磁异常,但最小预测工作区内没有已知铁矿点,这样的最小预测工作区与 YJA1 模型区的相似系数为 0.6(表 5-4-32)。

表 5-4-32 夹皮沟-溜河预测工作区最小预测工作区相似系数表

最小预测工作区编号	最小预测工作区名称	相似系数
53	YJB3	0.8
55	YJB4	0.8
60	YJC4	0.6
62	YJC5	0.6

(2)鞍山式沉积变质型铁矿四方山-板石预测工作区:预测工作区内最小预测工作区与 YJA2、YJA3 模型区含矿建造相同,具有航磁异常,且最小预测工作区内有已知铁矿点,这样的最小预测工作区与 YJA2、YJA3 模型区的相似系数为 0.8;与 YJA2、YJA3 模型区含矿建造相同,具有航磁异常,但最小预测工作区内没有已知铁矿点,这样的最小预测工作区与 YJA2、YJA3 模型区的相似系数为 0.6(表 5-4-33)。

表 5-4-33 四方山-板石预测工作区最小预测工作区相似系数表

最小预测工作区编号	最小预测工作区名称	相似系数
75	YJB16	0.8
74	YJC7	0.6
77	YJC8	0.6
82	YJB21	0.8
83	YJB20	0.8

(3)鞍山式沉积变质型铁矿安口预测工作区:预测工作区内没有模型区,主要参考成因类型相同、含矿建造相同、成矿时代相同的 YJA2 模型区。最小预测工作区与 YJA2 模型区含矿建造相同,具有航磁异常,且最小预测工作区内有已知铁矿点,这样的最小预测工作区与 YJA2 模型区的相似系数为 0.5;与 YJA2 模型区含矿建造相同,具有航磁异常,但最小预测工作区内没有已知铁矿点,这样的最小预测工作区与 YJA2 模型区的相似系数为 0.3(表 5-4-34)。

表 5-4-34　安口预测工作区最小预测工作区相似系数表

最小预测工作区编号	最小预测工作区名称	相似系数
73	YJB15	0.5
78	YJB17	0.5
76	YJB18	0.5
72	YJC9	0.3

(4)鞍山式沉积变质型铁矿石棚沟-石道河子预测工作区：预测工作区内没有模型区，主要参考成因类型相同、含矿建造相同、成矿时代相同的 YJA2 模型区。最小预测工作区与 YJA2 模型区含矿建造相同，具有航磁异常，且最小预测工作区内有已知铁矿点，这样的最小预测工作区与 YJA2 模型区的相似系数为 0.5；与 YJA2 模型区含矿建造相同，具有航磁异常，但最小预测工作区内没有已知铁矿点，这样的最小预测工作区与 YJA2 模型区的相似系数为 0.3(表 5-4-35)。

表 5-4-35　石棚沟-石道河子预测工作区最小预测工作区相似系数表

最小预测工作区编号	最小预测工作区名称	相似系数
58	YJB2	0.5

(5)鞍山式沉积变质型铁矿天河兴-那尔轰预测工作区：预测工作区内没有模型区，主要参考成因类型相同、含矿建造相同、成矿时代相同的 YJA2 模型区。最小预测工作区与 YJA2 模型区含矿建造相同，具有航磁异常，且最小预测工作区内有已知铁矿点，这样的最小预测工作区与 YJA2 模型区的相似系数为 0.5；与 YJA2 模型区含矿建造相同，具有航磁异常，但最小预测工作区内没有已知铁矿点，这样的最小预测工作区与 YJA2 模型区的相似系数为 0.3(表 5-4-36)。

表 5-4-36　天河兴-那尔轰预测工作区最小预测工作区相似系数表

最小预测工作区编号	最小预测工作区名称	相似系数
52	YJB1	0.5
54	YJB5	0.5
61	YJB6	0.5
63	YJB7	0.5
64	YJB10	0.5
68	YJB12	0.5
57	YJC1	0.3
59	YJC2	0.3
56	YJC3	0.3

(6)鞍山式沉积变质型铁矿海沟预测工作区：预测工作区内没有模型区，其主要参考成因类型相同、含矿建造相同、成矿时代相同的 YJA1 模型区。最小预测工作区与 YJA1 模型区含矿建造相同，具有航磁异常，且最小预测工作区内有已知铁矿点，这样的最小预测工作区与 YJA1 模型区的相似系数为 0.5；与 YJA1 模型区含矿建造相同，具有航磁异常，但最小预测工作区内没有已知铁矿点，这样的最小预测工作区与 YJA1 模型区的相似系数为 0.3(表 5-4-37)。

表 5-4-37　海沟预测工作区最小预测工作区相似系数表

最小预测工作区编号	最小预测工作区名称	相似系数
65	HGC1	0.3

（7）鞍山式沉积变质型铁矿金城洞-木兰屯预测工作区：预测工作区内最小预测工作区与JMA2模型区含矿建造相同，具有航磁异常，且最小预测工作区内有已知铁矿点，这样的最小预测工作区与JMA2模型区的相似系数为0.8；与JMA2模型区含矿建造相同，具有航磁异常，但最小预测工作区内没有已知铁矿点，这样的最小预测工作区与JMA2模型区的相似系数为0.6（表5-4-38）。

表 5-4-38　金城洞-木兰屯预测工作区最小预测工作区相似系数表

最小预测工作区编号	最小预测工作区名称	相似系数
106	JMA1	0.8
89	JMB1	0.8
93	JMB2	0.8
97	JMB3	0.8
105	JMB4	0.8
108	JMB5	0.8
112	JMB6	0.8
115	JMB7	0.8
116	JMB8	0.8
118	JMB9	0.8
117	JMB10	0.8
87	JMC1	0.6
88	JMC2	0.6
90	JMC3	0.6
91	JMC4	0.6
92	JMC5	0.6
94	JMC6	0.6
95	JMC7	0.6
96	JMC8	0.6
100	JMC9	0.6
98	JMC10	0.6
99	JMC11	0.6
102	JMC12	0.6
101	JMC13	0.6
104	JMC14	0.6
103	JMC15	0.6
107	JMC16	0.6

续表 5-4-38

最小预测工作区编号	最小预测工作区名称	相似系数
109	JMC17	0.6
110	JMC18	0.6
114	JMC19	0.6
111	JMC20	0.6
113	JMC21	0.6
120	JMC22	0.6
121	JMC23	0.6
123	JMC24	0.6
122	JMC25	0.6
124	JMC26	0.6
125	JMC27	0.6

(七)预测资源量估算

1. 估算方法

依据上述确定的相关参数应用含矿地质体预测资源量公式：

$$Z_{体} = S_{体} \times H_{预} \times K \times \alpha \tag{5-4-2}$$

式中，$Z_{体}$ 为模型区中含矿地质体预测资源量；$S_{体}$ 为含矿地质体面积；$H_{体}$ 为含矿地质体延深（指矿化范围的最大延深）；K 为模型区含矿地质体含矿系数；α：相似系数。

2. 估算结果

(1)鞍山式沉积变质型铁矿夹皮沟-溜河预测工作区：最小预测工作区预测资源量估算结果见表 5-4-39。

表 5-4-39 夹皮沟-溜河预测工作区最小预测工作区预测资源量估算

最小预测工作区编号	最小预测工作区名称	面积/m²	延深/m	模型区含矿地质体含矿系数	相似系数	预测资源量(规模)		
						0～500m	500～1000m	1000～1500m
53	YJB3	6 480 281.68	1500	0.007 54 774	0.8	小型	小型	小型
55	YJB4	40 638 340.28	1500	0.007 54 774	0.8	大型	大型	大型
60	YJC4	4 064 459.28	1500	0.007 54 774	0.6	小型	小型	小型
62	YJC5	5 251 285.67	1500	0.007 54 774	0.6	小型	小型	小型

(2)鞍山式沉积变质型铁矿四方山-板石预测工作区：最小预测工作区预测资源量估算结果见表 5-4-40。

表 5-4-40 四方山-板石预测工作区最小预测工作区预测资源量估算

最小预测工作区编号	最小预测工作区名称	面积/m²	延深/m	模型区含矿地质体含矿系数	相似系数	预测资源量(规模)		
						0～500m	500～1000m	1000～1500m
75	YJB16	8 167 971.40	1500	0.006 67 271	0.8	小型	小型	小型
83	YJB20	8 527 521.50	1500	0.006 59 611	0.8	小型	小型	小型

续表 5-4-40

最小预测工作区编号	最小预测工作区名称	面积/m²	延深/m	模型区含矿地质体含矿系数	相似系数	预测资源量（规模）		
						0～500m	500～1000m	1000～1500m
82	YJB21	1 949 534.14	1500	0.00 659 611	0.8	小型	小型	小型
74	YJC7	14 288 329.64	1500	0.00 667 271	0.6	小型	小型	小型
77	YJC8	7 305 360.02	1500	0.00 667 271	0.6	小型	小型	小型

（3）鞍山式沉积变质型铁矿安口预测工作区：采用板石含矿系数，最小预测工作区预测资源量估算结果见表 5-4-41。

表 5-4-41　安口预测工作区最小预测工作区预测资源量估算

最小预测工作区编号	最小预测工作区名称	面积/m²	延深/m	模型区含矿地质体含矿系数	相似系数	预测资源量（规模）	
						0～500m	500～1000m
73	YJB15	1 625 991.99	1000	0.00 667 271	0.5	小型	小型
78	YJB17	1 158 863.52	1000	0.00 667 271	0.5	小型	小型
76	YJB18	2 982 805.67	1000	0.00 667 271	0.5	小型	小型
72	YJC9	4 734 174.79	1000	0.00 667 271	0.3	小型	小型

（4）鞍山式沉积变质型铁矿石棚沟-石道河子预测工作区：采用板石含矿系数，最小预测工作区预测资源量估算结果见表 5-4-42。

表 5-4-42　石棚沟-石道河子预测工作区最小预测工作区预测资源量估算

最小预测工作区编号	最小预测工作区名称	面积/m²	延深/m	模型区含矿地质体含矿系数	相似系数	预测资源量（规模）	
						0～500m	500～1000m
58	YJB2	28 908 871.01	1000	0.00 667 271	0.5	小型	小型

（5）鞍山式沉积变质型铁矿天河兴-那尔轰预测工作区：采用板石含矿系数，最小预测工作区预测资源量估算结果见表 5-4-43。

表 5-4-43　天河兴-那尔轰预测工作区最小预测工作区预测资源量估算

最小预测工作区编号	最小预测工作区名称	面积/m²	延深/m	模型区含矿地质体含矿系数	相似系数	预测资源量（规模）	
						0～500m	500～1000m
52	YJB1	49 126 554.73	1000	0.00 667 271	0.5	中型	中型
54	YJB5	19 081 485.58	1000	0.00 667 271	0.5	小型	小型
61	YJB6	81 761 036.14	1000	0.00 667 271	0.5	大型	大型
63	YJB7	9 065 177.80	1000	0.00 667 271	0.5	小型	小型
64	YJB10	3 379 783.24	1000	0.00 667 271	0.5	小型	小型
68	YJB12	2 338 370.04	1000	0.00 667 271	0.5	小型	小型
57	YJC1	54 640 882.84	1000	0.00 667 271	0.3	中型	中型
59	YJC2	25 228 554.22	1000	0.00 667 271	0.3	小型	小型
56	YJC3	20 797 481.23	1000	0.00 667 271	0.3	小型	小型

(6)鞍山式沉积变质型铁矿金城洞-木兰屯预测工作区:最小预测工作区预测资源量估算结果见表5-4-44。

表 5-4-44 金城洞-木兰屯预测工作区最小预测工作区预测资源量估算

最小预测工作区编号	最小预测工作区名称	面积/m²	延深/m	模型区含矿地质体含矿系数	相似系数	预测资源量(规模)		
						0~500m	500~1000m	1000~1300m
106	JMA1	1 580 858.68	1300	0.02 231 705	0.8	小型	小型	小型
89	JMB1	2 746 173.71	1300	0.02 231 705	0.8	小型	小型	小型
93	JMB2	1 664 567.55	1300	0.02 231 705	0.8	小型	小型	小型
97	JMB3	350 451.25	1000	0.02 231 705	0.8	小型	小型	
105	JMB4	1 540 544.62	1300	0.02 231 705	0.8	小型	小型	小型
108	JMB5	1 158 286.31	1300	0.02 231 705	0.8	小型	小型	小型
112	JMB6	345 976.25	1000	0.02 231 705	0.8	小型	小型	
115	JMB7	167 936.14	1000	0.02 231 705	0.8	小型	小型	
116	JMB8	1 682 431.27	1300	0.02 231 705	0.8	小型	小型	小型
118	JMB9	471 967.33	1000	0.02 231 705	0.8	小型	小型	
117	JMB10	1 336 408.11	1300	0.02 231 705	0.8	小型	小型	小型
87	JMC1	389 563.91	1000	0.02 231 705	0.6	小型	小型	
88	JMC2	885 758.96	1000	0.02 231 705	0.6	小型	小型	
90	JMC3	1 563 598.94	1300	0.02 231 705	0.6	小型	小型	小型
91	JMC4	423 633.52	1000	0.02 231 705	0.6	小型	小型	
92	JMC5	1 191 527.03	1000	0.02 231 705	0.6	小型	小型	
94	JMC6	1 093 580.18	1000	0.02 231 705	0.6	小型	小型	
95	JMC7	1 587 110.50	1300	0.02 231 705	0.6	小型	小型	小型
96	JMC8	2 146 965.59	1300	0.02 231 705	0.6	小型	小型	小型
100	JMC9	1 036 392.90	1000	0.02 231 705	0.6	小型	小型	
98	JMC10	334 349.40	1000	0.02 231 705	0.6	小型	小型	
99	JMC11	569 529.22	1000	0.02 231 705	0.6	小型	小型	
102	JMC12	1 402 081.13	1300	0.02 231 705	0.6	小型	小型	小型
101	JMC13	638 231.54	1300	0.02 231 705	0.6	小型	小型	小型
104	JMC14	2 207 536.95	1300	0.02 231 705	0.6	小型	小型	小型
103	JMC15	121 018.68	1000	0.02 231 705	0.6	小型	小型	
107	JMC16	187 282.72	1000	0.02 231 705	0.6	小型	小型	
109	JMC17	1 378 387.08	1000	0.02 231 705	0.6	小型	小型	
110	JMC18	2 015 075.81	1300	0.02 231 705	0.6	小型	小型	小型
114	JMC19	529 375.92	1000	0.02 231 705	0.6	小型	小型	
111	JMC20	424 848.34	1000	0.02 231 705	0.6	小型	小型	

续表 5-4-44

最小预测工作区编号	最小预测工作区名称	面积/m²	延深/m	模型区含矿地质体含矿系数	相似系数	预测资源量（规模）		
						0～500m	500～1000m	1000～1300m
113	JMC21	3 346 234.85	1300	0.02 231 705	0.6	小型	小型	小型
120	JMC22	1 220 992.63	1300	0.02 231 705	0.6	小型	小型	小型
121	JMC23	2 394 184.09	1300	0.02 231 705	0.6	小型	小型	小型
123	JMC24	1 489 624.11	1300	0.02 231 705	0.6	小型	小型	小型
122	JMC25	783 288.54	1000	0.02 231 705	0.6	小型	小型	
124	JMC26	395 117.14	1000	0.02 231 705	0.6	小型	小型	
125	JMC27	519 001.12	1000	0.02 231 705	0.6	小型	小型	

（7）鞍山式沉积变质型铁矿海沟预测工作区：采用老牛沟含矿系数，最小预测工作区预测资源量估算结果见表 5-4-45。

表 5-4-45　海沟预测工作区最小预测工作区预测资源量估算

最小预测工作区编号	最小预测工作区名称	面积/m²	延深/m	模型区含矿地质体含矿系数	相似系数	预测资源量（规模）		
						0～500m	500～1000m	1000～1500m
65	HGC1	1 808 800	1500	0.00 754 774	0.3	小型	小型	小型

（八）预测工作区预测资源量结果

1. 按精度

已知矿床深部及外围的预测资源量，资料精度大于 1∶5 万，为 334-1 预测资源量。

具备直接（包括含矿点、矿化点、重要找矿线索等）和间接找矿标志的最小预测单元内的预测资源量（间接找矿标志包括物探异常、遥感异常、老窿），资料精度大于或等于 1∶5 万，为 334-2 预测资源量。见表 5-4-46。

表 5-4-46　沉积变质型铁矿预测工作区预测资源量精度统计表

预测工作区编号	预测工作区名称	精度（规模）	
		334-1	334-2
1	夹皮沟-溜河	大型	大型
2	四方山-板石	大型	大型
3	安口		小型
4	石棚沟-石道河子		中型
5	天河兴-那尔轰		大型
6	金城洞-木兰屯	中型	大型
7	海沟		小型

2. 按深度

预测工作区资源量深度统计见表 5-4-47。

表 5-4-47　沉积变质型预测工作区预测资源量深度统计表

编号	名称	500m 以浅（规模）		1000m 以浅（规模）		1800m 以浅（规模）	
		334-1	334-2	334-1	334-2	334-1	334-2
1	夹皮沟-溜河		大型	小型	大型	大型	大型
2	四方山-板石		中型	大型	大型	大型	大型
3	安口		小型		小型		小型
4	石棚沟-石道河子		小型		中型		中型
5	天河兴-那尔轰		大型		大型		大型
6	金城洞-木兰屯	小型	大型	小型	大型	中型	大型
7	海沟		小型		小型		小型

3. 按矿床类型

预测工作区预测资源量矿产类型精度见表 5-4-48。

表 5-4-48　沉积变质型预测工作区预测资源量矿产类型精度统计表

预测工作区编号	预测工作区名称	沉积变质型（规模）	
		334-1	334-2
1	夹皮沟-溜河	大型	大型
2	四方山-板石	大型	大型
3	安口		小型
4	石棚沟-石道河子		中型
5	天河兴-那尔轰		大型
6	金城洞-木兰屯	中型	大型
7	海沟		小型

4. 按预测工作区类别

最小预测工作区存在含矿建造，存在航磁异常，与已知模型区比较含矿建造相同，且存在矿床或矿点，并且最小预测工作区的圈定是在含矿建造出露区上圈定最小区域，最小预测工作区确定为 A 级（表5-4-49）。

表 5-4-49　沉积变质型预测工作区预测资源量预测工作区类别统计表

预测工作区编号	预测工作区名称	预测工作区分类（规模）		
		A	B	C
1	夹皮沟-溜河	大型	大型	中型
2	四方山-板石	大型	大型	大型
3	安口		小型	小型
4	石棚沟-石道河子		中型	

续表 5-4-49

预测工作区编号	预测工作区名称	预测工作区分类（规模）		
		A	B	C
5	天河兴-那尔轰		大型	大型
6	金城洞-木兰屯	大型	大型	大型
7	海沟			小型

最小预测工作区存在含矿建造，存在航磁异常，与已知模型区比较含矿建造相同，且存在矿化体，并且最小预测工作区的圈定是在含矿建造出露区上圈定最小区域，最小预测工作区确定为 B 级。

最小预测工作区存在含矿建造，存在航磁异常，与已知模型区比较含矿建造相同，最小预测工作区的圈定是在含矿建造出露区上圈定的最小区域，最小预测工作区确定为 C 级。

5. 按可利用性类别

预测工作区预测资源量可利用性见表 5-4-50。

表 5-4-50 沉积变质型预测工作区预测资源量可利用性统计表

预测工作区编号	预测工作区名称	可利用（规模）	
		334-1	334-2
1	夹皮沟-溜河	大型	大型
2	四方山-板石	大型	大型
3	安口		小型
4	石棚沟-石道河子		中型
5	天河兴-那尔轰		大型
6	金城洞-木兰屯	中型	大型
7	海沟		小型

6. 按可信度统计分析

1) 鞍山式沉积变质型铁矿夹皮沟-溜河预测工作区

(1) 可信度

①对于有已知矿床存在，深部探矿工程见矿最大深度以上的预测资源量，可信度大于 0.75，最大深度以下部分合理估算的预测资源量，可信度为 0.5~0.75；②对于知矿点或矿化点存在，含矿建造发育，航磁异常推断为由矿体引起，但没有经深部工程验证的预测资源量，500m 以浅预测资源量可信度大于 0.75，500~1000m 预测资源量可信度为 0.5~0.75，1000m 以下预测资源量可信度为 0.25~0.5；③对于建造发育，航磁异常推断为由矿体引起，仅以地质、物探异常估计的预测资源量，500m 以浅预测资源量可信度大于 0.5，500~1000m 预测资源量可信度为 0.25~0.5，1000m 以下预测资源量可信度小于 0.25。

(2) 预测资源量可信度统计分析：夹皮沟-溜河预测工作区预测资源量规模为大型；可信度估计概率大于 0.75 的资源量规模为大型，其全部为 334-2 预测资源量；可信度估计概率 0.5~0.75 的资源量规模为大型，其中 334-1 预测资源量规模为大型，334-2 预测资源量规模为大型；可信性估计概率 0.25~0.5 的资源量规模为大型，其全部为 334-2 预测资源量；可信性估计概率小于 0.25 的规模为小型，其全部为 334-2 预测资源量。

2)沉积变质型四方山-板石预测工作区

(1)可信度:①对于有已知矿床存在,深部探矿工程见矿最大深度以上的预测资源量,可信度大于 0.75,最大深度以下部分合理估算的预测资源量,可信度为 0.5~0.75;②对于知矿点或矿化点存在,含矿建造发育,航磁异常推断是由矿体引起,但没有经深部工程验证的预测资源量,500m 以浅预测资源量可信度大于 0.75,500~1000m 预测资源量可信度为 0.5~0.75,1000m 以下预测资源量可信度 0.25~0.5;③对于建造发育,航磁异常推断是由矿体引起,仅以地质、物探异常估计的预测资源量,500m 以浅预测资源量可信度大于 0.5,500~1000m 预测资源量可信度 0.25~0.5,1000m 以下预测资源量可信度小于 0.25。

(2)预测资源量可信度统计分析:四方山-板石预测工作区预测资源量规模为大型;可信度估计概率大于 0.75 的资源量规模为小型,其全部为 334-2 预测资源量;可信度估计概率 0.5~0.75 的资源量规模为大型,其中 334-1 预测资源量规模为大型,334-2 预测资源量规模为小型;可信度估计概率 0.25~0.5 的资源量规模为中型,其全部为 334-2 预测资源量;可信度估计概率小于 0.25 的资源量规模为小型,其全部为 334-2 预测资源量。

3)安口预测工作区

(1)可信度:①对于知矿点或矿化点存在,含矿建造发育,航磁异常推断是由矿体引起,但没有经深部工程验证的预测资源量,500m 以浅预测资源量可信度大于 0.75,500~1000m 预测资源量可信度为 0.5~0.75;②对于建造发育,航磁异常推断是由矿体引起,仅以地质、物探异常估计的预测资源量,500m 以浅预测资源量可信度大于 0.5,500~1000m 预测资源量可信度 0.25~0.5。

(2)预测资源量可信度统计分析:安口预测工作区预测资源量规模为小型;可信度估计概率大于 0.75 的资源量规模为小型,其全部为 334-2 预测资源量;可信度估计概率 0.5~0.75 的资源量规模为小型,其全部为 334-2 预测资源量;可信度估计概率 0.25~0.5 的资源量规模为小型,其全部为 334-2 预测资源量。

4)石棚沟-石道河子预测工作区

(1)可信度:对于知矿点或矿化点存在,含矿建造发育,航磁异常推断是由矿体引起,但没有经深部工程验证的预测资源量,500m 以浅预测资源量可信度大于 0.75,500~1000m 预测资源量可信度为 0.5~0.75。

(2)预测资源量可信度统计分析:石棚沟-石道河子预测工作区预测资源量规模为中型;可信度估计概率大于 0.75 的资源量规模为小型,其全部为 334-2 预测资源量;可信度估计概率 0.5~0.75 的资源量规模为小型,其全部为 334-2 预测资源量。

5)天河兴-那尔轰预测工作区

(1)可信度。①对于知矿点或矿化点存在,含矿建造发育,航磁异常推断是由矿体引起,部探矿工程见矿最大深度以下部分合理估算的预测资源量,但没有经深部工程验证的预测资源量,500m 以浅预测资源量可信度大于 0.75,500~1000m 预测资源量可信度为 0.5~0.75;②对于建造发育,航磁异常推断是由矿体引起,仅以地质、物探异常估计的预测资源量,500m 以浅预测资源量可信度大于 0.5,500~1000m 预测资源量可信度 0.25~0.5。

(2)预测资源量可信度统计分析:天河兴-那尔轰预测工作区预测资源量规模为大型。可信度估计概率大于 0.75 的资源量规模为大型,其全部为 334-2 预测资源量;可信度估计概率 0.5~0.75 的资源量规模为大型,其全部为 334-2 预测资源量;可信度估计概率 0.25~0.5 的资源量规模为大型,其全部为 334-2 预测资源量。

6)金城洞-木兰屯预测工作区

(1)可信度。①对于有已知矿床存在,深部探矿工程见矿最大深度以上的预测资源量,可信度大于 0.75;最大深度以下部分合理估算的预测资源量,可信度为 0.5~0.75;②对于知矿点或矿化点存在,含矿建造发育,航磁异常推断是由矿体引起,但没有经深部工程验证的预测资源量,500m以浅预测资源量可信度大于0.75,500~1000m预测资源量可信度为0.5~0.75,1000~1300m预测资源量可信度0.25~0.5;③对于建造发育,航磁异常推断是由矿体引起,仅以地质、物探异常估计的预测资源量,500m以浅预测资源量可信度大于0.5,500~1000m预测资源量可信度为0.25~0.5,1000~1300m预测资源量可信度小于0.25。

(2)预测资源量可信度统计分析:金城洞-木兰屯预测工作区预测资源量规模为大型;可信度估计概率大于0.75的资源量规模为大型,其为334-2预测资源量;可信度估计概率0.5~0.75的资源量规模为大型,其中334-1预测资源量规模为中型,334-2预测资源量规模为大型;可信度估计概率0.25~0.5的资源量规模为大型,其全部为334-2预测资源量;可信度估计概率小于0.25的资源量规模为中型,其全部为334-2预测资源量。

7)海沟预测工作区

(1)可信度:对于建造发育,航磁异常推断是由矿体引起,仅以地质、物探异常估计的预测资源量,500m以浅预测资源量可信度大于0.5,500~1000m预测资源量可信度0.25~0.5,1000~1500m预测资源量可信度小于0.25。

(2)预测资源量可信度统计分析:海沟预测工作区预测资源量规模为小型;可信度估计概率0.5~0.75的资源量规模为小型,其全部为334-2预测资源量;可信度估计概率0.25~0.5的资源量规模为小型,其全部为334-2预测资源量;可信度估计概率小于0.25的资源量规模为小型,其全部为334-2预测资源量。

第六章 塔东式沉积变质型铁矿预测

第一节 成矿地质背景特征

一、资料程度及使用说明

本章使用了《1∶20万敦化县幅区域地质调查报告》《1∶25万敦化市幅区域地质调查报告》《1∶5万吉林省敦化市塔东铁区区域地质调查报告》《吉林省敦化市塔东铁矿勘探报告》《吉林省岩石地层》等基础资料和科研资料。

二、成矿地质背景特征

塔东岩群是以构造片呈孤岛状残存于花岗岩中的一套含铁变质岩系,出露范围局限,面积为 $48km^2$。主要岩性为片麻岩、片岩、角闪岩、大理岩及磁铁角闪岩,进一步划分拉拉沟岩组和朱敦店岩组。

1. 拉拉沟岩组

(1)岩石组合:下部为浅粒岩、斜长角闪片麻岩、透辉斜长片麻岩夹薄层磁铁石英岩;上部为黑云斜长片麻岩、含榴石黑云斜长片岩、磁铁角闪岩、斜长角闪岩夹磁铁石英岩,为铁矿的主含矿层。

(2)变质变形:从岩石组合看是一套变质呈变相对较深的一套变质岩,原岩的层理已无法判断,至少经历了两期变形作用。

(3)原岩恢复:拉拉沟岩组基本以黑云、透辉石、角闪石、斜长石等组成的变粒岩、片麻岩及斜长角闪岩为主,以岩石化学数值特征恢复原岩,反映原岩为基性火山-火山碎屑岩+碎屑岩组合。从副矿物锆石特征看斜长角闪岩中的锆石均具有完好的晶型,而黑云斜长片麻岩和黑云变粒岩中的锆石则呈浑圆状,并有压坑和划痕,反映斜长角闪岩原岩为基性岩类,而黑云斜长片麻岩、黑云变粒岩为副变质的产物。黑云斜长片麻岩和黑云变粒岩内的锆石经历了磨蚀搬运,原岩应为碎屑岩类。依据上述特征,推测拉拉沟岩组变质岩系的原岩为玄武岩、安山质凝灰岩、凝灰质砂岩、砂岩及粉砂岩。

(4)变质相:拉拉沟岩组变质岩系的变质矿物组合为普通闪石+斜长石+铁铝榴石+透辉石,具有低角闪岩相的特点。

(5)变质建造:依据拉拉沟岩组的岩石组合、变质岩的矿物共生组合等特点,反映其为属于同一原岩组合区域变质的产物。故拉拉沟岩组变质建造为浅粒岩-黑云变粒岩-磁铁石英变质建造。

2. 朱敦店岩组

(1)岩石组合:主要由红柱石夕线石黑云斜长片麻岩、黑云变粒岩、透辉角闪片麻岩、斜长角闪岩、浅岩、二云石英片岩、透辉大理岩及石英岩组成。

(2)变质变形：与拉拉沟岩组的岩石组合相比，变质程度相对较轻。变质岩中多已无法判定原始层理，推断至少经历了两期以上的变形作用。在片岩和透灰大理岩中尚可见变余层理，说明变质程度相对较轻。

(3)原岩恢复：根据变质岩石组合，变质程度较轻，再以岩石化学方法恢复原岩成分，反映朱敦店岩组的原岩大多数为泥砂质沉积岩，仅其中的角闪质岩石的原岩为火山岩。

(4)变质相：从变质岩组合看，变质程度较低，变质矿物组合为白云母+黑云母+绿泥石+斜长石+石英，其变质相为绿片岩相。

(5)变质建造：朱敦店岩组的变质岩组合以变粒岩-片岩为主，依据其变质矿物的共生组合等特点，反映属于同一原岩组合区域变质的产物。朱敦店岩组的变质建造为石英岩-云母片岩-大理岩（斜长角闪岩）变质建造。

三、地质构造专题底图编制

(1)在编图过程中，充分利用1∶5万区域地质调查资料和已知矿区部分资料，尽最大的可能将区内不同时代的变质岩的铁矿体准确地标注在图面中，为预测成矿远景区提供可靠的基础资料。

(2)已完成1∶5万区域地质调查的图幅用1∶5万区域地质调查资料同时参考区域勘查评价的大比例尺资料，没有进行1∶5万区域地质调查的区域编图所用的资料为1∶20万和1∶25万的地质资料。

第二节 典型矿床与区域成矿规律研究

一、塔东典型矿床及成矿模式

(一)地质构造环境及成矿条件

矿区位于前南华纪小兴安岭弧盆系(Ⅱ)、机房沟-塔东-杨木桥子岛弧盆地带(Ⅲ)塔东弧盆(Ⅳ)内。

1. 地层

区域主要出露有塔东含铁变质岩系及二叠纪地层(图6-2-1)。

塔东含铁变质岩系呈孤岛状产于大片黑云斜长花岗岩中，是区域的主要地层，出露面积约20km^2。塔东含铁变质岩系的地质时代颇有争议，根据最新的研究成果将塔东铁矿区变质岩系时代归属于新元古代。以含红柱石、夕线石黑云斜长片麻岩为标志层，将下部定为拉拉沟组，将该标志层作为朱墩店组的最底部层，上部定为朱墩店组。

拉拉沟组：下部含矿岩性段主要岩性为浅粒岩、透辉斜长片麻岩、斜长角闪岩和薄铁矿层，底部被斜长花岗岩侵入，厚大于700m，原岩为中基性凝灰岩-凝灰质粉砂岩-钙质页岩沉积建造；上部含矿岩性段主要岩性为斜长角闪岩、斜长角闪片麻岩、磁铁角闪岩、黑云斜长片麻岩、透辉岩、透辉斜长片麻岩，该段是矿区主要含矿岩性段，上部被朱墩店组整合覆盖，总厚度大于750m，该段混合花岗岩比较发育，原岩建造具海底化学沉积-海底基性火山喷发-海底火山碎屑交替沉积环境特征。

朱墩店组：主要岩性为黑云斜长片麻岩、黑云变粒岩、透辉角闪片麻岩、斜长角闪岩、二云石英片岩、夹透辉大理岩透镜体，总厚1190m。该组最底部为含红柱石、夕线石黑云斜长片麻岩。原始沉积物具有类复理石建造特点，在沉积岩区，反应了中酸性凝灰、泥灰、粉砂等碎屑浅海的沉积特点。

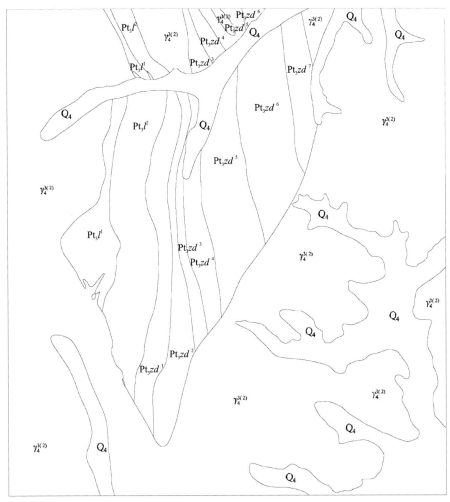

图 6-2-1　塔东铁矿床地质图

Q_4. 第四纪冲积物；Pt_3zd^7. 黑云斜长片麻岩、角闪斜长片麻岩；Pt_3zd^6. 二云斜长角闪岩与角闪斜长变粒岩互层夹大理岩透镜体；Pt_3zd^5. 黑云角闪片岩、角闪片岩、黑云片岩；Pt_3zd^4. 石墨黑云斜长片麻岩夹大理岩透镜体；Pt_3zd^3. 黑云斜长片麻岩、斜长角闪片麻岩、透辉角闪片麻岩；Pt_3zd^2. 黑云石英片岩、黑云斜长片麻岩、黑云斜长片麻岩、花岗岩混合片麻岩；Pt_3zd^1. 黑云变粒岩、黑云斜长片麻岩夹角闪斜长片麻岩及透辉大理岩；Pt_3l^1. 斜长角闪岩、斜长角闪片麻岩、黑云斜长片麻岩、透辉岩、透辉斜长片麻岩以及主要铁矿层；$\gamma_4^{3(2)}$. 黑云斜长花岗岩

二叠纪地层变质程度较浅，为绿片岩相，赋存于黑云斜长花岗岩中，呈小弧岛状分布。二叠系主要见于朱墩店东南部，总厚度大于300m，最大出露面积为10km²。主要岩性为角闪变粒岩、角闪斜长片麻岩、石英片岩、石英岩、板岩、砂岩、大理岩。在与花岗岩接触带附近有不同程度的同化-混染现象，一般均遭受较轻微混合岩化作用。

2. 侵入岩

区内岩浆活动多期频繁，侵入岩分布广泛，主要为中酸性岩类。

海西晚期黑云斜长花岗岩，在区内北部大面积岩基状产出。中心相粒度较粗，边缘相粒度较细。常见暗色矿物集中之析离体，与变质岩系呈明显侵入接触。海西期闪长细晶岩，出露于平顶山东、西各一处，呈岩株状产出，西侧岩株引起一处航磁异常（吉C-1978-19）；辉石闪长岩，出露于平顶山北侧，呈岩株状产出，引起一处航磁异常（吉C-1978-17）。

燕山期钾长花岗岩，展布于区内中部，呈岩株或岩脉状产出，小者1km²，大者12km²，侵入于海西晚期黑云斜长花岗岩之中。

区内脉岩种类较多，基→中→酸性系列均出现。岩石类型有角闪石岩→煌斑岩→闪长玢岩→花岗闪长岩。脉岩走向多为近南北向。

3. 构造

该区为多向构造体系复合处，各种构造形迹在区内均有表露。

1) 区域构造

南北向构造发育时间早，后期受多次地质作用的改造和叠加，显示不连贯的构造形迹，塔东群变质岩系之形成分布受其控制。该区南北向沟谷比较发育；北东-南西向敦化-密山深断裂带控制了中生界、新生界及燕山期以后的中—基性小岩体及火山岩的展布。该构造带中心不在区内，区内南部古近系和新近系北土门子组及第四系白金玄武岩是受该构造带控制出露的；受天北-尔站东西向断裂带控制的东西向构造，其主要控制二叠系和燕山期钾长花岗岩展布。

2) 矿区构造

矿区总体构造受南北向优地槽控制，剖面上呈一单斜构造（也可能是褶皱构造的一翼）而平面上为反"S"形。塔东变质岩系总体走向近南北向，向东倾斜，倾角陡（60°～80°）局部向西倾斜形成小褶皱，并不影响总体单斜构造形态。从沉积韵律上看，矿区地层属正常层序。

近南北向断裂构造：塔东变质岩系近南北向分布，可能受南北向断陷盆地控制；矿区混合花岗岩主要沿近南北向层间裂隙注入，显然受南北向层间裂隙控制；矿区闪长玢岩、角闪石岩脉多呈近南北向分布；而且见有近南北向挤压带和碎裂带，沿挤压带有热液活动形成的黄铁矿化、夕化、绢云母化蚀变。这说明矿区存在南北向挤压构造和断裂构造，表现了多期活动的特点。上述事实证明，近南北向构造不仅控制了本区铁磷矿床的形成，而且控制了混合岩及热液型黄铁矿的形成，具多期性与继承性的特点，构造力学性质属压性。

北西向构造：该组断裂发育在矿区南部，是成矿后主要破坏构造。该组断裂走向325°～330°，倾向北东，局部北西，倾角65°～75°，局部还有近直立。平面上和剖面上断层呈舒缓波状，延长数十米或数百米。断裂两侧普遍发育有片理化带，岩脉边缘亦有片理化现象。两侧柔性地层产生拖曳褶皱。断层力学性质为压扭性。断层开阔，部分被后期脉岩充填，表现了多期活动的特点。其中，脉岩主要有角闪石岩、闪长玢岩、闪斜煌斑岩。矿区4条断裂 F_{1-1}、F_{1-2}、F_{1-3}、F_{1-4} 之间间距为200～400m，具等间距的特点。

北东向断裂：主要有2条，走向北东40°，倾向南东，倾角70°～80°，断距为30～300m，为片理化带、断层角砾岩或部分被闪长玢岩及花岗闪长玢岩充填。

（二）矿体三度空间分布特征

1. 矿体的空间分布

塔东铁矿区的矿体赋存于新元古代塔东群拉拉沟组中，近南北向展布，倾向东，由42条矿体组成。矿体按赋存部位不同，划分为Ⅰ号、Ⅱ号两个矿组。Ⅰ号矿组位于矿区北东测的25-13勘探线间拉拉沟组下部层位中，由15条矿体组成，矿体规模不大，均属于次要矿体。Ⅱ号矿组位于矿区东侧的13～6勘探线间拉拉沟组上部层位中，由27条矿体组成。该段矿体多数规模较大，其中Ⅱ-6至Ⅱ-19等14条矿体为主矿体，其余矿体为次要矿体。

2. 矿组特征

Ⅰ号矿组的矿体长度75～260m，多数为100～200m间；延深10～235m，多数延长大于延深；厚度为1.39～12.55m，一般为2～6m，平均为4.50m。矿体呈厚薄不等的层状、似层状或透镜状，均呈单斜产出,走向北西—北北西向,倾向71°～77°,倾角63°～72°。矿体TFe品位为20.18%～34.33%,多数为20%～25%,平均为24%。伴生有益组分P_2O_5、V_2O_5、S、Co含量较低,达不到工业利用品位。

Ⅱ号矿组的矿体中,Ⅱ-6至Ⅱ-19号矿体延长550～1000m,延深255～1020m,其他矿体延长55～300m,延深30～800m。矿体厚度为2.14～23.39m,一般为5～15m,平均为10m。矿体呈厚薄不等的层状、似层状或透镜状,均呈单斜产出。矿体总体走向南北,走向上具舒缓波状特征,倾向50°～100°,倾角为50°～88°,倾向上(同一矿体)具有上陡下缓的特点。矿体TFe品位为20.43%～29.52%,一般为23%～28%,平均为25.35%。

3. 主要矿体特征

Ⅱ-7号矿体延长1000m,最大延深620m。总体走向为南北向,呈舒缓波状展布,倾向78°～100°,倾角54°～78°,具上陡下缓、南陡北缓特征。矿体厚度为1.85～32.47m,平均为11.94m。矿体TFe品位为15.23%～36.21%,平均为23.24%;P_2O_5为0.10%～3.29%,平均为1.31%;V_2O_5为0.11%～0.24%,平均为0.16%;S为0.04%～8.36%,平均为3.43%;Co为0.002%～0.022%,平均为0.010%。

Ⅱ-11号矿体延长950m,最大延深650m。总体走向为南北向,具舒缓波状展布特征,倾向78°～92°,倾角55°～69°,产状变化相对较小,厚度2.38～23.35m,平均为11.83m。矿体TFe品位为16.66%～33.69%,平均为24.06%;P_2O_5为0.40%～2.70%,平均为1.48%;V_2O_5为0.08%～0.25%,平均为0.17%;S为0～6.37%,平均为3.68%;Co为0.004%～0.018%,平均为0.012%。

Ⅱ-13号矿体形态较为复杂,最大延长900m,最大延深850m,向北向南逐渐变浅。300m标高以上呈南北走向,300m标高以下为北北西走向。倾向82°～100°,倾角52°～68°,由上往下逐渐变缓。厚度1.15～23.44m,平均为9.69m。矿体TFe品位为15.81%～36.83%,平均为25.39%;P_2O_5为0.72%～3.15%,平均为1.59%;V_2O_5为0.14%～0.28%,平均为0.18%;S为0.10%～6.66%,平均为3.58%;Co为0.002%～0.024%,平均为0.009%。

Ⅱ-14号矿体最大延长725m,最大延深900m,延深大于延长。倾向82°～95°,倾角为52°～71°,由上往下逐渐变缓。厚度1.80～28.12m,平均为15.19m。矿体TFe品位为18.18%～36.53%,平均为28.26%;P_2O_5为0.90%～3.55%,平均为1.71%;V_2O_5为0.12%～0.33%,平均为0.22%;S为0.04%～7.56%,平均为3.07%;Co为0.003%～0.013%,平均为0.008%。

Ⅱ-15号矿体最大延长580m,最大延深950m。矿体地表为北北东走向,深部走向由北部的北北东向南变为北北西。倾向83°～105°,倾角57°～74°,由上往下有变缓趋势。厚度1.58～28.58m,平均为10.13m;矿体TFe品位为19.50%～37.15%,平均为26.17%;P_2O_5为0.78%～5.29%,平均为1.77%;V_2O_5为0.11%～0.27%,平均为0.20%;S为0.08%～7.17%,平均为2.97%;Co为0.002%～0.013%,平均为0.007%。

Ⅱ-18号矿体最大延长550m,最大延深1020m,为本区延深最大的矿体,走向由南部的北北西向北渐变为北北东。倾向78°～100°,倾角51°～75°,由上往下有变缓趋势。厚度1.50～31.89m,平均为9.49m。矿体TFe品位为15.15%～36.16%,平均为26.21%;P_2O_5为0.57%～2.68%,平均为1.75%;V_2O_5为0.12%～0.33%,平均为0.22%;S为1.17%～8.25%,平均为3.13%;Co为0.002%～0.026%,平均为0.008%。

4. 矿床矿剥蚀程度

根据矿区断裂构造及地层、矿体分布特点可以看出,矿区西部剥蚀程度比东部大,南部剥蚀程度比北部大。根据矿体出露情况和岩矿石结构构造、流体包裹体特征判断,该矿床剥蚀程度很小。

(三)矿石物质成分

1. 物质成分

1)矿石矿物组成

主要有用矿物为含钒磁铁矿、含氟磷灰石、含钴黄铁矿,其次为磁黄铁矿、黄铜矿、辉钼矿、方铅矿、闪锌矿、方钴矿、辉钴矿等;次生矿物有假象赤铁矿、褐铁矿、孔雀石等仅分布于地表氧化带中;脉石矿物主要有普通角闪石、斜长石,次为黑云母、绿泥石、透辉石、透闪石、叶绿泥石、绿帘石、斜黝帘石,还有少量钾长石、石英、沸石、榍石、锆石、绢云母及碳酸盐矿物等。

2)矿石化学成分

矿石中主要有用元素为Fe,伴生元素为P、S、V、Ti、Co、Ga,以及La、Ce、Nd、Y等稀土元素。

Fe主要分布在磁铁矿中,其次为磁黄铁矿、黄铜矿和角闪石、黑云母等矿物。矿体TFe品位为20.43%～29.52%,一般为23%～28%,平均为25.35%。分布在磁铁矿中,即工业可利用的磁性铁,约占铁总量的68%;分布在硫化物中的硫化铁约占6.87%;分布在角闪石、黑云母等铁、镁、硅酸盐矿物中的硅酸铁,约占12.79%。

P以氟磷灰石形式存在于铁矿层中,P_2O_5品位为0.10%～5.29%,平均为1.58%;S主要分布在黄铁矿中,其次分布在黄铜矿、磁黄铁矿等金属硫化物中,S品位为0～8.36%,平均为3.19%;V主要以类质同像形式赋存在磁铁矿晶体中,其次分布在角闪石中,在磷灰石中微量,V_2O_5品位为0.08%～0.33%,平均为0.19%;Co主要以类质同像的形式分布在黄铁矿晶体中,Co品位为0.002%～0.026%,平均为0.008%;Ti主要分布在角闪石中,其次以类质同像的形式分布在磁铁矿中;Ga以类质同像形式主要分布在磁铁矿中,在磷灰石中微量;Y、La、Nd、Ce等稀土元素主要分布在氟磷灰石中。

2. 矿石类型

矿石自然类型为磁铁闪石型;矿石工业类型为弱磁性铁矿石。

3. 矿物组合

金属矿物主要为含钒磁铁矿、含钴黄铁矿;次为磁黄铁矿、黄铜矿、辉钼矿、方铅矿、闪锌矿、方钴矿、辉钴矿等。次生矿物为假象赤铁矿、褐铁矿、孔雀石等,仅分布在地表氧化带中;有用非金属矿物为含氟磷灰石;脉石矿物主要有普通角闪石、斜长石,次要为黑云母、绿泥石、透辉石、透闪石、绿帘石、石榴子石,还有少量的钾长石、石英、沸石、榍石、锆石、绢云母及碳酸盐矿物等。

氧化矿石矿物组合为:褐铁矿(包括针铁矿)-硬锰矿(部分软锰矿)-磁铁、赤铁矿-黄铁矿及碳酸盐(方解石、白云石)。原生矿石矿物组合为:磁铁矿(锰)-赤铁矿-黄铁矿-碳酸盐(方解石、白云石)-绿泥石。

4. 矿石结构构造

矿石结构以半自形、他形粒状变晶结构为主,次为交代溶蚀结构、交代残余结构、包含结构、细脉穿插交代结构。矿石构造以条带状构造为主,其次为细脉浸染状、稠密浸染状构造、变斑状构造、条纹状构造、致密块状构造、皱纹状构造、显微脉状构造。

(四)蚀变类型及分带性

蚀变主要为硅化、萤石化、黄铁矿化、碳酸盐化,分带性不明显。

(五)成矿阶段

塔东铁矿床成矿划分为 3 个阶段。

(1)海底火山喷发沉积阶段:以间歇性的海底火山喷发为特征,形成基性细碧质岩石沉积,伴以一定数量的海相陆源碎屑沉积和碳酸盐质岩石沉积。铁质及其他有用元素大多由喷发的中基性、基性火山熔岩提供。

(2)区域变质阶段:在区域变质作用下,使地层发生变质作用,形成绿片岩相至角闪岩相变质岩系,含矿岩系地层变成磁铁斜长角闪岩。该阶段磁铁矿发生重结晶作用,颗粒变粗并产生一定的富集作用。

(3)混合岩化阶段:区域变质后期在高温高压下富钠质溶液沿层间裂隙强烈交代,产生混合岩化作用。经混合岩化作用,使磁铁矿进一步发生重结晶作用产生大颗粒并进一步集中富集,形成少量富矿地段及富矿体。同时形成的混合花岗岩占据矿体位置,影响矿体连续性。混合岩化热液进一步影响和改造矿体,生成硅化、黑云母化、绢云母化等热液蚀变矿物,并生成金属硫化物,局部地段出现细脉状黄铁矿和磁铁矿。

(六)成矿时代

根据区域地质调查的最新成果,含矿地层为新元古界塔东岩群分析,矿床的成矿时代为新元古代。

(七)成矿物理化学条件

成矿温度、压力:含铁碳酸盐-泥质岩石韵律沉积为常温、常压环境。区域变质形成混合岩-斜长角闪岩组合具有中级区域变质岩石特点。

成矿介质酸碱度:含铁角闪岩-混合岩岩石韵律沉积反映出喷发-沉积环境有中性还原环境向弱酸性发展的趋势特征。

成矿溶液组分:中基性火山岩——铁。

(八)物质来源

据含矿建造的原岩恢复,含矿岩系原岩具海底化学沉积-海底基性火山喷发-海底火山碎屑交替沉积环境特征,矿体基本上受基性火山岩系控制。据此判断成矿物质来源于海底火山喷发所带来的大量含铁物质经后期变质作用形成矿床。

(九)控矿因素及找矿标志

1. 控矿因素

地层控矿:矿床受拉拉沟组斜长角闪岩、斜长角闪片麻岩、磁铁角闪岩、黑云斜长片麻岩、透辉岩、透辉斜长片麻岩组合的控制。

构造控矿:塔东变质岩系呈南北向狭长带状展布,可能受南北向断陷盆地控制,矿区混合岩主要沿南北向层间裂隙注入。区内近南北向挤压带比较发育,强烈处为形成千枚岩化带,弱者为破碎带,而该挤压带对矿体没有破坏作用。沿该断裂带有热液活动现象,形成黄铁矿化、硅化、绢云母化等蚀变。以上证明近南北向构造不仅控制了本区铁磷矿床的形成,而且控制了混合岩及热液型黄铁矿的形成。

2. 找矿标志

塔东变质岩系是在该区寻找类似矿床的先决条件。在塔东变质岩系中,基性火山岩直接控制矿体,因此在每个韵律层底部的斜长角闪岩类中寻找矿体。带状或条带状磁异常是寻找塔东式铁矿的重要地球物理标志。

(十)矿床形成及就位机制

在前南华纪塔东弧盆内,中基性火山活动频繁爆发,海水与喷出岩发生广泛的水岩反应,铁镁矿物在还原环境下发生水解,大量成矿物质在缺氧的环境下以磁铁矿形式与火山碎屑岩一起沉淀下来;后期的变质变形作用,使成矿物质进一步富集;区域变质后期在高温高压下富钠质溶液沿层间裂隙强烈交代,产生混合岩化作用。经混合岩化作用,使磁铁矿进一步发生重结晶作用产生大颗粒并进一步集中富集,形成少量富矿地段及富矿体。矿床成因应属于海底火山喷发沉积变质矿床。

(十一)成矿模式

塔东典型矿床成矿模式见表6-2-1。

表6-2-1 敦化市塔东铁矿床成矿模式表

名称	敦化市塔东铁矿床					
概况	主矿种	铁	储量规模	大型	地理位置	大山咀子镇
					品位	25.51%
成矿的地质构造环境	位于前南华纪小兴安岭弧盆系(Ⅱ)、机房沟-塔东-杨木桥子岛弧盆地带(Ⅲ)塔东弧盆(Ⅳ)内					
控矿的各类及主要控矿因素	地层控矿:矿床受拉拉沟组斜长角闪岩、斜长角闪片麻岩、磁铁角闪岩、黑云斜长片麻岩、透辉岩、透辉斜长片麻岩组合的控制。 构造控矿:塔东变质岩系呈南北向狭长带状展布,可能受南北向断陷盆地控制,矿区混合岩主要沿南北向层间裂隙注入。区内近南北向挤压带比较发育,强烈处为形成千枚岩化带,弱者为破碎带,而该挤压带对矿体没有破坏作用。沿该断裂带有热液活动现象,形成黄铁矿化、硅化、绢云母化等蚀变。以上证明近南北向构造不仅控制了本区铁磷矿床的形成,而且控制了混合岩及热液型黄铁矿的形成					
矿床的三度空间分布特征	产状	走向30°~70°,倾向南,倾角35°~70°				
	形态	层状、似层状或透镜状				
	埋深	矿体埋深大于800m				
矿床的物质组成	矿石类型	为磁铁闪石型				
	矿物组合	主要为含钒磁铁矿、含氟磷灰石、含钴黄铁矿;次为磁黄铁矿、黄铜矿、辉钼矿、方铅矿、闪锌矿、方钴矿、辉钴矿等				
	结构构造	以半自形、他形粒状变晶结构为主,次为交代溶蚀结构、交代残余结构、包含结构、细脉穿插交代结构;以条带状构造为主,其次为细脉浸染状、稠密浸染状构造、变斑状构造、条纹状构造、致密块状构造、皱纹状构造、显微脉状构造				
	主元素含量	TFe:25.34%				
	共生元素含量	P_2O_5:1.58%,V_2O_5:0.19%				
	伴生元素含量	S:3.19%,Co:0.008%				

续表 6-2-1

名称	敦化市塔东铁矿床
成矿期次	海底火山喷发沉积阶段：以间歇性的海底火山喷发为特征，形成基性细碧质岩石沉积，伴以一定数量的海相陆源碎屑沉积和碳酸盐质岩石沉积，铁质及其他有用元素大多由喷发的中基性、基性火山熔岩提供； 区域变质阶段：区域变质作用下，使地层发生变质作用，形成绿片岩相至角闪岩相变质岩系，含矿岩系地层变成磁铁斜长角闪岩。该阶段磁铁矿发生重结晶作用，颗粒变粗并产生一定的富集作用； 混合岩化阶段：区域变质后期在高温高压下富钠质溶液沿层间裂隙强烈交代，产生混合岩化作用。经混合岩化作用，使磁铁矿进一步发生重结晶作用产生大颗粒并进一步集中富集，形成少量富矿地段及富矿体。同时形成的混合花岗岩占据矿体位置，影响矿体连续性。混合岩化热液进一步影响和改造矿体，生成硅化、黑云母化、绢云母化等热液蚀变矿物，并生成金属硫化物，局部地段出现细脉状黄铁矿和磁铁矿
矿床的地球物理特征及标志	1：20万区域局部重力高异常是确定找矿远景区段重要信息；1：5万航磁 2800～4500nT 高强度异常，不仅能指示矿床的存在，而且尚能揭示矿床各矿段的分布。航磁异常是直接寻找此类型铁矿的区域找矿标志；1：1万～1：5000大比例尺地面磁测近地表或出露矿体（成矿组）异常多是强度 $n\times 10^3 \sim n\times 10^4$ nT 的狭窄尖峰带状异常，而具有一定埋深的盲矿体（或矿组）常表现为强度一般小于 5000nT 的低缓异常
成矿物理化学条件	成矿温度、压力：含铁碳酸盐-泥质岩石韵律沉积为常温、常压环境，区域变质形成混合岩-斜长角闪岩组合呈中级区域变质岩石特点； 成矿介质酸碱度：含铁角闪岩-混合岩岩石韵律沉积反映出喷发-沉积环境有中性还原环境向弱酸性发展的趋势特征； 成矿溶液组分：中基性火山岩——铁
成矿时代	新元古代
矿床成因	沉积岩石变质成因

（十二）成矿要素

塔东典型矿床成矿要素见表 6-2-2。

表 6-2-2 敦化市塔东铁矿床成矿要素表

成矿要素 特征描述		内容描述 矿床属沉积变质型	类别
地质环境	岩石类型	斜长角闪岩、斜长角闪片麻岩、磁铁角闪岩、黑云斜长片麻岩、透辉岩、透辉斜长片麻岩组合	必要
	成矿时代	新元古代	必要
	成矿环境	南北向构造控制了本区铁磷矿床的形成	必要
	构造背景	位于前南华纪小兴安岭弧盆系（Ⅱ）、机房沟-塔东-杨木桥子岛弧盆地带（Ⅲ）塔东弧盆（Ⅳ）内	重要

续表 6-2-2

成矿要素		内容描述	类别
特征描述		矿床属沉积变质型	
矿床特征	矿物组合	主要为含钒磁铁矿、含氟磷灰石、含钴黄铁矿；次为磁黄铁矿、黄铜矿、辉钼矿、方铅矿、闪锌矿、方钴矿、辉钴矿等	重要
	结构构造	以半自形、他形粒状变晶结构为主，次为交代溶蚀结构、交代残余结构、包含结构、细脉穿插交代结构；以条带状构造为主，其次为细脉浸染状、稠密浸染状构造、变斑状构造、条纹状构造、致密块状构造、皱纹状构造、显微脉状构造	次要
	控矿条件	地层控矿：矿床受拉拉沟组斜长角闪岩、斜长角闪片麻岩、磁铁角闪岩、黑云斜长片麻岩、透辉岩、透辉斜长片麻岩组合的控制； 构造控矿：塔东变质岩系呈南北向狭长带状展布，可能受南北向断陷盆地控制，矿区混合岩主要沿南北向层间裂隙注入。区内近南北向挤压带比较发育，强烈处为形成千枚岩化带，弱者为破碎带。而该挤压带对矿体没有破坏作用。沿该断裂带有热液活动现象，形成黄铁矿化、硅化、绢云母化等蚀变。以上证明近南北向构造不仅控制了本区铁磷矿床的形成，而且控制了混合岩及热液型黄铁矿的形成	必要

二、预测工作区成矿规律研究及区域成矿要素、成矿模式

(一)塔东式沉积变质型铁矿成矿规律

1. 大地构造演化与鞍山式沉积变质型铁矿成矿

矿区位于为前南华纪小兴安岭弧盆系（Ⅱ）、机房沟-塔东-杨木桥子岛弧盆地带（Ⅲ）内。

延边地区新元古代—晚古生代（截至晚三叠世）古亚洲构造域多幕造山阶段，中基性火山活动频繁爆发，在塔东盆地形成巨厚的含铁沉积建造。

2. 空间分布

该类型铁矿主要分布在敦化、安图、磐石、东丰地区，机房沟-塔东-杨木桥子岛弧盆地带内。

3. 成矿时代

塔东式铁矿成矿时代争议较大，根据最新区域地质调查成果并结合矿床研究，暂时将其置于新元古代。

4. 赋矿层位

塔东式铁矿普遍赋存于新元古代塔东岩群或其相当的层位，受一定的层位和岩石组合控制，其主要赋存于角闪质岩石中。

5. 成矿作用及演化

早期海底火山喷发-沉积作用：喷发物质主要为基性凝灰质及磁铁矿碎屑，在近火山口附近由基性熔浆喷溢，形成中基性熔岩透镜体和次火山岩。据矿床岩相分析，喷发物受空中重力分选作用，比重大的物质沉积在火山口附近，轻的沉积在较远的位置。形成含矿岩系，局部地段形成矿体。因海水中溶解

有较多的硫、磷,形成大量的细粒黄铁矿,并伴生磷。

区域变质作用:由于构造运动,发生区域变质,变质程度达绿片岩-角闪岩相。基性火山喷发物质发生重结晶形成斜长角闪岩,局部磁铁矿、黄铁矿发生重结晶颗粒变大,形成局部磁体矿富矿段或矿体和黄铁矿局部富集现象。

热液叠加改造作用:区域上海西期花岗质岩浆侵入作用使含矿岩系遭受改造,花岗质岩浆侵入吞噬原来的含矿建造,使其支离破碎。残浆的气水热液沿层间裂隙或片麻理等渗透交代生成硅化、绢云母化热液蚀变,并生成以黄铁矿为主,次有黄铜矿等金属硫化物。由于气液改造,使原来磁铁矿、黄铁矿发生改造形成细脉状黄铁矿和磁铁矿。

表生成矿作用:由于构造运动矿体出露地表,在物理和化学风化作用下,黄铁矿等金属硫化物风化形成褐铁矿等。

6. 成矿物理化学条件

成矿温度、压力:含铁碳酸盐-泥质岩石韵律沉积为常温、常压环境。区域变质形成混合岩-斜长角闪岩组合呈中级区域变质岩石特点。

成矿介质酸碱度:含铁角闪岩-混合岩岩石韵律沉积反映出喷发-沉积环境有中性还原环境向弱酸性发展的趋势特征。

成矿溶液组分:中基性火山岩——铁。

7. 矿体特征

矿体多呈层状、似层状和围岩产状一致。在矿体规模上以塔东铁矿规模最大,矿体长 200～800m,厚 3～50m。矿石类型普遍为浸染状和条带状,致密块状较少。组成矿石的金属矿物成分各地区的矿床不尽相同。塔东铁矿的主要金属矿物成分为磁铁矿、黄铁矿和黄铜矿,矿石品位较低,平均 Fe 品位为 24%,最高为 54%,伴生有 P、V、S、Co 等有益元素。其他矿床点主要金属矿物成分为磁铁矿,Fe 平均品位为 40%,矿体规模较小。

8. 控矿条件

地层控矿:矿床受拉拉沟组斜长角闪岩、斜长角闪片麻岩、磁铁角闪岩、黑云斜长片麻岩、透辉岩、透辉斜长片麻岩组合的控制。

构造控矿:塔东变质岩系呈南北向狭长带状展布,可能受南北向断陷盆地控制,矿区混合岩主要沿南北向层间裂隙注入。区内近南北向挤压带比较发育,强烈处为形成千枚岩化带,弱者为破碎带,而该挤压带对矿体没有破坏作用。沿该断裂带有热液活动现象,形成黄铁矿化、硅化、绢云母化等蚀变。这证明近南北向构造不仅控制了本区铁磷矿床的形成,而且控制了混合岩及热液型黄铁矿的形成。

(二)成矿模式

在前南华纪小兴安岭弧盆系机房沟-塔东-杨木桥子岛弧盆地带内,早期海底火山喷发-沉积作用,喷发物质主要为基性凝灰质及磁铁矿碎屑,在近火山口附近由基性熔浆喷溢,形成中基性熔岩透镜体和次火山岩,形成含矿岩系,局部地段形成矿体。因海水中溶解有较多的硫、磷,形成大量的细粒黄铁矿,并伴生磷。后期由于兴凯运动(晋宁运动?)区域变质作用,基性火山喷发物质发生重结晶形成斜长角闪岩。局部磁铁矿、黄铁矿发生重结晶颗粒变大,形成局部磁体矿富矿段或矿体和黄铁矿局部富集现象。区域上海西期花岗质岩浆侵入作用使含矿岩系遭受改造,由于气液改造,使原来磁铁矿、黄铁矿发生改造形成细脉状黄铁矿和磁铁矿(图 6-2-2)。

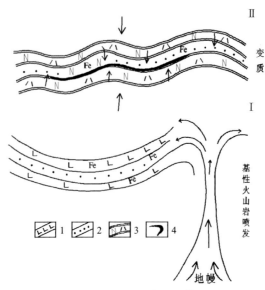

图 6-2-2　塔东铁矿床成矿模式图
1.中基性火山岩；2.碎屑岩；3.斜长角闪岩；4.矿体

(三)成矿要素

根据前南华纪小兴安岭弧盆系机房沟-塔东-杨木桥子岛弧盆地带内的塔东、机房沟等铁矿总结出区域成矿要素，见表 6-2-3。

表 6-2-3　塔东式沉积变质型铁矿成矿要素表

成矿要素 特征描述		内容描述	类别
		矿床属沉积变质型	
地质环境	岩石类型	斜长角闪岩、斜长角闪片麻岩、磁铁角闪岩、黑云斜长片麻岩、透辉岩、透辉斜长片麻岩组合	必要
	成矿时代	新元古代	必要
	成矿环境	南北向构造控制了本区铁磷矿床的形成	必要
	构造背景	位于前南华纪小兴安岭弧盆系(Ⅱ)、机房沟-塔东-杨木桥子岛弧盆地带(Ⅲ)塔东弧盆(Ⅳ)内	重要
矿床特征	矿物组合	主要为含钒磁铁矿、含氟磷灰石、含钴黄铁矿，次为磁黄铁矿、黄铜矿、辉钼矿、方铅矿、闪锌矿、方钴矿、辉钴矿等	重要
	结构构造	结构以半自形、他形粒状变晶结构为主，次为交代溶蚀结构、交代残余结构、包含结构、细脉穿插交代结构；构造以条带状构造为主，其次为细脉浸染状、稠密浸染状构造、变斑状构造、条纹状构造、致密块状构造、皱纹状构造、显微脉状构造	次要
	控矿条件	地层控矿：矿床受拉拉沟组斜长角闪岩、斜长角闪片麻岩、磁铁角闪岩、黑云斜长片麻岩、透辉岩、透辉斜长片麻岩组合的控制； 构造控矿：塔东变质岩系呈南北向狭长带状展布，可能受南北向断陷盆地控制，矿区混合岩主要沿南北向层间裂隙注入。区内近南北向挤压带比较发育，强烈处于形成千枚岩化带，弱者为破碎带。而该挤压带对矿体没有破坏作用。沿该断裂带有热液活动现象，形成黄铁矿化、硅化、绢云母化等蚀变。这证明近南北向构造不仅控制了本区铁磷矿床的形成，而且控制了混合岩及热液型黄铁矿的形成	必要

第三节 物探遥感资料应用

一、物探

(一)资料程度及使用说明

主要参考区域上吉 C-1978-79、吉 C-1978-80、吉 C-1960-33,吉 C-1978-17、吉 C-1978-17-1、吉 C-1978-19、吉 C-1978-19 异常资料,以及区域大比例尺地磁异常资料。

(二)典型矿床特征

1. 区域重力异常

塔东铁矿在区域重力场上处于海龙-敦化北东向重力低异常带北东段西侧秃顶子林场局部重力高异常北侧边缘变异带上(图 6-3-1)。异常呈北东东向似椭圆状,重力强度幅值为 $16\times10^{-5}\,m/s^2$,长 13km,宽 8km。异常南侧梯级带等值线平行密集,北侧梯级带等值线向北西出现同向弯曲变异,形成了明显正向变异异常,长 7km,宽 5km,塔东铁矿位异常南西侧。

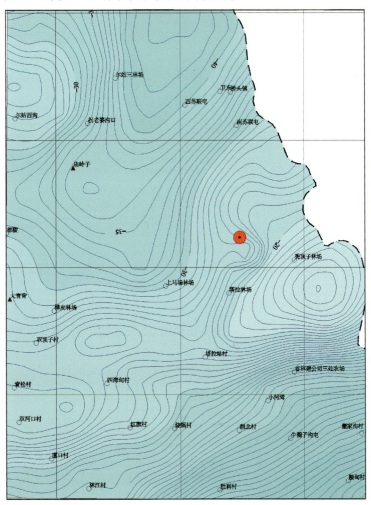

图 6-3-1 塔东铁矿床 1∶20 万区域重力异常图

该区重力场特征较清晰地反映了塔东铁矿的区域构造地质背景。北东向海龙-敦化重力低异常带为已知敦-海断陷带的反映,它的北东段北侧秃顶子林场高值重力异常是由下古生界变质岩基底隆起引起。异常北缘北西向正变异常则是含铁下古生界志留系二合营子群红光组变质岩系产出的位置,此处重力异常尚指出塔东铁矿区恰处在北东向和北西向构造交会处。综上可知,区域重力异常是圈定该类型铁矿成矿远景地段和研究成矿地质构造背景的重要地球物理信息。

2. 航磁异常

图 6-3-2 中吉 C-1960-33 为塔东铁矿 1∶5 万航磁异常反映。异常由 33-1 号、33-2 号、33-3 号三个局部异常组成。3 个异常由南至北呈左斜列式排布构成了一个近南北向分布的异常带,长约 6km,宽 1~2km。异常特点是强度高、梯度陡,呈尖峰带状。33-1 号异常位于异常带南段,形态近南北椭圆形,长 1.8km,宽 1~1.5km 异常强度和梯度北大南小,最大值达 4000nT,北东侧伴有明显负值;33-2 号异常位于异常带的中段,呈北东向带状产出,长约 2km,宽 1.5km 左右,曲线两侧梯度陡而对称,强度为 2800nT;33-3 号异常位于异常带的北段,因受预测工作区限制而未有封闭,异常大体呈北西椭圆状,梯度陡峻,规模小于中段和南段。

经与地质关联,上述 3 个局部异常为塔东铁矿床南、中、北 3 个矿段内矿体群的综合反映。航磁异常不仅可以直接揭示矿床的存在,而且尚能划分各矿段的分布,找矿效果显著。

3. 地磁异常

矿区有 1∶1 万地面磁异常 14 处,依据异常空间展布亦可划分出 3 段,南段有异常 3 处(M1、M2、M3),呈近南北向分布;中段有异常 6 处(M4、M5、M6、M7、M8、M9),呈北东向展布;北段有异常 5 处,北西向产出。总体形态为一近南北向似反"S"形的带状异常带,全长约 7km,宽 200~400m。图 6-3-3 可看出,地磁异常特征多为高强度尖峰状狭窄的带状异常,规模大小不等,一般长 200~1500m,宽 30~100m,强度多在 $n\times10^3$~$n\times10^4$nT。此外,区内除了高、尖、窄异常外,在各异常段内还存在有少量强度小于 5000nT 的低缓异常。

矿区地面磁异常经钻探勘探几乎全部得到了验证,绝大多数为含磷磁铁矿体引起。尖峰状高强异常多为出露或近地表的矿体反映,而低缓异常多半为隐伏盲矿体引起,见图 6-3-4。

4. 矿床地质-地球物理找矿模型

综合前述矿床地质、地球物理找矿标志,归纳如下矿床地质-地球物理找矿模型,见图 6-3-4。

(1)塔东铁矿床经历了原始海底火山喷发沉积成矿阶段后,又经区域变质和岩浆热液成矿作用叠加改造形成的海相火山沉积变质含磷、钒、钴的高硫贫铁矿床。

(2)矿体产出严格受下古生界志留系二合营子群红光组中段基性火山喷发沉积含铁建造控制。铁矿与角闪质岩石关系极为密切,这类岩石均赋存在红光组中段的 3 个喷发旋回的底部,是该类型铁矿赋存的基本规律。

(3)矿区岩(矿)石标本磁性测定指出,磁铁斜长角闪岩、磁铁角闪岩、磁铁角闪斜长片麻岩是塔东铁矿床的主要矿石类型,常见磁化率分别为 8900×10^{-5}SI、7000×10^{-5}SI、3500×10^{-5}SI,均属较强磁性,而其上、下盘围岩磁性较弱,二者存在明显磁性差异。矿体与围岩存在低→高→低的磁性模型,为磁法找矿提供了有利物理前提。

(4)塔东铁矿地在区域重力场上是处在局部相对重力高异常内,其反映了早古生代底层褶皱隆起构造特征。这一古隆起直接控制了该类型铁矿含矿层位产出。因此,区域局部重力高异常是确定找矿远景区段重要信息。

(5)塔东铁矿在 1∶5 万~1∶20 万航空磁测中均有明显异常反映,尤其 1∶5 万成果的异常能够呈现出 2800~4500nT 高强度、形态规整的陡峰状异常。异常不仅能指示矿床的存在,而且尚能揭示矿床

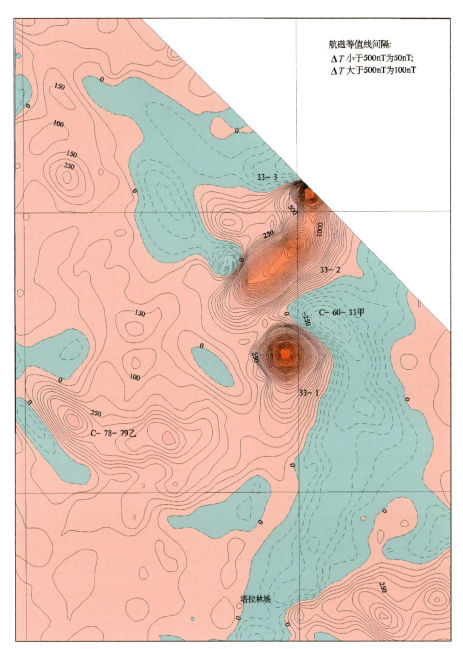

图 6-3-2　塔东铁矿床 1∶5 万区域航磁异常图

各矿段的分布。航磁异常是直接寻找此类型铁矿的区域找矿标志。

(6) 矿区的 1∶1 万～1∶5000 大比例尺地面磁测是划分矿段、圈定矿组(两个以上矿体组成的密脉带)或规模较大单一矿体的有效手段。区内近地表或出露矿体(成矿组)异常多是强度 $n\times10^3\sim n\times10^4$ nT 的狭窄尖峰带状异常,而具有一定埋深的盲矿体(或矿组)常表现为强度一般小于 5000nT 的低缓异常。此外,地面磁异常尚能提供有关矿体(或矿组)的产状、埋深等有用信息。所以,地面磁测是详查找矿不可缺少的重要方法。

5. 物探预测要素特征

塔东铁矿物探预测要素特征见表 6-3-1。

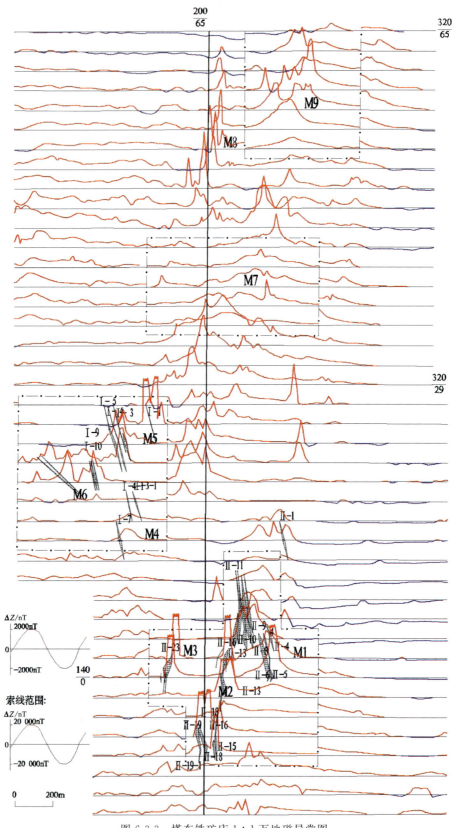

图 6-3-3　塔东铁矿床 1∶1 万地磁异常图

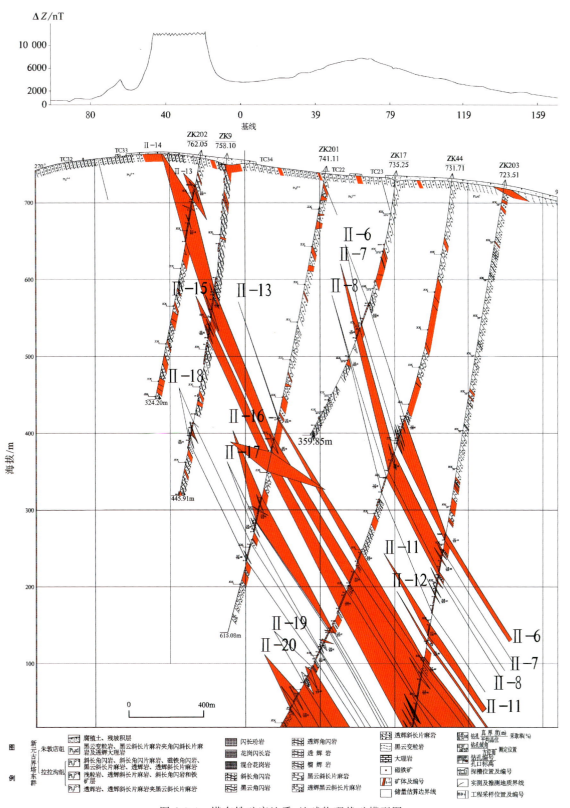

图 6-3-4 塔东铁矿床地质-地球物理找矿模型图

表 6-3-1　塔东铁矿物探预测要素特征表

预测要素	内容描述	类别
重力	1∶20万区域重力场局部重力高异常是确定找矿远景区段重要信息	重要
航磁	在1∶20万～1∶5万航磁中均有明显异常反映,1∶5万成果的异常2800～4500nT高强度,形态规整的陡峰状异常,能揭示矿床各矿段的分布。航磁异常是直接寻找此类型铁矿的区域找矿标志	必要
地磁	1∶1万～1∶5000地面磁测异常多是强度$n\times 10^3$～$n\times 10^4$nT的狭窄尖峰带状异常,是划分矿段、圈定矿组(两个以上矿体组成的密脉带)或规模较大单一矿体有效手段,具有一定埋深的盲矿体(或矿组)常表现为强度一般小于5000nT的低缓异常	必要

(三)塔东沉积型铁矿预测工作区的特征

1. 磁场特征

预测工作区北部异常带:由塔拉林场从南向北,包括异常吉 C-1978-79、吉 C-1978-80 及吉 C-1960-33 塔东铁矿异常。该异常带两侧分布元古宙花岗闪长岩,磁场强度为 300～500nT,最高为 580nT,异常呈东西向或南北向分布。塔东铁矿异常十分醒目,西侧伴生负值。

中部异常带,包括吉 C-1978-17、吉 C-1978-17-1、吉 C-1978-19 等异常,走向为北东向,异常强度较高如吉 C-1978-19 最高为 960nT,吉 C-1978-17 最高为 700nT。异常带对应岩性为大面积的志留纪花岗闪长岩。

预测工作区西南部晚二叠世—早三叠世花岗闪长岩分布区磁场为平静的负场区,一般在 0～50nT。在预测工作区南部,主要是玄武岩分布区,磁场正负交替,并且往往是负值大,正值低缓。

2. 区内航磁异常

吉 C-1960-33 塔东铁矿异常:位于预测工作区北部,航磁异常呈尖峰状,梯度大,强度高,东西两侧均有负值,极大值达 4000nT 以上。异常呈南北向分布,范围 3.5km×1.4km。地磁异常形态、空间位置与航磁基本相同。异常区出露地层为中元古界塔东岩群,上部朱敦店岩组岩性为黑云斜长片麻岩、黑云变粒岩、透辉角闪片岩、斜长角闪岩等。下部拉拉沟岩组岩性为斜长角闪岩、斜长角闪片麻岩、磁斜长角闪岩、黑云斜长片麻岩等。拉拉沟岩组是塔东铁矿的赋存层位,岩石变质程度较深,岩性主要是斜长角闪片麻岩、透辉斜长变粒岩。磁铁斜长角闪片麻岩夹有铁磷矿层,本段地层含数层有工业价值的铁磷矿。经查证,证实航磁异常由塔东铁矿引起。

吉 C-1960-37 平顶山异常:位于大山咀子乡,平顶山东北 3km。异常走向北东,长 3.5km,宽 1.5km,强度为 1800nT,北部伴有 100nT 左右负值。异常处于中元古界塔东岩群,朱敦店岩组,附近有志留纪花岗闪长岩,具成矿有利条件,推断异常与铁矿有关。

吉 C-1978-18 异常:位于吉 C-1960-34 附近,异常走向北东长 2km,宽 1km,强度为 800nT,南部有 200nT 负值,处于玄武岩覆盖区,深部在中元古界中,深部可能存在沉积变质型铁矿。

吉 C-1978-19-1 异常:在朱敦店东,位于吉 C-1960-34 北部,走向北东长 1.5km,宽 1km,正磁场中的尖陡孤立异常,处于中元古界塔东岩群朱敦店岩组,附近有志留纪花岗闪长岩,具成矿有利条件,推断异常与铁矿有关。

吉 C-1978-79 异常:位于塔东铁矿西 4km 处,走向近东西向,长 2km,宽 1km,强度为 560nT。出现正磁场边缘的异常,位于塔东铁矿外围,异常处于元古宙花岗闪长岩中,推断由深积变质铁矿引起。

3. 推断断裂

F_4 断裂位于预测工作区北部,沿梯度带及不同场区界线北北东向展布,长 7.7km,断裂北段位于塔东岩群朱敦店组变质岩中,南段在古元古代花岗闪长岩中。断裂与塔东岩群为官地-大山咀子深断裂的次级断裂,控制了塔东岩群的分布。

F_6 断裂与 F_4 断裂平行,处于负异常带上,长约 7km,处在志留纪花岗闪长岩中,为岩体与元古宇接触线。

F_9 断裂位于预测工作区中部,沿北东向梯度带展布,长 7km,断裂东侧是负磁场,西侧为正磁场。断裂分别穿过了朱敦店组变质岩、志留纪花岗闪长岩及第四系覆盖层。

F_8 断裂位于预测工作区西南部沿北东向梯度带展布,长 7km,断裂两侧磁场不同,西侧负磁场为晚二叠世—早三叠世黑云母花岗闪长岩,东侧正异常带,为志留纪花岗闪长岩。

F_{10} 断裂位于预测工作区东南部,沿北东向不同场区界线分布,长 6.5km。断裂大体沿玄武岩的边界分布。本区只推断出 7 条断裂,其中北东向、北北东向 6 条,北西向 1 条。

4. 变质岩地层及侵入岩

1) 变质岩地层

塔东岩群拉拉沟组和朱敦店岩组位于预测工作区北部,圈定依据磁场特征,重力特征及结合 1∶5 万地质图。航磁异常吉 C-60-33 高值及周围部分负磁场与重力高吻合,但两个岩组在磁场上无法区分,故合在一起圈定。在预测工作区南部,吉 C-1978-18 异常呈北东向分布,强度为 800nT,两侧梯度陡,处于玄武岩覆盖区,异常与重力高吻合,推断异常与朱敦店岩组有关。

2) 侵入岩

中元古代花岗闪长岩位于预测工作区北部,塔拉林场以北,异常近南北向带状分布,即以吉 C-1978-79、吉 C-1978-80 两个异常为基础的低缓异常带。推断异常带由中元古代花岗闪长岩引起。志留纪花岗闪长岩南起塔拉站村,东至秃顶子林场一带,航磁为北东向分布的异常带,异常强度较高,包括吉 C-1978-17、吉 C-1978-19 异常,推断异常带由志留纪花岗闪长岩引起。

5. 火山岩

预测工作区南部及区外为大面积分布的玄武岩从塔拉站村南向东到预测工作区边部,磁场为正、负相间的杂乱异常区,而且多以正值小、负值大的特点出现。

6. 结论

本区吉 C-60-33 异常已查明为塔东大型沉积变质铁矿引起的异常。在附近的吉 C-1960-34、吉 C-1978-17、吉 C-1917-1、吉 C-1918、吉 C-1919、吉 C-1919-1 等异常,所处的地质条件与吉 C-1960-33 大致相似。但由于后期火山岩的侵入,以及新近纪、古近纪、第四纪玄武岩喷出,使部分异常变得比较复杂。从重力资料看这些异常都处于重力高位置,可能为基底隆起,是寻找沉积变质型铁矿的有利地段。对于吉 C-1960-34 异常,延边地质大队做过初查,认为由闪长岩引起。从航磁特征分析,区内已知闪长岩的反映不如吉 C-1960-34 异常明显,从地质条件上该异常距塔东铁矿较近,地质条件有相同之处。据重力资料,异常与重力高吻合,深部存在含矿老地层,据此推断异常由隐伏的铁矿引起。另外,吉 C-1978-17、吉 C-1917-1、吉 C-1918、吉 C-1919、吉 C-1919-1、吉 C-1978 等异常,处于塔东铁矿外围具有铁矿成矿条件,需要进一步进行检查验证工作。

二、遥感

(一)资料程度及使用说明

预测工作区及典型矿床所使用的资料均为全国项目组提供的 ETM 数据和本项目组自行购买的 ETM 数据经计算机录入、融合处理、校正并镶嵌的吉林省遥感影像图,校正底图为 1∶5 万地形图,校正误差控制在一个象元内,所成图像完全满足不大于 1∶5 万比例尺的制图精度。预测工作区及典型矿床遥感解译精度均为 1∶5 万,遥感异常提取精度为 30m×30m 的像元分辨率。

(二)典型矿床特征

遥感矿产地质特征:塔东铁矿形成于遥感解译的北东向与北北东向断裂交会部位,3 个隐伏岩体形成的环形构造群西侧边缘,遥感浅色色调异常区,矿体分布于新元古界塔东岩群形成的带要素中,矿区周围羟基异常、铁染异常均较发育(图 6-3-5)。

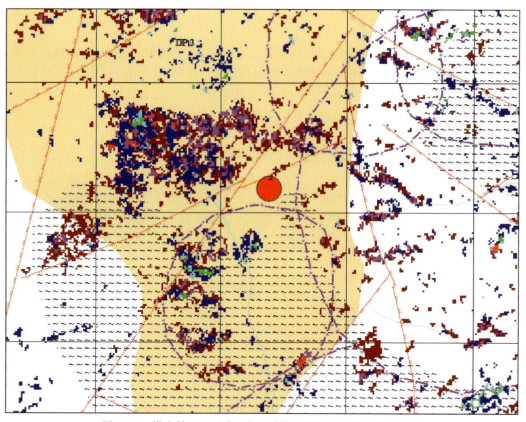

图 6-3-5 塔东铁矿区遥感矿产地质特征解译与遥感异常分布图

(三)塔东沉积型铁矿预测工作区的特征

1. 地质概况

预测工作区位于吉林省东部敦化市西北,区内主要出露塔东岩群斜长角闪岩、角闪岩、透辉斜长变粒岩、白云石英岩、片岩夹大理岩及磁铁矿,有奥陶纪花岗闪长岩、晚三叠世二长花岗岩侵入。

2. 遥感地质特征解译

预测工作区内解译出 1 条大型断裂(带),即敦化-密山岩石圈断裂。该断裂带由两条近于平行的高角度逆断层构成,并相向对冲。西支断裂在山城镇一带表现为太古宇逆冲在新近系、古近系和白垩系之上,在桦甸一带表现为下古生界、石炭系、海西期和燕山期花岗岩逆冲到侏罗系—白垩系之上。东支断裂在南段位于柳河盆地西侧,古老的太古宇逆覆于中生界之上。该断裂带通过本预测工作区东南角。

小型断裂比较发育,并且以北北东向、北北西向和北西向为主,北东向次之,偶见近南北向断裂。其中,北北西向和近南北向断裂多表现为张性特点,北西向断裂有张性亦有压性,其他方向断裂多表现为压性特征。塔东铁矿分布于北东向与北北东向断裂交会部位。

环形构造比较发育,共圈出 13 个环形构造,它们主要集中于不同方向断裂交会部位。按成因类型构造可分为两类,其中与隐伏岩体有关的环形构造 12 个,古生代花岗岩类引起的环形构造 1 个。这些环形构造与铁矿、铜矿、金矿的关系均较密切,塔东铁矿以及一些铁、铜、金矿点分布于环形构造内部或边部。

共解译出色调异常 3 处,全部由绢云母化、硅化引起,它们在遥感图像上均显示为浅色色调异常。从空间分布上看,区内的色调异常明显与断裂构造及环形构造有关,在不同方向断裂交会部位以及环形构造集中区,色调异常呈不规则状分布。

区内的矿床(点)在空间上与遥感色调异常有较密切的关系,塔东铁矿以及一些铁、铜、金矿点等均形成于遥感色调异常区。

共解译出两处遥感带要素,均由变质岩组成,由新元古界塔东岩群斜长角闪岩、角闪岩、透辉斜长变粒岩、白云石英岩、片岩夹大理岩及磁铁矿组成,分布在敦化隆起内,塔东铁矿分布于其中的一个带内。

3. 预测工作区遥感异常分布特征

提取出遥感羟基异常面积 24 749 468m², 其中一级异常 2 490 192m², 二级异常 7 491 131m², 三级异常 14 768 145m²。

塔东岩群分布区,羟基异常集中分布;侵入岩体内、外接触带,羟基异常集中分布;隐伏岩体所形成的环形构造边部,羟基异常相对集中;塔东铁矿附近,羟基异常明显集中。

本预测工作区提取出遥感铁染异常面积 21 196 932m², 其中一级异常 2 490 192m², 二级异常 1 579 712m², 三级异常 18 258 652m²。

塔东岩群分布区,铁染异常集中分布;侵入岩体内、外接触带,铁染异常集中分布;隐伏岩体所形成的环形构造边部,铁染异常相对集中;塔东铁矿附近,铁染异常明显集中。

4. 遥感矿产预测分析

通过对塔东铁矿遥感地质解译及整个预测工作区遥感影像特征分析,认为吉林省塔东铁矿成矿因素主要如下。

(1)新元古界塔东岩群斜长角闪岩、角闪岩、透辉斜长变粒岩、白云石英岩、片岩夹大理岩及磁铁矿为其含矿岩层。

(2)区域变质作用造成成矿元素迁移富集,后期岩浆作用造成围岩的矿化蚀变,并使成矿元素再次富集并形成矿体。为此,在吉林省塔东地区划分出塔拉林场北预测工作区(Ⅰ)和塔东林场南预测工作区(Ⅱ)。它们均为新元古界塔东岩群斜长角闪岩、角闪岩、透辉斜长变粒岩、白云石英岩、片岩夹大理岩。

(3)磁铁矿分布区为北东向与北北东向断裂构造交会部位,隐伏岩体形成的环形构造集中区,新元古界塔东岩群形成的带要素内,羟基、铁染异常集中分布区。塔东铁矿分布于塔拉林场北预测工作区内。

第四节 矿产预测

一、矿产预测方法类型选择

塔东式铁矿在吉林省分布面积有限,依据现在掌握的情况来看,仅在敦化市塔东地区出露。本次预测工作采用地质体积法、磁性矿体定量预测、德尔菲 3 种方法进行资源量定量估算。

二、预测模型

(一)典型矿床预测模型

1. 预测要素

根据沉积变质型铁矿典型矿床成矿要素和地球物理、遥感特征,确立塔东典型矿床预测要素,见表6-4-1。

表 6-4-1　敦化市塔东铁矿床预测要素表

预测要素		内容描述	类别
地质条件	岩石类型	斜长角闪岩、斜长角闪片麻岩、磁铁角闪岩、黑云斜长片麻岩、透辉岩、透辉斜长片麻岩组合	必要
	成矿时代	新元古代	必要
	成矿环境	南北向构造控制了本区铁磷矿床的形成	必要
	构造背景	位于前南华纪小兴安岭弧盆系(Ⅱ)、机房沟-塔东-杨木桥子岛弧盆地带(Ⅲ)塔东弧盆(Ⅳ)内	重要
矿床特征	控矿条件	地层控矿:矿床受拉拉沟组斜长角闪岩、斜长角闪片麻岩、磁铁角闪岩、黑云斜长片麻岩、透辉岩、透辉斜长片麻岩组合的控制。 构造控矿:塔东变质岩系呈南北向狭长带状展布,可能受南北向断陷盆地控制,矿区混合岩主要沿南北层间裂隙注入。区内近南北向挤压带比较发育,强烈形成千枚岩化带,弱者为破碎带,而该挤压带对矿体没有破坏作用。沿该断裂带有热液活动现象,形成黄铁矿化、硅化、绢云母化等蚀变。这证明近南北向构造不仅控制了本区铁磷矿床的形成,而且控制了混合岩及热液型黄铁矿的形成	必要
	矿化特征	区域上磁铁矿化、黄铁矿化	重要
综合信息	地球物理	1:20 万区域局部重力高异常是确定找矿远景区段重要信息;1:5 万航磁 2800~4500nT 高强度异常,不仅能指示矿床的存在,而且尚能揭示矿床各矿段的分布。航磁异常是直接寻找此类型铁矿的区域找矿标志;1:1 万~1:5000 大比例尺地面磁测近地表或出露矿体(成矿组)异常多是强度 $n\times10^3\sim n\times10^4$ nT 的狭窄尖峰带状异常,而具有一定埋深的盲矿体(或矿组)常表现为强度一般小于 5000nT 的低缓异常	必要
	遥感	北东向与北北东向断裂交会处;3 个隐伏岩体形成的环形构造群西侧边缘,遥感浅色色调异常区,矿体分布于新元古界塔东岩群形成的带要素中,矿区周围羟基异常、铁染异常均较发育	次要

2. 预测要素图

以成矿要素图为底图,叠加地球物理、遥感预测要素,编制成预测要素图。

3. 预测模型图

以矿区典型剖面为底图,叠加地磁异常信息,形成典型矿床预测模型图。

(二)预测工作区预测模型

1. 预测要素表

根据预测工作区区域成矿要素和地球物理、地球化学、遥感、自然重砂特征,确立区域预测要素表,见表6-4-2。

表6-4-2 沉积变质型铁矿塔东预测工作区预测要素表

预测要素		内容描述	类别
地质条件	岩石类型	斜长角闪岩、斜长角闪片麻岩、磁铁角闪岩、黑云斜长片麻岩、透辉岩、透辉斜长片麻岩组合	必要
	成矿时代	新元古代	必要
	成矿环境	南北向构造控制了本区铁磷矿床的形成	必要
	构造背景	位于前南华纪小兴安岭弧盆系(Ⅱ)、机房沟-塔东-杨木桥子岛弧盆地带(Ⅲ)塔东弧盆(Ⅳ)内	重要
矿床特征	控矿条件	地层控矿:矿床受拉拉沟组斜长角闪岩、斜长角闪片麻岩、磁铁角闪岩、黑云斜长片麻岩、透辉岩、透辉斜长片麻岩组合的控制。塔东变质岩系呈南北向狭长带状展布,可能受南北向断陷盆地控制,矿区混合岩主要沿南北向层间裂隙注入。 构造控矿:区内近南北向挤压带比较发育,强烈处为形成千枚岩化带,弱者为破碎带,而该挤压带对矿体没有破坏作用。沿该断裂带有热液活动现象,形成黄铁矿化、硅化、绢云母化等蚀变。这证明近南北向构造不仅控制了本区铁磷矿床的形成,而且控制了混合岩及热液型黄铁矿的形成	必要
	矿化特征	区域上磁铁矿化、黄铁矿化	重要
综合信息	地球物理	1:20万区域局部重力高异常是确定找矿远景区段重要信息;1:5万航磁2800~4500nT高强度异常,不仅能指示矿床的存在,而且尚能揭示矿床各矿段的分布。航磁异常是直接寻找此类型铁矿的区域找矿标志	必要
	遥感	北东向与北北东向断裂交会处;3个隐伏岩体形成的环形构造西侧边缘,遥感浅色色调异常区,矿体分布于新元古界塔东岩群形成的带要素中,矿区周围羟基异常、铁染异常均较发育	次要

2. 预测要素图

以预测工作区成矿要素图为底图,叠加地球物理、遥感预测要素,编制成预测工作区预测要素图。

3. 预测模型图

以预测工作区实测剖面为底图,叠加航磁、地磁异常信息,形成预测工作区预测模型图,见图6-4-1。

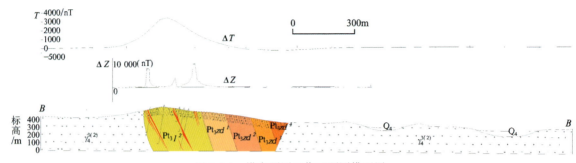

图 6-4-1 塔东预测工作区预测模型图

三、预测单元划分及预测地质变量选择

塔东式沉积变质型矿床产于拉拉沟岩组内,有确定的产出地质体,将地质体单元作为重要的预测单元划分依据,拉拉沟岩组为必要预测地质变量,航磁、矿体产出部位,也是重要的预测变量。遥感和重力为次要预测要素。预测软件推荐网格大小为 19.77,修正取整后为 20×20 网格,预测底图比例尽为 1∶1 万,网格相当于 1km×1km。见图 6-4-2、图 6-4-3。

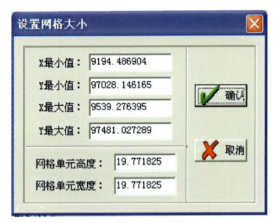

图 6-4-2 MRAS 软件推荐网格大小

图 6-4-3 选择的网格大小

四、预测工作区圈定及优选

预测工作区圈定以含矿地质体和矿体产出部位为圈定依据,首先应用 MRAS 软件对预测要素进行空间叠加的方法对预测工作区进行空间评价,圈定预测工作区。优选最小预测工作区以航磁、遥感和重力作为确定依据,优选中以权重系数大于 2.5 为 A 类预测工作区,1.5～2.5 为 B 类预测工作区,0.5～1.5 为 C 类预测工作区,经过地质专家进一步修正和筛选,最终优选出最小预测工作区。这也作为地质体法空间评价的客观认识基础(图 6-4-4、图 6-4-5)。

五、德尔菲法资源量估算

本次聘请专家用德尔菲法对塔东 70km^2 的铁矿资源进行预测,经专家预测品位大于 25% 的资源量。

塔东 500m 以浅:90% 可信度资源量规模小型,50% 可信度资源量规模小型,10% 可信度资源量规模大型。

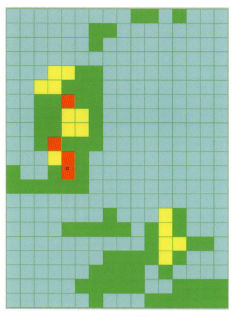
图 6-4-4 圈定预测工作区

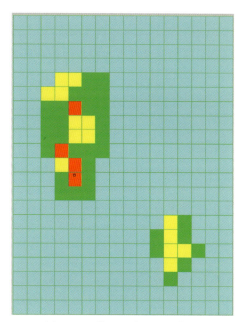
图 6-4-5 优选最小预测工作区

塔东 1000m 以浅:90%可信度资源量规模大型,50%可信度资源量规模大型,10%可信度资源量规模大型。

塔东 2000m 以浅:90%可信度资源量规模大型,50%可信度资源量规模大型,10%可信度资源量规模大型。

六、地质体积法资源量估算

(一)典型矿床已查明资源储量及其估算参数

塔东式沉积变质型铁矿塔东预测工作区内典型矿床为塔东铁矿。

(1)查明资源储量:塔东典型矿床所在区,以往工程控制实际查明的并且已经记录在储量登记表中。

(2)面积:典型矿床所在区域经 1∶1 万地质填图确定的勘探评价区,并经山地工程验证的矿体、矿带聚集区段边界范围为 3 616 222.93m²。含矿层位的平均倾角为 70°。

(3)延深:矿床勘探控制矿体的最大延深为 1125m。

(4)体积含矿率:体积含矿率=查明资源储量/(面积×$\sin\alpha$×延深),其中 α 为含矿层位的平均倾角,计算得出塔东铁矿床体积含矿率为 0.039 892 44t/m³,详见表 6-4-3。

表 6-4-3 沉积变质型塔东预测工作区典型矿床查明资源储量表

编号	名称	查明资源储量(规模) 矿石量	面积/m²	延深/m	品位/%	体重/(t·m⁻³)	体积含矿率
5	敦化市塔东铁矿	大型	3 616 222.93	1125	25.41	3.52	0.039 892 44

(二)典型矿床深部及外围预测资源量及其估算参数

塔东式沉积变质型铁矿塔东预测工作区塔东铁矿床深部资源量预测:矿体沿倾向最大延深 1125m,矿体倾角 70°,实际垂深 1050m,该区铁矿最大勘探深度垂深 1000m,矿体没有尖灭迹象,证实该套含矿层位在1050m深度仍然稳定沿深。根据该含矿层位在区域上的产状、走向、延伸等均比较稳定,所以本次对该矿床的深部预测垂深选择1800m。矿床深部预测实际深度为750m。面积仍然采用原矿床含矿的最大面积,预测其深部资源量。应用预测资源量=面积×延深×体积含矿率,见表6-4-4。

表 6-4-4　塔东式沉积变质型铁矿塔东预测工作区典型矿床深部预测资源量表

编号	名称	预测资源量（规模）	面积/m²	延深/m	体积含矿率
5	塔东铁矿	大型	3 616 222.93	750	0.039 892 44

（三）典型矿床总资源量

塔东式沉积变质型铁矿塔东预测工作区见表6-4-5。

表 6-4-5　塔东式沉积变质型铁矿塔东预测工作区典型矿床总资源量表

编号	名称	查明资源储量（规模）	预测资源量（规模）	总资源量（规模）	总面积/m²	总延深/m	体积含矿率
5	塔东铁矿床	大型	大型	大型	3 616 222.93	1800	0.039 892 44

（四）预测工作区模型区估算参数确定

模型区:典型矿床所在的最小预测工作区,即塔东铁矿所在的TDA1最小预测工作区。

模型区预测资源量:TDA1模型区预测资源量是塔东典型矿床探明和深部预测资源量的总资源量,即查明资源量+深部预测资源量。

面积:TDA1模型区的面积是塔东典型矿床所在区含矿建造拉拉沟组的出露面积叠加航磁异常,加以人工修正后的最小预测工作区面积。

延深:模型区内典型矿床的总延深,即最大预测深度。塔东铁矿现在最大的勘探深度均达到1050m左右,矿体没有尖灭迹象,含矿地层延深仍然比较稳定,所以模型区的预测深度选择1800m,沿用塔东铁矿典型矿床的最大预测深度。

含矿地质体面积参数:为含矿地质体面积/模型区面积,当含矿地质体面积=模型区面积,其为1,含矿地质体面积小于模型区面积,其小于1。塔东典型矿床所在的最小预测工作区内出露为拉拉沟组含矿建造的面积,所以含矿地质体面积参数为1,见表6-4-6。

表 6-4-6　模型区预测资源量及其估算参数

编号	名称	模型区预测资源量（规模）	模型区面积/m²	延深/m	含矿地质体面积/m²	含矿地质体面积参数
128	TDA1	大型	3 841 928.05	1800	3 841 928.05	1

（五）预测工作区模型区含矿系数确定

塔东式沉积变质型铁矿塔东预测工作区模型区TDA1的含矿地质体含矿系数确定公式为:TDA1含矿地质体含矿系数=模型区TDA1资源总量/含矿地质体总体积,含矿地质体的总体积为含矿地质体面积×预测总深度。计算得出TDA1模型区的含矿地质体含矿系数为0.037 698 081,见表6-4-7。

表 6-4-7　塔东式沉积变质型铁矿塔东预测工作区模型区含矿地质体含矿系数表

模型区编号	模型区名称	含矿地质体含矿系数	资源总量(规模)	含矿地质体总体积/m³
128	TDA1	0.037 698 081	大型	6 915 470 490

(六)预测工作区最小预测工作区估算参数的确定

1. 最小预测工作区面积圈定方法及圈定结果

塔东式沉积变质型铁矿塔东预测工作区内最小预测工作区面积的确定主要依据是在新元古界拉拉沟岩组和朱敦店组含铁建造存在的基础上，叠加航磁异常，两者叠加并经地质矿产专业人员人工修整后的最小区域(表 6-4-8)。

表 6-4-8　塔东式沉积变质型铁矿塔东预测工作区最小预测工作区面积圈定大小及方法依据

最小预测工作区编号	最小预测工作区名称	面积/m²	参数确定依据
130	TDB1	918 799.09	朱敦店组含铁建造+航磁异常
131	TDB2	1 623 370.59	朱敦店组含铁建造+航磁异常
127	TDC1	222 025.71	拉拉沟组含铁建造+航磁异常
126	TDC2	124 393.59	拉拉沟组含铁建造+航磁异常
129	TDC3	642 938.99	拉拉沟组含铁建造+航磁异常

2. 最小预测工作区延深参数的确定及结果

塔东式沉积变质型铁矿塔东预测工作区最小预测工作区延深参数的确定，主要参考区域拉拉沟组含矿建造的稳定性、典型矿床最大勘探深度、区域上磁异常的反演深度，在此基础上推测含矿建造可能的延深而确定。拉拉沟组含矿建造在预测工作区内沿走向和倾向延深相对比较的稳定，塔东铁矿最大勘探深度为1050余米，铁矿含矿层位仍然稳定存在，区域上磁异常的反演最大深度为1500余米，由此确定沉积变质型塔东预测工作区最小预测工作区延深参数为1800m。当其最小预测工作区长轴小于2000m时，最深预测为1000m。见表 6-4-9。

表 6-4-9　塔东式沉积变质型铁矿塔东预测工作区最小预测工作区延深圈定大小及方法依据

最小预测工作区编号	最小预测工作区名称	延深/m	参数确定依据
130	TDB1	1000	区域上含矿建造+类比已知区+磁异常反演
131	TDB2	1800	区域上含矿建造+类比已知区+磁异常反演
127	TDC1	1000	区域上含矿建造+类比已知区+磁异常反演
126	TDC2	1000	区域上含矿建造+类比已知区+磁异常反演
129	TDC3	1000	区域上含矿建造+类比已知区+磁异常反演

3. 品位和体重的确定

塔东式沉积变质型铁矿塔东预测工作区内最小预测工作区主要是预测寻找成因类型相同、含矿建造相同、成矿时代相同的塔东式沉积变质铁矿，因此最小预测工作区的矿石品位和体重的确定，主要参考塔东铁矿典型矿床的实测数据，确定最小预测工作区矿石平均品位25.41%，体重为3.52t/m³。

4. 相似系数的确定

塔东式沉积变质型铁矿塔东预测工作区内最小预测工作区与 TDA1 模型区含矿建造相同,具有航磁异常,且最小预测工作区内有已知铁矿点,这样的最小预测工作区与 TDA1 模型区的相似系数为 0.8;与 TDA1 模型区含矿建造相同,具有航磁异常,但最小预测工作区内没有已知铁矿点,这样的最小预测工作区与 TDA1 模型区的相似系数为 0.6(表 6-4-10)。

表 6-4-10 塔东式沉积变质型铁矿塔东预测工作区最小预测工作区相似系数表

最小预测工作区编号	最小预测工作区名称	相似系数
130	TDB1	0.8
131	TDB2	0.8
127	TDC1	0.6
126	TDC2	0.6
129	TDC3	0.6

(七)预测资源量估算

1. 估算方法

依据上述确定的相关参数应用含矿地质体预测资源量公式,具体见式(5-4-2)。

2. 估算结果

塔东式沉积变质型铁矿塔东预测工作区:最小预测工作区预测资源量估算结果见表 6-4-11。

表 6-4-11 塔东式沉积变质型铁矿塔东预测工作区最小预测工作区预测资源量估算

最小预测工作区编号	最小预测工作区名称	面积/m²	延深/m	模型区含矿地质体含矿系数	相似系数	预测资源量(规模)		
						0~500m	500~1000m	1000~1500m
130	TDB1	918 799.09	1000	0.037 698 08	0.8	小型	小型	
131	TDB2	1 623 370.59	1800	0.037 698 08	0.8	小型	小型	小型
127	TDC1	222 025.71	1000	0.037 698 08	0.6	小型	小型	
126	TDC2	124 393.59	1000	0.037 698 08	0.6	小型	小型	
129	TDC3	642 938.99	1000	0.037 698 08	0.6	小型	小型	

(八)预测工作区预测资源量结果

1. 按精度

已知矿床深部及外围的预测资源量,资料精度大于 1∶5 万,为 334-1 预测资源量。

具备直接(包括含矿点、矿化点、重要找矿线索等)和间接找矿标志的最小预测单元内的预测资源量(间接找矿标志包括物探异常、遥感异常、老窿),资料精度大于或等于 1∶5 万,为 334-2 预测资源量(表 6-4-12)。

表 6-4-12　塔东式沉积变质型铁矿塔东预测工作区预测资源量精度统计表

预测工作区编号	预测工作区名称	精度（规模）		
		334-1	334-2	334-3
7	塔东	大型	大型	

2. 按深度

塔东预测工作区预测资源量见表 6-4-13。

表 6-4-13　塔东式沉积变质型铁矿塔东预测工作区预测资源量深度统计表

编号	名称	500m 以浅（规模）		1000m 以浅（规模）		1800m 以浅（规模）	
		334-1	334-2	334-1	334-2	334-1	334-2
7	塔东	小型	小型	中型	大型	大型	大型

3. 按矿床类型

塔东预测工作区预测资源量见表 6-4-14。

表 6-4-14　塔东式沉积变质型铁矿塔东预测工作区预测资源量矿产类型精度统计表

预测工作区编号	预测工作区名称	沉积变质型（规模）		
		334-1	334-2	334-3
7	塔东	大型	大型	

4. 按预测工作区类别

最小预测工作区存在含矿建造，存在航磁异常，与已知模型区比较含矿建造相同，且存在矿床或矿点，并且最小预测工作区的圈定是在含矿建造出露区上圈定最小区域，最小预测工作区确定为 A 级。

最小预测工作区存在含矿建造，存在航磁异常，与已知模型区比较含矿建造相同，且存在矿化体，并且最小预测工作区的圈定是在含矿建造出露区上圈定最小区域，最小预测工作区确定为 B 级。

最小预测工作区存在含矿建造，存在航磁异常，与已知模型区比较含矿建造相同，最小预测工作区的圈定是在含矿建造出露区上圈定的最小区域，最小预测工作区确定为 C 级。

塔东预测工作区预测资源量预测区类别统计见表 6-4-15。

表 6-4-15　塔东式沉积变质型铁矿塔东预测工作区预测资源量预测工作区类别统计表

预测工作区编号	预测工作区名称	预测工作区分类（规模）		
		A	B	C
7	塔东	大型	大型	大型

5. 按可利用性类别

塔东预测工作区预测资源量可利用性统计见表 6-4-16。

表 6-4-16　塔东式沉积变质型铁矿塔东预测工作区预测资源量可利用性统计表

预测工作区编号	预测工作区名称	可利用(规模)			暂不可利用(规模)		
		334-1	334-2	334-3	334-1	334-2	334-3
7	塔东	大型	大型				

6. 按可信度统计分析

1)可信度

(1)对于有已知矿床存在,深部探矿工程见矿最大深度以上的预测资源量,可信度大于等于 0.75;最大深度以下部分合理估算的预测资源量,可信度 0.5~0.75。

(2)对于知矿点或矿化点存在,含矿建造发育,航磁异常推断为由矿体引起,但没有经深部工程验证的预测资源量,其 1000m 以浅预测资源量可信度大于等于 0.75,1000~1800m 预测资源量可信度为 0.5~0.75。

(3)对于建造发育,航磁异常推断为由矿体引起,仅以地质、物探异常估计的预测资源量,其 500m 以浅预测资源量,可信度大于等于 0.5,1000~1800m 预测资源量可信度 0.25~0.5。

2)预测资源量可信度统计分析

塔东预测工作区预测资源量规模大型。

可信度估计概率大于 0.75 的资源量规模为小型,其全部为 334-2 预测资源量。

预测资源量可信度估计概率 0.5~0.75 的资源量规模为大型,其中 334-1 预测资源量规模大型,334-2 预测资源量规模小型。

预测资源量可信度估计概率 0.25~0.5 的资源量规模为小型,其全部为 334-2 预测资源量。

第七章　大栗子式沉积变质型铁矿预测

第一节　成矿地质背景特征

一、资料程度及使用说明

主要参考使用《1∶5万临江市幅、苇沙河幅、七道沟幅区域地质调查报告》《1∶20万浑江市幅、长白幅区域地质调查报告》《1∶25万靖宇县幅、浑江市幅、长白县幅区域地质调查报告》《大栗子铁矿床地质勘探总结报告》《吉林省浑江市大栗子铁矿东山区地质勘探报告书》《吉林省临江市乱泥塘铁矿地质勘探报告》《吉林省区域地质志》《吉林省岩石地层》等资料。

二、成矿地质背景特征

区域含矿层位为大栗子（岩）组。中元古界大栗子（岩）组主要分布于吉林省白山市临江大栗子镇、苇沙河镇、三道沟乡、七道沟乡等地，此外临江市乱泥塘屯一带亦有部分出露，面积约 $670km^2$。地层主要为一套浅变质的云母片岩、石英岩、千枚岩及大理岩，岩层走向呈北东，其中褶皱构造发育，厚度2586m。

1. 岩石组合

按岩石组合及层序，大栗子（岩）组可划分两个岩性段。下段为二云片岩、绢云千枚岩、绢云绿泥千枚岩，底部为二云片岩夹千枚岩，厚度大于570m。上段为二云片岩、绢云千枚岩、绢云绿泥千枚岩夹数层大理岩，大理岩中赋存菱铁矿，厚度大于2000m。

2. 原岩恢复

以岩石组合分析，大栗子（岩）组下部为泥质岩石夹石英砂岩，上部过渡为黏土质岩石夹碳酸盐岩组合。古沉积环境早期为滨海过渡相到浅海陆棚相，晚期为低能的浅海陆棚相。

3. 变质变形作用

（1）变质作用：大栗子（岩）组经历了两期变质作用，早期为区域变质作用，与第一期变形同步；第二期变质作用与区域变质无关，可能与地下热点有关。

（2）变形作用：大栗子（岩）组经历了3期变形作用：第一期原生面状构造被后期面状构造所置换，构成透入性片理（S_1）；第二期变形，褶皱构造以片理（S_1）为变形面发生斜歪褶皱，在褶皱的转折端有折劈理（S_1）；第三期变形表现为宽缓褶皱。

4. 变质相

大栗子(岩)组变质岩的变质程度较低,变质矿物组合为白云母+黑云母+绿泥石+石英+方解石,具有绿片岩相变质岩相特征。原岩建造为砂泥质-碳酸盐岩建造。

5. 变质建造

大栗子(岩)组以石英岩、片岩、千枚岩、大理岩为主,原岩为石英砂岩、泥质岩和碳酸盐岩,变质建造为石英岩-云母片岩-大理岩变质建造。

三、地质构造专题底图编制

将大栗子(岩)组划分上、下两个岩性段:下段以石英岩、片岩、千枚岩为主;上段为含菱铁矿的矿段,以片岩、千枚岩和大理岩为主,菱铁矿多产于大理岩中。

在编图过程中,充分利用1:5万区域地质调查资料和已知矿区部分资料,尽最大地可能将区内不同时代变质岩的铁矿体准确地标画在图面中,为预测成矿远景区提供了可靠的基础资料。

已完成1:5万区域地质调查的图幅用1:5万区域地质调查资料同时参考区域勘查评价的大比例尺资料,没有进行1:5万区域地质调查的,编图所用的资料为1:20万和1:25万的地质资料。

第二节 典型矿床与区域成矿规律研究

根据吉林省大栗子式沉积变质型铁矿空间分布规律和控矿要素等,本次典型矿床研究主要选择大栗子、乱泥塘、七道沟3个铁矿开展典型矿床研究。

一、典型矿床及成矿模式

(一)临江市大栗子铁矿床

1. 地质构造环境及成矿条件

大栗子铁矿床位于华北东部陆块(Ⅱ)、胶辽吉古元古代裂谷带(Ⅲ)的老岭坳陷盆地(Ⅳ)内。

1)地层

区域出露的地层主要为古元古界辽吉裂谷老岭(岩)群,青白口系细河群以及中侏罗世上叠盆地杂砂岩沉积(图7-2-1)。

老岭(岩)群:珍珠门岩组为浅粉红色、白色厚层白云质大理岩,条带状、角砾状大理岩;花山岩组为二云片岩、大理岩;临江岩组为灰白色中厚层石英岩夹二云片岩。

大栗子(岩)组为千枚岩、大理岩,底部千枚岩中夹石英岩及大理岩扁豆体。大栗子(岩)组下部出露在矿区北侧四方顶子一带,岩性为蓝色千枚岩(微含铁质)夹石英岩,受花岗岩浆侵入影响构成一个完整的接触变质角岩圈,内圈为深变质角岩出露宽550m,外圈为斑点状板岩出露宽约60m。石英岩沿节理面有铁质浸染,局部有石榴子石夕卡岩化,并有含锰磁铁矿分布。

大栗子(岩)组上部出露在大栗子镇太平沟—跃进山以及当石沟一带,组成大栗子向斜之核部,以千枚岩为主夹透镜状大理岩,厚3140m,大栗子式铁矿即产于本层中。本层赋存赤铁矿、磁铁矿及菱铁矿组合,以薄层条带状大理岩层多且厚、分布稳定、千枚岩与大理岩互层频繁为特征。大栗子(岩)组顶部岩石以千枚岩中分布黄色细粒石英砂岩薄层为特征。

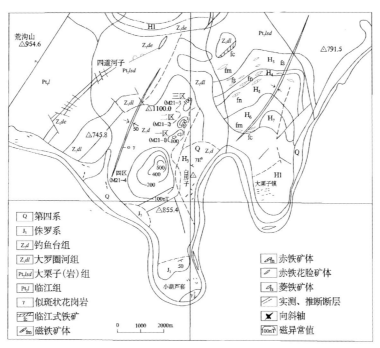

图 7-2-1　临江大栗子铁矿床地质图

青白口系细河群：马达岭磨拉石建造，主要为紫色、紫红色长石石英砂岩、长石砂岩、砾岩；白房子组铁质岩建造，主要为砾岩、灰黑色—黄褐色砂页岩，含鲕粒状褐铁矿；钓鱼台组铁质岩建造，主要为石英砂岩、海绿石石英砂岩夹赤铁矿。

中侏罗统小东沟组：页岩、砂岩、砾岩杂色层。

2）侵入岩

侵入岩体为似斑状黑云母正长花岗岩、二长花岗岩，由正长石、斜长石、石英、黑云母矿物组成，出露于矿区四方顶子一带，近等轴状侵入于老岭（岩）群中。大栗子（岩）组受其影响发生角岩化，花岗岩体边缘发育白云母化。岩脉有辉绿岩脉、闪长玢岩脉和石英脉。

3）构造

构造主要为褶皱构造和断裂构造。

褶皱构造：古元古界老岭（岩）群总体构成北东—东西—南东向褶皱，矿区为老岭背斜的次一级褶皱构造-大栗子向斜的转折部位。大栗子向斜北西翼岩层平均走向 50°～60°、倾角 50°～60°，南东翼岩层平均走向 335°～340°，倾角较缓 20°左右。向斜轴向南倾没，轴面向南东微倾。该向斜中次一级的小褶皱可分为两组：一组轴向为北西—南东向；另一组轴向北东—南西向。其中北西—南东向的小褶皱将矿体褶成"S"形，如西部区 11 号矿体。

断裂构造有北东、近南北、北西向 3 组。层间断层：在东部区 5、6 号矿体上下盘及西部区、大理岩发生断裂破碎形成挤压破碎带。如东部区 6 号矿体上盘处，受该组断层割切，使原本不连续的扁豆状矿体又被切割成一些小的不连续的扁豆状矿体。

断层：断层走向一般为 30°～80°，倾向多向南东，倾角 50°～60°。一般断层面光滑，部分有 0.1～1m 宽之破碎带。在破碎带间常有断层泥及断层角砾岩，断距不大，一般在 1～10m，常破坏矿体的完整。

近南北向断层：割切上述两组断层，断层走向近南北，倾向东，倾角 30°～45°，呈东侧断块北移、西侧断块南移、断距不大，一般具有小于 20m 的水平运动特点。

北西向断层：该组断层发育，倾向北东和南西的均有，倾角 40°～60°，是延长不远、规模不大、断距较小的一组断层。

2. 矿体三度空间分布特征

1)矿体的空间分布

大栗子铁矿床空间上依存于古元古界大栗子(岩)组的展布,在其矿区尺度范围、大栗子(岩)组向斜构造要素控制了铁矿床的三度空间分布。

铁矿产于大栗子(岩)组上部以千枚岩为主夹透镜状大理岩层系中,赋存赤铁矿、磁铁矿及菱铁矿组合的矿体以薄层条带状大理岩层多且厚,分布稳定,千枚岩与大理岩互层为特征。矿体赋存于大栗子(岩)组向斜中,常与层间断层破碎带伴生。铁矿体空间上总体走向由北东至东西转向南东。在平面上和剖面上呈不连续的似层状和扁豆状矿体,平行排列,尖灭再现,呈舒缓波状的总体分布特征。

大栗子式铁矿在 5 个含矿层系中,矿体呈平行多层次产出,沿走向、倾向断续分布。矿体呈似层状和扁豆状,少数其他形状如囊状体。矿体集中成群出现如西部矿体群,具一定等距数百米的矿体群特征。

2)矿体特征

按矿体与围岩接触关系归纳为:千枚岩中的铁矿体占矿体总数为 66.78%,与围岩界线清楚,矿体形状为似层状和扁豆状。矿体薄,厚度稳定,延深较深,延长延深之比为 1:2 左右。钙镁碳酸盐类岩石中的铁矿体,占矿体总数 23.3%,与围岩界线较清楚。千枚岩及钙镁碳酸盐类岩石之间的铁矿体,占矿体总数 9.86%,与围岩界线清楚。

矿体规模一般延长由几米至 180 余米,个别矿体延长达 200~300m(东部 6 号矿体);延深一般在 200m 以上,个别矿体延深达 700m 之多(西部区 11 号矿体);矿体厚度一般为 1~5m,个别达 24m 之多(东部区 6-1 号菱铁矿)。

千枚岩层系中的铁矿体群按规模、形状及产状分为北部矿体群、横断山矿体群。北部矿体群位于 Ⅻ~ⅩⅤ 剖面间,共有 8 个矿层,与围岩界线清楚,产状一致,走向 20°,倾向南东,倾角为 60°~80°。矿体沿走向断续出现,一般在 360m 水平以上尖灭,上述矿体均被一倾向北西的玢岩脉所截。矿体形状一般为扁豆状,延长几米至 180m,延深在 50m 左右,厚度为 1~2m。矿石自然类型上部均为赤铁矿,到 390m 水平递变为磁铁赤铁矿。横断山矿体群分布在 0~Ⅴ 剖面间,有两个平行矿层,地表在 Ⅱ~Ⅲ 剖面出露,尖灭标高为 430~575m。矿体延深为十几米至百余米。且Ⅲ与Ⅴ剖面被一倾向北西的玢岩脉所截。矿体厚度一般为 3~5m,矿体在 450m 处被一个倾向南东的断层错断。矿体群走向为北东向(50°)、倾向南北,倾角 55°~88°,似层状矿体。矿石自然类型在 610m 水平以上为赤铁矿,在 610m 水平为赤铁磁铁矿、磁铁赤铁矿,在 500~540m 之间为菱铁磁铁矿,在 450m 水平变为磁铁矿,到 420m 水平又变为菱铁磁铁矿(图 7-2-2)。

千枚岩与大理岩层系中矿体的规模、形状及产状:矿层中的矿体都是菱铁矿体,总的特点是矿体较薄,延深较稳定,在整个含矿层中矿体断续的集中在 4 个地区,构成了上游、常胜、东部和跃进矿体群。各矿体群相距 300~400m。上游矿体群有 7 个平行矿层,分布于 Ⅱ~Ⅻ 剖面间,矿体呈似层状和扁豆状出现,产于千枚岩与大理岩之间,界线清楚,产状一致。走向一般为 40°~60°,倾向南东,倾角为 45°~60°。一般矿体延长 60~250m,厚度为 1.25~5.76m,延深一般为 76~180m。常胜矿体群有 5 个平行矿层,分布在 Ⅰ~Ⅻ 剖面间,矿体在走向和倾向上多呈似层状及扁豆状,围岩上盘多为大理岩,下盘多为千枚岩,两者呈整合接触。矿体走向为 40°~60°,倾向南东,在 500m 以上倾角为 40°~50°,在 500m 以下为 60°~75°。东部矿体群有 3 个平行矿层,分布在 ⅩⅥ~ⅩⅫ 剖面间,矿体呈透镜体状出露于地表。矿体沿走向和倾向呈较稳定的似层状、透镜状出现。矿体围岩为千枚岩或大理岩,界线清楚,整合接触。矿体走向 40°~55°,倾向南东,倾角 39°~52°,一般延长 40~60m,延深达 150m,厚度一般为几米。跃进矿体群有 4 个平行矿层,分布于 Ⅱ~Ⅳ 剖面间,矿体与围岩呈整合关系,矿体走向 60°,倾向南东,倾角 32°~35°,围岩为千枚岩和大理岩。矿体一般延长 20~50m,延深 30~120m,厚 1~2m。

矿体群磁铁赤铁矿、菱铁矿(矿体)规模、产状、形态特征见表 7-2-1。

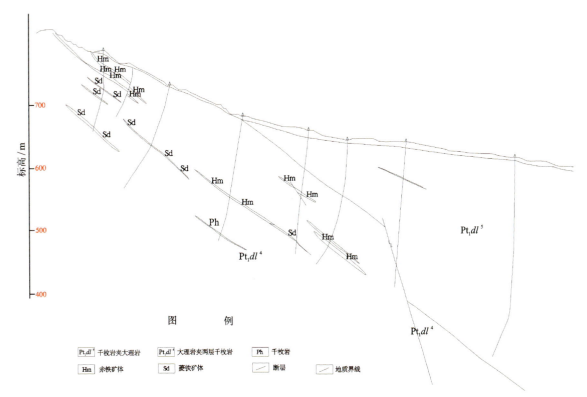

图 7-2-2 临江大栗子铁矿床 20 线剖面图

表 7-2-1 大栗子铁矿矿体特征表

矿群名称	矿体编号	矿体规模			矿体产状			矿体形态	矿体围岩	标高/m
		长/m	厚/m	延深/m	走向	倾向	倾角			
上游区	2	50~95	2.49~3.63	24~215	45°~50°	南东	40°~45°	似层状	上层千枚岩,下盘大理岩	400
	3	39~58	0.45~3.69	85~215						380
	3-1	90~140	2.5~2.6	175	42°		40°		上下盘千枚岩	200
	3-2	20~53	0.94~1.3	30~140	42°		40°			200
	5-1	30~155	2.7~5.63	300	42°		40°			
	5-2	45~100	1.5~3.5	65~105	42°		40			315
	5-3	100~170	1.89~3.6	180	40°		42°			300
东部区	3	35~110	0.7~1.056	45~180	50°		45°~65°			625
	1	105~170	075~2.5	305	50°		45°			470
	2	45~90	0.68~1.82	50~180	40°		56°			415
	5	40~250	0.6~8	350	45°		40°~65°		局部千枚岩	450
	5-1	30~45	1		45°		40°~45°			675
	5-2	75~90	2-3	105	45°		42°~50°		大理岩	525
	6	40~75	2~11	150	45°		40°~55°			590
	6-1	50~140	2~15	60~290	40°		50°			345
	6-2	25~85	2~12	60~190	40°		45°~56°			545

续表 7-2-1

矿群名称	矿体编号	矿体规模			矿体产状			矿体形态	矿体围岩	标高/m
		长/m	厚/m	延深/m	走向	倾向	倾角			
中部区	5	15~80	0.8~3.77	18~100	40°		40°~60°			420
	6-1	18~60	3.13~7.15	35~75	40°		40°~46°	扁豆状		590
	6	45~140	5.89~11.25				50°~60°	透镜状		588
	11	130~180	2~3.4	150~180	55°		45°~50°		千枚岩	435
	11-1	10~80	1.11~9.3	70~130	40°		38°~55°	似层状		450
	7	10~40	0.75~2.49	30~120	40°		42°~50°			530
	8	20~90	0.47~2.7	25~90	40°		50°~65°			580
	8-1	90	1.02	90	40°		45°			705
	10	30~50	1.51~4	35~90	40°		43°~50°			245
常胜区	1	45~90	1.42~2	45~90	40°		40°			440
	2	50~130	1.12~2.8	80~130	40°		45°			375
	3	50~220	3~7.67	95~280	40°		40°			330

大理岩为主局部千枚岩矿层中的矿体规模、形状及产状:矿石类型包括有花斑状赤铁矿和菱铁矿,产状变化也较大,分为东部矿体群、中部矿体群。东部矿体群一般延长40~150m,延深200m左右,厚度为2~5m,呈似层状,分布标高300~700m,有8个平行矿层,分布在Ⅰ~Ⅹ剖面。矿体沿走向和倾向呈透镜状、豆荚状及似层状,个别为束状。矿体围岩大部分为大理岩,局部为千枚岩,且两者界线清楚,产状一致。其中6号矿体呈似层状,上部为花斑状赤铁矿,下部为菱铁矿。地表出露Ⅱ~Ⅷ剖面,长320m。矿体受50°~65°挤压带(宽5~30m)控制,造成矿体局部与围岩层理斜交。下部为菱铁矿分布在Ⅲ~Ⅷ剖面间,在670m标高,延长190m,厚6.79~17.85m,500m标高延长215m,厚6.9m。矿体延深Ⅶ剖面为275m,Ⅷ剖面矿体尖灭标高为405m。中部矿体群有6个平行的矿层,分布Ⅺ~Ⅻ剖面、矿体沿走向呈似层状、扁豆状分布。矿体走向40°~55°,倾向南东,倾角40°~60°,矿体一般延长30~140m,延深35~230m,厚约1~3m,分布标高400~700m。其中5号矿体位于ⅩⅦ~ⅩⅩ剖面,矿体呈似层状,延深180m,厚3~5m,矿体顶端标高730m,尾端标高565m,走向北东,倾向南东,倾角50°~60°(图7-2-3)。

千枚岩为主含矿层中的矿体规模、形状及产状:西部区以西以赤铁矿为主,而东部区以菱铁矿为主。西部矿体群有14个矿层,分布于Ⅰ~Ⅸ剖面间,矿体呈似层状、扁豆状及透镜状出现。围岩多为千枚岩,两者界线清楚,整合接触,走向40°~55°,倾向南东,倾角40°~50°,于140m向下倾角变缓,为25°~35°。矿体延长20~100m,延深30~150m,矿体厚1~12m。其中,11号矿体分布于Ⅱ~Ⅷ剖面间,矿体顶端在545m标高(Ⅱ剖面),尾端在0m标高(Ⅵ剖面)。矿体呈上、下两端延长短,中间延长长,且厚度大的透镜状。380m水平延长为180m,厚4m,300m水平延长50m,厚3~3.5m,220m水平延长48m,厚2m(Ⅴ~Ⅷ剖面),140m水平延长97m,厚3~7.7m,60m水平延长33m,厚1.16m(Ⅴ~Ⅶ剖面间)。0m水平延长25m,厚0.72m。在Ⅶ~Ⅶ+35m为花斑状赤铁矿,Ⅶ+35~Ⅷ为菱铁赤铁矿或者菱铁磁铁矿。该矿体为矿区内最大矿体之一,矿石类型在60m以上为赤铁矿,在60m水平以下,递变为菱铁矿。走向40°~50°,倾向南,倾角40°~50°,下部倾角为25°~35°。中部矿体群有6个平行矿层,分布在Ⅸ~ⅩⅤ剖面间,矿体沿矿层呈不连续之似层状和扁豆状分布,围岩均为千枚岩,且两者呈整合接触,走向40°~55°,倾向南东,倾角45°~55°。矿体一般延长30~100m,延深40~150m,厚1~3m,标高

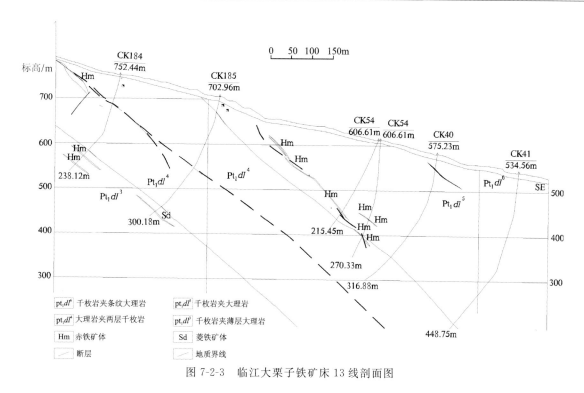

图 7-2-3 临江大栗子铁矿床 13 线剖面图

500～700m。其中 11 号矿体分布在Ⅺ～Ⅻ剖面间,顶端标高 600m 左右,尾端标高 435m,延深 135m;600m 水平延长 90m,厚 1～2m,510m 水平延长 100m,厚 1～5m。矿体矿石类型全为赤铁矿,围岩为千枚岩,两者界线清楚,呈整合接触,走向北东($50°～60°$),倾向南东,倾角 $40°～50°$,呈似层状。

上千枚岩含矿层中的矿体规模、形状及产状:矿石类型以菱铁赤铁矿为主。东风区矿体群有 11 个矿层,矿体呈扁豆状、似层状出现,与围岩呈整合接触,界线清楚,围岩均为千枚岩,矿体走向 $45°～60°$,倾向南东,倾角 $30°～50°$。矿体延长为 25～60m,延深为 25～150m,厚度 1～4.25m。

3. 矿石物质成分

1) 物质成分

大栗子铁矿床不仅有大栗子(岩)组的沉积变质铁矿(大栗子式铁矿),还有震旦系的羚羊石铁矿(鲕绿泥石)和夕卡岩型含锰磁铁矿,除了铁矿外尚有铜铅锌矿。

大栗子式铁矿以赤铁矿、菱铁矿及磁铁矿为主,并且赤铁矿、菱铁矿及磁铁矿等矿物常相互结合而成磁铁赤铁矿、菱铁磁铁矿及菱铁赤铁矿。

大栗子铁矿为一多类型的富铁矿床,各类型铁矿的含铁量是比较高的,绝大部分均为富铁矿,少部分为贫铁矿。致密状赤铁矿及菱铁矿中含铁量几乎与理论品位相差无几。花斑状赤铁矿按 $SiO_2+Al_2O_3$ 与 $CaO+MgO$ 之比值近于 1,可称为自熔性矿石,含锰磁铁矿为酸性矿石。

矿石中有益成分为 Fe 和 Mn。矿石中赤铁矿为 Fe_2O_3、磁铁矿为 Fe_3O_4、菱铁矿为 $FeCO_3$,含锰磁铁矿为 $Fe(Mn)_3O_4$。菱铁矿石一般 TFe 含量波动在 30%～40% 之间,个别试样含铁量高达 44.00%;Mn 含量在 1.0%～2.9% 之间;S 含量一般波动在 0.1%～1.4% 之间;P 的含量 0.01%～0.04%。磁铁矿石 TFe 含铁为 46%～58%,个别试样含铁量达 64.00%;Mn 含量在 0.195%～0.543% 之间,平均为 0.240%;S 含量 0.040%～0.178%,平均仅为 0.09%;P 含量在 0.026%～0.028% 之间;SiO_2 含量在 5.76%～8.16% 之间。含锰磁铁矿石 TFe 的含量在 26%～44% 之间,平均含量 33.43%;FeO 含量在 1%～14% 之间;矿石中的 Mn 含量在 26%～80% 之间,平均为 8.29%;S 的含量波动在 0.01%～0.16% 之间,平均 0.065%。Mn 与矿石类型有关,如致密状赤铁矿及花斑状赤铁矿中 Mn 均少于

2.5%,一般均波动在1%～1.5%之间。四方顶子区之含锰磁铁矿Mn含量波动在4.30%～11.02%之间,平均为6.98%。

矿石中有害成分为S、P、Cu、Pb、Zn、As等。S是以黄铁矿或黄铜黄铁矿呈细脉状、网脉状团块状及浸染状或星散状产出。硫含量为0.02%～0.07%;矿石中磷与磷灰石有关,一般含量波动在0.001%～0.104%之间。平均含P含量0.09%左右;矿石中Cu、Pb、Zn及As分别以黄铜矿或黄铜黄铁矿、方铅矿闪锌矿及毒砂等有关。

造渣组分为SiO_2、Al_2O_3、CaO及MgO。MgO与矿石中的白云石或铁白云石等矿物有关,SiO_2与矿石中之石英有关,Al_2O_3与矿石中黏土质矿物绢云母、绿泥石等矿物有关。

2)矿石类型

矿石自然类型为褐铁矿、赤铁矿、菱铁矿、磁铁矿、含锰磁铁矿。大栗子式铁矿由赤铁矿、菱铁矿、磁铁矿3种主要自然类型矿石,在同一矿体中,相结合组成2种或3种的变种矿石,而这3种不同矿石自然类型常分布在不同部位。按大栗子矿区各种矿石类型分布规律看:赤铁矿均分布在地表或浅部或一直延深得很深,磁铁矿一般均分布在浅部或中部,在地表也有。菱铁矿均在赤铁矿或磁铁矿向下延深部分。

矿石工业类型:赤铁富矿(-40%)-赤铁贫矿;菱铁富矿(-30%)-菱铁贫矿;磁铁富矿(-40%)-磁铁贫矿。

矿石成因类型:褐铁矿-(赤铁矿、菱铁矿、磁铁矿);赤铁矿-磁铁矿;赤铁矿-菱铁矿;菱铁矿-磁铁矿;赤铁矿;菱铁矿;磁铁矿;磁铁矿(含锰磁铁矿)。

3)矿物组合

金属矿物主要为赤铁矿、菱铁矿、磁铁矿、鲕绿泥石、含锰磁铁矿;脉石矿物主要有白云石、方解石、绿泥石、绢云母、石英等。

4)矿石结构构造

矿石呈致密块状构造、斑点状构造、角砾状构造、细脉状构造、同心环带状构造(葡萄状构造)、土状构造(褐铁矿石)。

4. 蚀变及矿体分带性

磁铁矿的围岩绝大部分为绿泥岩、绿泥石千枚岩及一些蚀变岩石。矿体分带性主要特征如下。

(1)当赤铁矿或花斑状赤铁矿过渡为菱铁矿时有下列两种情形:由赤铁矿或花斑状赤铁矿过渡到菱铁矿时常有10～15m之镁铁白云石、白云石及白云质大理岩之过渡带;当赤铁矿过渡为磁铁时两者无过渡带,亦无隔层,两种铁矿互相消长。

(2)由矿中心部分向两端的走向变化:致密状赤铁矿→花斑状赤铁矿→赤铁矿化大理岩或千枚岩→菱铁矿→大理岩;致密状赤铁矿→花斑状赤铁矿→赤铁矿化大理岩或千枚岩→大理岩或千枚岩;菱铁矿→菱铁矿化大理岩或富金属硫化物大理岩→大理岩;磁铁矿→磁铁赤铁矿→磁铁赤铁矿化大理岩→大理岩。

(3)单矿体中不同矿石类型的变化(自上而下沿倾向):赤铁磁铁矿→菱铁磁铁矿→磁铁菱铁矿→矿化白云质大理岩;致密状赤铁矿→花斑状赤铁矿→菱铁磁铁矿→磁铁菱铁矿→矿化千枚岩或矿化白云质大理岩;致密状赤铁矿→赤铁磁铁矿混杂存在→磁铁矿→磁铁矿化大理岩→大理岩;赤铁矿→紫红色镁铁白云石→花斑状赤铁矿→紫红色镁铁白云石→大理岩;花斑状或角砾状镁铁白云石或角砾状镁铁白云石→菱铁矿→富硫化物菱铁矿或矿化大理岩→大理岩;角砾状赤铁矿或花斑状赤铁矿→镁铁白云岩→矿化大理岩→大理岩;菱铁矿→菱铁矿化大理岩或绿泥石化大理岩→大理岩。

5. 成矿阶段

1)沉积成矿期

沉积成矿期矿物组分为赤铁矿-菱铁矿-含镁菱铁矿,白云石及方解石沉积。

2) 变质成矿期

依据矿石结构、构造,矿石自然类型与空间分布划分为3个阶段。

(1) 含铁碳酸岩区域变质阶段:形成薄层菱铁矿与薄层绿泥石相间呈现条纹状构造。在菱铁矿尖灭处,围岩具矽化、大理岩化、绢云母化。

(2) 赤铁矿形成阶段:溶蚀交代含镁菱铁矿、白云石及方解石形成不规则溶蚀状残块构造。

(3) 磁铁矿形成阶段:赤铁矿与绿泥石发生变质反应,形成环带状构造、葡萄状构造或同心环带状构造。磁铁矿的围岩绝大部分为绿泥石千枚岩及一些蚀变及区域变质岩石。各种矿石自然类型分布规律反映出,赤铁矿均分布在地表或浅部或一直延深得很深;磁铁矿也一般均分布在浅部或中部,在地表也有;菱铁矿均在赤铁矿或磁铁矿向下延深部分。这说明菱铁矿形成在先,赤铁矿次之,磁铁矿最后的区域变质成矿作用。

3) 表生成矿期

表生成矿期主要形成磁铁赤铁矿石、菱铁磁铁矿石,菱铁赤铁矿石经次生改造形成褐铁矿,在孔洞中可见充填的石膏晶体。

6. 成矿时代

古元古界辽吉裂谷老岭(岩)群大栗子(岩)组沉积为物质成分汇聚时期。中元古代、新元古代区域变质为大栗子式铁矿空间就位时代。大栗子(岩)组的同位素年龄1786~1727Ma,由此推断大栗子铁矿的成矿年龄为1700Ma左右。

7. 成矿地球物理化学条件

(1) 成矿温度、压力:大栗子(岩)组沉积的物质成分含铁碳酸盐-泥质岩石韵律沉积为常温、常压环境。区域变质形成绿泥石-大理岩组合呈低级区域变质岩石特点。

(2) 成矿介质酸碱度:含铁碳酸盐-泥质岩石韵律沉积反映出沉积环境向弱酸性发展的趋势性特征。

(3) 成矿溶液组分:碳酸盐岩-铁。

8. 物质来源

大栗子铁矿的成矿物质来源于陆源碎屑物质的沉积,在一定的物理化学条件下沉积变质形成铁矿。

9. 控矿因素及找矿标志

(1) 控矿因素:大栗子(岩)组控矿,含铁碳酸盐岩与泥质岩石组合呈现出岩性的控矿作用;区域构造作用尤其是褶皱的空间分布起到对矿体展布的控制作用。

(2) 找矿标志:大栗子(岩)组与含铁碳酸盐岩与泥质岩石即绿泥石-大理岩变质岩石组合;区域构造作用尤其是向斜褶皱的空间分布。

10. 矿床形成及就位机制

古元古代在辽吉裂谷的环境下或裂谷之后形成的老岭凹陷盆地的环境下形成的黏土-碎屑正常沉积建造大栗子(岩)组沉积,沉积环境为相对稳定的半封闭的浅海的氧化→还原→氧化环境,沉积物是稳定的同源物质。在沉积阶段富含Fe、Mn、Mg的泥质沉积物形成了赤铁矿-菱铁矿-含镁菱铁矿,在后期变质改造的过程中,由于还原-氧化环境的改变,形成了大部分磁铁矿,由于区域所处构造环境的差异性,形成了不同矿段矿体和矿物的差异性。总之,古元古代在辽吉裂谷的环境下或裂谷之后形成的老岭凹陷盆地的环境下为物质成分汇聚时期。中元古代、新元古代区域变质为大栗子式铁矿空间就位时代。

11. 成矿模式

大栗子铁矿床成矿模式见表7-2-2及图7-2-4。

表7-2-2 临江大栗子铁矿床成矿模式

名称	白山市大栗子铁矿床					
概况	主矿种	铁	储量	大型	地理位置	临江市大栗子镇
					品位	富铁矿石40%
成矿的地质构造环境	矿床位于华北东部陆块(Ⅱ),胶辽吉古元古代裂谷带(Ⅲ)的老岭坳陷盆地(Ⅳ)内					
控矿的各类及主要控矿因素	古元古界辽吉裂谷老岭(岩)群大栗子(岩)组地层控矿,含铁碳酸盐岩与泥质岩石组合呈现出岩性的控矿作用。大栗子(岩)组经区域构造作用尤其是向斜褶皱的空间分布起到对矿体展布的控制作用					
矿床的三度空间分布特征	产状	矿体严格受构造控制,主要赋存于近东西向压性破碎带中,其产状为走向30°～70°,倾向南,倾角为35°～70°				
	形态	呈不规则透镜状、似层状				
	分带	赤铁矿均分布在地表或浅部或一直延深得很深;磁铁矿一般也分布在浅部或中部,在地表也有;菱铁矿均在赤铁矿或磁铁矿向下延深部分				
	埋深	矿体埋深大于0～200m				
矿床的物质组成	矿石类型	以磁铁矿石、赤铁矿石、菱铁矿石为主,也有磁铁赤铁矿石、菱铁磁铁矿石、菱铁赤铁矿石				
	矿物组合	矿石矿物以磁铁矿、赤铁矿、菱铁矿为主,也有磁铁赤铁矿石、菱铁磁铁矿石、菱铁赤铁矿石分布				
	结构构造	矿石结构主要有自形—半自形粒状、他形粒状、交代结构等,斑状结构次之。矿石构造磁铁矿-赤铁矿-菱铁矿石多见花斑状构造、角砾状构造、块状构造、条纹状条带状构造、葡萄状-同心环带状构造,以似层状构造为主,局部见纤维状构造				
	主元素含量	磁铁在赤铁富矿石中含量大于40%;在菱铁富矿石中含量大于30%				
	伴生元素含量	Mn在赤铁矿石中含量为0.8%～1.2%;在菱铁矿石中含量为1.0%～2.9%				
成矿期次	古元古界辽吉裂谷老岭(岩)群大栗子(岩)组沉积成矿期:赤铁矿-菱铁矿-含镁菱铁矿、白云石及方解石沉积。 中元古代、新元古代辽吉裂谷沉积岩石变质成矿期:含铁碳酸岩区域变质阶段,形成薄层菱铁矿与薄层绿泥石相间呈现条纹状构造;在菱铁矿尖灭处,围岩具矽化、大理岩化、绢云母化;赤铁矿形成阶段,溶蚀交代含镁菱铁矿,白云石及方解石形成不规则溶蚀状残留构造;磁铁矿形成阶段,赤铁矿与绿泥石发生变质反应,形成环带状构造、葡萄构造或同心环带状构造,磁铁矿的围岩绝大部分为绿泥石千枚岩及一些蚀变(区域)变质岩石。 表生成矿期:磁铁赤铁矿石、菱铁磁铁矿石,菱铁赤铁矿石经次生改造形成褐铁矿;在孔洞中可见充填的石膏晶体					
矿床的地球物理特征及标志	重力高异常是该类型铁矿成矿远景区(段)的重要划分标志;1:5万航空磁测在北东向负场线性梯级带边部出现的规则似椭圆状强度较弱的低缓异常($\Delta T_{max}\approx 80nT$)为特征,这种负磁场中的低值弱异常是此类型矿床较典型的找矿标志;地磁异常均属强度一般不超过1000nT的呈串珠状有规律分布的低缓异常,地面磁测是寻找经过岩浆热液蚀变改造的大栗式富铁矿的一种最有效手段					

续表 7-2-2

名称	白山市大栗子铁矿床				
概况	主矿种	铁	储量	大型	地理位置 临江市大栗子镇
					品位 富铁矿石40%
成矿物理化学条件	成矿温度、压力:大栗子(岩)组沉积的物质成分含铁碳酸盐-泥质岩石韵律沉积为常温、常压环境。区域变质形成绿泥石-大理岩组合呈低级区域变质岩石特点。 成矿介质酸碱度:含铁碳酸盐-泥质岩石韵律沉积反映出沉积环境向弱酸性发展的趋势性特征。 成矿溶液组分:碳酸盐岩-铁				
成矿时代	古元古界辽吉裂谷老岭(岩)群大栗子(岩)组沉积为物质成分汇聚时期。中元古代、新元古代区域变质为大栗子式铁矿空间就位时代				
矿床成因	沉积变质成因类型				

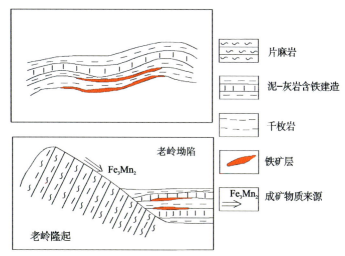

图 7-2-4 临江大栗子铁矿床成矿模式图

12. 成矿要素

大栗子铁矿床成矿要素见表 7-2-3。

表 7-2-3 临江大栗子铁矿床成矿要素表

成矿要素		内容描述	类别
特征描述		矿床属沉积变质型	
地质环境	岩石类型	含铁碳酸盐岩、泥质岩,经区域变质形成绿泥石-大理岩	必要
	成矿时代	中元古代、新元古代	必要
	成矿环境	位于华北东部陆块(Ⅱ)、胶辽吉古元古代裂谷带(Ⅲ)的老岭坳陷盆地(Ⅳ)内	必要
	构造背景	大栗子(岩)组地层经区域构造作用尤其是向斜褶皱的空间分布起到对矿体展布的控制作用	重要

续表 7-2-3

成矿要素		内容描述	类别
特征描述		矿床属沉积变质型	
矿床特征	矿物组合	矿石矿物以磁铁矿、赤铁矿、菱铁矿为主,也有磁铁赤铁矿石、菱铁磁铁矿石、菱铁赤铁矿石分布	重要
	结构构造	矿石结构主要有自形—半自形粒状、他形粒状、交代结构等,斑状结构次之。矿石构造磁铁矿-赤铁矿-菱铁矿石多见花斑状构造、角砾状构造、块状构造、条纹状条带状构造、葡萄状-同心环带状构造,以似层状构造为主,局部见纤维状构造	次要
	控矿条件	古元古界辽吉裂谷老岭(岩)群大栗子(岩)组控矿,含铁碳酸盐岩与泥质岩石组合呈现出岩性的控矿作用;大栗子(岩)组经区域构造作用尤其是向斜褶皱的空间分布对矿体展布起到控制作用	必要

(二)临江市乱泥塘铁矿床

1. 地质构造环境及成矿条件

乱泥塘铁矿床位于华北东部陆块(Ⅱ)、胶辽吉古元古界裂谷带(Ⅲ)的老岭坳陷盆地(Ⅳ)内。

1)地层

区域出露的地层主要有古元古界老岭(岩)群大栗子(岩)组千枚岩夹大理岩浅变质岩系。南部有震旦系钓鱼台组石英砂岩,北部、西部有侏罗纪中酸性火山岩,局部有新近纪—第四纪玄武岩(图 7-2-5)。

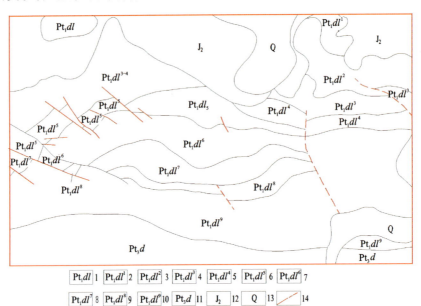

图 7-2-5 临江市乱泥塘铁矿床地质图

1.大栗子(岩)组千枚岩;2.绿泥千枚岩夹绿绢千枚岩;3.绢云千枚岩;中部大理岩夹绢云千枚岩,赋存磁铁矿及铅锌矿体;4.绿泥千枚岩夹绿绢千枚岩;5.上部厚层大理岩夹绢云、绿泥千枚岩,局部夹磁铁矿体,中部含矿层;下部千枚岩;6.绢云千枚岩夹多层大理岩;顶部为主要含矿层,有 1~3 层磁铁矿体;7.绢云千枚岩偶夹大理岩;8.钙质千枚岩;9.绢云千枚岩夹大理岩;10.绿泥千枚岩夹大理岩;11.钓鱼台组石英砂岩;12.侏罗纪安山质凝灰岩及流纹岩;13.第四纪堆积;14.断层大栗子(岩)组:按岩石组合、原始沉积相特征,将矿区大栗子(岩)组自下而上分为9层。厚度大于2171m。岩石组合为深绿色、灰绿色绿泥千枚岩夹绿绢千枚岩(大理岩薄层),厚度大于484.50m;浅棕色绢云千枚岩,白色中厚层大理岩夹薄层绢云千枚岩(赋存铁矿小矿体及铅锌矿体,为矿区下部含矿层),厚度为190.60m;深绿色、灰绿色绿泥千枚岩夹绿绢千枚岩和石英片岩,厚度为220.70m;绿绢、绢云千枚岩夹大理岩薄层和石英片岩(局部夹磁铁矿小扁豆体,为矿区中部含矿层),厚度为231m;浅灰绿色、蓝灰绿色绢千枚岩夹多层白色、灰白色中厚层状质纯大理岩或透闪石大理岩和更多层大理岩薄层(为矿区主含矿层,该含矿层大理岩内赋存1~3层磁铁矿体),厚度为190m;浅灰绿色、蓝灰绿色绢千枚岩,偶夹大理岩薄层,厚度为239m;绿绢千枚岩、绿泥千枚岩及少量大理岩薄层相间,厚度为269m;绢云千枚岩,灰白色、白色中厚层状中粗粒大理岩,夹薄层绢云千枚岩,厚度为106m;深绿色、灰绿色绿泥千枚岩夹灰白色厚层状中粗粒大理岩及含绿泥石千枚岩,底部夹方解石绢云千枚岩,厚度大于241m。

大栗子(岩)组以滨(浅)海相韵律沉积为主体的浅变质岩系。沉积韵律反映了当时地壳运动频繁升降、古地理环境相对封闭的沉积体系,成岩后经受区域变质与构造的综合改造作用,是铁矿床从接受铁质堆积到成矿作用改造全过程的客观记载。

震旦纪:钓鱼台组,岩性为厚层黄白色粗粒石英砂岩。断层(逆掩)接触覆盖于大栗子(岩)组之上,厚度大于60m。

侏罗纪:果松组,下部为安山质凝灰熔岩,上部为流纹岩,厚度大于400m。火山岩以超浅成状覆盖于老岭(岩)群上。

2)侵入岩

在夹皮沟及二股流尚可见燕山期闪长岩及斑状花岗岩小侵入体,以岩株状侵入老龄群及侏罗系中。矿区内的脉岩类有石英脉、石英斑岩脉及煌斑岩脉等。

3)构造

褶皱构造:矿区大栗子(岩)组表现为单斜构造,其实为很难识别的多期变形叠加改造的褶皱构造,伴生的小褶曲和一系列断裂使得构造复杂化。

大栗子(岩)组在全区由东而西分布,下乱泥塘一带地层走向为北东向75°~80°;至上乱泥塘一带,地层走向则由东西向90°(2~5号矿体),变为北东向45°(6~11号矿体);再至夹皮沟一带,地层走向又变为北东向65°。总体上显示了次级开阔式波状褶曲的特点。地层的倾向变化,在下乱泥塘1号矿体附近地段地层倾向倒转,加上倾角陡缓变化,显示"S"形小褶曲(深部倾向正常-向南倾斜)的波状特点。

断裂构造:矿区内发育北西和北东两个方向的断层,对地层和矿体均有不同程度的改造作用。

北西向断层为矿区内最发育的一组主要断层,造成矿体沿走向不连续,该组断层一般为平移正断层,个别为逆断层。

北东向断层属次要构造,见于6号矿体上盘至5号矿体中部地段(F_7),该断层早于北西向断层,被F_6和F_8断裂截为3段。延长557m,走向为北东向40°~70°。南西段(6号矿体上盘)倾向南东,倾角为75°~81°;中段倾向北西,倾角66°~72°;北东段倾向南东,倾角为32°。南西段由CK106、CK107和CK116控制,属纵向逆断层,断距15~50m。但中段北东端及北东段则明显斜切地层及矿体。此外,沿矿体顶底盘尚局部可见顺层错动或破碎现象,对矿体无明显影响。

2. 矿体三度空间分布特征

1)矿体的空间分布

大栗子(岩)组千枚岩夹大理岩层系内根据矿体的空间分布由下而上划分为3个含矿层,即下部含矿层、中部含矿层、主含矿层。含矿层划分包括矿体及其顶底板直接围岩大理岩。

下部含矿层位于第二层中部。含矿层厚度28.40m,主要为大理岩夹绢云千枚岩薄层,局部夹磁铁矿体(14号矿体)。大理岩矿化蚀变较普遍,有磁铁矿化、黄铁矿化、闪锌矿化、方铅矿化、黄铜矿化、硅化和碳酸盐化,局部硫化物富集,形成矿体(Pb2号矿体)。

中部含矿层位于第四层上部。含矿层厚度97m,主要为大理岩夹绢云千枚岩、绿绢千枚岩薄层,局部夹磁铁矿体(12号、13号矿体)。大理岩矿化蚀变较弱,仅见磁铁矿化、黄铁矿化、碳酸盐化和硅化。磁铁矿化局部富集,可达贫矿品位,如K245孔所见。

主含矿层(上部含矿层)位于第五层顶部。含矿层厚度为10~18m,局部可达31m,主要为大理岩夹绢云千枚岩。其中,赋存1~3层磁铁矿体(1~11号矿体)。矿体直接顶底板围岩多为大理岩,局部为绢云千枚岩。底板大理岩较顶板大理岩稳定。绢云千枚岩多见于地表,深部仅于个别矿体的个别工程见到。如2、3、4、6、8、9号等矿体的地表部分,均可见绢云千枚岩,其中又以呈直接顶板者更为发育。

顶底板大理岩矿化蚀变较弱。以浸染状、团块状黄铁矿化及碳酸盐化多见,磁铁矿化及硅化不发育,较少见。在矿体直接顶底板大理岩以外、近含矿层的围岩中,尚有以下特征:距顶板大理岩10余米的范围内,可见1~3层薄层大理岩,厚度小于2m。距底板大理岩20~30m范围内,可见4~7层中厚层状大理岩,一般厚度2m,个别厚达8m。

乱泥塘铁矿床空间上依存于古元古界大栗子(岩)组的展布,矿体的赋存与含矿层系中大理岩关系密切。受走向近东西的单斜构造控制,矿体分布在单斜构造的南翼,即大栗子(岩)组单斜构造要素控制了铁矿床的三度空间分布。

铁矿体空间上总体走向近东西,局部北西—东西转向北东。在平面、剖面上呈不连续的似层状和扁豆状,矿体近平行排列,尖灭再现,呈舒缓波状的总体空间分布特征。

矿体氧化深度仅限于地表浅部,形成一个氧化薄壳。矿体氧化带处于地表工程与地下第一排钻孔间,深度一般10m左右。

2)矿体特征

在上述3个含矿层中已经查明17个矿体。主含矿层有14个矿体,即1、2、2-1、3、4、4-1、4-2、5、6、7、8、9、10、11号矿体;中部含矿层有2个矿体,即12、13号矿体;下部含矿层有1个矿体,即14号矿体。

1号矿体:呈似层状,长度208.50m,斜深81m,平均厚度2.05m,平均TFe品位46.68%。矿体沿走向倾向自然尖灭。产状与主含矿层其他矿体相反,倾向北东6°~10°,倾角54°~58°。在矿体东约500m处的同一含矿层内赋存铅锌矿体(Pb1号矿体)。

2号矿体:呈似层状,中部厚度有骤涨现象,长度344.50m,斜深331m,平均厚度1.77m,平均TFe品位为47.13%。矿体东西两端分别为断层F_2、F_3所截,深部自然尖灭。矿体走向东西,倾向南,倾角为60°~65°。沿倾向深部尚有断续分布的小矿体存在,见图7-2-6。

2-1号矿体:为紧靠2号矿体下盘的平行盲矿体。矿体间距为2~4m,平均厚度1.46m,平均TFe品位为40.86%。

3号矿体:呈不规则的似层状,膨胀现象明显,长度228.60m,斜深95m,平均厚度1.70m,平均TFe品位54.69%。矿体东西两端及深部为断层F_3、F_4所截。矿体东段走向东西,倾向南,倾角55°,西段倾向142°,倾角67°。

4号矿体:为矿区最大的一个矿体,呈似层状。地表中部矿体局部不连续、深部矿体仍然连续为一个整体。地表矿体东段长度420.90m,西段长度180.50m,中间无矿地段为53m。矿体东段斜深大于西段,斜深为952.40m。矿体底盘下侧有两个平行盲矿体(4-1、4-2号矿体)赋存,平均厚度1.64m,平均TFe品位46.03%。矿体东西两端分别为断层F_4、F_5所截,深部自然尖灭。矿体走向自东而西由75°渐变为98°左右。矿体倾角由地表至深部显陡缓变化的特征。地表矿体倾角50°,至700m标高附近渐变为40°~45°,向下又局部渐变为50°~58°,显示了矿体沿倾向的波状起伏,见图7-2-7。

4-1号矿体:为4号矿体东段下盘平行之盲矿体之一,具一定规模,与4号矿体间距为2~4m,最大13m,最小1m,呈似层状,由浅至深逐渐扩展;长度729m,平均厚度1.47m,平均TFe品位48.18%。矿体东缘与4号矿体同被断层F_4所截,其他周边为自然尖灭,产状与4号矿体基本相同。

4-2号矿体:为4号矿体东段下盘平行盲矿体之一,具一定规模,与4-1号矿体间距为2~4m,最大6m,呈似层状,以东西带状延长;长度729m,平均厚度1.65m,平均TFe品位45.05%。矿体东缘与4号矿体同被断层F_4所截,其他周边为自然尖灭,产状与4-1号矿体基本相同。

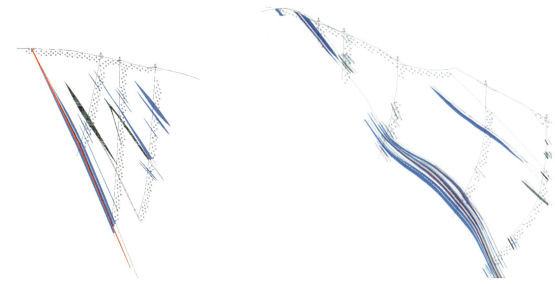

图 7-2-6　临江乱泥塘铁矿 7 线剖面图显示的矿体　　　图 7-2-7　临江乱泥塘铁矿 15 线剖面图显示的矿体

5 号矿体:呈透镜状,长度 106.50m,斜深 135m,平均厚度 1.35m,平均 TFe 品位为 48.97%。矿体沿走向倾向自然尖灭。矿体走向东西,倾向南,倾角 58°～60°。

6 号矿体:呈透镜状,地表矿体分两段,沿走向渐变为磁铁矿化大理岩。深部矿体中间厚,两边薄。地表矿体北东段长度 48.30m,西南段长度 29.80m,中间无矿地段 49m,斜深 272m,平均厚度 1.46m,平均 TFe 品位为 44.14%。矿体北东端及深部自然尖灭,西南端为断层 F_9 所截。矿体倾向 120°～135°,倾角 50°～73°,在地表及深部沿走向、倾角的局部变化而显波状起伏。

7 号矿体:呈似层状,长度 65m,推断斜深 84m,平均厚度 1.62m,平均 TFe 品位为 53.30%。矿体倾向 142°,倾角 48°。

8 号矿体:呈似层状,受数条北西向横断层影响而形态复杂,中部更有呈疙瘩状、囊状者。长度 214.90m,斜深 180.50m,平均厚度 1.94m,平均 TFe 品位为 49.33%。矿体两端分别为断层 F_{10}、F_{11} 所截,深部自然尖灭,矿体倾向 135°,倾角 50°。

9 号矿体:呈似层状,局部厚度有骤涨现象。长度 208.50m,斜深 156m,平均厚度 2.39m,平均 TFe 品位为 50.14%。矿体两端分别为断层 F_{11}、F_{13} 所截,深部自然尖灭。矿体倾向 130°～145°,倾角 39°～50°。

12、13 号矿体:是中部含矿层的两个小矿体,皆呈透镜状,孤立产出,自然尖灭于含矿层中。12 号矿体长度 48m,斜深 70m,平均厚度 1.38m,平均 TFe 品位为 45.40%,矿体倾向 152°～170°,倾角 42°～55°。13 号矿体长度 69m,斜深 59m,厚度不大,地表最厚处仅 0.52m,平均 TFe 品位为 48.80%,矿体倾向 190°,倾角 60°。

14 号矿体:是下部含矿层的一个小矿体,呈不规则透镜状,两端自然尖灭,中间被若干小断层错动。矿体断续长度 46m,斜深 37.50m(CK152 控制),平均厚度 1.11m,平均 TFe 品位为 45.40%。矿体倾向 94°～115°,倾角 45°～55°。矿体中局部可见浸染状、细脉状方铅矿化。分析 Pb 品位为 0.18%,Zn 品位为 1.13%,Cu 品位为 0.16%,又称为铅锌矿体(Pb_3 号矿体),与 Pb_2 号铅锌矿体同处于下部含矿层内。

3)矿体的分带

矿体的侧向具分带性,磁铁矿单矿体矿石矿物自中心向两侧的变化:①赤铁磁铁矿→磁铁矿→矿化白云质大理岩;②致密状赤铁矿→磁铁矿→矿化千枚岩(矿化白云质大理岩)。

含矿层系自上而下矿石矿物的变化:①主含矿层似层状、透镜状、长囊状磁铁矿体矿石矿物褐铁矿(包括针铁矿)-磁铁矿(赤铁矿)-黄铁矿(硫化物)-碳酸盐(方解石、白云石)。其中,金属硫化矿物有闪锌矿、方铅矿、黄铜矿、黄铁矿；氧化矿物有磁铁矿、褐铁矿、白铅矿、孔雀石和蓝铜矿；脉石矿物有方解石、石英、重晶石。②中部含矿层透镜状磁铁矿矿石矿物组成磁铁矿-黄铁矿-碳酸盐-石英-绿泥石（绢云母）。③下部含矿层呈不规则透镜状，扁豆状矿体矿石矿物组成磁铁矿-浸染（细脉）状黄铁矿、方铅矿（闪锌矿）-大理岩（绿泥石）。铅锌矿体同处于下部含矿层内。

4) 矿床矿剥蚀程度

在上乱泥塘村附近及村南山坡皆有发现。转石南缘界限大致在中部含矿层 12、13 号矿体间走向方向附近。分布较广，数量较多，磨圆度差，直径一般在 10cm 左右，最大者 30cm 左右。经槽探（K461-2 等）详细追索，铁矿转石被圈至 K461-2 近旁的狭窄地段内。鉴于槽探仅见千枚岩未见铁矿体，结合附近无磁异常显示，则该地段存有一定规模磁铁矿体的可能性甚微。亦具已知矿体经长期风化剥蚀搬运造成的特征，表明矿区具有中等以深的剥蚀程度。

3. 矿石物质成分

1) 物质成分

氧化矿石物质成分为磁铁矿、赤铁矿、褐铁矿、硬锰矿、黄铁矿及碳酸盐；原生矿石物质成分为磁铁矿、赤铁矿、黄铁矿及碳酸盐。其中黄铁矿和碳酸盐细脉为后期热液产物。交代、包裹、穿切磁铁矿或碳酸盐（方解石、白云石）矿物。黄铁矿为矿石含高硫的主要来源。此外尚见绿泥石、锆石、金红石。

矿石化学成分：矿石化学成分受矿石矿物组合的制约。

矿石的主要成分为 TFe，TFe 平均含量是 46.32%。TFe 品位具较稳定分布特征，沿倾向变化表现为：地表 TFe 品位高于地下，矿体边缘 TFe 品位降低；TFe 品位沿厚度方向变化，矿体边部 TFe 品位较低于中心部位。

有害元素 Mn、S、P。矿石中 Mn 的含量亦较高 2%～8%，个别高达 15.02%，平均 5.07%；Mn 与 TFe 的含量呈正相关规律明显；原生矿石均属高硫磁铁矿矿石 S 含量为 1%～4%，个别高达 11.88%，平均 2.34%；黄铁矿是 S 的主要来源。因黄铁矿化的不均匀性造成 S 含量的变化较大；矿石中含 P 普遍低微，含量亦较稳定，地表、地下无明显变化，一般含量在 0.02% 左右。

造渣元素含量：CaO 为 4.39%，MgO 为 2.24%，SiO_2 为 3.46%，Al_2O_3 为 0.67%。Fe、Mn 与 CaO、MgO 含量的变化呈负相关。

据矿石光谱半定量全分析尚有下列微量元素显示：Cu 为 0.001%，Pb 为 0～0.001%，Zn 为 0.01%～0.03%，As 为 0～0.06%，Sn 为 0.001%，Ni 为 0.001%，Cr 为 0～0.003%，V 为 0～0.001%，Ti 为 0.06%～0.2%。

2) 矿石类型

矿石自然类型为氧化矿石类型和原生矿石类型。由赤铁矿、褐铁矿、磁铁矿 3 种矿物构成主要自然类型矿石；矿石工业类型，磁铁富矿（35%）磁铁贫矿。矿石成因类型为褐铁矿-（赤铁矿、磁铁矿），赤铁矿-磁铁矿。

3) 矿物组合

金属硫化矿物以磁铁矿、赤铁矿为主，少量的闪锌矿、方铅矿、黄铜矿、黄铁矿、褐铁矿、针铁矿、硬锰矿、软锰矿、白铅矿、孔雀石和蓝铜矿。脉石矿物有方解石、白云石、石英、重晶石、石英、绿泥石、绢云母。

4) 矿石结构构造

矿石结构：他形—半自形结构、自形结构、交代结构、交代残余结构。矿石构造有致密块状构造、斑点状构造、土状构造。

4. 蚀变类型及分带性

(1) 下部含矿层蚀变类型及分带性：大理岩矿化蚀变较普遍有磁铁矿化-绿泥石化-（黄铁矿化、闪锌矿化、方铅矿化、黄铜矿化）-硅化和碳酸盐化。

(2) 中部含矿层蚀变类型及分带性:大理岩矿化蚀变较弱的有磁铁矿化-绿泥石化(绢云母)-黄铁矿化-碳酸盐化和硅化。磁铁矿局部富集成矿。

(3) 主含矿层(上部含矿层)蚀变类型及分带性:底板大理岩蚀变较弱(顶板大理岩蚀变较强-变晶结构明显)-磁铁矿化-绿泥石化(绢云母)-(浸染状、团块状)黄铁矿化-碳酸盐化明显-硅化较弱。

5. 成矿阶段

依据矿石矿物组合与矿石类型分布规律其成矿阶段划分如下。

1) 沉积成矿期

沉积成矿期为白云石(菱铁矿、赤铁矿)-方解石-泥质岩石沉积。

2) 变质成矿期

(1) 含铁碳酸岩区域变质阶段,形成薄层菱铁矿与薄层绿泥石相间呈现条纹状构造。在菱铁矿尖灭处、围岩具硅化、大理岩化、绢云母化。

(2) 赤铁矿形成阶段,溶蚀交代菱铁矿,白云石及方解石形成不规则状残块构造。

(3) 磁铁矿形成阶段,赤铁矿与绿泥石发生变质反应,形成残块、斑点状残留构造。磁铁矿的围岩绝大部分为(绿泥石)千枚岩及一些蚀变和区域变质岩石。

3) 表生成矿期

表生成矿期为磁铁(赤铁)矿石经次生改造形成褐铁矿表生成矿阶段。

6. 成矿时代

根据矿体的赋存空间和含矿建造的形成时代,推测矿床形成于古元古代晚期。

7. 地球物理化学条件

乱泥塘铁矿床地球物理化学条件与七道沟、大栗子铁矿相同详见第五章、第六章。

8. 物质来源

铁矿主要形成在陆棚区浅海环境中,含矿建造为一套由千枚岩和大理岩等所组成。从含矿含矿建造分析没有岩浆和火山物质加入,铁质的来源为陆源沉积。

9. 控矿因素及找矿标志

(1) 控矿因素:大栗子(岩)组控矿,含铁碳酸盐岩与泥质岩石组合呈现出岩性的控矿作用。矿体的赋存与含矿层大理岩关系密切。含矿大理岩厚度减小,矿体厚度亦减小;含矿大理岩增厚,含矿层上下薄层大理岩分布稳定,则有多层矿出现;含矿大理岩与绢云千枚岩交错,矿体形态多变,变薄或尖;构造控矿,大栗子(岩)组经区域构造作用尤其是褶皱的单斜构造空间分布起到对矿体展布的控制作用。

(2) 找矿标志:大栗子(岩)组与含铁碳酸盐岩与泥质岩石即绿泥石-大理岩变质岩石组合;大栗子(岩)组经区域构造作用尤其是褶皱的空间分布。

10. 矿床形成及就位机制

老岭坳陷盆地形成的晚期,在陆棚区浅海环境下,沉积了一套富含铁质的砂岩-泥岩-碳酸盐岩建造。在吕梁运动晚期的造山运动过程中,地壳内部释放出大量的热能,在高温高压和区域应力场的作用下,原沉积建造发生区域变质变形,铁质随变质热液发生塑性流动,向应力场作用弱的背斜或向斜核部集中,在背斜或向斜核部形成厚大的工业矿体。

11. 成矿模式

乱泥塘铁矿床成矿模式见表7-2-4。

表7-2-4 临江乱泥塘铁矿床成矿模式表

名称	临江市乱泥塘铁矿床					
概况	主矿种	铁	储量	大型	地理位置	六道沟公社
					品位	富矿石46.32%
成矿的地质构造环境	矿床位于华北东部陆块(Ⅱ)、胶辽吉古元古裂谷带(Ⅲ)的老岭坳陷盆地(Ⅳ)内					
控矿的各类及主要控矿因素	大栗子(岩)组控矿,含铁碳酸盐岩与泥质岩石组合呈现出岩性的控矿作用。矿体的赋存与含矿层大理岩关系密切。含矿大理岩厚度减小,矿体厚度亦减小;含矿大理岩增厚,含矿层上、下薄层大理岩分布稳定,则有多层矿出现;含矿大理岩与绢云千枚岩交错,矿体形态多变,变薄或尖;构造控矿,大栗子(岩)组经区域构造作用尤其是褶皱的单斜构造空间分布起到对矿体展布的控制作用					
矿床的三度空间分布特征	产状	矿体严格受单斜构造控制,主要赋存于近东西向褶皱(揉皱)带中,其产状为走向近东西,倾向南,倾角39°~73°				
	形态	似层状、透镜状、不规则囊状				
	分带	磁铁矿单矿体矿石矿物自中心向两侧的变化:①赤铁磁铁矿→磁铁矿→矿化白云质大理岩;②致密状赤铁矿→磁铁矿→矿化千枚岩(矿化白云质大理岩)				
	埋深	矿体埋深大于0~200m				
矿床的物质组成	矿石类型	矿石成因类型为褐铁矿-(赤铁矿、磁铁矿)、赤铁矿-磁铁矿				
	矿物组合	金属硫化矿物以磁铁矿、赤铁矿为主,少量的闪锌矿、方铅矿、黄铜矿、黄铁矿、褐铁矿、针铁矿、硬锰矿、软锰矿、白铅矿、孔雀石和蓝铜矿。脉石矿物有方解石、白云石、石英、重晶石、石英、绿泥石、绢云母				
	结构构造	矿石结构,他形—半自形结构、自形结构、交代结构、交代残余结构。矿石构造有致密块状构造、斑点状构造、土状构造				
	主元素含量	46.32%				
	伴生元素含量	Mn 5.07%				
成矿期次	沉积成矿期:白云石(菱铁矿、赤铁矿)-方解石-泥质岩石沉积。 变质成矿期:①含铁碳酸岩区域变质阶段:形成薄层菱铁矿与薄层绿泥石相间呈现条纹状构造。在菱铁矿尖灭处,围岩具硅化、大理岩化、绢云母化;②赤铁矿形成阶段:溶蚀交代菱铁矿、白云石及方解石形成不规则状残块构造;③磁铁矿形成阶段:赤铁矿与绿泥石发生变质反应,形成残块、斑点状残留构造,磁铁矿的围岩绝大部分为(绿泥石)千枚岩及一些蚀变及区域变质岩石。 表生成矿期:磁铁(赤铁)矿石经次生改造形成褐铁矿表生成矿阶段					
成矿物理化学条件	成矿温度、压力:大栗子(岩)组沉积的物质成分含铁碳酸盐-泥质岩石韵律沉积为常温、常压环境区域变质形成绿泥石-大理岩组合呈低级区域变质岩石特点; 成矿介质酸碱度:含铁碳酸盐-泥质岩石韵律沉积反映出沉积环境向弱酸性发展的趋势性特征; 成矿溶液组分:碳酸盐岩-铁					
成矿时代	古元古代辽吉裂谷老岭(岩)群大栗子(岩)组沉积为物质成分汇聚时期。中元古代、新元古代区域变质为大栗子式乱泥塘铁矿空间就位时代					
矿床成因	沉积岩石变质成因					

12. 成矿要素

乱泥塘铁矿床成矿要素见表7-2-5。

表7-2-5 临江乱泥塘铁矿床成矿要素

成矿要素 特征描述		内容描述 矿床属沉积变质型	要素类别
地质环境	岩石类型	含铁碳酸盐岩与泥质岩	必要
	成矿时代	中元古代、新元古代	必要
	成矿环境	矿床位于华北东部陆块(Ⅱ)、胶辽吉古元古代裂谷带(Ⅲ)的老岭坳陷盆地(Ⅳ)内	必要
	构造背景	大栗子(岩)组经区域构造作用尤其是褶皱的单斜构造空间分布起到对矿体展布的控制作用	重要
矿床特征	矿物组合	金属硫化矿物以磁铁矿、赤铁矿为主,少量的闪锌矿、方铅矿、黄铜矿、黄铁矿、褐铁矿、针铁矿、硬锰矿、软锰矿、白铅矿、孔雀石和蓝铜矿;脉石矿物有方解石、白云石、石英、重晶石、石英、绿泥石、绢云母	重要
	结构构造	矿石结构:他形—半自形结构、自形结构、交代结构、交代残余结构;矿石构造:致密块状构造、斑点状构造、土状构造	次要
	蚀变特征	磁铁矿化-绿泥石化-(黄铁矿化、闪锌矿化、方铅矿化、黄铜矿化)-硅化和碳酸盐化	重要
	控矿条件	大栗子(岩)组控矿,含铁碳酸盐岩与泥质岩石组合呈现出岩性的控矿作用。矿体的赋存与含矿层大理岩关系密切。含矿大理岩厚度减小,矿体厚度亦减小;含矿大理岩增厚,含矿层上、下薄层大理岩分布稳定,则有多层矿出现;含矿大理岩与绢云千枚岩交错,矿体形态多变、变薄或变尖;构造控矿,大栗子(岩)组经区域构造作用尤其是褶皱的单斜构造空间分布起到对矿体展布的控制作用	必要

(三)通化市七道沟铁矿床

1. 地质构造环境及成矿条件

矿床位于华北东部陆块(Ⅱ)、胶辽吉古元古代裂谷带(Ⅲ)的老岭坳陷盆地(Ⅳ)内。

1)地层

区域出露的地层主要为古元古界辽吉裂谷老岭(岩)群、青白口纪细河群以及中侏罗统上叠盆地杂砂岩沉积(图7-2-8)。

老岭(岩)群:主要出露大栗子(岩)组,下部厚层状白色大理岩、黄白色细晶含镁白云质大理岩,老岭(岩)群与上部千枚岩整合接触,底部被花岗岩侵入,出露厚度约800m;上部为灰—绿色千枚岩,夹扁豆状、薄层状(白云质)大理岩薄层,是本区的主要含铁地层,厚度约2000m。

震旦系:马达岭组为基底砾岩层;白房子组主要为灰绿色、灰白色、黄褐色砂页岩、砾岩。

侏罗系果松组:本区露出甚广,主要为一些灰色、绿色及灰紫色的凝灰岩、火山角砾岩、粗面岩及斑状喷出岩等。这些岩石局部夹有页岩与凝灰质砂页岩,与花岗岩之间为侵入接触。

2)构造

褶皱:全区主要为北东—南西向的背斜,背斜轴部为花岗岩侵入。背斜倾没于本区西山附近,背斜之两翼层南缓北陡,其轴面略倾向南东。七道沟铁矿床即位于上其南翼西端,其北翼的冰沟子、北山一

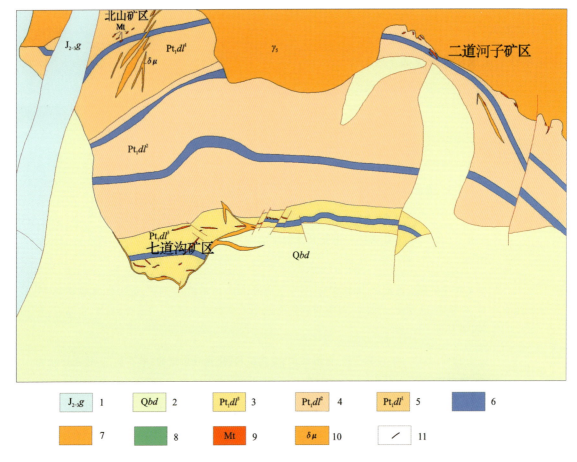

图 7-2-8　通化市七道沟铁矿区地质图

1.安山质凝灰熔岩、凝灰岩；2.石英砂岩、海绿石石英砂岩；3.千枚岩夹多层大理岩，上部含矿层；
4.暗绿色千枚岩夹两层大理岩；5.千枚岩夹大理岩，下部含矿层；6.大理岩；7.花岗岩；8.辉长玢岩；
9.磁铁矿；10.闪长玢岩；11.地质界线

带也有同一类型的磁铁矿产出,规模不大。

褶皱在西山较发育,常见的褶皱多以波状平缓拗曲发育在千枚岩和薄层大理岩中,在千枚岩中可见到多方向挤压力形成的揉皱,将岩层挤成角砾状。

七道沟矿区的褶皱分两个时期形成,磁铁矿成矿前的褶皱在东斜坑道赤铁矿体下盘处,发现被赤铁矿液胶结了的大理岩角砾。在西斜坑道见到一些绿泥石化了的断层只切割了围岩而不通过磁铁矿体的现象,反映磁铁矿成矿前构造存在的特征,且是铁质沉淀的优异场所;磁铁矿形成后的褶皱,磁铁矿在生成上比赤铁矿晚,加上赤铁矿生成前的构造改造。因此,磁铁矿在产状及形态上更具复杂性,后期褶曲、断裂使得磁铁矿进一步改造就位。

在本区的东南,因几个横断层的作用,将石英岩割成数段并向北位移,因而千枚岩(含矿层)向东发展受到限制。

(1)东山区(以断裂为主):南北向断层,倾向东,倾角近于直立,为岩脉贯入,是该区成矿后最老的一组;北东向断层,走向30°～50°,倾向南东,倾角50°～80°。水平位移8～80m,有F_1、F_3、F_4、F_8及F_{10}号断层;北西向断层,走向315°～340°,倾角南西,倾角50°～80°。水平位移5～70m,以F_2、F_{12}为代表;北西西断层,倾向南西,是本区较新的一组断层,垂直断距不大,具平移正断层特征。

(2)西山区(褶皱较发育):主要为北西或近南北走向,倾向南东或南西,断距不大,一般为数米,具上盘下降、向北平移活动性质。

2. 矿体三度空间分布特征

1) 矿体空间分布

七道沟铁矿床空间上依存于古元古界大栗子(岩)组的展布,受走向北东的背斜控制,矿体分布在背斜的南翼西端,即大栗子(岩)组背斜、构造要素控制了铁矿床的三度空间分布。铁矿产于大栗子(岩)组上部,以千枚岩为主夹透镜状大理岩层系中赋存赤铁矿、磁铁矿及菱铁矿组合的矿体,以薄层、条带状大理岩与千枚岩互层为特征。铁矿体空间上总体走向北东,局部北西—东西转向北东。在平面、剖面上呈不连续的似层状和扁豆状,矿体近平行排列,尖灭再现,呈舒缓波状的总体分布特征。

依据矿体空间上(集中)分布特征,将诸矿体圈定为上、中、下3个矿群,总体特征叙述如下。

(1)上(S)部群:主要分布于西山,是由一些长50~200m、宽50~20m的扁豆状、囊状及长囊状磁铁矿体组成。矿群走向近于东西而与围岩略作斜交,倾向南,倾角35°~60°,因构造影响向东有转向北东,向西有扭成南西走向之势。

矿体在浅处一般规模小,个数多,分散并有分支现象,向下具集中分布特点,但达一定深度又变薄至尖灭。揭露出的矿体有16个(S1~S16)矿体,主要矿体特征分述如下:S2号矿体呈长囊状,走向东西,延长120m,宽8m,倾角50°;S5号矿体为上部群的主要矿体,呈长囊状,由数个条状小矿体(长不足20m,在西斜一层)组成。矿体总体走向东西,倾向南,倾角45°,长200m;S7号矿体呈长囊状,矿体走向近东西,倾向南,倾角40°左右。该矿体在浅处形状复杂具分支现象,向深部矿体形态逐渐简单,厚度与长度逐渐缩小。该矿体与S8号矿体为F_{17}断层接触。S9号矿体群呈长囊状,走向北东东—东西,倾角南,倾角45°~50°。矿群西端具分支现象,由多个分散的小矿体构成。该矿群上短下长,尖灭于400m左右。

(2)中(Z)部群:分布于东西两山,已知18个矿体(Z1~Z18)位于上部与下部矿群层位之间,本群由赤铁矿、磁铁矿及部分菱铁矿组成,矿体主要呈长囊及扁豆状,一般延长为50~150m,宽5~15m。矿群中部走向60°,两端近东西走向,倾向南东,倾角30°~50°。平面上呈一定"S"形特点(图7-2-9)。

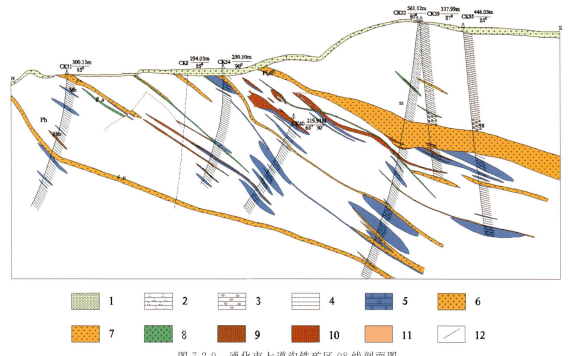

图7-2-9 通化市七道沟铁矿区08线剖面图

1.残坡积;2.石英砂岩;3.砾岩;4.千枚岩;5.大理岩;6.花岗岩;7.闪长玢岩;8.辉长玢岩;9.赤铁矿体;10.磁铁矿体;11.菱铁矿体;12.地质界线

该矿群以中部矿体大，矿石质量较好，分布集中，两端矿体小且分散，矿石质量逐渐降低，且构造复杂与围岩斜交为特征，对重点矿体叙述如下。

Z1 号矿体呈似层状，由菱铁矿与赤铁矿组成，矿体走向北西，倾向南西，倾角 35°左右。矿体上窄下宽，两端分别受断层、岩脉切割。矿体中含 3 条厚 2m 的千枚岩夹层。

Z4 号矿体群呈扁豆状与似层状，由多个菱铁矿、赤铁矿、磁铁矿组成。矿体分布浅部分散厚度较薄，深部较集中，厚度有所增加。矿体走向近东西，倾向南，倾角 45°左右，厚度 2～5m，长 20～50m。

Z5 号矿体群呈似层状—长囊状，由赤铁矿、磁铁矿组成，走向北东东，倾向南南东，倾角 45°左右。该矿群浅部由数个矿体组成，向深部矿体数减少，受断层割切，形成多个矿段。矿体中夹有 1～2m 千枚岩层，尖灭于 300m 左右。

Z6 号矿体群由赤铁矿、磁铁矿组成，主要矿体呈囊状，倾向南东，倾角 45°左右。浅部矿体分散，向深部较集中，尖灭于 350m。

Z10 与 Z11 号矿体呈不规则的条状，走向北东东，倾向南东，倾角 45°。矿体最长可达 200m，厚 1～3m，矿体可延续至 400m。

（3）下（X）部群：主要出露于东山，已控制 12 个矿体（X1～X12），主矿体为长达 700 余米，厚 10 余米的似层状赤铁矿，在上盘有几个扁豆状菱铁矿小矿体。矿体受多条断层及岩脉分割成多个矿块（图 7-2-10）。

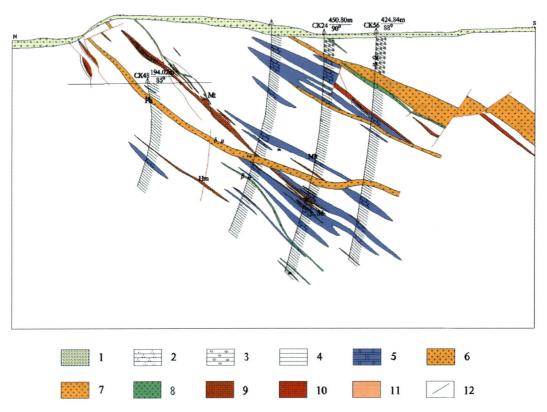

图 7-2-10　通化市七道沟铁矿区 100 线剖面图

1.残坡积；2.石英砂岩；3.砾岩；4.千枚岩；5.大理岩；6.花岗岩；7.闪长玢岩；8.辉长玢岩；
9.赤铁矿体；10.磁铁矿体；11.菱铁矿体；12.地质界线

矿体群产状与围岩近于吻合，走向 270°～290°，倾向南或南西，倾角 35°～50°。矿体群主要特点在于产状稳定，形态规则，矿块间为断层接触，矿体在浅处薄，中间略厚，深部变薄至尖灭。

X1 号矿体呈似层状，走向北西西，倾向南西，倾角 45°，矿体中夹 1～3 层厚 1m 左右的千枚岩，矿体西端与 F_1 断层与 X2 号矿体接触，东端被安山玢岩脉切割，矿体尖灭于 480m。

X3 号矿体呈似层状，走向东西，倾向南，倾角 45°～50°。矿体中常夹有正合接触的千枚岩薄层，矿体具分支现象。

X5号矿体呈似层状，走向东西，倾向南，倾角50°。矿体中夹有2~3层厚1m左右的千枚岩，矿体有分支现象。矿体东端受断层切割。

X6号矿体呈似层状，由赤铁矿、菱铁矿组成，菱铁矿居于赤铁矿之上，两者之间常为千枚岩薄层隔截，走向北西西，倾向南西，倾角45°。

3个主要矿群外分布的矿体主要是磁铁矿，规模不大、品位低，厚1~3m，延长也多小于100m，产状与中部群相似。

2) 矿体的分带

(1) 垂向分带：在同一矿体中，赤铁矿、菱铁矿、磁铁矿相结合组成2种或3种的变种矿石，这3种不同矿石自然类型常分布在不同部位。赤铁矿均分布在地表或浅部或一直延深得很深；磁铁矿一般均分布在浅部或中部；菱铁矿均在赤铁矿或磁铁矿向下延深部分。

(2) 侧向分带：磁铁矿体矿石矿物自中心向两侧的变化为赤铁磁铁矿→菱铁磁铁矿→磁铁菱铁矿→矿化白云质大理岩；致密状赤铁矿→花斑状赤铁矿→菱铁磁铁矿→磁铁菱铁矿→矿化千枚岩或矿化白云质大理岩；致密状赤铁矿→赤铁磁铁矿混杂存在→磁铁矿→磁铁矿化大理岩→大理岩；赤铁矿体矿石矿物自中心向两侧的变化为赤铁矿→紫红色镁铁白云石→花斑状赤铁矿→紫红色镁铁白云石→大理岩；角砾状赤铁矿或花斑状赤铁矿→镁铁白云岩→矿化大理岩→大理岩；菱铁矿体矿石矿物自中心向两侧的变化为花斑状(角砾状)赤铁矿→紫红色镁铁白云石(角砾状)→菱铁矿→富硫化物菱铁矿或矿化大理岩→大理岩；菱铁矿→菱铁矿化大理岩(绿泥石化)→大理岩。

3. 矿石物质成分

1) 矿石物质成分

主要矿石矿物为磁铁矿、赤铁矿、菱铁矿、铁白云石。其中，铁矿以赤铁矿、菱铁矿及磁铁矿3种为主，并且赤铁矿、菱铁矿及磁铁矿等矿物常相互结合，而成磁铁赤铁矿、菱铁磁铁矿及菱铁赤铁矿。其中，磁铁矿占目前矿石总量的76.81%，赤铁矿占20.19%，菱铁矿仅占3%。

该类型铁矿为一多类型的富铁矿床，各类型铁矿的含铁量是比较高的，绝大部分均为富铁矿，少部分为贫铁矿。矿石中所含的主要化学成分为TFe、SiO_2、Mn、CaO、MgO、Al_2O_3及S等，其中影响矿石品位的是TFe、Mn与S。

矿石中有益成分为Fe及Mn。矿石中TFe的含量40%~50%，平均含量为45.10%。TFe含量以赤铁矿为最高47.21%，磁铁矿次之为44.17%，菱铁矿为37.2%。矿石中Mn的含量4%~7%，平均为5.16%。其中，磁铁矿为5.20%，赤铁矿为5.07%，菱铁矿为4.44%。矿石呈含Mn较高的特点。

在同一矿体中，其边缘部分或与夹层相邻的部分TFe含量较低而中央部分较高。一般菱铁矿、赤铁矿或延伸性不大的磁铁矿的同一矿体中，其TFe含量变化是不大的，但不同矿体间TFe的含量则往往相差较悬殊。此外沿倾向延伸性大的同一磁铁矿或上下不同深度的诸小磁铁矿体间TFe含量的相差亦较大，一般有随深度增加而降低之势。

有害成分为S、P、Cu、Pb、Zn、As等。矿石中S的含量是极不均匀的，在菱铁矿与赤铁矿中较稳定含量0.1%以下。磁铁矿中含S量高，变化较大，且各处不一，含量0~5%不等，一般在矿体边缘及深处稍高，而浅处或矿体中央次之。造渣组分为SiO_2、Al_2O_3、CaO及MgO。矿石化学成分见表7-2-6。

2) 矿石类型

矿石自然类型有褐铁矿、赤铁矿、菱铁矿、磁铁矿矿石。矿石工业类型有赤铁富矿(40%)-赤铁贫矿；菱铁富矿(30%)-菱铁贫矿、磁铁富矿(40%)-磁铁贫矿。矿石成因类型：褐铁矿-(赤铁矿、菱铁矿、磁铁矿)、赤铁矿-磁铁矿、赤铁矿-菱铁矿、菱铁矿-磁铁矿、赤铁矿、菱铁矿、磁铁矿。

表 7-2-6 通化市七道沟铁矿床矿石化学成分表　　　　　　　　　　　　　　　　　　　单位:%

矿种	编号	TFe	SiO$_2$	Fe$_2$O$_3$	FeO	Al$_2$O$_3$	CaO	MgO	MnO	备注
磁铁矿	七-H-1	52.04	10.90	43.54	27.79	1.60	2.04	1.83	5.63	
赤铁矿	七-H-2	47.83	8.73	66.62	1.60	3.24	2.62	0.93	6.75	
磁铁矿	七-H-3	47.22	13.15	37.51	27.02	3.08	2.11	2.67	6.02	鞍山分局
赤铁矿	七-H-4	45.69	11.07	56.48	7.98	2.58	4.10	1.18	6.64	
磁铁矿	七-H-5	43.53	8.25	37.37	22.39	2.62	2.11	1.78	6.02	
磁铁矿	--T$_1$	49.84	12.69	40.83	27.40	2.67	0.95	4.71	4.78	
磁铁矿	T$_2$	45.86	14.64	39.52	23.45	5.77	6.05	6.04	4.44	鞍钢地质勘探公司化验室
赤铁矿	T$_3$	55.00	3.92	72.60	5.45	3.55	0.73	3.85	0.81	
矿种	编号	CuO	TiO$_2$	P$_2$O$_5$	S	K$_2$O	Na$_2$O	PdO	烧矢量	
磁铁矿	七-H-1	0.024	0.112	0.025	1.103	0.20	痕踪	痕踪	4.32	
赤铁矿	七-H-2	0.006 5	0.144	0.044	0.065	0.17	0.003	痕踪	7.29	
磁铁矿	七-H-3	0.007 3	0.131	0.039	0.827	0.51	痕踪	痕踪	5.87	
赤铁矿	七-H-4	0.010 4	0.112	0.062	0.178	0.50	0.003	0.009	7.08	
磁铁矿	七-H-5	0.010 1	0.119	0.055	2.380	0.31	0.007	痕踪	16.29	
磁铁矿	--T$_1$	痕踪	0.43	0.084	0.062	0	0.98	0.39	5.47	
磁铁矿	T$_2$	0	0.13	0.038	0.057	0.2	35	0.26	4.52	
赤铁矿	T$_3$	0	0.37	0.057	0.024	0.2	35	0.39	5.69	

3)矿物组合

金属矿物主要为磁铁矿、赤铁矿、铁白云石、菱铁矿,少量的褐铁矿、黄铁矿、黄铜矿。脉石矿物主要有石英、绿泥石、方解石。

4)矿石结构构造

矿石结构有交代残余结构、粒状结构、针状结构、碎裂结构;矿石构造有致密块状构造、斑点状构造、土状构造、条纹状构造。

4. 蚀变类型及分带性

区域蚀变主要有硅化、绿泥石化、方解石化。

5. 成矿阶段

依据矿石矿物组合与矿石类型分布规律:磁铁矿一般分布在中部、浅部-地表;赤铁矿均分布在地表或浅部或一直延深的很深;菱铁矿以赤铁矿或磁铁矿向下延深部分为主要特征。总体反映菱铁矿形成在先,赤铁矿次之,磁铁矿最后的区域变质成矿作用过程,其成矿阶段划分如下。

1)沉积成矿期

沉积成矿期为菱铁矿(赤铁矿)-含镁菱铁矿、白云石、方解石-泥质岩石沉积。

2)变质成矿期

依据矿石结构、构造,矿石自然类型与空间分布划分沉积岩石变质成矿阶段为 3 个阶段。

(1)含铁碳酸岩区域变质阶段:形成薄层菱铁矿与薄层绿泥石相间呈现条纹状构造。在菱铁矿尖灭处,围岩具硅化、大理岩化、绢云母化。

(2)赤铁矿形成阶段:溶蚀交代菱铁矿,白云石及方解石形成不规则状残块构造。

(3)磁铁矿形成阶段:赤铁矿与绿泥石发生变质反应,形成残块构造、斑点状残留构造。磁铁矿的围岩绝大部分为(绿泥石)千枚岩及一些蚀变及区域变质岩石。

3)表生成矿期

表生成矿为磁铁赤铁矿石、菱铁磁铁矿石、菱铁赤铁矿石经次生改造形成褐铁矿表生成矿阶段。

6. 成矿时代

根据矿体的赋存空间和含矿建造的形成时代,推测矿床形成于古元古代晚期。

7. 成矿物理化学条件

(1)成矿温度、压力:大栗子(岩)组沉积的物质成分含铁碳酸盐-泥质岩石韵律沉积为常温、常压环境。区域变质形成绿泥石-大理岩组合呈低级区域变质岩石特点。

(2)成矿介质酸碱度:含铁碳酸盐-泥质岩石韵律沉积反映出沉积环境由氧化-还原条件下,由弱碱性向弱酸性的趋势性特征。

(3)成矿溶液组分:碳酸盐岩——铁。

8. 物质来源

七道沟铁矿主要形成在陆棚区浅海环境中,含矿建造为一套由砂岩、千枚岩、板岩和大理岩等所组成。从含矿建造分析没有岩浆和火山物质加入,铁质的来源为陆源沉积。

9. 控矿因素及找矿标志

(1)控矿因素:大栗子(岩)组控矿,含铁碳酸盐岩与泥质岩石组合呈现出岩性的控矿作用。大栗子(岩)组经区域构造作用尤其是褶皱的空间分布起到对矿体展布的控制作用。

(2)找矿标志:大栗子(岩)组与含铁碳酸盐岩与泥质岩石即绿泥石-大理岩变质岩石组合。大栗子(岩)组经区域构造作用尤其是褶皱的空间分布。

10. 矿床形成及就位机制

老岭坳陷盆地的晚期,在陆棚区浅海环境下,沉积了一套富含铁质的砂岩-泥岩-碳酸盐岩建造。在吕梁运动晚期的造山运动过程中,地壳内部释放出大量的热能,在高温高压和区域应力场的作用下,原沉积建造发生区域变质变形,铁质随变质热液发生塑性流动,向应力场作用弱的背斜或向斜核部集中,在背斜或向斜核部形成厚大的工业矿体。

11. 成矿模式

七道沟铁矿床成矿模式见表 7-2-7。

表 7-2-7 通化市七道沟铁矿床成矿模式表

名称	通化市七道沟铁矿床					
概况	主矿种	铁	储量	大型	地理位置	七道沟镇
					品位	富矿石40%
成矿的地质构造环境	矿床位于华北东部陆块(Ⅱ)、胶辽吉古元古代裂谷带(Ⅲ)的老岭坳陷盆地(Ⅳ)内					
控矿的各类及主要控矿因素	铁矿产于大栗子(岩)组上部以千枚岩为主夹透镜状大理岩层系中,受走向北东的背斜控制,矿体分布在背斜的南翼西端,即大栗子(岩)组背斜、构造要素控制了铁矿床的三度空间分布					

续表 7-2-7

名称	通化市七道沟铁矿床					
概况	主矿种	铁	储量	大型	地理位置	七道沟镇
					品位	富矿石40%
矿床的三度空间分布特征	产状	矿体走向近东西,倾向南,倾角45°左右				
	形态	不规则透镜状、似层状、长囊状及扁豆状				
	分带	赤铁矿均分布在地表或浅部或一直延深得很深;磁铁矿一般也分布在浅部或中部,菱铁矿均在赤铁矿或磁铁矿向下延深部分				
	埋深	矿体埋深大于200m				
矿床的物质组成	矿石类型	以磁铁矿、赤铁矿、菱铁矿为主,也有磁铁赤铁矿、菱铁磁铁矿、菱铁赤铁矿				
	矿物组合	金属矿物主要为磁铁矿、赤铁矿、铁白云石、菱铁矿,少量的褐铁矿、黄铁矿、黄铜矿。脉石矿物主要有石英、绿泥石、方解石				
	结构构造	矿石结构有交代残余结构、粒状结构、针状结构、碎裂结构。矿石构造有致密块状构造、斑点状构造、土状构造、条纹状构造				
	主元素含量	磁铁\赤铁富矿石＞40%,菱铁富矿石＞30%				
	伴生元素含量	矿石中Mn的含量4%～7%,平均为5.16%				
成矿期次	沉积成矿期:菱铁矿(赤铁矿)-含镁菱铁矿,白云石、方解石-泥质岩石沉积。变质成矿期:①含铁碳酸盐岩区域变质阶段,形成薄层菱铁矿与薄层绿泥石相间呈现条纹状构造,在菱铁矿尖灭处,围岩具硅化、大理岩化、绢云母化;②赤铁矿形成阶段,溶蚀交代菱铁矿、白云石及方解石形成不规则状残块构造;③磁铁矿形成阶段,赤铁矿与绿泥石发生变质反应,形成残块、斑点状残留构造。磁铁矿的围岩绝大部分为(绿泥石)千枚岩及一些蚀变及区域变质岩石。表生成矿期:磁铁赤铁矿石、菱铁磁铁矿石、菱铁赤铁矿石经次生改造形成褐铁矿表生成矿阶段					
成矿物理化学条件	成矿温度、压力为常温、常压环境;成矿介质酸碱度为由氧化-还原条件下,由弱碱性向弱酸性的趋势性特征;成矿溶液组分为碳酸盐岩-铁					
成矿时代	根据矿体的赋存空间和含矿建造的形成时代,推测矿床形成于古元古代晚期					
矿床成因	沉积变质					

12. 成矿要素

七道沟铁矿床成矿要素见表7-2-8。

表 7-2-8　通化市七道沟铁矿床成矿要素

成矿要素		内容描述	类别
特征描述		矿床属沉积变质型	
地质环境	岩石类型	以千枚岩为主夹透镜状大理岩层	必要
	成矿时代	古元古代晚期	必要
	成矿环境	位于华北东部陆块(Ⅱ)、胶辽吉古元古代裂谷带(Ⅲ)的老岭坳陷盆地(Ⅳ)内	必要
	构造背景	受走向北东的背斜控制,矿体分布在背斜的南翼西端,即大栗子(岩)组背斜、构造要素控制了铁矿床的三度空间分布	重要

续表 7-2-8

成矿要素		内容描述	类别
特征描述		矿床属沉积变质型	
矿床特征	矿物组合	金属矿物主要为磁铁矿、赤铁矿、铁白云石、菱铁矿，少量的褐铁矿、黄铁矿、黄铜矿。脉石矿物主要有石英、绿泥石、方解石	重要
	结构构造	交代残余结构、粒状结构、针状结构、碎裂结构；致密块状构造、斑点状构造、土状构造、条纹状构造	次要
	蚀变特征	硅化、绿泥石化、方解石化	重要
	控矿条件	大栗子（岩）组上部以千枚岩为主夹透镜状大理岩层，受走向北东的背斜控制	必要

二、预测工作区成矿规律研究及区域成矿要素、成矿模式

（一）预测工作区成矿规律研究

1. 大地构造演化与大栗子式沉积变质型铁矿成矿

预测工作区位于前南华纪华北东部陆块（Ⅱ）、胶辽吉古元古代裂谷带（Ⅲ）的老岭坳陷盆地（Ⅳ）内。古元古代晚期已形成的克拉通地壳发生坳陷，形成坳陷盆地，早期沉积物为一套石英砂岩建造；中期为一套富镁碳酸岩建造，以含镁、铅锌、滑石为特点，代表性矿床有荒沟山铅锌矿、遥林滑石矿、花山镁矿等；上部为一套页岩-石英砂岩建造，以含金、铁为特点，代表性南岔金矿、大栗子铁矿床，古元古代末期盆地闭合，有巨斑状花岗岩侵入。

2. 空间分布

该类铁矿主要分布在辽吉裂谷的中段的中部通化—白山地区。

3. 成矿时代

成矿时代为古元古代晚期。

4. 赋矿层位

大栗子式铁矿赋存具有一定层位，完全受大栗子（岩）组控制。尽管区域上地层的划分存在差异，但具有横向上的对比性，含矿层大体相当。铁矿赋存于碎屑岩夹碳酸盐中（泥质岩夹碳酸盐中），即千枚岩夹大理岩中。

5. 成矿作用及演化

古元古代晚期在老岭坳陷盆地内形成了陆源碎屑岩-碳酸盐含铁建造，铁质主要富集于泥质向碳酸盐过度带中，形成了大栗子式铁矿的含矿建造或初始矿源层。

在区域变质作用下使含矿层及围岩重结晶，铁矿矿物颗粒变大；在变质热液作用下，铁质迁移和富集；在变质热液交代作用下，形成各种交代和残留结构形成自形程度较高的赤铁矿和粗粒菱铁矿，部分赤铁矿受还原或交代作用形成磁铁矿。

后期表生改造成矿作用，由于构造运动矿体台升遭到风化剥蚀，地表矿体遭到氧化淋滤，形成次生矿物并在局部富集。

6. 成矿物理化学条件

大栗子式铁矿含矿岩系为一套陆源碎屑岩-碳酸盐含铁建造。不同类型的铁矿的沉积主要受古地理和古海水介质酸碱度和氧化还原电位所控制，古海水一般是在酸性介质条件下，含矿层上部氧化条件出现赤铁矿及少量石英，下部还原条件出现菱铁矿，而二者过渡带出现混合类型矿石。海盆近海岸浅部氧化条件沉积高价块状赤铁矿层氧化相-远离海岸氧化还原过渡带，依次出现花斑状赤铁矿、赤铁菱铁矿，在还原环境形成菱铁矿碳酸盐相-低硫或高硫菱铁富矿硫化物相。

7. 矿体特征

大栗子式铁矿矿体形态普遍为层状、似层状、扁豆状和透镜状，延深大于延长。矿体规模较大，一般长达 20~300m，最大延深可达 200~700m，一般厚 1~3m，最厚 10~20m。矿石构造有致密块状构造、鲕状构造、葡萄状构造和肾状构造。组成矿石的金属矿物成分主要为赤铁矿、磁铁矿和菱铁矿。矿石平均品位 48%~58%，最高为 60.7%。有益组分 Mn 平均含量为 5%，有害组分 SiO_2 平均含量为 4.7%~6.4%，S 平均含量为 0.08%~0.11%。

8. 控矿条件

地层控矿：区域上所有大栗子式铁矿全部受老岭（岩）群大栗子（岩）组控制。

构造控矿：主要表现在 3 个方面，其一是基底构造-老岭坳陷盆地控制该类型铁矿的空间分布；其二是后期变质变形形成的褶皱构造控制矿体的形态；其三是后期的断裂构造对矿体的破坏。

（二）成矿模式

该类型矿床具有相同的成矿模式，古元古代晚期在老岭坳陷盆地内形成了陆源碎屑岩-碳酸盐含铁建造，铁质主要富集于泥质向碳酸盐过渡带中，形成了大栗子式铁矿的含矿建造或初始矿源层。在中条运动形成区域变质作用，使含矿层及围岩重结晶，在变质热液作用下，铁质迁移和富集；在变质热液交代作用下，形成各种交代和残留结构形成自形程度较高的赤铁矿与粗粒菱铁矿，部分赤铁矿受还原或交代作用形成磁铁矿。

区域成矿模式参见临江大栗子铁矿床成矿模式图 7-2-4。

（三）成矿要素

通过对大栗子、乱泥塘、七道沟铁矿典型矿床成矿要素研究，结合区域上相同类型矿床的特征，总结出区域上成矿要素（表 7-2-9）。

表 7-2-9 大栗子式沉积变质型铁矿成矿要素

成矿要素		内容描述	类别
特征描述		矿床属沉积变质型	
地质环境	岩石类型	大栗子（岩）组千枚岩为主夹透镜状大理岩层	必要
	成矿时代	新元古代	必要
	成矿环境	老岭坳陷盆地基底构造控制该类型铁矿的空间分布；后期变质变形形成的褶皱构造控制矿体的形态	必要
	构造背景	位于前南华纪华北东部陆块（Ⅱ）、胶辽吉古元古代裂谷带（Ⅲ）的老岭坳陷盆地（Ⅳ）内	重要

续表 7-2-9

成矿要素		内容描述	类别
特征描述		矿床属沉积变质型	
矿床特征	矿物组合	金属硫化矿物以磁铁矿、赤铁矿为主,少量的闪锌矿、方铅矿、黄铜矿、黄铁矿、褐铁矿、针铁矿、硬锰矿、软锰矿、白铅矿、孔雀石和蓝铜矿;脉石矿物有方解石、白云石、重晶石、石英、绿泥石、绢云母	重要
	结构构造	交代残余结构、粒状结构、针状结构、碎裂结构;致密块状构造、斑点状构造、土状构造、条纹状构造	次要
	控矿条件	地层控矿:区域上所有大栗子式铁矿全部受老岭(岩)群大栗子(岩)组控制; 构造控矿:主要表现在 3 个方面,其一是基底构造-老岭坳陷盆地控制该类型铁矿的空间分布;其二是后期变质变形形成的褶皱构造控制矿体的形态;其三是后期的断裂构造对矿体的破坏	必要

第三节 物探遥感资料应用

一、物探

（一）资料程度及使用说明

主要参考应用吉 C-1990-114、吉 C-1990-106、吉 C-1987-64-1、吉 C-1987-53、吉 C-1990-115、吉 C-1987-62、吉 C-1987-225、吉 C-1987-223、吉 C-1987-224 异常资料,同时参考区域大比例尺地磁资料。

（二）典型矿床特征

该类型矿床只有大栗子铁矿具有典型的物探特征,所以仅以该矿床对其物探特征加以叙述。

1. 区域重力异常特征

由图 7-3-1 看出,本区重力场是以负场为特征,其中四道阳岔-二道河子-小西沟相对重力高异常带最为规律明显。在图域内,异常带大体分为东西两级,西段(四道阳岔-错草-浑江铅锌矿)呈北东走向,长约 18km,宽 3～7km;东段(浑江铅锌矿-工人宿舍)近东西向,长约 17km,宽 4～6km。该异常带由四道阳岔、错草和小西沟 3 个椭圆状的局部重力高异常组成,剩余强度由西至东分别为 6×10^{-5}m/s^2、5×10^{-5}m/s^2、3×10^{-5}m/s^2。

经与地质、矿产资料关联发现,在该异常带内竟集中分布有中、小型大栗子式富铁矿床和矿(化)点达 21 处之多,其中大栗子和小栗子 2 个中型富铁矿就分布在小西沟局部重力高异常的东部和南部边缘梯级带上。此外,异常带形态和方位恰与老岭背斜北东段基本吻合,与中元古界老岭(岩)群地层岩系分布大体一致,3 个局部重力高异常区内老岭(岩)群上部层位大栗子(岩)组千枚岩夹大理岩含铁建造发育。综上可知,重力高异常主要与老岭(岩)群变质岩系关系密切。含铁碳酸盐岩建造应是引起异常带内局部重力高异常的地质因素。所以,本区域重力异常不仅能够反映出大栗子式沉积变质铁矿的基本成矿地质构造全貌,同时亦指能出含矿层位的分布,为深入找矿提供重要的地球物理找矿信息。

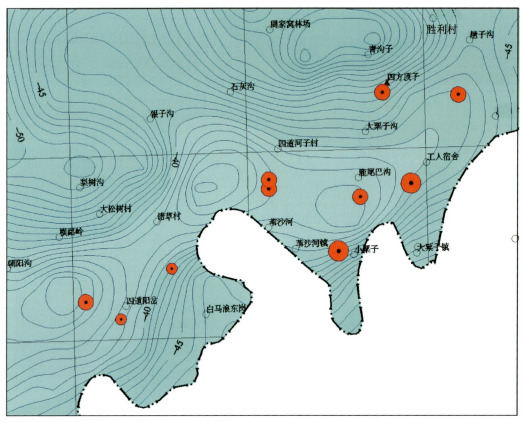

图 7-3-1 临江市大栗子铁矿床布格重力异常图

2. 航磁异常特征

小栗子铁矿在 1∶5 万高精度航磁图上有较清晰异常反映,在一北东向平稳负值梯级带南东侧小栗子沟一带出现一近北北西向近椭圆形的局部低缓弱异常,长 2500m,宽 1250m,横向曲线左右对称,纵向曲线北密南缓,其中心偏向北侧。异常负值仅有 80nT,属于负磁场中相对微弱高值异常,见图 7-3-2 中吉 C-1990-144 异常。该异常位于小栗子铁矿带的南半部,与矿带上的地磁 M21-4 号异常吻合,是南部矿段隐伏矿体群的反映。钻探查证,在 370m 下共发现 9 个工业矿体,矿石类型均属以磁铁矿为主的富铁矿石,平均品位为 53.87%。

3. 地磁异常特征

小栗子铁矿是查证地磁 M21 号异常发现的。由图 7-3-3 可见,该异常是由 4 个呈北北东向串珠状排布的局部异常(M21-1、M21-2、M21-3、M21-4)组成。异常均属似椭圆状的低缓异常。异常规模和强度有由南向北变小变弱的趋势,M21-1 号异常长 400m,宽 100m,最高强度为 500nT;M21-2 号异常长 600m,宽 150m,最高强度 700nT;M21-3 号异常长 700m,宽 200m,最高强度 200nT;M21-4 号异常长 2500m,宽 2000m,最高强度 1000nT。4 个异常经钻探查证,均由震旦系盖层下大栗子式富铁矿引起。如 M21-1 号异常 ZK8061 孔穿过 20m 震旦系盖层后于井深 51.30m 后陆续见到 6 层富铁矿,总厚度为 31.42m,品位为 53.50%,M21-4 号异常的 ZK8288 孔,在孔深 363m 穿过震旦系盖层后共见富铁矿 6 层,总厚度为 27.29m,品位为 57.21%。

总之,异常查证表明,4 个地磁异常系属各隐伏矿段中平行或斜列排布矿体群的综合反映,见图 7-3-3 和图 7-3-4。航磁异常比较,后者仅在以磁铁矿石为主的南矿段有明显反映,而在北部则以赤铁矿石为主的矿段无异常出现。在圈定矿体,揭示矿体埋深及大致了解矿体产状等,地磁效果明显好于航磁效果。

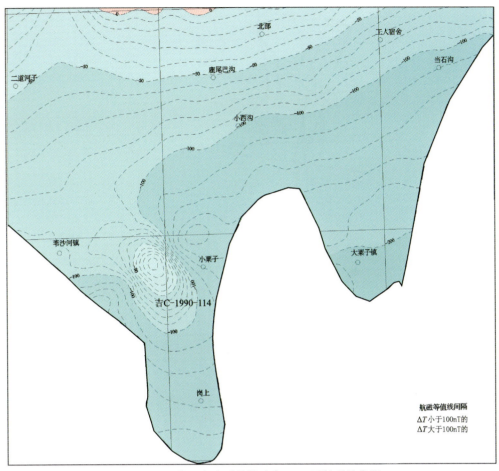

图 7-3-2　临江市大栗子铁矿床 1∶5 万航磁异常图

4. 矿床地质-地球物理找矿模型

综合上述矿床地质、航磁、地磁异常特征,归纳出大栗子式富铁矿床地质-地球物理找矿模型,见图 7-3-5。

(1)小栗子富铁矿床系属震旦系盖层下经岩浆热液蚀变改造隐伏的大栗子式富铁矿床。盖层厚 50～400m,下部含矿层位是与已知大栗子富铁矿床同属于中元古界老岭(岩)群上部大栗子(岩)组千枚岩夹大理岩层。矿体呈层状、似层状产出,严格受含矿层位和岩相控制。含铁层位为 H_4、H_5 岩段,岩相是与铁白云石大理岩关系密切应归属含铁碳酸盐岩建造。小栗子富铁矿层是产于千枚岩夹变质粉砂岩向碳酸盐岩相过渡带中。矿体产出因受褶皱变形影响和断裂构造控制,在空间分布上多是成带,分段成群展布。

(2)小栗子铁矿与已知大栗子铁矿主要差别,是前者处于岩浆活动较强烈地质环境,矿体均不同程度地遭遇了岩浆热液变质作用。原来矿石中的赤铁矿、菱铁矿大部分或部分形成了有磁性的磁铁矿、赤铁磁铁矿、菱铁磁铁矿,致使矿体磁性与围岩磁性产生较明显差异,而大栗子矿区各矿段并没有遭受如此强的热液变质作用,矿石类型仍然以赤铁矿、菱铁矿为主,这是磁法找矿效果不同的根本原因。

(3)大栗子和小栗子铁矿分布在东西向重力高异常带东段小西沟局部重力高异常南侧北东东向重力梯级带上,重力高异常是该类型铁矿成矿远景区(段)的重要划分标志。

(4)1∶5 万航空磁测在小栗子铁矿床上取得了一定的找矿效果。磁场是在北东向负场线性梯级带边部出现的规则似椭圆状强度较弱的低缓异常($\Delta T_{max}\approx80nT$)为特征,这种负磁场中的低值弱异常是此类型矿床较典型的找矿标志。

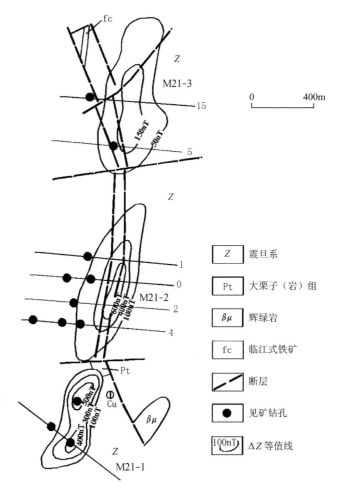

图 7-3-3 临江市大栗子区地质物探综合异常图

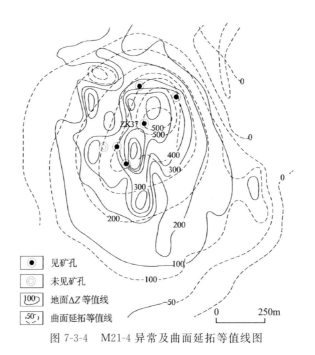

图 7-3-4 M21-4 异常及曲面延拓等值线图

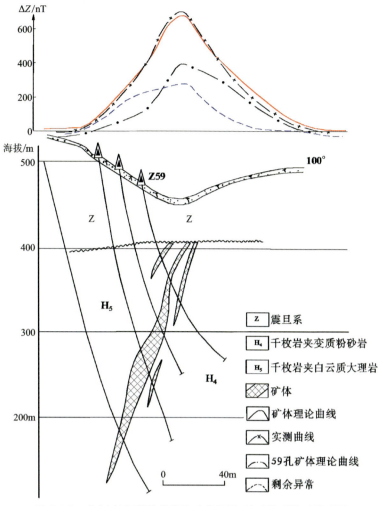

图 7-3-5　临江市大栗子式富铁矿床地质-地球物理找矿模型图

(5) 该矿床地磁异常均属强度一般不超过 1000nT 的呈串珠状有规律分布的低缓异常，地面磁测是寻找经过岩浆热液蚀变改造的大栗式富铁矿的一种最有效手段。

(6) 验证埋深较大的隐伏矿床引起的低缓磁异常，往往钻探工程布置很难一步有效到位，在落空井中配施磁测井工作是取得查证成功重要手段。在 M21-4 号规模较大异常查证过程中，能在 370m 以下找到 9 条富铁矿体，磁测井发挥了重要作用。

(三) 预测工作区特征

1. 大栗子式沉积变质型铁矿荒沟山-南岔预测工作区

1) 磁场特征

预测工作区西部，出露地层为下古生代寒武系、奥陶系，及元古宇震旦系、青白口系。航磁对应平稳的负磁场，西侧南部有部分中生界，磁场波动变化。预测工作区南部及东南北，沿江北东向分布老岭(岩)群大栗子(岩)组，及青白口系，为波动的负磁场区。预测工作区北部有 3 个二长花岗岩体出露，分别在梨树沟北部、银子沟北部及四方顶子。3 个岩体中，有两个磁场强，如梨树沟北岩体磁场强度为 300～400nT，银子沟北岩体最高在 500～700nT 之间。而四方顶子岩体异常强度仅在 50～150nT。磁场不同反映了岩性存在一定的差异。

2)航磁异常特征

吉 C-1990-114 异常：位于苇沙河南东小栗子沟西 1km，异常规律，曲线圆滑两翼对称，强度为 130nT，以大片平静的负磁场为主。平面形态近圆形。据 1∶5 万地质图，异常处于震旦系钓鱼台组碎屑岩中，其外围分布侏罗纪火山岩、碎屑岩。该异常为小栗子铁矿，主要是小栗子铁矿南段的反映。地磁异常与航磁异常特征一致，ΔZ 最大强度 680nT。1980 年对异常进行了钻探验证，共施工 5 孔，第一次在震旦系盖层下找到了大栗子式富铁矿。

吉 C-1990-106 异常：位于预测工作区南部，北东向分布，1.5km×2km，形态规则，极大值为 360nT，位于震旦系钓鱼台组中，伴有 Pb、Zn、Au、As、Hg 化探异常，推断由隐伏的中酸性岩体引起，是寻找多金属矿的有利地区。

吉 C-1987-64-1 异常：位于预测工作区南部老营沟附近，北东走向长约 1.5km，宽 1km，异常南侧梯度陡，强度为 150nT。经地面检查异常呈东西走向，长 1.2km，宽约 0.1km，梯度变化大，ΔZ_{max}=4200nT。磁铁矿具强磁性，大理岩、二云母片岩等无磁性，异常由磁铁矿引起，但矿体延深变化大，埋深不大，沿走向的连续，厚度小无工业价值。

吉 C-1987-53 异常：位于预测工作区北部，异常呈北西走向，两侧梯度较陡，长 1km，宽 0.8km，异常强度为 430nT，曲线规则。异常位于草山岩体北部与老岭（岩）群花山组接触带上，异常附近有已知的热液型磁铁矿，并与 Cu 化探异常对应，推断为夕卡岩型铜铁矿引起。

吉 C-1990-115 异常：位于预测工作区北部，东沟附近，走向近南北，范围 1.2km×0.8km，极大值为 200nT。位于震旦系与黑云母花岗岩接触带上，推断由接触蚀变带引起，是寻找铁、多金属矿有利地段。

吉 C-1987-62 异常：位于预测工作区北部，大栗子沟以北，异常宽缓，轴向北东长 2.5km，宽 1.0km，最高强度为 200nT。异常位于老岭（岩）群花山组与草山似斑状花岗岩接触带位置，附近有接触交代型磁铁矿点，地质条件对铁矿成矿极为有利。

3)推断断裂

本区推断断裂共 29 条，其中北东向 F_1、F_3、F_4、F_6、F_8、F_{11} 等 10 条，北西向 F_5、F_{10}、F_{17}、F_{14}、F_{20} 等 12 条，南北向 F_2、F_{19}、F_{22}、F_{26}、F_{29} 等 5 条，东西向 F_9、F_{21} 两条。

F_1 断裂位于预测工作区西北部，沿三道阳岔、大青沟村、珠宝沟村等，呈北东向分布，长约 28.9km。断裂西部为平静负磁场，主要是新元古界、古生界反映。断裂的东侧略有升高的负磁场为中生代侏罗系—白垩系及元古宇。区内北东向断裂，该断裂为北东向断带的一部分。

F_6 断裂位于预测工作区中部：南起三道湖附近，向北经沟里、错草村、杉松岗，向北延出预测工作区，北东向弧形分布，区内长 38.4km。断裂在负磁场中或正磁场边部通过，整个断裂位于元古宇中，局部为大栗子（岩）组和珍珠门组的分界线，北段从两岩体之间穿过。

F_{17} 断裂位于预测工作区南部：从小长川到三道阳岔附近，沿北西向负磁场梯度带展布，长 14km。断裂北段切割了中太古代片麻岩，中、南段切割了大栗子（岩）组及青白口系。

F_9 断裂位于预测工作区西部，从三道夹阳岔至三道岔村，沿东西向负磁场梯度带展布，长 5.2km。断裂北侧为中生代侏罗系，南侧为青白口系。

F_3 断裂位于预测工作区北部，从大阳岔镇至四道堡子一带，断裂沿北东向梯度带及磁场低值带展布，长 13.5km。该断裂为新元古代界与古生界断裂层接触带。

F_{15} 断裂位于预测工作区中部，沿北东向负磁场梯度带展布，北端在高丽沟附近，长 11.5km。断裂北侧为中太古代片麻岩，南侧为老岭（岩）群珍珠门组，两者呈断层接触。

4)推断侵入岩体

推断岩体的依据是根据航磁异常特征，利用垂向一异图的零值线或高于零值线，并结合地质图，本区圈出 3 处岩体。

(1)梨树沟岩体：在梨树沟李宾沟一带，长约 8.5km，宽约 5.5km，岩体异常北西向分布，最高强度约 400nT，一般为 200～300nT。岩性为中侏罗世二长花岗岩。

(2)银子沟岩体：在银子沟、石灰沟、老局所、二道阳岔一带，长约12km，宽约7km。异常走向为北西向，东部转为东西向，强度一般为300～500nT，最高达700nT以上。该岩体岩性为中侏罗世二长花岗岩，在岩体东部有一闪长玢岩脉，故东部异常强度升高。

(3)草山岩体（四方顶子）：在东沟、胜利村、天桥沟范围内，长10.5km，宽6km，异常带形态低缓，强度一般为50～100nT，最高为200nT左右。该岩体岩性为中侏罗世二长花岗岩，但从磁场强度看，该岩体与前震旦纪岩体有一定的磁性差异。

5)结论

大栗子式铁矿在大栗子矿区航磁没有反映，而地磁则有较好的反映。因此，利用地面磁法寻找大栗子式铁矿仍然是一种有效方法，小栗子铁矿航磁异常有一定的反映。小栗子铁矿区中基性脉岩（或次火山岩）较发育，受岩浆和火山活动影响，小栗子矿区含铁矿体经受较强的热变质作用，使原来的赤铁矿、菱铁矿变成以磁铁矿为主的矿石类型，增强了矿体的磁性。本区岩浆岩发育，围绕3个岩体边部接触是寻找夕卡岩型、热液型铁矿的有利部位。如吉C-1987-53异常位于接触带附近，可能与铁矿有关。吉C-1987-62、吉C-1990-111、吉C-1990-120异常寻找铁矿有利。而吉C-1990-113、吉C-1990-124、吉C-1990-126异常寻找多金属矿有利。吉C-1990-128异常寻找硫铁矿有利。

2. 大栗子式沉积变质型铁矿六道沟-八道沟预测工作区

1)磁场特征

异常主要为北东向，条带状展布。异常强度在预测工作区南部和北部相对弱，异常低缓，一般为100～200nT。北部主要是玄武岩覆盖区及中生代侏罗系零星出露，据区域重力资料，预测工作区北部特别是北侧的东部，为重力高，在侏罗系下面可能存在新元古代—早古生代地层；预测工作区南部低缓航磁异常带，区域重力资料为重力低，主要由白垩纪二长花岗岩等一些侵入岩引起；预测工作区中部有两条东西向较强异常带，一条是由吉C-1987-219(260nT)和吉C-1987-227(250nT)异常，及其东部的未编强异常，强度在1000nT以上。主要与白垩纪闪长岩($K_1\delta$)和古近系军舰山组玄武岩有关；另一条异常带由吉C-1987-223、吉C-1987-224、吉C-1987-225及吉C-1987-228等异常组成，强度一般为200～300nT，最高大于1000nT。异常对应侏罗系及军舰山组玄武岩。该异常带南侧是一条东西向弱磁异常延至预测工作区边部，为断续出露的中元古界大栗子(岩)组，岩性主要为千枚岩、大理岩等弱磁岩性，大栗子铁矿赋存于该地层中。据区域重力资料，重力高与东西向分布的大栗子(岩)组吻合。

2)航磁异常特征

吉C-1987-225异常：位于预测工作区南部，乱泥塘附近，异常呈北东走向，长2km，宽1km，最高异常值为1000nT，北侧伴生250nT负值。异常主要分布在中生界侏罗系中，岩性为砾岩、砂岩、安山岩、安山质凝灰岩等。在异常东南部，异常边部接近零值处是乱泥塘中型铁矿。前人报告认为航磁异常吉C-1987-225、吉C-1987-224由铁矿引起，根据以往资料大栗子式铁矿一般磁性较弱，引不起较强航磁异常，并且异常主要在侏罗系。从重力资料看，异常位于重力高梯度带上，说明侏罗系下可能存在隐伏老地层。因此，异常是否为深部铁矿引起，需进一步工作。

吉C-1987-223异常：异常位于预测工作区南部夹皮沟村南。异常呈东西走向，长约3km，宽1.5km，最高异常值350nT。异常东南部异常低值处是夹皮沟铁矿。异常处于玄武岩覆盖区，异常可能与玄武岩有关。本区航磁异常较多，但多数异常与侵入岩体及玄武岩有关。

吉C-1987-224异常：异常走向近东西，长3km，宽约1km，两翼对称，强度为550nT。异常位于上侏罗统林子头组，岩性为凝灰质砾岩、砂岩、粉砂岩及中酸性凝灰岩互层。通化地质大队在异常南部，异常低缓处验证见到磁铁矿体，该异常与吉C-1987-225异常相似。

3)推断断裂

从1:5万航磁上可以看出，区内断裂有东西向、北东向、北东东向、北西向4组。东西向和北东向为主要控矿断裂。区内推断断裂12条，其中东西向6条，北东向4条，北西向2条。以下对区内不同方向断裂作简要描述。

东西向断裂：F_1、F_2、F_4断裂位于预测工作区北部，沿东西向梯度带，及磁场低值带延深，长21.0km，断裂穿过中生界侏罗系及玄武岩覆盖区。沿断裂两侧都有玄武岩分布，断裂应该有一定的切割深度；F_{17}、F_{18}两条断裂组成的东西向断裂带，断裂带为负磁场，两边为正磁场，F_{17}断裂长29.5km，F_{18}断裂长17km，断裂带大体与东西向展布的大栗子（岩）组及青白口系吻合。区域重力场为一条东西向的重力高值带与大栗子（岩）组吻合，该地层为区内大栗子式铁矿含矿层位，断裂控制了地层分布。

北北东向断裂：F_{14}、F_{15}断裂为同一条断裂长14.5km，沿北北东向的线性梯度带延伸，北侧为负磁场，南侧为一些条带状正异常，沿断裂南侧有玄武岩分布。F_{19}断裂沿北北东向异常梯度带延伸，区内长18.5km，向东延出预测工作区。该断裂在区内切割了F_{17}、F_{18}两条东西向断裂，说明F_{19}断裂晚于F_{17}、F_{18}断裂；东西向断裂发育为区内主要断裂，在预测工作区南部，东西向断裂与震旦系、青白口系及大栗子（岩）组分布方向一致，可能为本区的控矿断裂。预测工作区北部玄武岩分布区，东西向断裂与东西向河道大体吻合。

北西向断裂：F_8和F_{21}两条断裂，F_8断裂位于预测工作区北部，沿异常梯度带及北西向异常低值带分布，长12.5km。断裂穿过早白垩世二长花岗岩体及侏罗系果松组。F_{21}断裂位于预测工作区南北，沿北西向的线性梯度带延伸，断裂北侧磁场负值区，南侧为正场，长19km，断裂北段穿过玄武岩覆盖区，南段在青白口系钓鱼台组与早白垩世二长花岗岩的接触带通过。

4）侵入岩、火山岩

预测工作区内侵入岩有早白垩世二长花岗岩、早白垩世闪长岩。二长花岗岩磁性不强，磁化率约1000×10^{-5}SI，闪长岩磁化略高在$1700\times10^{-5}\sim4200\times10^{-5}$SI。圈定岩体主要依据航磁异常，并结合地质图，利用ΔT化极图及ΔT垂向一阶异图来圈岩体边界。这样圈定二长花岗岩体8处，闪长岩体3处，花岗闪长岩体1处。区内面积较大的东桦皮甸子二长花岗岩体，磁场不均匀，南部和北部为高值正磁场，中部磁场值很低，接近零值，其他没有完整圈出，仅圈出南北两个闪长岩体。

本区火山岩为大面积覆盖的新生代玄武岩及中生代中—酸性火山岩。玄武岩磁化率变化很大从$423\times10^{-5}\sim10\,309\times10^{-5}$SI，并且剩磁很大，玄武岩的磁场面貌很醒目，以剧烈变化的杂乱异常为特征区别其他岩性异常。区内玄武岩异常东部强，西部低缓。根据航磁报告编号异常和未编号异常，结合地质图共圈出玄武岩10处，其中1处为高值异常，为中生代，中酸性火山岩。

5）推断变质岩地层

区内变质岩地层，位于预测工作区南部，共有2处。第一处为从龙岗村、北兴村至弧山村一带。航磁为一条东西向的狭长负异常带，区内长约25km。对比1:25万地质图，异常带对应老岭（岩）群大栗子（岩）组岩性为千枚岩、大理岩，底部千枚岩夹石英砂岩。负磁异常带与东西向的重力高相对应。并且沿带分布有夹皮沟、乱泥塘等大栗子式铁矿，地质上处于大栗子式铁矿成矿的有利地段，为大栗子（岩）组。第二处位于预测工作区东南部，从新南岗村、大崴子村向东到预测工作区边部。磁场正、负相间，正磁场主要为玄武岩覆盖区。地质上对应青白口系、震旦系，岩性为砂岩、页岩、灰岩等。重力场对应东西向的重力高值带。变质岩地层大部分被玄武岩覆盖，局部有零星出露，为新元古界。

6）结论

大栗子式铁矿航磁反映不明显，在大栗子矿区反映很不明显，在小栗子矿区也只有100nT左右的异常显示。对于区内吉C-1987-224、吉C-1987-225这两个高值异常，航磁报告认为异常由铁矿引起，但两者不够吻合，乱泥塘铁矿与吉C-1987-225有一定距离。铁矿在零值线附近的弱磁场中，对应的是大栗子（岩）组老地层，而异常在侏罗系中。从重力资料看，异常在重力梯度带上，可能存在隐伏老地层，于成矿有利，推断低缓异常由深部铁矿引起，反映浅部的高值异常是由铁矿还是侏罗纪火山岩引起，有待进一步工作。

二、遥感

(一)资料程度及使用说明

预测工作区及典型矿床所使用的资料均为全国项目组提供的 ETM 数据和本项目组自行购买的 ETM 数据经计算机录入、融合处理、校正并镶嵌的吉林省遥感影像图,校正底图为 1∶5 万地形图,校正误差控制在一个象元内,所成图像完全满足不高于 1∶5 万制图精度。预测工作区及典型矿床遥感解译精度均为 1∶5 万,遥感异常提取精度为 30m×30m 的象元分辨率。

(二)典型矿床特征

1. 大栗子铁矿遥感矿产地质特征

临江大栗子铁矿形成于遥感解译的北东向与北西向断裂交会部位局部有近南北向及近东西向断裂通过,4 个隐伏岩体形成的环形构造在此区集中分布,遥感浅色色调异常区,北东向韧脆性变形构造通过处,矿区附近零星分布遥感羟基异常及铁染异常,见图 7-3-6。

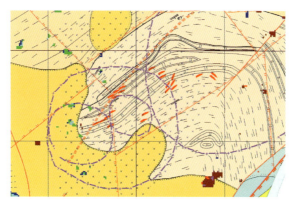

图 7-3-6　临江大栗子铁矿区遥感矿产地质特征解译与遥感异常分布图

2. 七道沟铁矿遥感矿产地质特征

通化市七道沟铁矿形成于遥感解译的北东向、北西向及近东西向断裂交会部位,3 个环形构造在矿区集中分布,遥感解译的浅色色调异常区,矿区附近有零星的遥感铁染异常,见图 7-3-7。

3. 乱泥塘铁矿遥感矿产地质特征

乱泥塘铁矿形成于遥感解译的头道-长白山断裂带内,上乱泥塘环形构造边部,矿区周围遥感羟基异常相对发育,见图 7-3-8。

(三)预测工作区的特征

1. 大栗子式沉积变质型铁矿荒沟山-南岔地区预测工作区

1)地质概况

预测工作区位于吉林省南部临江市西北,区内主要出露古元古界大栗子(岩)组千枚岩、绢云千枚岩、二云片岩为主夹大理岩、薄层石英岩,珍珠门岩组白云质大理岩、透闪石化、硅化、白云质大理岩,钓鱼台组石英砂岩、海绿石石英砂岩,马达岭组紫色长石石英砂岩;中太古代英云闪长质片麻岩及变质表壳岩,有晚三叠世黑云母花岗岩及早白垩世碱长花岗岩侵入。

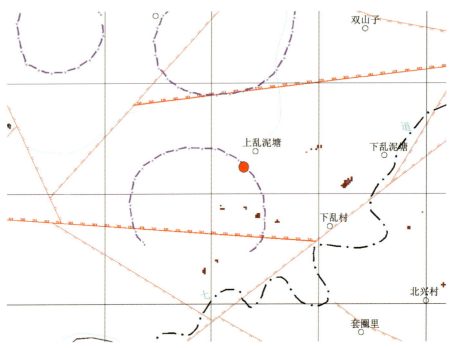

图 7-3-7 临江市乱泥塘铁矿区遥感矿产地质特征解译与遥感异常分布图

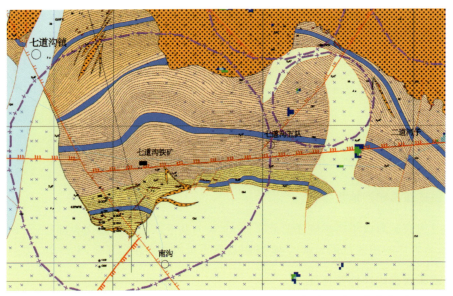

图 7-3-8 通化市七道沟铁矿区遥感矿产地质特征解译与遥感异常分布图

2）遥感地质特征解译

本预测工作区内解译出 1 条大型断裂带，为集安-松江岩石圈断裂，以松江一带为界分西南和东北两段，西南段为台区Ⅲ、Ⅳ级构造单元分界线，在绿江村、杨木林子屯一带控制侏罗系堆积，断裂切割上三叠统、中上侏罗统及中生代侵入岩，使古老的太古宙变质岩系、震旦系与侏罗系呈压剪性断层接触。该断裂带附近的次级断裂是重要的金-多金属矿产的容矿构造。

本预测工作区解译出 5 条中型断裂（带），分别为大路-仙人桥断裂带、大川-江源断裂带、果松-花山断裂带、兴华-长白山断裂带和头道-长白山断裂带。

大路-仙人桥断裂带：为一条北东南西向较大型波状断裂带，切割太古宇—侏罗系及岩体，控制中元古代、新元古代和古生代沉积，该断裂带与其他方向断裂交会部位，为金-多金属矿产形成的有利部位。该断裂带沿吉林省荒沟山-南岔大栗子式沉积变质型铁矿预测工作区中部斜穿预测工作区。

大川-江源断裂带：呈北东向，由通化市向北东经白山至抚松后被第四纪玄武岩覆盖，向西南进入辽宁省，由数十余条近于平行的断裂构造组成，为一中段宽、两端窄的较大型断裂构造带，中部较宽部位是重要的铁矿成矿带，边部及两端收敛部位为金-多金属矿产聚集区。该断裂带沿吉林省荒沟山-南岔大栗子式沉积变质型铁矿预测工作区北西侧斜穿预测工作区。

果松-花山断裂带：切割中元古界、新元古界及侏罗纪火山岩，在三道沟北太古宙花岗片麻岩逆冲于元古宇珍珠门组大理岩之上。沿断裂带有小型铁矿、铅锌矿、金矿分布。该断裂带沿吉林省荒沟山-南岔大栗子式沉积变质型铁矿预测工作区北中南部呈北东向斜穿预测工作区。

兴华-长白山断裂带：近东西向通过预测工作区南部，断裂带西段切割地台区老基底岩系、古生代盖层及中生界。该断裂带又控制晚三叠世中酸性火山岩。沿断裂带侵入燕山期和印支期花岗岩。该带与北东向断裂交会处为重要的金、多金属成矿区。该断裂带沿吉林省荒沟山-南岔大栗子式沉积变质型铁矿预测工作区北中北部呈近东西向横穿预测工作区。

头道-长白山断裂带：该断裂带为太子河-浑江陷褶束和营口-宽甸台拱Ⅲ级构造单元的分界线，断裂切割元古宇、古生界及侏罗系，并切割海西期、燕山期侵入岩。断裂发生于古元古代，海西期和燕山期均有强烈活动，东段乃至喜马拉雅期仍继续活动。

小型断裂比较发育，并且以北北西向和北西向为主，北东向次之，局部见近南北向和近东西向小型断裂，其中北西向及北北西向小型断裂多为正断层，形成时间较晚，多错断其他方向的断裂构造。其他方向的小型断裂多为逆断层，形成时间明显早于北西向断裂。不同方向小型断裂的交会部位，是重要的金、多金属成矿区。

脆韧变形趋势带比较发育，共解译出19条。其中18条为区域性规模脆韧性变形构造，组成一条较大规模的镇脆韧性变形构造带，南段与果松-华山断裂带重合，中段与大路-仙人桥断裂带重合，北段与兴华-长白山断裂带重合，为一条总体走向北东的"S"形变形带。该带与金、铁、铜、铅、锌矿产均有密切的关系。

本预测工作区内的环形构造比较发育，共圈出118个环形构造。它们在空间分布上有明显的规律，主要分布在不同方向断裂交会部位。按成因类型分为4类，其中与隐伏岩体有关的环形构造104个，中生代花岗岩类引起的环形构造8个，褶皱引起的环形构造3个和火山机构或通道引起的环形构造3个。区内的铁矿点多分布于环形构造内部或边部。

本预测工作区共解译出色调异常17处，其中的6处由绢云母化、硅化引起，11处为侵入岩体内外接触带及残留顶盖引起，它们在遥感图像上均显示为浅色色调异常。从空间分布上看，区内的色调异常明显与断裂构造及环形构造有关，在北东向断裂带上及北东向断裂带与其他方向断裂交会部位以及环形构造集中区，色调异常呈不规则状分布。

预测工作区内的铁、金-多金属矿床(点)在空间上与遥感色调异常有较密切的关系，多形成于遥感色调异常区。

本预测工作区共解译出7处遥感带要素，均由变质岩组成，其中5处为青白口系钓鱼台组、南芬组并层，分布于和龙断块内，该带与铁矿关系密切；一处为中元古界老岭(岩)群珍珠门组与花山组接触带附近，由白云质大理岩、透闪石化、硅化白云质大理岩、二云片岩夹大理岩组成，该带与铁、金-多金属的关系密切，另一处为中太古代英云闪长片麻岩。

本预测工作区共解译出8处遥感块要素，其中2处为区域压扭应力形成的构造透镜体，形成于老岭造山带中。6处为小规模块体所受应力形成的菱形块体，它们全呈北东向展布，两处分布于大川-江源断裂带内，1处分布于老岭造山带中。

3) 遥感异常分布特征

吉林省荒沟山-南岔大栗子式沉积变质型铁矿预测工作区共提取遥感羟基异常面积6 434 251m²，

其中一级异常775 426m²,二级异常819 326m²,三级异常4 839 499m²。

临江岩组长石石英岩、石英岩、变粒岩、片麻岩、石英片岩、二云片岩夹厚-中薄层石英岩分布区,羟基异常集中分布,由地层岩性引起,与矿化无关。第四纪玄武岩分布区,羟基异常相对集中,由地层岩性引起,与矿化无关。北东向断裂附近、北西向断裂附近及它们的交会部位,羟基异常集中分布,为矿化蚀变引起。

本区共提取遥感铁染异常面积17 220 683m²,其中一级异常8 521 962m²,二级异常2 601 224m²,三级异常6 097 495m²。

临江岩组长石石英岩、石英岩、变粒岩、片麻岩、石英片岩、二云片岩夹厚-中薄层石英岩分布区,铁染异常集中分布,由地层岩性引起,与矿化无关。青白口系长石石英砂岩分布区,铁染异常相对集中,地层岩性引起,与矿化有关;古元古界珍珠门组大理岩与华山组片岩接触带附近,铁染异常相对集中,由矿化蚀变引起。北东向断裂附近、北西向断裂附近及它们的交会部位以及环形构造内部,铁染异常集中分布,由矿化蚀变引起。

4)遥感矿产预测分析

根据大栗子铁矿矿区地质特征及区域遥感影像特征分析,认为大栗子铁矿成矿因素主要为中元古代晚期大栗子(岩)组上段绢云千枚岩大理岩夹磁铁矿、赤铁矿和菱铁矿层为大栗子铁矿含矿岩层;区域变质作用造成成矿元素迁移富集,后期岩浆作用造成围岩的矿化蚀变,并使成矿元素再次富集并形成矿体。由此认为,在大栗子(岩)组上段绢云千枚岩大理岩夹磁铁矿、赤铁矿和菱铁矿出露区,不同方向断裂交会部位,并有隐伏岩体形成的环形构造区,为大栗子式铁矿成矿的有利部位。为此,吉林省荒沟山-南岔地区划分出3个大栗子式铁矿预测工作区。

(1)当石沟预测工作区(Ⅰ):北东向与北西向断裂交会部位,北东向脆韧性变形构造通过区,4个隐伏岩体形成的环形构造集中分布,遥感浅色色调异常区,有零星的羟基异常和铁染异常分布,大栗子铁矿分布于该区内。

(2)二道河子预测工作区(Ⅱ):北东向与北北东向断裂通过区,3个隐伏岩体形成的环形构造在此区集中分布,遥感浅色色调异常区,遥感铁染异常相对集中区。

(3)错草村预测工作区(Ⅲ):北东向与北西向断裂交会部位,北东向脆韧性变形构造通过区,红土崖镇东环形构造南侧边缘,遥感浅色色调异常区,遥感铁染异常相对集中区。

(4)横路岭预测工作区(Ⅳ):大栗子(岩)组绢云千枚岩大理岩夹磁铁矿、赤铁矿和菱铁矿分布区,北东向与近东西向断裂密集分布区,4个环形构造集中分布,西南总数遥感浅色色调异常区,遥感羟基异常相对集中区。

(5)老营沟预测工作区(Ⅴ):大栗子(岩)组绢云千枚岩大理岩夹磁铁矿、赤铁矿和菱铁矿分布区,中部被林子头组凝灰质砾岩、砂岩、粉砂岩及中酸性凝灰岩互层组成酸性火山岩系覆盖,果松-花山北东向断裂带通过矿区。近东西向及北西向断裂通过此区。7个环形构造沿北东向断裂带呈串珠状分布,通化南岔铁矿、通化冰沟铁矿分布于该区。

(6)七道沟预测工作区(Ⅵ):大栗子(岩)组绢云千枚岩大理岩夹磁铁矿、赤铁矿和菱铁矿分布区,北东向、北西向及近东西向断裂密集分布区,3个环形构造集中分布于此区,遥感浅色色调异常区。区内有零星的铁染异常分布,通化市七道沟铁矿、通化二道河子铁矿分布于该区。

2. 大栗子式沉积变质型铁矿六道沟-八道沟地区预测工作区

1)地质概况

预测工作区位于吉林省南部临江市东南部,区内主要出露侏罗系林子头组凝灰质砾岩、砂岩、粉砂岩及中酸性凝灰岩互层组成酸性火山岩系,果松组砾岩、砂岩安山岩、安山质凝灰熔岩,局部有流纹岩、凝灰岩,古元古界大栗子(岩)组以千枚岩、绢云千枚岩、二云片岩为主夹大理岩、薄层石英岩,中生界各种灰岩,中太古代钾长花岗质片麻岩,有晚侏罗世碱长花岗岩、晚侏罗世闪长岩侵入,预测工作区东北部为大面积第四纪玄武岩覆盖。

2）遥感地质特征解译

本区解译出 1 条中型断裂（带），为头道-长白山断裂带。该断裂带为太子河-浑江陷褶束和营口-宽甸台拱Ⅲ级构造单元的分界线，断裂切割元古宇、古生界及侏罗系，并切割海西期、燕山期侵入岩。该带与其他方向断裂交会部位是重要的金、多金属成矿区。该断裂带呈东西向横穿本预测工作区。

小型断裂以北西向和北东向为主，局部见近东西向和北北东向小型断裂。其中，北西向小型断裂多显示张性特点，其他方向小型断裂多为压性断层，不同方向断裂交会部位是重要的铁、金成矿地段。

本区共圈出 18 个环形构造。它们在空间分布上有明显的规律，主要分布在不同方向断裂交会部位。按其成因类型分为两类，其中与隐伏岩体有关的环形构造 16 个，中生代花岗岩类引起的环形构造两个。

3）预测工作区遥感异常分布特征

吉林省六道沟-八道沟沉积变质型铁矿预测工作区共提取遥感羟基异常面积 2 045 142 m^2，其中一级异常 75 600 m^2，二级异常 72 639 m^2，三级异常 1 896 903 m^2。

北东向与近东西向断裂交会部位，羟基异常集中分布，为矿化蚀变引起。在第四纪冲沟中，羟基异常相对集中，与矿化无关。

本区共提取遥感铁染异常面积 3 366 660 m^2，其中一级异常 506 096 m^2，二级异常 302 400 m^2，三级异常 2 558 164 m^2。

北东向与北西向或近东西向断裂交会部位，铁染异常集中分布，为矿化蚀变引起。中太古代钾长花岗质片麻岩分布区，铁染异常集中分布，为矿化蚀变引起。晚侏罗世碱长花岗岩分布区及内外接触带，铁染异常相对集中，与矿化有关。

4）遥感矿产预测分析

根据乱泥塘铁矿矿区地质特征及区域遥感影像特征分析，认为乱泥塘铁矿成矿因素主要为：中元古代晚期大栗子（岩）组上段绢云千枚岩大理岩夹磁铁矿、赤铁矿和菱铁矿层为乱泥塘铁矿含矿岩层；区域变质作用造成成矿元素迁移富集，后期岩浆作用造成围岩的矿化蚀变，并使成矿元素再次富集并形成矿体。由此认为，在大栗子（岩）组上段绢云千枚岩大理岩夹磁铁矿、赤铁矿和菱铁矿出露区、不同方向断裂交会部位、有隐伏岩体形成的环形构造区，为大栗子式铁矿成矿的有利部位。同时在此预测工作区圈出一个大栗子式铁矿遥感预测工作区——乱泥塘预测工作区。该预测工作区为大栗子（岩）组以千枚岩、绢云千枚岩、二云片岩为主，夹大理岩、薄层石英岩分布区，遥感解译的头道-长白山断裂带内，上乱泥塘环形构造分布于该区，区内分布有遥感羟基异常。

第四节 矿产预测

一、矿产预测方法类型选择

本次预测工作目前主要选择了德尔菲法、地质体积法、磁性矿产定量预测法。

二、预测模型

（一）典型矿床预测模型

1. 大栗子铁矿

（1）预测要素：根据大栗子铁矿典型矿床成矿要素和地球物理、遥感特征，确立典型矿床预测要素，见表 7-4-1。

表 7-4-1　临江市大栗子铁矿床预测要素表

预测要素		内容描述	类别
地质条件	岩石类型	含铁碳酸盐岩、泥质岩；经区域变质形成绿泥石-大理岩	必要
	成矿时代	中元古代、新元古代	必要
	成矿环境	矿床位于华北东部陆块（Ⅱ）、胶辽吉古元古代裂谷带（Ⅲ）的老岭坳陷盆地（Ⅳ）内	必要
	构造背景	大栗子（岩）组经区域构造作用尤其是向斜褶皱的空间分布起到对矿体展布的控制作用	重要
矿床特征	控矿条件	古元古代辽吉裂谷老岭（岩）群大栗子（岩）组控矿，含铁碳酸盐岩与泥质岩石组合呈现出岩性的控矿作用；大栗子（岩）组经区域构造作用尤其是向斜褶皱的空间分布起到对矿体展布的控制作用	必要
	矿化特征	铁矿产于大栗子（岩）组上部以千枚岩为主夹透镜状大理岩层系中，赋存赤铁矿、磁铁矿及菱铁矿组合的矿体以薄层条带状大理岩层多且厚，分布稳定，以千枚岩与大理岩互层为特征。矿体赋存于大栗子（岩）组向斜中，常与层间断层破碎带伴生。铁矿体空间上总体走向由北东至东西转向南东。在平面、剖面上呈不连续的似层状和扁豆状矿体，平行排列，尖灭再现，呈舒缓波状的总体分布特征。大栗子式铁矿在5个含矿层系中，矿体呈平行、多层次产出，沿走向、倾向断续分布。矿体呈似层状和扁豆状，少数其他形状如囊状体。矿体集中成群出现如西部矿体群，具一定等距数百米的矿体群特征	重要
综合信息	地球物理	重力高异常是该类型铁矿成矿远景区（段）的重要划分标志；1∶5万航空磁测在北东向负磁场线性梯级带边部出现的规则似椭圆状强度较弱的低缓异常（$\Delta T_{max} \approx 80nT$）为特征，这种负磁场中的低值弱异常是此类型矿床较典型的找矿标志；地磁异常均属强度一般不超过1000nT的呈串珠状有规律分布的低缓异常，地面磁测是寻找经过岩浆热液蚀变改造的大栗式富铁矿的一种最有效手段	必要
	遥感	北东向与北西向断裂交会部位局部有近南北向及近东西向断裂通过，4个隐伏岩体形成的环形构造在此区集中分布，遥感浅色色调异常区，矿体产在北东向韧性剪切带上，矿区附近零星分布遥感羟基异常及铁染异常	次要

(2) 预测要素编图：在典型矿床成矿要素图基础上，将1∶5万航磁异常放大到1∶1万叠加到成矿要素图上，同时将遥感信息叠加其上形成预测要素编图。

(3) 预测模型：见图7-3-5。

2. 乱泥塘铁矿

(1) 预测要素：根据乱泥塘铁矿典型矿床成矿要素和地球物理、遥感特征，确立典型矿床预测要素，见表7-4-2。

(2) 预测要素编图：在典型矿床成矿要素图基础上，将1∶5万航磁异常放大到1∶1万叠加到成矿要素图上，同时将遥感信息叠加其上形成预测要素编图。

3. 七道沟铁矿

(1) 预测要素：根据七道沟铁矿典型矿床成矿要素和地球物理、遥感特征，确立典型矿床预测要素，见表7-4-3。

表 7-4-2　临江市乱泥塘铁矿床预测要素

预测要素		内容描述	类别
地质条件	岩石类型	含铁碳酸盐岩与泥质岩	必要
	成矿时代	中元古代、新元古代	必要
	成矿环境	矿床位于华北东部陆块(Ⅱ)、胶辽吉古元古代裂谷带(Ⅲ)的老岭坳陷盆地(Ⅳ)内	必要
	构造背景	大栗子(岩)组经区域构造作用尤其是褶皱的单斜构造空间分布起到对矿体展布的控制作用	重要
矿床特征	控矿条件	大栗子(岩)组控矿,含铁碳酸盐岩与泥质岩石组合呈现出岩性的控矿作用。矿体的赋存与含矿层大理岩关系密切。含矿大理岩厚度减小,矿体厚度亦减小;含矿大理岩增厚,含矿层上、下薄层大理岩分布稳定,则有多层矿出现;含矿大理岩与绢云千枚岩交错,矿体形态多变、变薄或变尖;构造控矿,大栗子(岩)组经区域构造作用尤其是褶皱的单斜构造空间分布起到对矿体展布的控制作用	必要
	蚀变特征	磁铁矿化-绿泥石化-(黄铁矿化、闪锌矿化、方铅矿化、黄铜矿化)-硅化和碳酸盐化	重要
	矿化特征	乱泥塘铁矿床空间上依存于古元古界大栗子(岩)组的展布,矿体的赋存与含矿层系中大理岩关系密切。受走向近东西的单斜构造控制,矿体分布在单斜构造的南翼,即大栗子(岩)组单斜构造要素控制了铁矿床的三度空间分布。 铁矿体空间上总体走向近东西,局部北西—东西转向北东。在平面、剖面上呈不连续的似层状和扁豆状,矿体近平行排列,尖灭再现,呈舒缓波状的总体空间分布特征。矿体氧化深度仅限于地表浅部,形成一个氧化薄壳。矿体氧化带处于地表工程与地下第一排钻孔间,深度一般在10m左右	重要
综合信息	遥感	形成于遥感解译的头道-长白山断裂带内,上乱泥塘环形构造边部,矿区周围遥感羟基异常相对发育	次要

表 7-4-3　通化市七道沟铁矿床预测要素表

预测要素		内容描述	类别
地质条件	岩石类型	以千枚岩为主夹透镜状大理岩层	必要
	成矿时代	古元古代晚期	必要
	成矿环境	矿床位于华北东部陆块(Ⅱ)、胶辽吉古元古代裂谷带(Ⅲ)的老岭坳陷盆地(Ⅳ)内	必要
	构造背景	受走向北东的背斜控制,矿体分布在背斜的南翼西端,即大栗子(岩)组背斜、构造要素控制了铁矿床的三度空间分布	重要
矿床特征	控矿条件	大栗子(岩)组上部以千枚岩为主夹透镜状大理岩层;走向北东的背斜控制	必要
	蚀变特征	硅化、绿泥石化、方解石化	重要
	矿化特征	七道沟铁矿床空间上依存于古元古界大栗子(岩)组的展布,受走向北东的背斜控制,矿体分布在背斜的南翼西端,即大栗子(岩)组背斜、构造要素控制了铁矿床的三度空间分布。铁矿产于大栗子(岩)组上部以千枚岩为主夹透镜状大理岩层系中,赋存赤铁矿、磁铁矿及菱铁矿组合,矿体以薄层、条带状大理岩与千枚岩互层为特征。铁矿体空间上总体走向北东,局部北西—东西转向北东。在平面、剖面上呈不连续的似层状和扁豆状,矿体近平行排列,尖灭再现,呈舒缓波状的总体分布特征	重要
综合信息	遥感	北东向、北西向及近东西向断裂交会部位,3个环形构造在矿区集中分布,遥感解译的浅色色调异常区,矿区附近有零星的遥感铁染异常	次要

(2)预测要素编图:在典型矿床成矿要素图基础上,将1∶5万航磁异常放大到1∶1万叠加到成矿要素图上,同时将遥感信息叠加其上形成预测要素编图。

(二)预测工作区预测模型

该类型铁矿包含荒沟山-南岔、六道沟-八道沟两个沉积变质型铁矿预测工作区,但六道沟-八道沟为无模型区,它的成矿地质条件、找矿综合信息标志与荒沟山-南岔预测工作区相同。所以,预测工作区预测模型是在荒沟山-南岔预测工作区大栗子、乱泥塘、七道沟3个典型矿床预测要素基础之上总结的。

(1)预测要素:根据荒沟山-南岔预测工作区区域成矿要素和地球物理、遥感特征,确立了区域预测要素,见表7-4-4。

(2)预测要素编图:在预测工作区区域成矿要素图基础上,将1∶5万航磁异常叠加到成矿要素图上,同时将遥感信息叠加其上形成预测要素编图。

表7-4-4 大栗子式沉积变质型铁矿床预测要素表

预测要素		内容描述	类别
地质条件	岩石类型	大栗子(岩)组以千枚岩为主夹透镜状大理岩层	必要
	成矿时代	古元古代晚期	必要
	成矿环境	老岭坳陷盆地基底构造控制该类型铁矿的空间分布,后期变质变形形成的褶皱构造控制矿体的形态	必要
	构造背景	矿床位于前南华纪华北东部陆块(Ⅱ)、胶辽吉古元古代裂谷带(Ⅲ)的老岭坳陷盆地(Ⅳ)内	重要
矿床特征	控矿条件	地层控矿:区域上所有大栗子式铁矿全部受老岭(岩)群大栗子(岩)组控制。构造控矿:主要表现在3个方面,其一是基底构造-老岭坳陷盆地控制该类型铁矿的空间分布;其二是后期变质变形形成的褶皱构造控制矿体的形态;其三是后期的断裂构造对矿体的破坏	必要
	蚀变特征	硅化、绿泥石化、方解石化	重要
	矿化特征	矿床空间上依存于古元古界大栗子(岩)组的展布,受走向北东的背斜控制,矿体分布在背斜的南翼西端。即大栗子(岩)组背斜、构造要素控制了铁矿床的三度空间分布。铁矿产于大栗子(岩)组上部以千枚岩为主夹透镜状大理岩层系中,赋存于赤铁矿、磁铁矿及菱铁矿组合,矿体以薄层、条带状大理岩与千枚岩互层为特征。铁矿体空间上总体走向北东,局部北西—东西转为北东,在平面、剖面上呈不连续的似层状和扁豆状,矿体近平行排列,尖灭再现,呈舒缓波状的总体分布特征	重要
综合信息	遥感	北东向、北西向及近东西向断裂交会部位,3个环形构造在矿区集中分布,遥感解译的浅色色调异常区,矿区附近有零星的遥感铁染异常	次要

三、预测单元划分及预测地质变量选择

大栗子预测工作区主要针对大栗子式沉积变质型铁矿床进行预测。大栗子式沉积变质型铁矿产于大栗子(岩)组内。区域上大栗子(岩)组分上、下两段,上段二云片岩、绢云千枚岩夹大理岩,局部含铁矿层;下段二云片岩,绢云千枚岩底部二云片岩夹薄层石英岩。因此,大栗子(岩)组地质体单元作为重要的预测单元划分依据,同时为必要预测地质变量,航磁也是重要的圈定依据和预测变量。遥感、重力为次要预测地质要素。

四、预测工作区圈定及优选

预测工作区圈定以含矿地质体和矿体产出部位为主要圈定依据,以大栗子(岩)组产出部位为圈定依据。首先应用 MRAS 软件对预测要素进行空间叠加的方法对预测工作区进行空间评价,圈定预测工作区。优选最小预测工作区以矿产地、航磁、遥感和重力作为确定依据,特别是矿产地和矿体产出部位是区分资源潜力级别及资源量级别的最主要依据,经过地质专家进一步修正和筛选,最终优选出最小预测工作区,综合上述因素划分出 A、B、C 共 3 类预测工作区。

五、德尔菲法资源量估算

1. 分析过程

按"资源量征询意见表"和按"概率征询意见表",根据吉林省铁矿勘探深度、成矿背景和未来的找矿方向,将预测深度分别为 500m 以浅、1000m 以浅、2000m 以浅,得出结果见表 7-4-5。

2. 预测成果

课题组对专家填写的"资源量征询意见表"和按"概率征询意见表"进行统计(按 MRAS 软件),对统计结果进行判断。预测成果见表 7-4-5,判断公式见式(5-4-1)。

表 7-4-5 吉林省沉积变质型铁矿德尔菲法资源量预测表

预测工作区名称	深度	面积/km²	预测资源量(规模)		
			90%	50%	10%
六道沟-八道沟	500m 以浅	261	小型	大型	大型
荒沟山-南岔			小型	小型	小型
小计			大型	大型	大型
六道沟-八道沟	1000m 以浅	279	中型	大型	大型
荒沟山-南岔区		204	大型	大型	大型
小计			大型	大型	大型
六道沟-八道沟	2000m 以浅		大型	大型	大型
荒沟山-南岔			大型	大型	大型

六、地质体积法资源量估算

(一)典型矿床已查明资源储量及其估算参数

1. 大栗子式沉积变质型铁矿荒沟山-南岔预测工作区

该预测工作区内典型矿床为大栗子铁矿。

(1)查明资源储量:大栗子典型矿床所在区,以往工程控制实际查明的并且已经记录在储量登记表中上。

(2)面积:大栗子典型矿床所在区域经 1:1 万地质填图确定的勘探评价区,并经山地工程验证的矿体、矿带聚集区段边界范围为 10 118 300.47m²。含矿层位的平均倾角为 30°。

(3)延深:大栗子典型矿床勘探控制矿体延深为 500m。

(4)体积含矿率:体积含矿率=查明资源储量/(面积×sinα×延深),其中α为含矿层位的平均倾角,计算得出大栗子铁矿矿床体积含矿率为0.017 021 04t/m³(表7-4-6)。

表7-4-6 大栗子式沉积变质型铁矿荒沟山-南岔预测工作区典型矿床查明资源储量表

编号	名称	查明资源储量(规模)		面积/m²	延深/m	品位/%	体重/(t·m⁻³)	体积含矿率/(t·m⁻³)
		矿石量	金属量					
6	临江市大栗子铁矿	小型		10 118 300.47	500	40	4.2	0.017 021 04

2. 大栗子式沉积变质型铁矿六道沟-八道沟预测工作区

该预测工作区内典型矿床为乱泥塘铁矿,计算得出乱泥塘铁矿床体积含矿率为0.002 880 88t/m³(表7-4-7)。

表7-4-7 大栗子式沉积变质型铁矿六道沟-八道沟预测工作区典型矿床查明资源储量表

编号	名称	查明资源储量(规模)		面积/m²	延深/m	品位/%	体重/(t·m⁻³)	体积含矿率/(t·m⁻³)
		矿石量	金属量					
7	临江市乱泥塘铁矿	小型		8 231 073.24	950	46.32	4	0.002 880 88

(二)典型矿床深部及外围预测资源量及其估算参数

1. 大栗子式沉积变质型铁矿荒沟山-南岔预测工作区

大栗子铁矿床深部资源量预测,矿体沿倾向最大延深500m,矿体倾角30°,实际垂深250m。根据该含矿层位在区域上的产状、走向、延深等均比较稳定,推断该套含矿层位在1500m深度仍然存在,所以本次对该矿床的深部预测垂深选择1500m。矿床深部预测实际深度为1250m。面积仍然采用原矿床含矿的最大面积。预测其深部资源量。应用预测资源量=面积×延深×体积含矿率,见表7-4-8。

表7-4-8 大栗子式沉积变质型铁矿荒沟山-南岔预测工作区典型矿床深部预测资源量表

编号	名称	预测资源量(规模)	面积/m²	延深/m	体积含矿率/(t·m⁻³)
6	临江市大栗子铁矿	大型	10 118 300.47	1250	0.017 021 04

2. 大栗子式沉积变质型铁矿六道沟-八道沟预测工作区

乱泥塘铁矿床深部资源量预测,铁矿矿体沿倾向最大延深950m,矿体倾角50°,实际垂深728m。根据该含矿层位在区域上的产状、走向、延深等均比较稳定,推断该套含矿层位在1500m深度仍然存在,所以本次对该矿床的深部预测垂深选择1500m。矿床深部预测实际深度为772m。面积仍然采用原矿床含矿的最大面积,见表7-4-9。

表7-4-9 大栗子式沉积变质型铁矿六道沟-八道沟预测工作区典型矿床深部预测资源量表

编号	名称	预测资源量(规模)	面积/m²	延深/m	体积含矿率/(t·m⁻³)
7	乱泥塘铁矿	小型	8 231 073.24	772	0.002 880 88

(三)典型矿床总资源量

大栗子式沉积变质型铁矿荒沟山-南岔预测工作区见表7-4-10,六道沟-八道沟预测工作区见表7-4-11。

表 7-4-10　大栗子式沉积变质型铁矿荒沟山-南岔预测工作区典型矿床总资源量表

编号	名称	查明资源储量（规模）	预测资源量（规模）	总资源量（规模）	总面积/m²	总延深/m	含矿系数
6	临江市大栗子铁矿	大型	大型	大型	10 118 300.47	1500	0.017 021 04

表 7-4-11　大栗子式沉积变质型铁矿六道沟-八道沟预测工作区典型矿床总资源量表

编号	名称	查明资源储量（规模）	预测资源量（规模）	总资源量（规模）	总面积/m²	总延深/m	含矿系数
7	临江市乱泥塘铁矿	大型	大型	大型	8 231 073.24	1500	0.002 880 88

（四）预测工作区模型区估算参数确定

1. 大栗子式沉积变质型铁矿荒沟山-南岔预测工作区

模型区：典型矿床所在的最小预测工作区，即大栗子铁矿所在的 DLA1 最小预测工作区。

模型区预测资源量：DLA1 模型区预测资源量是大栗子典型矿床探明和深部预测资源量的总资源量，即查明资源量＋深部预测资源量。

面积：DLA1 模型区的面积是大栗子式典型矿床所在区含矿建造大栗子（岩）组的出露面积叠加航磁异常，加以人工修正后的最小预测工作区面积。

延深：模型区内典型矿床的总延深，即最大预测深度。大栗子铁矿现在最大的勘探深度均达到 250m 左右，但从区域上和矿区上大栗子（岩）组具有一定的规模，沿走向和倾向延伸比较稳定，推测含矿地层延深仍然比较稳定，所以模型区的预测深度选择 1500m，沿用大栗子铁矿典型矿床的最大预测深度。

含矿地质体面积参数：为含矿地质体面积/模型区面积，当含矿地质体面积＝模型区面积，其为 1，含矿地质体面积小于模型区面积，其小于 1。大栗子典型矿床所在的最小预测工作区内出露为含矿建造的面积，所以含矿地质体面积参数为 1，见表 7-4-12。

表 7-4-12　模型区预测资源量及其估算参数

编号	名称	模型区预测资源量（规模）	模型区面积/m²	延深/m	含矿地质体面积/m²	含矿地质体面积参数
84	DLA1	大型	16 582 848.70	1500	16 582 848.70	1

2. 大栗子式沉积变质型铁矿六道沟-八道沟预测工作区

模型区：典型矿床所在的最小预测工作区，即大栗子铁矿所在的 DLA1 最小预测工作区。

模型区预测资源量：DBA1 模型区预测资源量是乱泥塘典型矿床探明＋深部预测资源量的总资源量，即查明资源量＋深部预测资源量。

面积：DBA1 模型区的面积是乱泥塘典型矿床所在区含矿建造大栗子（岩）组的出露面积叠加航磁异常，加以人工修正后的最小预测工作区面积。

延深：模型区内典型矿床的总延深，即最大预测深度。大栗子铁矿现在最大的勘探深度均达到 728m，但从区域上和矿区上大栗子（岩）组具有一定的规模，沿走向和倾向延伸比较稳定，推测含矿地层延深仍然比较稳定，所以模型区的预测深度选择 1500m，沿用乱泥塘铁矿典型矿床的最大预测深度。

含矿地质体面积参数:为含矿地质体面积/模型区面积,当含矿地质体面积＝模型区面积,其为1,含矿地质体面积小于模型区面积,其小于1。乱泥塘典型矿床所在的最小预测工作区内出露为含矿建造的面积,所以含矿地质体面积参数为1,见表7-4-13。

表7-4-13 模型区预测资源量及其估算参数

名称	模型区预测资源量（规模）	模型区面积/m²	延深/m	含矿地质体面积/m²	含矿地质体面积参数
LBA1	大型	14 271 700	1500	14 271 700	1

(五)预测工作区模型区含矿系数确定

1. 大栗子式沉积变质型铁矿荒沟山-南岔预测工作区

模型区DLA1的含矿地质体含矿系数确定公式为:DLA1含矿地质体含矿系数＝DLA1模型区资源总量/含矿地质体总体积,含矿地质体的总体积为含矿地质体面积×预测总深度。计算得出DLA1模型区的含矿地质体含矿系数为0.010 385 67,见表7-4-14。

表7-4-14 大栗子式沉积变质型铁矿荒沟山-南岔预测工作区模型区含矿地质体含矿系数表

模型区名称	含矿地质体含矿系数	资源总量(规模)	含矿地质体总体积/m³
DLA1	0.010 385 67	大型	24 874 273 050

2. 大栗子式沉积变质型铁矿六道沟-八道沟预测工作区

模型区LBA1的含矿地质体含矿系数确定公式为:LBA1含矿地质体含矿系数＝模型区LBA1资源总量/含矿地质体总体积,含矿地质体的总体积为表7-4-15确定的含矿地质体面积×预测总深度。计算得出LBA1模型区的含矿地质体含矿系数为0.001 195 19,见表7-4-15。

表7-4-15 沉积变质型六道沟-八道沟预测工作区模型区含矿地质体含矿系数表

模型区名称	含矿地质体含矿系数	资源总量(规模)	含矿地质体总体积/m³
LBA1	0.001 195 19	大型	214 075 500 000

(六)预测工作区最小预测工作区估算参数的确定

1. 最小预测工作区面积圈定方法及圈定结果

大栗子式沉积变质型铁矿荒沟山-南岔预测工作区内最小预测工作区面积的确定主要依据是在古元古界大栗子(岩)组含铁建造存在的基础上,叠加航磁异常,两者叠加并经地质矿产专业人员人工修整后的最小区域,见表7-4-16。

表7-4-16 荒沟山-南岔预测工作区最小预测工作区面积圈定大小及方法依据

最小预测工作区名称	面积/m²	参数确定依据
DLC1	2 025 979.43	大栗子(岩)组含铁建造＋磁异常
DLC2	1 194 520.11	大栗子(岩)组含铁建造＋磁异常

2. 最小预测工作区延深参数的确定及结果

大栗子式沉积变质型铁矿荒沟山-南岔预测工作区最小预测工作区延深参数的确定主要参考区域大栗子(岩)组含矿建造的稳定性、典型矿床最大勘探深度、区域上磁异常的反演深度,在此基础上推测含矿建造可能得延深而确定。根据区域地质调查资料大栗子(岩)组含矿建造在预测工作区内沿走向和倾向延伸相对比较的稳定,大栗子铁矿最大勘探深度为 250 余米,铁矿含矿层位仍然稳定存在,区域上航磁异常的反演最大深度为 2000m,由此确定沉积变质型荒沟山-南岔预测工作区最小预测工作区延深参数为 1500m。当其最小预测工作区长轴小于 2000m 时,最深预测到 1000m,见表 7-4-17。

表 7-4-17　荒沟山-南岔预测工作区最小预测工作区延深圈定大小及方法依据

最小预测工作区名称	延深/m	参数确定依据
DLC1	1000	古元古代大栗子(岩)组含铁建造+磁异常
DLC2	1000	古元古代大栗子(岩)组含铁建造+磁异常

3. 品位和体重的确定

大栗子式沉积变质型铁矿荒沟山-南岔预测工作区:预测工作区内最小预测工作区主要是预测寻找成因类型相同、含矿建造相同、成矿时代相同的大栗子式沉积变质铁矿。因此,最小预测工作区的矿石品位和体重的确定,主要参考大栗子铁矿典型矿床的实测数据,确定最小预测工作区矿石平均品位为 40%,体重为 $4.2t/m^3$。

大栗子式沉积变质型铁矿六道沟-八道沟预测工作区:预测工作区内最小预测工作区主要是预测寻找成因类型相同、含矿建造相同、成矿时代与乱泥塘铁矿相同的沉积变质铁矿。因此,最小预测工作区的矿石品位和体重的确定主要参考乱泥塘铁矿典型矿床的实测数据,确定最小预测工作区矿石平均品位为 46.32%,体重为 $4t/m^3$。

4. 相似系数的确定

大栗子式沉积变质型铁矿荒沟山-南岔预测工作区内最小预测工作区与 DLA1 模型区含矿建造相同,具有航磁异常,但最小预测工作区内没有已知铁矿点,这样的最小预测工作区与 DLA1 模型区的相似系数为 0.6,见表 7-4-18。

表 7-4-18　荒沟山-南岔预测工作区最小预测工作区相似系数表

最小预测工作区名称	相似系数
DLC1	0.6
DLC2	0.6

(七)预测资源量估算

1. 估算方法

依据上述确定的相关参数应用含矿地质体预测资源量公式,具体见式(5-4-2)。

2. 估算结果

大栗子式沉积变质型铁矿荒沟山-南岔预测工作区最小预测工作区预测资源量估算结果见表 7-4-19。

表 7-4-19 大栗子式沉积变质型铁矿荒沟山-南岔预测工作区最小预测工作区预测资源量估算

最小预测工作区名称	面积/m²	延深/m	模型区含矿地质体含矿系数	相似系数	预测资源量（规模）	
					0~500m	500~1000m
DLC1	2 025 979.43	1000	0.010 385 67	0.6	小型	小型
DLC2	1 194 520.11	1000	0.010 385 67	0.6	小型	小型

（八）预测工作区预测资源量结果

1. 按精度

已知矿床深部及外围的预测资源量，资料精度大于1∶5万，为334-1预测资源量。

具备直接（包括含矿点、矿化点、重要找矿线索等）和间接找矿标志的最小预测单元内的预测资源量（间接找矿标志包括物探异常、遥感异常、老窿），资料精度大于或等于1∶5万，为334-2预测资源量（表7-4-20）。

表 7-4-20 大栗子式沉积变质型预测工作区预测资源量精度统计表

预测工作区名称	储量（规模）		
	334-1	334-2	334-3
荒沟山-南岔	大型	小型	
六道沟-八道沟	小型		

2. 按深度

大栗子式沉积变质型预测工作区预测资源量深度统计见表7-4-21。

表 7-4-21 大栗子式沉积变质型预测工作区预测资源量深度统计表

名称	500m以浅（规模）		1000m以浅（规模）		1800m以浅（规模）	
	334-1	334-2	334-1	334-2	334-1	334-2
荒沟山-南岔	小型	小型	大型	小型	大型	小型
六道沟-八道沟			小型		小型	

3. 按矿床类型

大栗子式沉积变质型预测工作区预测资源量矿产类型精度统计见表7-4-22。

表 7-4-22 大栗子式沉积变质型预测工作区预测资源量矿产类型精度统计表

预测工作区名称	沉积变质型储量（规模）		
	334-1	334-2	334-3
荒沟山-南岔	大型	小型	
六道沟-八道沟	小型		

4. 按预测工作区类别

最小预测工作区存在含矿建造，存在航磁异常，与已知模型区比较含矿建造相同，且存在矿床或矿点,并且最小预测工作区的圈定是在含矿建造出露区上圈定最小区域,最小预测工作区确定为 A 级。

最小预测工作区存在含矿建造,存在航磁异常,与已知模型区比较含矿建造相同,且存在矿化体,并且最小预测工作区的圈定是在含矿建造出露区上圈定最小区域,最小预测工作区确定为 B 级。

最小预测工作区存在含矿建造,存在航磁异常,与已知模型区比较含矿建造相同,最小预测工作区的圈定是在含矿建造出露区上圈定的最小区域,最小预测工作区确定为 C 级(表 7-4-23)。

表 7-4-23　大栗子式沉积变质型预测工作区预测资源量预测工作区类别统计表

预测工作区名称	预测工作区分类		
	A	B	C
荒沟山-南岔	大型		小型
六道沟-八道沟	小型		

5. 按可利用性类别

大栗子式沉积变质型预测工作区预测资源量可利用性统计见表 7-4-24。

表 7-4-24　大栗子式沉积变质型预测工作区预测资源量可利用性统计表

预测工作区名称	可利用储量(规模)			暂不可利用储量(规模)		
	334-1	334-2	334-3	334-1	334-2	334-3
荒沟山-南岔	大型	小型				
六道沟-八道沟	小型					

6. 按可信度统计分析

1)荒沟山-南岔预测工作区

(1)可信度:①对于有已知矿床存在,深部探矿工程见矿最大深度以上的预测资源量,可信度大于等于 0.75;最大深度以下部分合理估算的预测资源量,可信度为 0.5~0.75;②对于建造发育,航磁异常推断为由矿体引起,仅以地质、物探异常估计的预测资源量,500m 以浅预测资源量可信度大于等于 0.5,500~1000m 预测资源量可信度为 0.25~0.5。

(2)预测资源量可信度统计分析:荒沟山-南岔预测工作区预测资源量规模大型;可信性估计概率 0.5~0.75 的资源量规模大型,其中 334-1 预测资源量规模大型,334-2 预测资源量规模小型;预测资源量可信性估计概率 0.25~0.5 的资源量规模大型,其全部为 334-2 预测资源量。

2)六道沟-八道沟预测工作区

(1)可信度:对于有已知矿床存在,深部探矿工程见矿最大深度以上的预测资源量,可信度大于等于 0.75;最大深度以下部分合理估算的预测资源量,可信度 0.5~0.75。

(2)预测资源量可信度统计分析:六道沟-八道沟预测工作区预测资源量规模小型。可信性估计概率 0.5~0.75 的资源量规模小型,全部为 334-1 预测资源量。

第八章 临江式-浑江式沉积型铁矿预测

第一节 成矿地质背景特征

一、资料程度及使用说明

(1) 全面收集预测工作区以往 1:5 万、1:20 万和 1:25 万区域地质调查成果，并根据编图要求收集其中的全部地层剖面和部分地质路线资料。

(2) 系统收集预测工作区沉积铁矿床普查勘探资料，包括大比例尺图件、文字报告和典型钻孔。

(3) 收集预测工作区区域地质研究成果，包括地质志、岩石地层清理及论文。

(4) 对上述资料经归纳整理填制属性表，编制研究成度图。

二、成矿地质背景特征

(一) 岩石地层

青白口系岩石地层单位包括马达岭组、白房子组和钓鱼台组。以往研究中将南芬组还包括桥头组和万隆组也划归青白口系。本书考虑到南芬组的 K 同位素年龄为 787Ma，Ar 同位素年龄为 777Ma，因此划归南华系。

1. 马达岭组、白房子组

马达岭组与白房子组系同时异相沉积。

1) 马达岭组

马达岭组分布于浑江以南，老岭以北大镜沟北、头道阳岔、横道阳岔、二道沟、四道沟一带，呈北东向带状分布。马达岭组曾称挂钟岭组(吉林煤田，1964，1979)，其地质时代有不同认识，或置于震旦系，或归属中元古界等，本书根据吉林省地层清理意见及考虑与上覆钓鱼台组(K 同位素年龄为 818Ma)正合接触，故其时代厘定为青白口系。《1:5 万苇沙河幅区域地质调查报告》(吉林省地质局四所，1993)中将临江错草沟-葫芦套沿江剖面的上部层(23~39 层)石英砂岩置于马达岭组，此与马达岭组的岩石属性截然不同，应当划归钓鱼台为宜。

2) 白房子组

白房子组是马达岭组的同时异相，分布于临江南，位于大栗子、苇沙河、白马浪、二道沟一带。通化地质大队汤石林等(1962)作了较详细的工作，将苇沙河一带的含铁岩系自下而上划分为：白房子段、苇沙河铁矿段、帽儿山段和白马浪段。这里重申《吉林省岩石地层》清理中白房子组只保留白房子段、苇沙河铁矿段和帽儿山段，而将白马浪段处理为钓鱼台组是正确的。吉林省地矿局四所（1993）在《1：5万苇沙河幅区域地质调查报告》中，根据《中国地层指南及其说明书》中命名优先原则，将冰沟子山、苇沙河一带北东向展布的含铁岩系，废弃白房子组命名，重拾大罗圈河组一名。对此，如果认真分析大罗圈河组的实质和沿革就不难得到解决。大罗圈河子组层型剖面在通化市铁厂附近，长春地质学院（1960）命名大罗圈河组时没有测制实测剖面，只指该地的石英砂岩、含砾石英砂岩，并将此名应用到苇沙河地区的含铁岩系中，发生了对比上的错误。

2. 钓鱼台组

钓鱼台组在吉林南部分布较广，北始安图两江，南达吉林省南界，伸入辽宁桓仁，但主要分布于龙岗山脉以南老岭山脉两侧，即所谓的浑江盆地和鸭绿江盆地。钓鱼台组岩石特征明显，由单一的石英岩类组成，层位清楚，故创名后其归属得到认可。

（二）青白口系沉积建造

青白口系自下而上由复成分砾岩建造、长石石英砂岩建造、铁质岩建造、砂岩夹粉砂岩-泥岩建造、铁质岩建造和石英砂岩建造组成分述如下。

1. 马达岭组沉积建造

马达岭组由两个微相组成，其一为由砾岩组成的冲积扇相，其二为由单一长石石英砂岩组成的海崖砂丘相。前者仅在二道沟、四道沟一带马达岭组底部出露，前人称之为海南坡砾岩。砾岩中砾石成分主要为各种片麻岩、混合花岗岩等，磨圆度好，砾石呈叠瓦状排列，有底冲刷面，有交错层理和透镜状砂层，属于冲积扇相的复成分砾岩建造。砾岩层之上为单一的紫色、灰紫色长石石英砂岩（或含砾长石石英砂岩），据1：5万红土崖幅实测剖面，本组厚达2268m。长石石英砂岩成分成熟度、结构成熟度均较低，唯分选性较佳，杂基较少，其中可见大型交错层理，砂、砾石表面常见沙漠漆（？），因此岩石呈现紫色和灰紫色。以上分布特点、成分、结构和沉积构造特点，判断砂体形成的沉积环境为海崖砂丘形成的长石石英砂岩建造，也有人称之为红色复陆屑岩建造。

2. 白房子组沉积建造

白房子组的层型剖面大栗子沟剖面，岩石组合、厚度代表性欠佳。从全区观之，本组可划为3个岩性段。

下段砂砾岩段：仅在白房子沟、大栗子沟出露，主要岩石为砾岩和砂页岩，局部有菱铁矿夹层，与下伏大栗子（岩）组不整合接触，厚约100m。砾石成分有千枚岩、硅质岩等，磨圆度好，分选差，铁质及粉砂质胶结，属底砾岩，向上砾石成分渐少，出现砂岩和黑色泥质页岩，杂基成分较多。

中段铁矿段：为主要含矿段，在苇沙一带出露较广，分布稳定。在帽儿山、苇沙河、错草沟、白马浪、大路一带分布，由南而北厚度变小，最大厚度128m，薄者为25m。本段由中细粒石英砂岩、中粗粒石英砂岩及铁矿层组成。岩石中以石英为主，有少量长石，颗粒磨圆、分选不佳，胶结物为铁质和硅质，其他杂基较少。铁矿物有菱铁矿、鲕绿泥石铁矿、铁绿泥石菱铁矿和赤铁矿，铁矿层一般厚2~3m，最厚可达10m，称为临江式铁矿。

下段和中段发育水平层理、小型板状和槽状交错层理，并在下段页岩中发现雨痕，属后滨亚相沉积产物。建造为铁质岩建造，如若进一步划分，下段为铁质砂砾岩夹页岩建造，中段为铁质石英岩建造。

上段页岩夹砂岩段：本段分布较广，见于帽儿山、大栗子、白房子、苇沙河、错草沟、大路一带，主要岩性为紫色页岩、灰色砂质页岩、粉砂岩、长石石英砂岩等。紫色页岩中局部含铁质结核，本段总厚度达

1400m,其中发育冲洗错层理、水平层理、细流痕等沉积构造。由此推断上段泥-砂体形成于前滨或过渡带,建造属于长石石英砂岩-泥岩建造。

3. 钓鱼台组沉积建造

钓鱼台组是在青白口系白房子期后进一步大范围受海侵期形成的退积型沉积。钓鱼台组越过老岭山脉分布于龙岗山脉南坡及以南广大地区。只是在浑江流域下伏于后青白口系各地层之下,而在老岭山脉由于后古生代长期的隆升作用被剥蚀,仅局部地区有小面积残留。钓鱼台组在老岭山脉以北则超覆在前青白口系地质体之上,之间为不整合接触;在老岭和鸭绿江流域则与下伏马达岭组、白房子组呈平行不整合或整合接触。钓鱼台组上覆南华系南芬组(K 同位素年龄为 787Ma,Ar 同位素年龄为777Ma),之间为整合接触。

钓鱼台组由紫色、灰白色、白色石英砂岩、角砾岩组成,局部含少量长石,是典型的石英单矿物建造。浑江流域本组可划分为两部分,即下部铁质岩建造(后滨)和上部石英砂岩建造(前滨),而鸭绿江流域则只有临滨相的海绿石石英砂岩建造。

浑江流域下部层:下部由铁质石英角砾岩、铁质石英砂岩,夹1~2层低品位赤铁矿层(伴生磷、锰矿化)组成,称谓浑江式铁矿。在二道江样子沟与赤铁矿伴生的磷局部富集成磷块岩,具有一定的工业意义。砾岩、石英砂岩颗粒磨圆程度与分选较差,向上磨圆变佳。在清沟-太平铁矿的砾岩砾石具有风磨现象(三棱石)、雨痕,在砂砾岩中有平行层理、小型板状、槽状交错层理。上述特征说明,下部层有长期暴露和淹没的古地理环境,它形成于平均高潮面以上的后滨,称铁质岩建造,也称之为含铁石英砂砾岩建造。

浑江流域中、上部层:由中粗粒交错层理石英砂岩、海绿石石英砂岩、鲕绿石石英砂岩组成,结构、成分成熟度均较高。如浑江板石沟一带,上部白色石英砂岩质纯,可形成具有工业意义的石英砂岩工业矿床。层间常有冲洗交错层理、小型板状交错层理,说明是在平均低潮面和高潮之间(前滨)形成的石英砂岩建造。

鸭绿江流域海绿石石英砂岩建造:鸭绿江水下坳陷盆地中本组与下伏白房子组正合接触,白房子组上部层为前滨相的长石石英砂岩、粉砂岩-泥岩建造,上覆的钓鱼台组为临滨相海绿石石英砂岩建造。鸭绿江水下坳陷钓鱼台组与浑江流域钓鱼台组中、上部层的岩性和岩相大体相同,只是鸭绿江地区含海绿石层较多,石英颗粒略小,厚度巨大,达1300余米。另外,鸭绿江流域钓鱼台组中还有数层具有粒序层的浊流相沉积,其中底部常出现含砾石英砂岩、粗粒石英砂岩等粗碎屑沉积。

(三)构造古地理演化与沉积成矿分析

古元古代初伴随太古宙超大陆的裂解,研究区南部又形成发展了形式不同的裂谷(或坳拉槽),它经历了早期伸展,形成特定的双峰系列火山岩建造;闭合期经收缩、推覆的过程,形成碳酸盐岩和碎屑岩建造,从而完成了辽吉陆块的克拉通化。而后进入新元古界初始盖层(第一盖层)发育和古生界盖层(第二盖层)发育阶段。

1. 构造古地理演化

吉南地区在南华纪由南而北发生大规模海侵,海水自朝鲜浪林地块向吉南地区发生,由鸭绿江向龙岗山脉依次形成退积型相序和沉积建造。

在通化二道沟、四道沟一带出露的马达岭组海南坡砾岩为冲积扇相,其上的马达岭组长石石英砂岩与砂砾岩建造为海崖砂丘相,说明白房子期海崖线的位置所在,即现今的通化铁厂—白山市大泉源—石人一线。由海崖砂丘相向东在临江帽儿山、四方顶子—荒沟山-错草沟、白马浪—三道阳岔一带形成后滨相的铁质岩建造；再向东大栗子—苇沙河—小恒路一带，即沿鸭绿江形成前滨相的长石英砂岩、粉砂岩、泥岩建造。

以上事实说明海崖线以东依次形成冲积扇相、海崖砂丘相、后滨和前滨相序，对应的建造为复成分砾岩建造、长石砂岩、砂砾岩建造、铁质岩建造和长石石英砂岩、粉砂岩、泥岩建造，属于砂-泥坪性质的陆源碎屑滨海。而海崖线以西，现今浑江和龙岗一带为白房子期的古陆所在。物源区为龙岗和现今浑江一带。从白房子组沉积厚度分析，在老岭一带沉积厚度较薄，说明沿老岭山脉存在水下古隆起的雏形。鸭绿江一带白房子组厚度巨大，指明四方顶子—荒沟山—老坪坨一线存在水下同沉积断裂，该断裂北东走向，向南东倾斜，笔者称之为濒鸭绿江同沉积断裂。从白房子期沉积物分析，沉积物中有大量的杂基，指明在中元古代辽吉裂谷愈合，完成克拉通化的早期，地壳尚不稳定的背景下形成了类磨拉石建造（复成分砾岩建造）、长石石英砂岩、粉砂岩、泥岩建造，在铁质岩建造中除石英颗粒外也含有大量的杂基。南华纪后期，海侵范围继续阔大，越过老岭、浑江，到达龙岗山脉南麓闹枝沟—新兴—巴里一线，海崖线呈北东走向。海崖线以北龙岗山脉为钓鱼台期古陆，白房子期属古陆的浑江一带变为海洋。由海崖线向东南，依次分布着后滨相的铁质岩建造、前滨相的石英砂岩建造和临滨相的海绿石石英砂岩建造。当前沉积建造图上浑江北崖青沟、板石等地铁质岩建造和石英砂岩建造重复出现是由于后期冲断层作用的结果，下伏的铁质岩系上冲出露地表；浑江南崖出露的铁质岩系属于褶皱（向斜南翼）作用的结果。钓鱼台期老岭水下隆起继续发育，马达岭组之上钓鱼台组厚度较薄的事实说明老岭水下隆起向北有所阔大。濒鸭绿江水下断裂断续活动，钓鱼台期临滨相海绿石石英砂岩建造厚达1376m，是沿鸭绿江形成水下坳陷的有力证据。

2. 沉积成矿分析

南华系沉积铁矿有两个层位，一是白房子期具有砂-泥坪沉积环境形成的后滨相铁质岩建造，也可称为铁质石英砂岩、石英岩-泥质岩建造；另一层位是钓鱼台期砂坪沉积环境形成的后滨相铁质岩建造，也称铁质石英砂岩、角砾岩建造。两期成矿尽管环境（物源）有所不同，但都是在后滨相形成的铁质岩建造。后滨相的古地理位置是滨崖平均高潮线以上至海崖沙丘前缘。它的长度和宽度因地势不同而不同，随时间的流失而进积和退积。大于平均高潮线的潮汐，海水才能到达后滨，还有天然降水才处于有水环境，其余时间为无水的暴露环境。有水时水能溶解可溶铁质并搬运到后滨，无水时在碎屑颗粒间发生沉积，这样反复的地质过程中形成了铁矿。引人注意的是吉南地区青白口系多数沉积铁矿无论厚度和品位，地表好于深部，铁矿向深部逐渐变贫变狭，这一事实从现实的角度说明暴露作用对铁矿富集的重要性。两期沉积铁矿的基本特点如下。

1）白房子组中铁矿（临江式铁矿）

白房子组铁矿仅分布于鸭绿江沿崖，西起大路饸饹幌子，向东经苇沙河、大栗子，东到帽儿山。铁矿层沿青白口系底部与下伏老岭（岩）群接触界线断续出露，构成北东向铁矿带，延长40km。含铁建造为杂色石英砂岩、细砂岩、粉砂岩和黑色页岩建造，总厚892m。一般有3层铁矿：白房子中段上部和中部各有一层绿泥石赤铁矿、菱铁矿层（主含矿层），下段有一层绿泥石铁矿层（次含矿层）。矿体以层状、似层状为主，少数为透镜状。矿体长100～300m，最长达1400m，延伸几十米至几百米，厚度变化较稳定，一般为1～5m，最厚8m。矿石矿物以赤铁矿为主，次为磁铁矿、菱铁矿、铁鲕绿泥石及少量菱锰矿。矿石一般为贫铁矿，品位多为30%～38%，最高为52%～57%。矿石中有少量锰及稀土元素，可综合利用。

2）钓鱼台组中铁矿（浑江式铁矿）

钓鱼台组铁矿主要分布在浑江一带，向东到靖宇，在抚松及长白等地的玄武岩覆盖区仍有出露，总长达百余千米。矿体一般呈带状分布在浑江向斜的西北翼，构成北东向矿带，在南翼也有少量矿点，共有矿床、矿点30处，其中小型矿床4处。矿体一般在钓鱼台组底部黄色含砾砂岩层中，矿层划分为上、中、下3层,上、下层为铁质砂岩,中部为含铁角砾岩,中部层质佳。矿体呈层状、似层状,也有透镜状、扁豆状者。矿体长几十米至800m,一般为100~300m,延伸几十米到数百米不等。矿石以赤铁矿为主,有少量磁铁矿、菱铁矿及褐铁矿,个别矿床有镜铁矿及金属硫化物。

三、地质构造专题底图编制

1. 编图原则与综合分析

预测工作区内目的层沉积之后,又经历了长期的地质发展演化。南华系含铁岩系沉积之后,从沉积盖层而言,又经历了震旦系沉积,厚度达700~1000m;震旦系末沉积盆地反转,经历了短暂剥蚀作用,之后再反转,接受了古生代沉积,厚度达3000~3500m,属于同沉积盆地。在古生代之后在不同地区,又堆积了巨厚的中生代—新生代火山-沉积岩,形成叠合盆地。含矿岩系之上,累计上列沉积盖层总厚度达20 000~25 000m。很显然,在盖层之下即便有矿也不可能得到开采。另外剥掉盖层,盖层之下的地质图包括沉积建造构造图的编制只能是假想和推断的,其参考价值令人置疑。因此本书仅对目标层地表露头进行岩相古地理、沉积建造和盆地构造分析研究。

(1)盆地构造分析和区域地层对比。确定盆地沉积边界和侵蚀边界,研究沉积盆地同沉积断裂、盆内隆起和坳陷,进行岩石和年代地层对比,分析沉积建造的时空展布。

(2)沉积建造划分首先是在地层剖面上进行的,因此收集所有地层剖面十分重要。研究区1:5万区域地质调查图幅由于数幅联测,地层剖面很少。剖面的密度达不到"技术要求"规定的精度要求。因此采取了如下方法:除收集地层实测剖面外,利用铁矿普查勘探资料(包括钻孔)编制剖面;在无剖面和铁矿点的空白区用地质路线和图切剖面控制目的层的厚度与岩性。对所收集的剖面进行建造分析,并填表和编制岩性柱状图。

2. 编图

成矿地质背景研究编图工作是系统工程,地质图、岩相古地理图、构造建造图等编图都有科学的紧密联系,构造建造图是在地质图、岩相古地理图基础上编制,突出沉积建造和构造内容,简化其他内容,主要是将岩相古地理图中沉积亚相或微相转化为沉积建造,其次补以构造和图外编图内容形成。

(1)1:5万地质图划分为目的层、沉积盖层和基底3部分。沉积盖层是指含矿岩系(目的层)沉积之后,在同沉积盆地或叠合盆地沉积的后成矿期沉积层。为了表示含矿岩系之上盖层厚度和性质,以"界"内形成的沉积层为独立图层。盖层划分为新元古界、古生界、中生界和新生界图层,新生界图层中玄武岩单独表示。目的层就是含铁岩系,构造建造图是在岩相古地理图完成之后编绘的,因此将相图中亚相和微相转化为沉积建造。基底指前成矿期形成的地质体,即含矿岩系的底盘。包括中元古界、古元古界和太古宙形成的沉积变质岩和侵入岩。

(2)构造:岩相古地理图中根据沉积厚度的变化,厘定水下同沉积断裂、水下隆起、水下坳陷,再转绘到沉积建造图中。成矿之后的断裂则以利于成矿预测为目的选择性地表示。

(3)侵入岩划分为前成矿期和后成矿期侵入岩,前者为基底,后者作为影响矿体的因素独立标绘。

(4)经上列研究后将1:5万地质图拼图,清理岩石地层名称,对同物异名、异物同名进行清理,据大比例尺普查、勘探资料修定地质界线,标绘地层剖面,标绘铁矿露头和已知铁矿体、地层与断层产状,最后连图。

(5)编绘图外的含矿岩系综合柱状图、古构造位置图、剖面对比图及图例等。

第二节 典型矿床与区域成矿规律研究

一、典型矿床及成矿模式

吉林省临江式-浑江式沉积型铁矿均为小型矿床,且工作程度相对较低,本次选择临江式白房子铁矿床、浑江式青沟铁矿床作为典型矿床研究。

(一)临江市白房子铁矿床

1. 地质构造环境及成矿条件

矿床位于前南华纪华北东部陆块(Ⅱ)、胶辽吉古元古代裂谷带(Ⅲ)的老岭坳陷盆地(Ⅳ)内。

1)地层

区域内出露的地层有古元古代老岭(岩)群大栗子(岩)组和新元古界青白口系白房子组,见图8-2-1。大栗子(岩)组多为绿泥绢云千枚岩,为一套海相泥岩建造,产状197°,倾向107°,倾角为55°~75°。

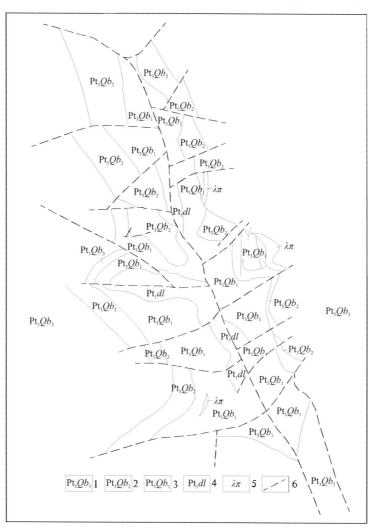

图8-2-1 临江市白房子铁矿床地质示意图

1.白房子组粗粒石英岩、巨粒石英岩;2.白房子组中细粒石英岩夹菱铁矿层;3.白房子组砂质页岩偶夹菱铁矿;4.大栗子(岩)组千枚岩;5.石英斑岩;6.断层

白房子组为区域出露的主要地层,原始沉积稳定多呈中厚层状,由于后期断裂构造的破坏作用,地层多呈零乱断块,分为白房子段、苇沙河段、白马浪段3个岩性段。白房子段为白房子组底部的粉砂质至黏土质的不完整韵律沉积,下部为底砾岩,属不整合底砾岩,厚度1m,见有菱铁矿鲕粒,有时菱铁矿集中成小矿体,呈透镜状;中部为灰黑色粉砂岩夹页岩,厚39.4m;上部为黄褐色粉砂岩夹页岩,厚45.1m。苇沙河段为含铁矿层的中粗粒石英砂岩。下部为细粒石英砂岩,为矿体底板,层位稳定,厚1~2m;中部为鲕绿泥石-菱铁矿层,原始沉积稳定,由于受后期断裂构造破坏呈断块状,厚2~5m;上部为粗粒石英砂岩,为矿体顶板,厚112m;白马浪段下部为灰白色粗巨粒含长石石英砂岩;上部为紫红色粗巨粒石英砂岩。

2)脉岩

脉岩主要为斜长花岗岩,见于矿区中部,宽度2m左右,最大20m,长20~100m,对矿体影响不大。

3)构造

矿区位于向南东倾伏的白房子背斜两翼。两翼地层走向北北西,背斜的轴部出露大栗子(岩)组千枚岩,两翼为白房子组的各岩性段地层。

矿区断裂构造主要分布在褶皱的两翼,主要有北西向、北东向、东西向3组。北西向断层在矿区的规模较大,主要为逆掩断层,分布在褶皱的两翼,北东翼倾向北东,南西翼倾向东西,倾角一般在28°~45°之间,在该组断层的作用下,矿区出现了不同岩性段直接接触、地层缺失、含矿层重复出现等现象。北东向断层倾向南东,为逆断层,该组断层使地层或矿层重复出现。东西向断层多为正断层,该组断层对矿区的破坏作用最大,将地层或矿体错成不连续的零星断块,各断块相距或远,或近,或重叠,在此断层的作用下,矿区的地层或矿体由北至南有逐次抬高的现象。

2. 矿体三度空间分布特征

矿体主要分布在白房子背斜的两翼,为浅海沉积的菱铁矿、铁绿泥石矿床。铁矿原始沉积为层状,连续性较好,矿体厚度较稳定,一般为3~5m,呈北西南东走向,倾角一般在45°左右。由于各方向断层十分发育,将赋矿地层和矿体断成大小不等的断块。根据矿区含矿层位和断块之间关系,划分16个大小不等的断块状矿体,见表8-2-1。

表8-2-1 临江市白房子铁矿床矿体特征表

矿体编号	矿体平均厚度/m	矿体长度/m	倾向	倾角	推测深度/m	平均品位/%
1	2.00	640	NE	30°	100	32.64
2	3.00	160	SE	28°~55°	400	30.20
3	1.20	160	NE	50°	300	32.11
4	1.40	124	NE	57°	100	20.23
5	4.95	88	NW	83°	50	26.80
6	0.85	18	SE	55°	25	27.63
7	2.00	30			25	
8	2.00	80			100	27.30
9	2.00	31			25	
10	6.80	157	NE	60°~77°	100	32.10
11	2.00	149			300	25.82~37.56
12	2.50	328	NW	24°~65°	250	28.60

续表 8-2-1

矿体编号	矿体平均厚度/m	矿体长度/m	倾向	倾角	推测深度/m	平均品位/%
13	3.35	92	NW	52°	25	19.60~43.26
14	5.63	110	SW	25°	50	18.34~37.68
15	1.00	104	SW	70°	50	25.47~34.96
16	2.63	74	SW	45°	50	23.37~33.85

3. 矿石物质成分

1) 物质成分

主要矿石物质成分为：菱铁矿矿石，平均品位 36.44%，菱铁矿绿泥石矿石平均品位 32.07%，铁绿泥石矿石平均品位 30.50%；矿石一般硫化物含量较低，S 含量为微量和痕量范围内。最高含量 0.12%。P 一般含量 0.13%，最低 0.1%，最高 0.35%。

2) 矿石类型

矿石类型有菱铁矿、菱铁矿绿泥石、铁绿泥石矿石，其中，以菱铁矿绿泥石、铁绿泥石矿石类型为主。菱铁矿主要矿石矿物为菱铁矿及褐铁矿；菱铁矿绿泥石主要矿石矿物为铁绿泥石、菱铁矿及褐铁矿；铁绿泥石主要矿石矿物为铁绿泥石、菱铁矿及褐铁矿。

3) 矿物组合

主要金属矿物有菱铁矿、铁绿泥石，其次为褐铁矿、软锰矿，再次为黄铁矿、黄铜矿；脉石矿物主要为石英，其次为绿泥石、方解石和白云石。

4) 矿石结构构造

矿石结构主要为他形—半自形—自形粒状结构，主要为菱铁矿呈粗到细晶分布极不均匀。构造主要有致密块状构造、条带状构造、脉状构造。石英砂粒和碳酸盐呈白色条带，褐铁矿呈黑色条带。绿泥石和碳酸盐呈脉状分布。

4. 成矿阶段

(1) 早期沉积成矿作用：辽吉裂谷自中条运动之后转为地台发展时期。新元古代早期沿老岭隆起的东南缘形成边缘坳陷——鸭绿江盆地，沉积了白房子组。铁锰等成矿物质来源于老岭隆起的太古宙的变质岩系剥蚀区，在深度不大、温暖的滨海潮间带环境下沉积形成含铁建造，局部富集形成鲕绿泥石菱铁矿层。

(2) 表生成矿作用：主要是后期的构造运动对矿体的破坏和表生风化淋滤作用形成含铁矿物的次生富集。

5. 成矿时代

临江式铁矿的含矿地层为青白口系白房子组。白房子组是青白口系最底部的一个组，又根据临江式铁矿为同沉积矿床，根据区域地层划分对比，其成矿时代为新元古代早期，约 1000Ma。

6. 成矿地球物理地球化学环境

含铁锰碎屑物质在陆源区被剥蚀出来后经物理化学风化作用，以铁锰等络合物或离子形式，随径流或潜水被带进鸭绿江盆地。携带各种金属络合物或离子的大陆淡水与海中卤水交汇后，引起 pH 和 Eh 值的变化，金属络合物或离子而以胶体状态沉积下来，形成鲕绿泥石等原生矿物。之后其他沉积物覆盖其上。有机质分解产生 H_2S、CO_2 和 S^{2+} 构成一个弱还原环境，使 Fe^{3+} 离子转变为 Fe^{2+} 离子，后者及

Mn^{2+} 离子达到一定浓度时交代灰质—泥质沉积物中的 Ca^{2+} 而生成菱铁矿和菱锰矿。这个过程是在较稳定的环境中进行的,即铁矿形成于深度 10~50m、温暖潮湿的弱扰动的滨海潮间带中,是在海进过程中形成的。

7. 物质来源

临江式铁矿沿老岭隆起的边缘分布,铁锰等成矿物质来源于老岭隆起的太古宙或元古的变质岩系剥蚀区。

8. 控矿因素及找矿标志

1) 控矿因素

构造控矿:基底构造控矿表现在所有临江式铁矿矿床(点)都产出在前南华纪老岭坳陷盆地内,即老岭坳陷盆地控制了青白口系白房子组含矿地层的沉积分布空间。南东倾伏的白房子倾伏背斜控制了矿体的空间分布和形态。后期断裂构造对矿体的控制作用主要表现在对含矿层及矿体的错断,使矿体空间上不连续。地层控矿:临江式铁矿的赋矿层位为青白口系白房子组的下部的砾岩、砂岩段和中部的长石石英砂岩及粉砂岩段。

2) 找矿标志

找矿标志有青白口系白房子组下部的含铁砾岩、含铁砂岩段的地层分布区;菱铁矿、含铁绿泥石、鲕绿泥石石英砂岩露头或转石是找矿的直接标志。

9. 矿床形成及就位机制

新元古代早期沿老岭隆起的东南缘形成边缘坳陷——鸭绿江盆地,来源于老岭隆起的太古宙变质岩系剥蚀区的铁锰等成矿物质,在深度不大、温暖的滨海潮间带环境下沉积形成含铁建造,局部富集形成鲕绿泥石菱铁矿层。

10. 成矿模式

白房子铁矿床成矿模式见表 8-2-2 及图 8-2-2。

表 8-2-2　临江市白房子铁矿成矿模式表

名称	临江市白房子铁矿床					
概况	主矿种	菱铁矿	储量规模	大型	地理位置	大栗子镇白房子沟
					品位	32.01%
成矿的地质构造环境	矿床位于前南华纪华北东部陆块(Ⅱ)、胶辽吉古元古代裂谷带(Ⅲ)的老岭坳陷盆地(Ⅳ)内					
控矿的各类及主要控矿因素	老岭坳陷盆地控制了青白口系白房子组含矿地层的沉积分布空间;南东倾伏的白房子倾伏背斜控制了矿体的空间分布和形态;后期断裂构造对矿体的控制作用主要表现在对含矿层及矿体的错断,使矿体空间上不连续;临江式铁矿的赋矿层位为青白口系白房子组的下部的砾岩、砂岩段和中部的长石石英砂岩及粉砂岩段					
矿床的三度空间分布特征	产状	以北北西走向为主,由于构造运动局部或个别矿体成北东走向				
	形态	层状				

续表 8-2-2

名称		临江市白房子铁矿床				
概况	主矿种	菱铁矿	储量规模	大型	地理位置	大栗子镇白房子沟
					品位	32.01%
矿床的物质组成	矿石类型	有菱铁矿、菱铁矿绿泥石、铁绿泥石矿石类型				
	矿物组合	金属矿物有菱铁矿、铁绿泥石,其次为褐铁矿、软锰矿,再次为黄铁矿、黄铜矿;脉石矿物主要为石英,其次为绿泥石、方解石和白云石				
	结构构造	矿石结构主要为他形—半自形—自形粒状结构;矿石构造主要有致密块状构造、条带状构造、脉状构造				
	主元素含量	32.01%				
	伴生元素含量	S 最高含量 0.12%,P 一般含量 0.13%				
成矿期次		早期沉积成矿作用,表生成矿作用				
成矿时代		新元古代早期,约 1000Ma				
矿床成因		海相沉积				

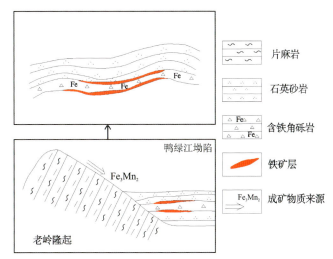

图 8-2-2　临江市白房子铁矿床成矿模式图

11. 成矿要素

白房子铁矿床成矿要素见表 8-2-3。

表 8-2-3　临江市白房子铁矿床成矿要素表

成矿要素		内容描述	类别
特征描述		白房子铁矿为新元古代早期海相沉积型菱铁矿矿床	
地质环境	岩石类型	白房子组的下部的砾岩、砂岩段和中部的长石石英砂岩及粉砂岩	必要
	成矿时代	新元古代早期,约 1000Ma	必要
	成矿环境	老岭隆起的东南缘形成边缘坳陷——鸭绿江盆地	必要
	构造背景	老岭坳陷盆地内	重要

续表 8-2-3

成矿要素		内容描述	类别
特征描述		白房子铁矿为新元古代早期海相沉积型菱铁矿矿床	
矿床特征	矿物组合	金属矿物有菱铁矿、铁绿泥石,其次为褐铁矿、软锰矿,再次为黄铁矿、黄铜矿。脉石矿物主要为石英,其次为绿泥石、方解石和白云石	重要
	结构构造	矿石结构主要为他形—半自形—自形粒状结构;矿石构造主要有致密块状构造、条带状构造、脉状构造	次要
	控矿条件	南东倾伏的白房子倾伏背斜控制了矿体的空间分布和形态。后期断裂构造对矿体的控制作用主要表现在对含矿层及矿体的错断,使矿体空间上不连续。临江式铁矿的赋矿层位为青白口系白房子组的下部的砾岩、砂岩段和中部的长石石英砂岩及粉砂岩段	必要

(二)临江市青沟铁矿床

1. 地质构造环境及成矿条件

矿床位于前南华纪华北东部陆块(Ⅱ)、胶辽吉古元古代裂谷带(Ⅲ)的老岭坳陷盆地(Ⅳ)内。

1)地层

区域内出露的地层主要有早元古界老岭(岩)群珍珠门组,新元古界青白口系钓鱼台组和南芬组。珍珠门组主要为白云质大理岩,分布在矿区的北部。

钓鱼台组底部为紫红色砂岩及赤铁矿层,中部为砂砾岩及粗粒石英岩,上部为细粒石英岩,矿区内厚350m。底部紫红色砂岩及赤铁矿层的下面为含铁石英岩,无一定层位,呈扁豆状分布,直接与大理岩呈不整合接触。含铁品位较低,5%左右。中间为含铁角砾岩层,为区域上的主要赋矿层位。以石英岩为主的角砾棱角明显,砾石粒径一般为3～4cm,最大15cm。角砾间的胶结物主要为铁质。角砾成分的多少直接影响矿石的品位,一般含铁品位为20%～30%。上边铁质砂砾岩层,呈扁豆体状分布。砾石成分主要为石英岩和千枚岩碎片,形状浑圆,其胶结物为铁质,向上逐渐变为泥质和铁质胶结;砂砾岩及粗粒石英岩,砂砾岩层位于含铁砂砾岩之上,砾石成分主要为石英岩和千枚岩碎片,胶结物为泥质及少量的硅质与铁质。粗粒石英岩呈薄层状,主要成分为石英,其次为长石和极微量的锆石和电气石;细粒石英岩主要成分为石英。

2)构造

区域构造主要为成矿后的断裂构造,以北北西、北北东向两组最为发育,北北东向断层早于北北西向断层,被北北西向断层错断。由于断层的错断作用,使矿体空间上发生位移,同时使含矿层在矿区内重复出现。

2. 矿体三度空间分布特征

矿床含矿层呈稳定的层状,规模较大,一般厚30～50m,位于钓鱼台组底部为紫红色砂岩及赤铁矿层中,厚度变化不大。含矿层走向45°,倾向南东,倾角40°～50°,东西延长4000m。含铁角砾岩在含矿层内呈扁豆状,但其扁豆体呈连续分布。含铁角砾岩中的矿体厚度变化很大,最厚14m多,最薄仅几厘米。矿体与含铁角砾岩没有明显界限,呈渐变关系。在C-C'剖面上含铁角砾岩在地表出露宽30多米,CK15钻孔沿倾斜760m处含铁角砾岩变为宽15m左右,推测矿体向深部有尖灭趋势。另外根据钻孔资料,深部倾角一般为30°～35°,矿层深部倾角有变缓的趋势(图8-2-3)。

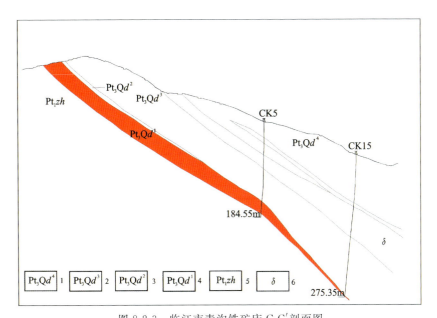

图 8-2-3 临江市青沟铁矿床 C-C′剖面图

1. 钓鱼台组粗粒夹中粒石英砂岩；2. 钓鱼台组砂砾岩；3. 钓鱼台组粗粒石英砂岩；
4. 铁质角砾岩；5. 珍珠门组白云岩；6 闪长岩

富铁矿赋存在含铁角砾岩中，含铁角砾岩沿层位很稳定，富矿体在铁角砾岩中无一定层位，呈不规则的团块状，矿区含铁角砾岩的平均品位为 15%~20%，其中富矿体平均品位 34.3%，平均厚度 5.2m，属贫铁矿。矿体和平均品位变化为地表厚并且品位高，延深至深部矿体变薄且品位降低。

3. 矿床物质成分

1）物质成分

矿石成分非常简单，矿石有用金属矿物主要为赤铁矿，有少量褐铁矿。有害组分主要为 S 和 P，含量甚微。

2）矿石类型

矿石类型主要为角砾状赤铁矿矿石。

3）矿物组合

金属矿物主要为赤铁矿，有少量褐铁矿。脉石矿物主要为石英。

4）矿石结构构造

矿石结构以自形—他形粒状结构为主；构造以角砾状构造、致密块状构造、砂砾状构造为主。

4. 成矿阶段

（1）早期沉积阶段：源于盆地两侧的含铁变质岩系的铁质被风化带入海盆，以铁质氧化物胶结砂砾石而形成含铁石英岩和铁质角砾岩，形成含矿岩系，局部富集成矿。

（2）后期表生阶段：主要是后期的构造运动对矿体的破坏和表生风化淋滤作用形成含铁的次生矿物。

5. 成矿时代

浑江式铁矿受青白口系钓鱼台组控制，在钓鱼台组获得 K-Ar 年龄为 818Ma，因为该矿床为同沉积型，因此推断该矿床的成矿年龄在 818Ma 左右。

6. 成矿物理化学条件

含矿岩层下部为铁质石英岩层,中部为铁质角砾岩层,上部为铁质砂岩层,往上为不含砾石的不等粒长石石英砂岩。石英砂岩的碎屑矿物分选差,又有长石等不稳定矿物存在,说明原岩物质来源于陆源,为搬运距离短、沉积速度快、岩相及厚度变化大的滨海相沉积。含铁变质岩系的铁质由于物理化学风化作用被解离出来,随径流及潜流经短距离的搬运带到滨海地带,在干燥、快速、蒸发的氧化条件下,胶结砂砾石而形赤铁矿矿石。浑江盆地南岸尚有菱铁矿与赤铁矿伴生,是在氧化-还原条件下形成的。

7. 物质来源

成矿物质主要来源于陆源剥蚀区,盆地两侧的含铁变质岩系的铁质由于风化作用被带到滨海地带,在氧化条件下胶结砂砾石而成矿。

8. 控矿因素及找矿标志

1)控矿因素

基底构造控矿:表现在所有浑江式铁矿矿床(点)都产出在老岭坳陷盆地内,即老岭坳陷盆地控制了青白口系钓鱼台组的沉积分布空间。后期断裂构造对矿体的控制作用主要表现在对含矿层及矿体的错断,使矿体空间上不连续。

地层控矿:主要受青白口系钓鱼台组控制。

2)找矿标志

钓鱼台组铁质石英岩层和铁质角砾岩层的出露区是找矿的必要条件;出露铁质角砾岩露头或见有铁质角砾岩转石及赤铁矿转石是找矿的直接标志。

9. 矿床形成及就位机制

浑江式铁矿原岩物质来源于陆源,经短距离搬运后快速在滨海沉积。随之而来的铁质在干燥快速蒸发的氧化条件下,胶结砾石而形成含铁角砾岩层,即矿层。

10. 成矿模式

青沟铁矿成矿模式见表 8-2-4 及图 8-2-2。

表 8-2-4　临江市青沟铁矿成矿模式表

名称	临江市青沟铁矿床					
概况	主矿种	赤矿矿石	储量规模	大型	地理位置	八道江镇
^	^	^	^	^	品位	34.33%
成矿的地质构造环境	矿床位于前南华纪华北东部陆块(Ⅱ)、胶辽吉古元古代裂谷带(Ⅲ)的老岭坳陷盆地(Ⅳ)内					
控矿的各类及主要控矿因素	构造控矿:基底构造控矿表现在所有浑江式铁矿矿床(点)都产出在老岭坳陷盆地内,即老岭坳陷盆地控制了青白口系钓鱼台组的沉积分布空间。后期断裂构造对矿体的控制作用主要表现在对含矿层及矿体的错断,使矿体空间上不连续。 地层控矿:主要受青白口系钓鱼台组地层					
矿床的三度空间分布特征	产状	走向 45°,倾向南东,倾角 40°～50°				
^	形态	扁豆状				

续表 8-2-4

名称	临江市青沟铁矿床					
概况	主矿种	赤矿矿石	储量规模	大型	地理位置	八道江镇
					品位	34.33%
矿床的物质组成	矿石类型	角砾状赤铁矿矿石				
	矿物组合	金属矿物主要为赤铁矿,有少量褐铁矿;脉石矿物主要为石英				
	结构构造	矿石结构以自形—他形粒状结构为主。矿石构造以角砾状构造、致密块状构造、砂砾状构造为主				
	主元素含量	34.3%				
	伴生元素含量	S 和 P 含量甚微				
成矿期次	早期沉积阶段形成含矿岩系,局部富集成矿;后期表生阶段形成矿物含铁矿物的次生富集					
成矿时代	818Ma 左右					
矿床成因	海相沉积					

11. 成矿要素

青沟铁矿成矿要素见表 8-2-5。

表 8-2-5 临江市青沟铁矿成矿要素表

成矿要素特征描述		内容描述	类别
		沉积型	
地质环境	岩石类型	含矿岩层下部为铁质石英岩层,中部为铁质角砾岩层,上部为铁质砂岩层	必要
	成矿时代	818Ma 左右	必要
	成矿环境	浑江坳陷和鸭绿江坳陷盆地	必要
	构造背景	老岭坳陷盆地	重要
矿床特征	矿物组合	金属矿物主要为赤铁矿,有少量褐铁矿。脉石矿物主要为石英	重要
	结构构造	矿石结构以自形—他形粒状结构为主。矿石构造以角砾状构造、致密块状构造、砂砾状构造为主	次要
	控矿条件	**构造控矿**:基底构造控矿表现在所有浑江式铁矿矿床(点)都产出在老岭坳陷盆地内,即老岭坳陷盆地控制了青白口系钓鱼台组的沉积分布空间。后期断裂构造对矿体的控制作用主要表现在对含矿层及矿体的错断,使矿体空间上不连续。 **地层控矿**:主要受青白口系钓鱼台组控制	必要

二、预测工作区成矿规律研究及区域成矿要素、成矿模式

(一)临江式铁矿成矿规律

1. 构造演化与临江式铁矿

预测工作区位于前南华纪华北东部陆块(Ⅱ)、胶辽吉古元古代裂谷带(Ⅲ)的老岭坳陷盆地(Ⅳ)内。

在古元古代早期龙岗地块开始裂解并形成裂谷古元古代末期盆地闭合。新元古代—古生代区内构造环境为稳定的克拉通盆地环境,沉积物为典型的盖层沉积。其中,新元古界下部为一套河流红色复陆屑碎屑建造;中部为一套单陆屑碎屑建造夹页岩建造,沉积形成了白房子铁矿和青沟铁矿。

2. 空间分布

临江式铁矿主要分布在白山地区,沿鸭绿江坳陷的北西翼分布,自南西的河洛幌子向北东经大路、错草沟、苇沙河延至帽山,构成北东向含矿带,长40余千米,有矿床点近20处。

3. 成矿时代

临江式铁矿的含矿地层为青白口系白房子组。白房子组是青白口系最底部的一个组,又根据临江式铁矿为同沉积矿床,根据区域地层划分对比,其成矿时代为晚元古代早期,约1000Ma。

4. 赋矿层位

临江式铁矿的赋矿层位为青白口系白房子组的下部的砾岩、砂岩段及中部的长石石英砂岩和粉砂岩段。

5. 成矿作用及演化

早期沉积成矿作用:辽吉裂谷自中条运动之后转为地台发展时期。新元古代早期沿老岭隆起的东南缘形成边缘坳陷——鸭绿江盆地,沉积了白房子组。铁锰等成矿物质来源于老岭隆起的太古宙的变质岩系剥蚀区,在深度不大、温暖的滨海潮间带环境下沉积形成含铁建造,局部富集形成鲕绿泥石菱铁矿层。

表生成矿作用:主要是后期的构造运动对矿体的破坏和表生风化淋滤作用形成矿物含铁矿物的次生富集。

6. 成矿物理化学条件

携带各种金属络合物或离子的大陆淡水与海中卤水交汇后,引起pH和Eh值的变化,金属络合物或离子而以胶体状态沉积下来,形成鲕绿泥石等原生矿物。由于有机质分解产生H_2S、CO_2和S^{2+}构成一个弱还原环境,使Fe^{3+}转变为Fe^{2+},Fe^{2+}及Mn^{2+}交代灰-泥质沉积物中的Ca^{2+}而生成菱铁矿和菱锰矿。铁矿形成于深度10~50m,温暖潮湿的弱扰动的滨海潮间带中,是在海进过程中形成的。

7. 矿体特征

临江式铁矿的矿体一般延长千余米,延深千米以上。由于后期断裂破坏作用,破坏后无论在延长和延深上都仅数十米或百余米。组成矿石的金属矿物主要为菱铁矿、铁鲕绿泥石、赤铁矿、磁铁矿、菱锰矿、硬锰矿,次要为黄铁矿、黄铜矿。矿石主要为条带状、致密块状和鲕状构造。矿石TFe的品位20%~52%,一般为30%~42%,Mn品位3.3%~16%,一般为5%~10%,伴生稀土元素。

8. 控矿条件

老岭坳陷盆地基底构造控矿;受青白口系白房子组下部的砾岩、砂岩段和中部的长石石英砂岩及粉砂岩段控制。

(二)浑江式铁矿成矿规律

1. 构造演化与临江式铁矿

预测工作区位于前南华纪华北东部陆块(Ⅱ)、胶辽吉古元古代裂谷带(Ⅲ)的老岭坳陷盆地(Ⅳ)内。

在古元古代早期龙岗地块开始裂解并形成裂谷古元古代末期盆地闭合。新元古代—古生代区内构造环境为稳定的克拉通盆地环境,沉积物为典型的盖层沉积,其中新元古界下部为一套河流红色复陆屑碎屑建造;中部为一套单陆屑碎屑建造夹页岩建造,沉积形成了白房子铁矿和青沟铁矿。

2. 空间分布

浑江式铁矿主要分布在通化和浑江地区。受浑江坳陷和鸭绿江坳陷控制。分布于浑江坳陷两侧的铁矿带呈北东向展布,西南从通化起,向北东经浑江一直延续到抚松县的松山,长达150km,分布有20余处矿床(点)。受鸭绿江坳陷控制的铁矿带分布于其南侧,呈北东东向展布,分布有近10处矿床(点)。

3. 成矿时代

浑江式铁矿受青白口系钓鱼台组控制,在钓鱼台组获得K-Ar年龄为818Ma。因为该矿床为同沉积型,因此推断该矿床的成矿年龄为818Ma左右。

4. 赋矿层位

浑江式铁矿分布相对集中,主要受青白口系钓鱼台组控制,与岩相关系密切,主要赋存于钓鱼台组底部的含铁石英岩内。可以进一步划分出3个含铁层位:下部为铁质石英岩层;中部为铁质角砾岩层;上部为铁质砂岩层。区域上仅中部层位较稳定,含铁高。目前所发现的矿床(点)都位于中部含铁岩层内。

5. 成矿作用及演化

早期沉积成矿作用:源于盆地两侧的含铁变质岩系的铁质,胶结砂砾石而形成含铁石英岩和铁质角砾岩,以及含矿岩系,局部富集成矿。

后期表生成矿作用:主要是后期的构造运动对矿体的破坏和表生风化淋滤作用形成矿物含铁矿物的次生富集。

6. 成矿物理化学条件

含矿岩层下部为铁质石英岩层,中部为铁质角砾岩层,上部为铁质砂岩层,往上为不含砾石的不等粒长石石英砂岩。石英砂岩的碎屑矿物分选差,又有长石等不稳定矿物存在,说明原岩物质来源于陆源,为搬运距离短、沉积速度快、岩相及厚度变化大的滨海相沉积。含铁变质岩系的铁质由于物理化学风化作用被解离出来,并径流及潜流经短距离的搬运带到滨海地带,在干燥快速蒸发的氧化条件下,胶结砂砾石而形赤铁矿矿石。浑江盆地南岸尚有菱铁矿与赤铁矿伴生,是在氧化-还原条件下形成的。

7. 矿体特征

含矿的铁质角砾岩层呈层状,在各矿区范围内分布稳定,一般延长100~4000m,最长7000m,最厚可达50m。铁矿体呈层状、似层状和透镜状,一般长几十米到百余米,厚1~20m。富矿体呈团块状或扁豆状,长几米至几十米,厚几厘米至几米。矿石呈角砾状构造、致密块状构造、砂状构造、砾状构造。矿石金属矿物成分以赤铁矿为主,个别矿点含有褐铁矿和镜铁矿。矿石TFe品位一般为20%~40%,最高54.68%。

8. 控矿条件

老岭坳陷盆地基底构造控矿;主要受青白口系钓鱼台组控制。

(三)成矿模式

临江式和浑江式铁矿在控矿因素上具有相同型,矿体空间分布上具有相同型,所以其成矿模式基本相同,本次对二者建立共同的成矿模式,见图8-2-2。

(四)成矿要素

根据白房子铁矿、青沟铁矿成矿要素,总结出临江式-浑江式铁矿成矿要素,见表8-2-6。

表8-2-6 临江式-浑江式铁矿成矿要素表

成矿要素		内容描述	类别
特征描述		矿床属沉积型	
地质环境	岩石类型	含矿岩层下部为铁质石英岩层,中部为铁质角砾岩层,上部为铁质砂岩层	必要
	成矿时代	818Ma 左右	必要
	成矿环境	浑江坳陷和鸭绿江坳陷盆地	必要
	构造背景	老岭坳陷盆地	重要
矿床特征	矿物组合	金属矿物主要为赤铁矿、菱铁矿,有少量褐铁矿;脉石矿物主要为石英	重要
	结构构造	矿石结构以自形—他形粒状结构为主。矿石构造以角砾状构造、致密块状构造、砂砾状构造为主	次要
	蚀变特征	区域蚀变微弱	重要
	控矿条件	构造控矿:基底构造控矿表现在所有浑江式铁矿矿床(点)都产出在老岭坳陷盆地内,即老岭坳陷盆地控制了青白口系钓鱼台组、白房子组的沉积分布空间。后期断裂构造对矿体的控制作用主要表现在对含矿层及矿体的错断,使矿体空间上不连续。 地层控矿:主要受青白口系钓鱼台组、白房子组控制	必要

第三节 物探遥感资料应用

一、物探

(一)资料程度及使用说明

主要应用航磁推断了区域构造。

(二)预测工作区的特征

1. 临江式海相沉积型铁矿浑南预测工作区

临江式海相沉积型铁矿浑南预测工作区的特征同沉积变质型铁矿荒沟山-南岔预测工作区。

2. 浑江式海相沉积型铁矿浑北预测工作区

1)磁场特征

区内以 F_6、F_7、F_8 断裂为界,F_6、F_7、F_8 断裂北侧为太古宙变质岩,在负磁场中分布若干带状北东向的正异常带,分别是四方山铁矿、板石沟铁矿异常带;南侧为一平静负磁场,出露古元古界、新元古界青白口系变质岩地层;预测工作区东部密集,高值异常分布区,如吉C-1987-39异常(580nT)、吉C-1977-39异常(600nT)、吉C-1977-24异常(500nT),对应岩性为太古宙变质岩和玄武岩变覆盖区。

2)航磁异常特征

吉C-1977-39异常:位于预测工作区东部,呈东西走向,有南北两个高值区,南部高值区长1km,宽0.5km,北部高值区长0.3km,宽0.2km,异常最高值为600nT,异常位于混合花岗岩出露区,有已知爱林铁矿属沉积变质型铁矿。

吉C-1987-39异常:呈北北东走向,长3.5km,宽2.0km,包括4个高值异常点,最高值为580nT,位于混合岩出露区,区内有五道羊岔鞍山式铁矿点,推断异常由铁矿引起。

3)推断断裂

区内共推断断裂7条,其中北东向4条,北西向3条。F_6、F_7、F_8等3段为同一断裂,北东走向长67km,从旱沟村到林家沟一带,断裂向北错动。断裂南东侧出露中元古界老岭(岩)群及青白口系弱磁性地层,航磁为负磁场。另一侧出露中太古代变质岩,航磁为负磁场,分布一些北东向高值异常带,即四方山铁矿异常带和板石沟铁矿异常带。该断裂切割了中生界,沿断裂西向有玄武岩分布。F_{10}断裂位于预测工作区东部,为北东向断裂,长10km,沿线性梯度带延伸,为太古宙变质岩与中生界断裂接触带。

4)推断变质岩地层

太古宙变质岩分布在预测工作区的北部,以F_6、F_7、F_8断裂为界,断裂以南为元古宇。北部磁场波动较大,负磁场中分布一些北东向高值异常带,与南部负磁场明显不同,呈大面积分布。另外,在预测工作区东南部,还有一片长条状的太古宇,对应航磁为一北东向条带状的低缓异常,异常带上未见磁铁矿点,推测异常与磁性变质岩有关。该处呈小面积出露;元古宙变质岩位于预测工作区南部,呈北东向带状分布,包括古元古界、新元古界青白口系等,多为弱磁或无磁岩性。航磁图上对应平静负磁场。本区元古宙变质岩是根据航磁特征,结合1∶5万地质图及重力资料即重力高的分布圈出。

5)圈定火山岩

区内玄武岩出露在预测工作区东北部,异常密集,正负相间,强度一般为200～300nT,最高值为600nT,为第四系军舰山组玄武岩。玄武岩圈定是据航磁异常特征结合1∶5万地质图圈出1处。

6)结论

区内铁矿点有十多处,只有在太古宙变质岩中的铁矿点有明显反映,而在元古宙变质岩地层中,浑江式铁矿点均在负磁场中,磁法直接找矿效果不好,可采用间接找矿方法,或利用综合物探,如地面电法、自电法等。

二、遥感

(一)资料程度及使用说明

预测工作区及典型矿床所使用的资料均为全国项目组提供的ETM数据和本项目组自行购买的ETM数据经计算机录入、融合处理、校正并镶嵌的吉林省遥感影像图,校正底图为1∶5万地形图,校正误差控制在一个象元内,所成图像完全满足不大于1∶5万制图精度。预测工作区及典型矿床遥感解译精度均为1∶5万,遥感异常提取精度为30m×30m的象元分辨率。

(二)典型矿床特征

该预测工作区内典型矿床是白房子铁矿,其遥感矿产地质特征:矿区位于北东向、北西向及近东西向断裂构造交会部位,4个环形构造集中分布于矿区附近,北东向小规模脆韧性变形构造通过矿区,遥感浅色色调异常区,矿区附近铁染异常集中分布,有零星的羟基异常,见图8-3-1。

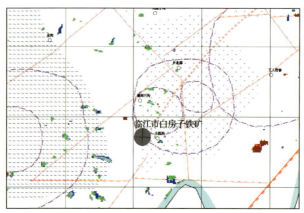

图 8-3-1　临江市白房子铁矿区遥感矿产地质特征解译与遥感异常分布图

(三)预测工作区的特征

1. 临江式海相沉积型铁矿浑南预测工作区

1) 地质概况

预测工作区位于吉林省南部临江市西北,区内主要出露古元古界大栗子(岩)组千枚岩、绢云千枚岩、二云片岩夹大理岩、薄层石英岩,珍珠门岩组白云质大理岩、透闪石化、硅化、白云质大理岩,钓鱼台组石英砂岩、海绿石石英砂岩,马达岭组紫色长石石英砂岩;中太古代英云闪长质片麻岩及变质表壳岩。北西侧有古生界各种灰岩呈北东向条带状分布,有晚三叠世黑云母花岗岩及早白垩世碱长花岗岩侵入。

2) 遥感地质特征解译

本区解译出 1 条大型断裂带,为集安-松江岩石圈断裂,以松江一带为界分西南和东北两段,西南段为台区Ⅲ、Ⅳ级构造单元分界线,在绿江村、杨木林子屯一带控制侏罗系堆积,断裂切割上三叠统、中上侏罗统及中生代侵入岩,使古老的太古宙变质岩系、震旦系与侏罗系呈压剪性断层接触。该断裂带附近的次级断裂是重要的金-多金属矿产的容矿构造。

本区解译出 4 条中型断裂(带),分别为大路-仙人桥断裂带、大川-江源断裂带、果松-花山断裂带和兴华-长白山断裂带。

大路-仙人桥断裂带:为一条北东南西向较大型波状断裂带,切割自太古宇-侏罗系的地层及岩体,控制中元古界、新元古界和古生界的沉积,该断裂带与其他方向断裂交会部位,为金-多金属矿产形成的有利部位。该断裂带沿吉林省荒沟山-南岔临江式沉积型铁矿预测工作区中部斜穿预测工作区。

大川-江源断裂带:呈北东向,由通化市向北东经白山至抚松后被第四纪玄武岩覆盖,向西南进入辽宁省,由数十余条近于平行的断裂构造组成,为一中段宽、两端窄的较大型断裂构造带。中部较宽部位是重要的铁矿成矿带,其边部及两端收敛部位为金-多金属矿产聚集区。该断裂带沿吉林省荒沟山-南岔临江式沉积型铁矿预测工作区北西侧斜穿预测工作区。

果松-花山断裂带:切割中元古界、新元古界及侏罗纪火山岩,在三道沟北太古宙花岗片麻岩逆冲于中元古界珍珠门组大理岩之上。沿断裂带有小型铁矿、铅锌矿、金矿分布。该断裂带沿吉林省荒沟山-南岔临江式沉积型铁矿预测工作区的中南部呈北东向斜穿预测工作区。

兴华-长白山断裂带:近东西向通过预测工作区南部,断裂带西段切割地台区老基底岩系、古生代盖层及中生界。该断裂带又控制晚三叠世中酸性火山岩。沿断裂带侵入燕山期和印支期花岗岩。该带与北东向断裂交会处为重要的金、多金属成矿区。该断裂带沿吉林省荒沟山-南岔临江式沉积型铁矿预测工作区的中北部呈近东西向横穿预测工作区。

小型断裂比较发育,并且以北北西向和北西向为主,北东向次之,局部见近南北向和近东西向小型断裂。其中,北西向及北北西向小型断裂多为正断层,形成时间较晚,多错断其他方向的断裂构造,其他方向的小型断裂多为逆断层,形成时间明显早于北西向断裂。不同方向小型断裂的交会部位是重要的金、多金属成矿区。

脆韧变形趋势带比较发育,共解译出13条,其中12条为区域性规模脆韧性变形构造,组成一条较大规模的镇脆韧性变形构造带。该构造带南段与果松-华山断裂带重合,中段与大路-仙人桥断裂带重合,北段与兴华-长白山断裂带重合,为一条总体走向北东的"S"形变型带。该带与金、铁、铜、铅、锌矿产均有密切的关系。

环形构造比较发育,共圈出83个环形构造。它们在空间分布上有明显的规律,主要分布在不同方向断裂交会部位。按成因类型分为4类,其中与隐伏岩体有关的环形构造69个,古生代花岗岩类引起的环形构造1个,中生代花岗岩类引起的环形构造7个,褶皱引起的环形构造2个和成因不明4个。区内的铁矿点多分布于环形构造内部或边部。

本区共解译出色调异常12处,其中6处为绢云母化、硅化引起,6处为侵入岩体内外接触带及残留顶盖引起,它们在遥感图像上均显示为浅色色调异常。从空间分布上看,区内的色调异常明显与断裂构造及环形构造有关,在北东向断裂带上及北东向断裂带与其他方向断裂交会部位和环形构造集中区,色调异常呈不规则状分布。

区内的铁、金-多金属矿床(点)在空间上与遥感色调异常有较密切的关系,多形成于遥感色调异常区。

本区共解译出2处遥感带要素,均由变质岩组成,其中一处为青白口系钓鱼台组、南芬组并层,分布于和龙断块内,该带与铁矿关系密切;另一处为中元古界老岭(岩)群珍珠门组与花山组接触带附近,由白云质大理岩、透闪石化、硅化白云质大理岩、二云片岩夹大理岩组成,该带与铁矿、金-多金属的成矿关系密切。

本预测工作区内共解译出4处遥感块要素,其中1处为区域压扭应力形成的构造透镜体,形成于老岭造山带中。3处为小规模块体所受应力形成的菱形块体,它们全呈北东向展布,2处分布于大川-江源断裂带内,1处分布于老岭造山带中。

3)遥感异常分布特征

本区共提取遥感羟基异常面积7 224 673m^2,其中一级异常933 300m^2,二级异常834 300m^2,三级异常5 457 073m^2。

临江岩组长石石英岩、石英岩、变粒岩、片麻岩、石英片岩、二云片岩夹厚—中薄层石英岩分布区,羟基异常集中分布,由地层岩性引起,与矿化无关。第四纪玄武岩分布区,羟基异常相对集中,由地层岩性引起,与矿化无关。北东向断裂附近、北西向断裂附近及它们的交会部位,羟基异常集中分布,为矿化蚀变引起。

本预测工作区共提取遥感铁染异常面积15 281 698m^2,其中一级异常7 372 676m^2,二级异常2 246 455m^2,三级异常5 662 565m^2。

临江岩组长石石英岩、石英岩、变粒岩、片麻岩、石英片岩、二云片岩夹厚—中薄层石英岩分布区,铁染异常集中分布,由地层岩性引起,与矿化无关。北东向断裂附近环形构造内部或边部遥感色异常、遥感带异常区,羟基异常相对集中,为矿化蚀变引起。

2. 浑江式海相沉积型铁矿浑北预测工作区

1)地质概况

预测工作区位于吉林省南部白山市西北侧,区内主要出露太古宙变质表壳岩、英云闪长片麻岩,珍珠门岩组白云质大理岩、透闪石化、硅化、白云质大理岩,钓鱼台组、南芬组并层的石英砂岩、页岩。

2)遥感地质特征解译

本区共解译出3条中型断裂(带),分别为大川-江源断裂带、柳河-靖宇断裂带和兴华-长白山断裂带。

大川-江源断裂带：呈北东向，由通化市向北东经白山至抚松后被第四纪玄武岩覆盖，向西南进入辽宁省，由数十余条近于平行的断裂构造组成，为一中段宽、两端窄的较大型断裂构造带，中部较宽部位是重要的铁矿成矿带，边部及两端收敛部位为金-多金属矿产聚集区。吉林省浑北地区海相沉积型铁矿预测工作区处于该带北东端收敛部位。

柳河-靖宇断裂带：近东西向通过预测工作区北部，主要分布于太古宙绿岩地体中，金龙顶子玄武岩在该带上呈近东西向展布。该带东段南坪组黑色斑状和巨斑状玄武岩（现代火山口）成群分布。

兴华-长白山断裂带：近东西向通过预测工作区南部，断裂带西段切割地台区老基底岩系、古生代盖层及中生界。该断裂带又控制晚三叠世中酸性火山岩。沿断裂带侵入燕山期和印支期花岗岩。该带与北东向断裂交会处为重要的金、多金属成矿区。

小型断裂比较发育，并且以北西向为主，局部发育北西西向、北东向及近南北向小型断层，其中的北西向及近南北向小型断裂多为正断层，形成时间较晚，多错断其他方向的断裂构造，北东向的小型断裂多为逆断层，形成时间明显早于北西向断裂。

脆韧变形趋势带比较发育，共解译出 20 条，全部为区域性规模脆韧性变形构造。其中呈北东走向的脆韧性变形构造与大川-江源断裂带相伴生，形成一条北东向韧性变形构造带。该带与铁矿、金矿均有较密切的关系。近东西向的脆韧性变形构造与兴华-长白山断裂带相伴生，空间上与金-多金属关系密切。

环形构造比较发育，共圈出 45 个环形构造。它们在空间分布上有明显的规律，主要分布在大川-江源断裂带与其他方向断裂交会部位。按成因类型分为 3 类，其中与隐伏岩体有关的环形构造 33 个，古生代花岗岩类引起的环形构造 9 个，与火山口有关的环形构造 3 个。这些环形构造与铁矿、铜矿、金矿的关系均较密切，通化四方山铁矿、浑江板石沟铁矿以及一些铁、铜、金矿点分布于环形构造内部或边部。

本区共解译出色调异常 5 处，其中的 2 处为绢云母化、硅化引起，3 处为侵入岩体内外接触带及残留顶盖引起，它们在遥感图像上均显示为浅色色调异常。从空间分布上看，区内的色调异常明显与断裂构造及环形构造有关，在北东向断裂带上和北东向断裂带与其他方向断裂交会部位以及环形构造集中区，色调异常呈不规则状分布。

区内的矿床（点）在空间上与遥感色调异常有较密切的关系，其中通化四方山铁矿、浑江板石沟铁矿，以及一些铁、铜、金矿点等均形成于遥感色调异常区。

本区共解译出 6 处遥感带要素，均由变质岩组成，其中 1 处为中太古代英云闪长片麻岩、斜长角闪岩夹磁铁石英岩，分布于浑江上游凹褶断束与龙岗断块接触带附近，该带与铁矿关系密切，通化四方山铁矿、浑江板石沟铁均分布于该带内；5 处由钓鱼台组、南芬组石英砂岩、页岩组成，分布于浑江上游凹褶断束内，该种成因类型的带要素与铁矿及金矿的关系密切，通化二道江铁矿及数处铁矿点分布于此类带内。

本区共解译出 5 处遥感块要素，其中 1 处为区域压扭应力形成的构造透镜体，4 处为小规模块体所受应力形成的菱形块体，它们全呈北东向展布，分布于大川-江源断裂带内。这些块体与矿产在空间上有一定的关系，通化四方山铁矿及浑江板石沟铁矿均形成于板石块状构造边部。

3）遥感异常分布特征

本区共提取遥感羟基异常面积 1 026 005 m^2，其中一级异常 130 986 m^2，二级异常 137 839 m^2，三级异常 757 180 m^2。

提取的遥感羟基异常多分布于钓鱼台组、南芬组并层的石英砂岩、页岩中，北东向与北西向断裂交会部位，遥感浅色色调异常区，环形构造内部或边部，由矿化蚀变引起。

共提取遥感铁染异常面积 2 453 072 m^2，其中一级异常 772 767 m^2，二级异常 311 405 m^2，三级异常

1 368 899m²。

提取的遥感铁染异常多分布于钓鱼台组、南芬组并层的石英砂岩、页岩中,由矿化蚀变引起。北东向及北西向断裂附近,块状构造边部,遥感浅色色调异常区,环形构造内部或边部,羟基异常相对集中,由矿化蚀变引起。

第四节 矿产预测

一、矿产预测方法类型选择

该预测类型铁矿因无磁性,所以只选择德尔菲法和地质体积法。

二、预测模型建立

该类型铁矿因无磁性,又没有其他找矿信息,唯一的预测要素就是含铁建造的存在。

(一)典型矿床预测模型

根据典型矿床的研究,建立了预测要素,见表8-4-1~表8-4-3。

表8-4-1 临江市白房子铁矿床预测要素表

预测要素		内容描述	类别
地质条件	岩石类型	白房子组下部的砾岩、砂岩段和中部的长石石英砂岩及粉砂岩	必要
	成矿时代	新元古代早期,约1000Ma	必要
	成矿环境	老岭隆起的东南缘形成边缘坳陷,即鸭绿江盆地	必要
	构造背景	老岭坳陷盆地内	重要
矿床特征	控矿条件	南东倾伏的白房子倾伏背斜控制了矿体的空间分布和形态。后期断裂构造对矿体的控制作用主要表现在对含矿层及矿体的错断,使矿体空间上不连续。 临江式铁矿的赋矿层位为青白口系白房子组的下部的砾岩、砂岩段和中部的长石石英砂岩及粉砂岩段	必要
	矿化特征	矿体厚度较稳定,一般为3~5m,呈北西南东走向,倾角一般在45°左右	重要
综合信息	遥感	北东向、北西向及近东西向断裂构造交会部位;4个环形构造相交;附近有羟基异常、铁染异常;区域上具有色异常显示	次要

表 8-4-2　临江市青沟铁矿床预测要素表

预测要素		内容描述	类别
地质条件	岩石类型	含矿岩层下部为铁质石英岩层,中部为铁质角砾岩层,上部为铁质砂岩层	必要
	成矿时代	818Ma 左右	必要
	成矿环境	浑江坳陷和鸭绿江坳陷盆地	必要
	构造背景	老岭坳陷盆地	重要
矿床特征	控矿条件	构造控矿:基底构造控矿表现在所有浑江式铁矿矿床(点)都产出在老岭坳陷盆地内,即老岭坳陷盆地控制了青白口系钓鱼台组的沉积分布空间。后期断裂构造对矿体的控制作用主要表现在对含矿层及矿体的错断,使矿体空间上不连续。 地层控矿:主要受青白口系钓鱼台组控制	必要
	矿化特征	矿体走向45°,倾向南东,倾角40°～50°,呈扁豆状,主要为含铁石英岩和铁质角砾岩赋矿,平均品位为15%～20%,富矿体平均品位34.3%	重要
综合信息	遥感	无预测要素	次要

表 8-4-3　临江式-浑江式铁矿预测要素表

预测要素		内容描述	类别
地质条件	岩石类型	白房子组下部的砾岩、砂岩段和中部的长石石英砂岩及粉砂岩。钓鱼台组铁质石英岩层	必要
	成矿时代	新元古代早期,800～1000Ma	必要
	成矿环境	老岭隆起的东南缘形成边缘坳陷,即纪鸭绿江盆地	必要
	构造背景	老岭坳陷盆地内	重要
矿床特征	控矿条件	构造控矿:基底构造控矿表现在所有浑江式、临江式铁矿矿床(点)都产出在老岭坳陷盆地内,即老岭坳陷盆地控制了青白口系白房子组、钓鱼台组的沉积分布空间。后期断裂构造对矿体的控制作用主要表现在对含矿层及矿体的错断,使矿体空间上不连续。 地层控矿:主要受青白口系白房子组、钓鱼台组控制	必要
	矿化特征	矿体厚度较稳定,一般为3～5m,呈北西南东走向,倾角一般在45°左右	重要
综合信息	遥感	北东向、北西向及近东西向断裂构造交会部位;4个环形构造相交;附近有羟基异常、铁染异常;区域上具有色异常显示	次要
物探	航磁	负异常或无异常区	

(二)预测工作区预测模型

根据预测工作区区域成矿要素和地球物理特征,建立区域预测要素,见图 8-4-1～图 8-4-2。

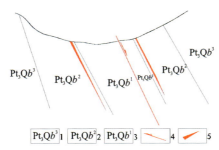

图 8-4-1　江市白房子铁矿床找矿模型图
1.白房子组粗粒石英岩、巨粒石英岩;2.白房子组中细粒石英岩夹菱铁矿层;
3.白房子组砂质页岩偶夹菱铁矿;4.断层;5.矿体

三、预测单元划分及预测地质变量选择

钓鱼台-白房子预测工作区主要预测矿产类型为沉积型菱铁矿、赤铁矿,矿体产于钓鱼台、白房子组中。钓鱼台组在本省分布面积较大,白房子组分布面积较小。钓鱼台组和白房子组是预测单元划分及预测地质变量选择的决定性依据,铁矿沉积有一定的沉积环境限制,综合吉南地区古地理和沉积环境研究,大致可以得出近古陆等水深线 500～700m 以浅的沉积地层是成矿有利地段的认识。遥感信息对基岩出露地区的矿产预测能提供有益信息,对于地表出露矿体和已有采矿场的地区提示信息明确可靠,在本预测工作区工作的模型区显示出的信息很明确。但在本省东南部地区植被覆盖严重,应用遥感资料时,特别注意参考地质依据鉴别信息的可靠性。

四、预测工作区圈定及优选

预测工作区圈定主要以钓鱼台组和白房子组产出部位为圈定依据,古沉积等水深线也是一个圈定和优选最小预测工作区的依据。特别是矿产地或矿体产出部位,是区分预测工作区类别和资源量级别的决定性依据,经过地质专家进一步修正和筛选,最终优选出最小预测工作区。

五、德尔菲法资源量估算

沉积型铁矿德尔菲法资源量预测成果见表 8-4-4。

六、地质体积法资源量定量估算

(一)典型矿床已查明资源储量及其估算参数

1. 浑江式海相沉积型铁矿浑北预测工作区

该预测工作区内典型矿床为青沟铁矿。

(1)查明资源储量:青沟典型矿床所在区,以往工程控制实际查明的并且已经在储量登记表中上表的全部资源储量为 18 821 000t。

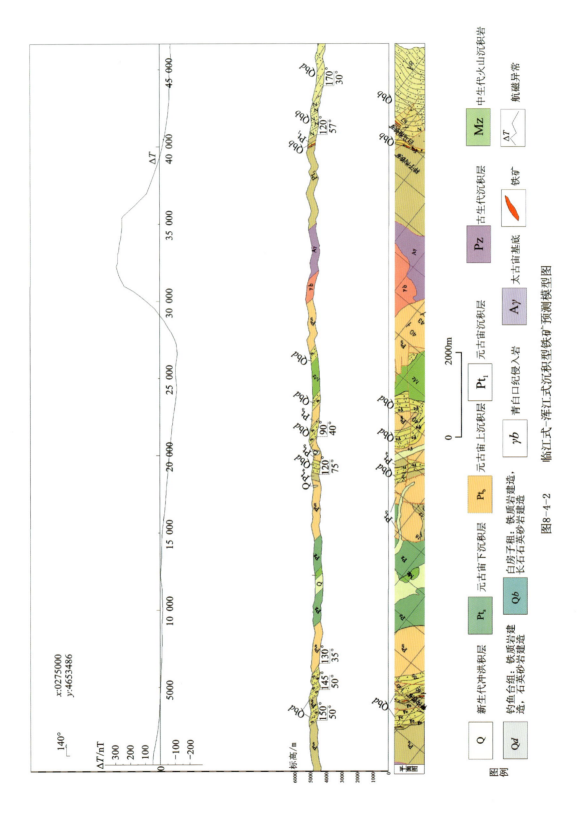

图8-4-2 临江式-浑江式沉积型铁矿预测模型图

表 8-4-4　沉积型铁矿德尔菲法资源量统计结果一览表

深度	预测工作区名称	预测资源量（规模）		
		90%	50%	10%
500m 以浅	浑江南沉积型铁矿预测工作区	小型	小型	小型
	浑江北沉积型铁矿预测工作区	小型	小型	小型
	小计	小型	小型	小型
1000m 以浅	浑江南沉积型铁矿预测工作区	大型	大型	大型
	浑江北沉积型铁矿预测工作区	大型	大型	大型
	小计	大型	大型	大型
2000m 以浅	浑江南沉积型铁矿预测工作区	大型	大型	大型
	浑江北沉积型铁矿预测工作区	大型	大型	大型
	小计	大型	大型	大型

（2）面积：青沟典型矿床所在区域经 1：2000 地质填图确定的勘探评价区，并经山地工程验证的矿体、矿带聚集区段边界范围为 755 478.79m²。含矿层位的平均倾角为 50°。

（3）延深：青沟矿床勘探控制矿体的最大延深为 900m。

（4）体积含矿率：体积含矿率=查明资源储量/（面积×$\sin\alpha$×延深），其中 α 为含矿层位的平均倾角，计算得出青沟矿床体积含矿率为 0.043 063 61t/m³（表 8-4-5）。

表 8-4-5　浑江式海相沉积型铁矿浑北预测工作区典型矿床查明资源储量表

名称	查明资源储量（规模）		面积/m²	延深/m	品位/%	体重/(t·m⁻³)	体积含矿率/(t·m⁻³)
	矿石量	金属量					
白山市青沟铁矿	大型		755 478.79	900	34.33	3.5	0.043 063 61

2. 临江式海相沉积型铁矿浑南预测工作区

该预测工作区内典型矿床为白房子铁矿，计算得出白房子矿床体积含矿率为 0.033 458 41（表 8-4-6）。

表 8-4-6　临江式海相沉积型铁矿浑南预测工作区典型矿床查明资源储量表

名称	查明资源储量（规模）		面积/m²	延深/m	品位/%	体重/(t·m⁻³)	体积含矿率/(t·m⁻³)
	矿石量	金属量					
临江市白房子铁矿	大型		452 661.56	200	32.01	3	0.033 458 41

（二）典型矿床深部及外围预测资源量及其估算参数

1. 浑江式海相沉积型铁矿浑北预测工作区

青沟铁矿床深部资源量预测，铁矿矿体沿倾向最大延深 900m，矿体倾角为 40°，实际垂深 580m。根据该含矿层位在区域上的产状、走向、延深等均比较稳定，推断该套含矿层位在 1500m 深度仍然存在，所以本次对该矿床的深部预测垂深选择 1500m。矿床深部预测实际深度为 920m。面积仍然采用原矿床含矿的最大面积。预测其深部资源量。应用预测资源量=面积×延深×体积含矿率，见表 8-4-7。

表 8-4-7　浑江式海相沉积型铁矿浑北预测工作区典型矿床深部预测资源量表

名称	预测资源量（规模）	面积/m²	延深/m	体积含矿率/(t·m⁻³)
青沟铁矿	小型	755 478.79	920	0.043 063 61

2. 临江式海相沉积型铁矿浑南预测工作区

白房子铁矿床深部资源量预测，铁矿矿体沿倾向最大延深200m，矿体倾角为50°，实际垂深150m。根据该含矿层位在区域上的产状、走向、延深等均比较稳定，推断该套含矿层位在1200m深度仍然存在，所以本次对该矿床的深部预测垂深选择1200m。矿床深部预测实际深度为1050m。面积仍然采用原矿床含矿的最大面积。预测其深部资源量。应用预测资源量＝面积×延深×体积含矿率，见表8-4-8。

表 8-4-8　临江式海相沉积型铁矿浑南预测工作区典型矿床深部预测资源量表

名称	预测资源量（规模）	面积/m²	延深/m	体积含矿率/(t·m⁻³)
白房子铁矿	小型	452 661.56	1050	0.033 458 41

（三）典型矿床总资源量

浑江式海相沉积型铁矿浑北预测工作区见表8-4-9。临江式海相沉积型铁矿浑南预测工作区见表8-4-10。

表 8-4-9　浑江式海相沉积型铁矿浑北预测工作区典型矿床总资源量表

名称	查明资源储量（规模）	预测资源量（规模）	总资源量（规模）	总面积/m²	总延深/m	体积含矿率/(t·m⁻³)
青沟铁矿床	大型	大型	大型	755 478.79	1500	0.043 063 61

表 8-4-10　临江式海相沉积型铁矿浑南预测工作区典型矿床总资源量表

名称	查明资源储量（规模）	预测资源量（规模）	总资源量（规模）	总面积/m²	总延深/m	体积含矿率/(t·m⁻³)
白房子铁矿床	大型	大型	大型	452 661.56	1200	0.033 458 41

（四）预测工作区模型区估算参数确定

1. 浑江式海相沉积型铁矿浑北预测工作区

模型区：典型矿床所在的最小预测工作区，即青沟铁矿所在的DBB11最小预测工作区。

模型区预测资源量：DBB11模型区预测资源量是青沟典型矿床探明＋深部预测资源量的总资源量，即查明资源量＋深部预测资源量。

面积：DBB11模型区的面积是青沟典型矿床所在区含矿建造钓鱼台组含铁建造的最小出露面，加以人工修正后的最小预测工作区面积。

延深：模型区内典型矿床的总延深，即最大预测深度。青沟铁矿现在最大的勘探深度均达到900m，但从区域上和矿区上钓鱼台组具有一定的规模，沿走向和倾向延伸比较稳定，推测含矿建造延深仍然比较稳定，所以模型区的预测深度选择1500m，沿用青沟铁矿典型矿床的最大预测深度。

含矿地质体面积参数：为含矿地质体面积/模型区面积，当含矿地质体面积＝模型区面积，其为1，含矿地质体面积小于模型区面积,其小于1。青沟典型矿床所在的最小预测工作区内出露为含矿建造的面积,所以含矿地质体面积参数为1,见表8-4-11。

表8-4-11　模型区预测资源量及其估算参数

名称	模型区预测资源量（规模）	模型区面积/m²	延深/m	含矿地质体面积/m²	含矿地质体面积参数
DBB11	大型	1 424 052.78	1500	1 424 052.78	1

2. 临江式海相沉积型铁矿浑南预测工作区

模型区:典型矿床所在的最小预测工作区,即白房子铁矿所在的DBB14最小预测工作区。

模型区预测资源量:DBB14模型区预测资源量是白房子典型矿床探明＋深部预测资源量的总资源量,即查明资源量＋深部预测资源量。

面积:DBB14模型区的面积是白房子典型矿床所在区含矿建造白房子组含铁建造的最小出露面,加以人工修正后的最小预测工作区面积。

延深:模型区内典型矿床的总延深,即最大预测深度。白房子铁矿现在最大的勘探深度均达到580m,但从区域上和矿区上白房子组和具有一定的规模,沿走向和倾向延伸比较稳定,推测含矿建造延深仍然比较稳定,所以模型区的预测深度选择1200m,沿用白房子铁矿典型矿床的最大预测深度。

含矿地质体面积参数:为含矿地质体面积/模型区面积,当含矿地质体面积＝模型区面积,其为1,含矿地质体面积小于模型区面积,其小于1。白房子典型矿床所在的最小预测工作区内出露为含矿建造的面积,所以含矿地质体面积参数为1,见表8-4-12。

表8-4-12　模型区预测资源量及其估算参数

名称	模型区预测资源量（规模）	模型区面积/m²	延深/m	含矿地质体面积/m²	含矿地质体面积参数
DBB14	大型	1 352 726.64	1200	1 352 726.64	1

(五)预测工作区模型区含矿系数确定

1. 浑江式海相沉积型铁矿浑北预测工作区

沉积变质型浑北预测工作区模型区DBB11的含矿地质体含矿系数确定公式为:DBB11含矿地质体含矿系数＝DBB11模型区资源总量/含矿地质体总体积,含矿地质体的总体积为含矿地质体面积×预测总深度。计算得出DBB11模型区的含矿地质体含矿系数为0.022 823 10,见表8-4-13。

表8-4-13　浑江式海相沉积型铁矿浑北预测工作区模型区含矿地质体含矿系数表

模型区名称	地质体含矿系数	资源总量(规模)	含矿地质体总体积/m³
DBB11	0.022 823 10	大型	2 136 079 170

2. 临江式海相沉积型铁矿浑南预测工作区

沉积变质型浑南预测工作区模型区DBB14的含矿地质体含矿系数确定公式为:DBB14含矿地质体含矿系数＝DBB14模型区资源总量/含矿地质体总体积,含矿地质体的总体积为含矿地质体面积×预测总深度。计算得出DBB14模型区的含矿地质体含矿系数为0.011 226 09,见表8-4-14。

表 8-4-14　临江式海相沉积型铁矿浑南预测工作区模型区含矿地质体含矿系数表

模型区名称	地质体含矿系数	资源总量（规模）	含矿地质体总体积/m³
DBB14	0.011 226 09	大型	1 623 271 968

（六）预测工作区最小预测工作区估算参数的确定

1. 最小预测工作区面积圈定方法及圈定结果

浑江式海相沉积型铁矿浑北预测工作区内最小预测工作区面积的确定主要依据是青白口系钓鱼台组和白房子组含铁建造含铁层位的最小出露区，并经地质矿产专业人员人工修整后的最小区域，见表 8-4-15。

表 8-4-15　浑江式海相沉积型铁矿浑北预测工作区最小预测工作区面积圈定大小及方法依据

最小预测工作区编号	最小预测工作区名称	面积/m²	参数确定依据
4	DBB2	557 888.79	钓鱼台组含铁建造最小层位出露区
6	DBB3	627 417.02	钓鱼台组含铁建造最小层位出露区
14	DBB4	2 563 678.94	钓鱼台组含铁建造最小层位出露区
15	DBB7	704 246.91	钓鱼台组含铁建造最小层位出露区
17	DBB8	1 941 614.83	钓鱼台组含铁建造最小层位出露区
18	DBB9	537 230.34	钓鱼台组含铁建造最小层位出露区
19	DBB10	1 256 525.46	钓鱼台组含铁建造最小层位出露区
49	DBB12	622 235.04	钓鱼台组含铁建造最小层位出露区
21	DBB13	1 756 530.43	钓鱼台组含铁建造最小层位出露区
22	DBB19	15 939 664.37	钓鱼台组含铁建造最小层位出露区
2	DBC1	286 366.35	钓鱼台组含铁建造最小层位出露区
3	DBC2	641 010.96	钓鱼台组含铁建造最小层位出露区
5	DBC3	1 494 505.80	钓鱼台组含铁建造最小层位出露区
7	DBC4	137 621.77	钓鱼台组含铁建造最小层位出露区
8	DBC5	458 518.13	钓鱼台组含铁建造最小层位出露区
9	DBC6	583 976.15	钓鱼台组含铁建造最小层位出露区
10	DBC7	103 400.19	钓鱼台组含铁建造最小层位出露区
11	DBC8	62 820.87	钓鱼台组含铁建造最小层位出露区
12	DBC9	1 064 065.77	钓鱼台组含铁建造最小层位出露区
13	DBC10	538 979.18	钓鱼台组含铁建造最小层位出露区
16	DBC14	365 907.07	钓鱼台组含铁建造最小层位出露区
23	DBB23	366 431.86	白房子组含铁建造最小层位出露区

临江式海相沉积型铁矿浑南预测工作区：测工作区内最小预测工作区面积的确定主要依据是青白口系钓鱼台组和白房子组含铁建造含铁层位的最小出露区，并经地质矿产专业人员人工修整后的最小区域，见表 8-4-16。

表 8-4-16　临江式海相沉积型铁矿浑南预测工作区最小预测工作区面积圈定大小及方法依据

最小预测工作区编号	最小预测工作区名称	面积/m²	参数确定依据
47	DBB5	1 869 143.08	钓鱼台组含铁建造最小层位出露区
46	DBB6	198 409.32	钓鱼台组含铁建造最小层位出露区
24	DBB29	319 003.06	钓鱼台组含铁建造最小层位出露区
42	DBB15	1 184 912.51	白房子组含铁建造最小层位出露区
37	DBB16	291 040.02	白房子组含铁建造最小层位出露区
38	DBB17	258 039.54	白房子组含铁建造最小层位出露区
40	DBB18	484 060.85	白房子组含铁建造最小层位出露区
35	DBB20	1 051 369.52	白房子组含铁建造最小层位出露区
36	DBB21	1 561 334.73	白房子组含铁建造最小层位出露区
39	DBB22	1 008 166.77	白房子组含铁建造最小层位出露区
34	DBB24	649 317.06	白房子组含铁建造最小层位出露区
33	DBB25	1 068 502.94	白房子组含铁建造最小层位出露区
50	DBB26	187 101.01	白房子组含铁建造最小层位出露区
32	DBB27	286 137.55	白房子组含铁建造最小层位出露区
31	DBB28	718 787.01	白房子组含铁建造最小层位出露区
48	DBC11	1 321 315.27	钓鱼台组含铁建造最小层位出露区
45	DBC12	3 488 881.03	钓鱼台组含铁建造最小层位出露区
44	DBC13	800 709.97	钓鱼台组含铁建造最小层位出露区
43	DBC15	374 815.04	钓鱼台组含铁建造最小层位出露区
28	DBC16	809 614.76	钓鱼台组含铁建造最小层位出露区
29	DBC17	1 237 938.98	钓鱼台组含铁建造最小层位出露区
30	DBC18	1 934 572.82	钓鱼台组含铁建造最小层位出露区
25	DBC19	1 139 729.76	钓鱼台组含铁建造最小层位出露区
26	DBC20	448 238.69	钓鱼台组含铁建造最小层位出露区
27	DBC21	7 085 834.70	钓鱼台组含铁建造最小层位出露区

2. 最小预测工作区延深参数的确定及结果

浑江式海相沉积型铁矿浑北预测工作区：预测工作区最小预测工作区延深参数的确定主要参考区域钓鱼台组和白房子组含矿建造的稳定性、典型矿床最大勘探深度、岩相古地理特征而确定。根据区域地质调查资料钓鱼台组和白房子组含矿建造在预测工作区内沿走向和倾向延伸相对比较的稳定，青沟铁矿最大勘探深度为500余米，铁矿含矿层位仍然稳定存在，由此确定浑北预测工作区最小预测工作区延深参数为1500m。当其最小预测工作区长轴小于2000m时，最深预测到1000m，见表8-4-17。

表 8-4-17　浑江式海相沉积型铁矿浑北预测工作区最小预测工作区延深圈定大小及方法依据

最小预测工作区编号	最小预测工作区名称	延深/m	参数确定依据
4	DBB2	1500	区域上含矿建造＋类比已知区＋岩相古地理
6	DBB3	1500	区域上含矿建造＋类比已知区＋岩相古地理

续表 8-4-17

最小预测工作区编号	最小预测工作区名称	延深/m	参数确定依据
14	DBB4	1500	区域上含矿建造＋类比已知区＋岩相古地理
15	DBB7	1500	区域上含矿建造＋类比已知区＋岩相古地理
17	DBB8	1500	区域上含矿建造＋类比已知区＋岩相古地理
18	DBB9	1500	区域上含矿建造＋类比已知区＋岩相古地理
19	DBB10	1000	区域上含矿建造＋类比已知区＋岩相古地理
49	DBB12	1500	区域上含矿建造＋类比已知区＋岩相古地理
21	DBB13	1500	区域上含矿建造＋类比已知区＋岩相古地理
22	DBB19	1500	区域上含矿建造＋类比已知区＋岩相古地理
2	DBC1	1000	区域上含矿建造＋类比已知区＋岩相古地理
3	DBC2	1000	区域上含矿建造＋类比已知区＋岩相古地理
5	DBC3	1500	区域上含矿建造＋类比已知区＋岩相古地理
7	DBC4	1000	区域上含矿建造＋类比已知区＋岩相古地理
8	DBC5	1500	区域上含矿建造＋类比已知区＋岩相古地理
9	DBC6	1500	区域上含矿建造＋类比已知区＋岩相古地理
10	DBC7	1000	区域上含矿建造＋类比已知区＋岩相古地理
11	DBC8	1000	区域上含矿建造＋类比已知区＋岩相古地理
12	DBC9	1500	区域上含矿建造＋类比已知区＋岩相古地理
13	DBC10	1500	区域上含矿建造＋类比已知区＋岩相古地理
16	DBC14	1000	区域上含矿建造＋类比已知区＋岩相古地理
23	DBB23	1200	区域上含矿建造＋类比已知区＋岩相古地理

临江式海相沉积型铁矿浑南预测工作区：预测工作区最小预测工作区延深参数的确定主要参考区域钓鱼台组和白房子组含矿建造的稳定性、典型矿床最大勘探深度、岩相古地理特征而确定。根据区域地质调查资料钓鱼台组和白房子组含矿建造在预测工作区内沿走向和倾向延伸相对比较的稳定，白房子铁矿推测深度为 250 余米，由此确定浑南预测工作区最小预测工作区延深参数为 1200m。当其最小预测工作区长轴小于 2000m 时，最深预测到 1000m，见表 8-4-18。

表 8-4-18　临江式海相沉积型铁矿浑南预测工作区最小预测工作区延深圈定大小及方法依据

最小预测工作区编号	最小预测工作区名称	延深/m	参数确定依据
47	DBB5	1200	区域上含矿建造＋类比已知区＋岩相古地理
46	DBB6	1000	区域上含矿建造＋类比已知区＋岩相古地理
24	DBB29	1200	区域上含矿建造＋类比已知区＋岩相古地理
42	DBB15	1200	区域上含矿建造＋类比已知区＋岩相古地理
37	DBB16	1000	区域上含矿建造＋类比已知区＋岩相古地理
38	DBB17	1000	区域上含矿建造＋类比已知区＋岩相古地理
40	DBB18	1000	区域上含矿建造＋类比已知区＋岩相古地理

续表 8-4-18

最小预测工作区编号	最小预测工作区名称	延深/m	参数确定依据
35	DBB20	1200	区域上含矿建造+类比已知区+岩相古地理
36	DBB21	1200	区域上含矿建造+类比已知区+岩相古地理
39	DBB22	1200	区域上含矿建造+类比已知区+岩相古地理
34	DBB24	1200	区域上含矿建造+类比已知区+岩相古地理
33	DBB25	1200	区域上含矿建造+类比已知区+岩相古地理
50	DBB26	1000	区域上含矿建造+类比已知区+岩相古地理
32	DBB27	1000	区域上含矿建造+类比已知区+岩相古地理
31	DBB28	1000	区域上含矿建造+类比已知区+岩相古地理
48	DBC11	1200	区域上含矿建造+类比已知区+岩相古地理
45	DBC12	1200	区域上含矿建造+类比已知区+岩相古地理
44	DBC13	1200	区域上含矿建造+类比已知区+岩相古地理
43	DBC15	1200	区域上含矿建造+类比已知区+岩相古地理
28	DBC16	1200	区域上含矿建造+类比已知区+岩相古地理
29	DBC17	1200	区域上含矿建造+类比已知区+岩相古地理
30	DBC18	1200	区域上含矿建造+类比已知区+岩相古地理
25	DBC19	1200	区域上含矿建造+类比已知区+岩相古地理
26	DBC20	1200	区域上含矿建造+类比已知区+岩相古地理
27	DBC21	1200	区域上含矿建造+类比已知区+岩相古地理

3. 品位和体重的确定

浑江式海相沉积型铁矿浑北预测工作区:预测工作区内最小预测工作区主要是预测寻找成因类型相同、含矿建造相同、成矿时代与青沟铁矿相同的沉积铁矿。因此,最小预测工作区的矿石品位和体重的确定,主要参考青沟铁矿典型矿床的实测数据,确定最小预测工作区矿石平均品位为34.33%,体重为3.5t/m³。

临江式海相沉积型铁矿浑南预测工作区:预测工作区内最小预测工作区主要是预测寻找成因类型相同、含矿建造相同、成矿时代与青沟铁矿、白房子铁矿相同的沉积铁矿。因此,最小预测工作区的矿石品位和体重的确定,主要参考青沟铁矿、白房子铁矿典型矿床的实测数据,与青沟铁矿含矿建造相同的最小预测工作区,确定最小预测工作区矿石平均品位为34.33%,体重为3.5t/m³。与白房子铁矿含矿建造相同的最小预测工作区,确定最小预测工作区矿石平均品位为32.01%,体重为3t/m³。

4. 相似系数的确定

浑江式海相沉积型铁矿浑北预测工作区:预测工作区内最小预测工作区相似系数的确定仅靠含矿建造中是否出露最小的含铁层位对比,判断相似系数的条件比较单一,可靠程度比较低,所以给定的相似系数应相对较低。与DBB11模型区含矿建造相同,且最小预测工作区内有已知铁矿点,这样的最小预测工作区与DBB11模型区的相似系数为0.5;与DBB11模型区含矿建造相同,但最小预测工作区内没有已知铁矿点,这样的最小预测工作区与DBB11模型区的相似系数为0.3,见表8-4-19。

表 8-4-19　浑江式海相沉积型铁矿浑北预测工作区最小预测工作区相似系数表

最小预测工作区编号	最小预测工作区名称	相似系数
4	DBB2	0.5
6	DBB3	0.5
14	DBB4	0.5
15	DBB7	0.5
17	DBB8	0.5
18	DBB9	0.5
19	DBB10	0.5
49	DBB12	0.5
21	DBB13	0.5
22	DBB19	0.5
2	DBC1	0.3
3	DBC2	0.3
5	DBC3	0.3
7	DBC4	0.3
8	DBC5	0.3
9	DBC6	0.3
10	DBC7	0.3
11	DBC8	0.3
12	DBC9	0.3
13	DBC10	0.3
16	DBC14	0.3
23	DBB23	0.3

临江式海相沉积型铁矿浑南预测工作区：预测工作区内最小预测工作区相似系数的确定仅靠含矿建造中是否出露最小的含铁层位对比，判断相似系数的条件比较单一，可靠程度比较低，所以给定的相似系数应相对较低。与 DBB14 模型区含矿建造相同，且最小预测工作区内有已知铁矿点，这样的最小预测工作区与 DBB14 模型区的相似系数为 0.5；与 DBB14 模型区含矿建造相同，但最小预测工作区内没有已知铁矿点，这样的最小预测工作区与 DBB14 模型区的相似系数为 0.3，见表 8-4-20。

表 8-3-20　临江式海相沉积型铁矿浑北预测工作区最小预测工作区相似系数表

最小预测工作区编号	最小预测工作区名称	相似系数
47	DBB5	0.5
46	DBB6	0.5
24	DBB29	0.5
42	DBB15	0.5
37	DBB16	0.5

续表 8-4-20

最小预测工作区编号	最小预测工作区名称	相似系数
38	DBB17	0.5
40	DBB18	0.5
35	DBB20	0.5
36	DBB21	0.5
39	DBB22	0.5
34	DBB24	0.5
33	DBB25	0.5
50	DBB26	0.5
32	DBB27	0.5
31	DBB28	0.5
48	DBC11	0.3
45	DBC12	0.3
44	DBC13	0.3
43	DBC15	0.3
28	DBC16	0.3
29	DBC17	0.3
30	DBC18	0.3
25	DBC19	0.3
26	DBC20	0.3
27	DBC21	0.3

（七）预测资源量估算

1. 估算方法

按照预测资源量估算方法公式(5-4-2)进行计算。

2. 估算结果

浑江式海相沉积型铁矿浑北预测工作区最小预测工作区预测资源量估算结果见表 8-4-21。

表 8-4-21　浑江式海相沉积型铁矿浑北预测工作区最小预测工作区预测资源量估算

最小预测工作区编号	最小预测工作区名称	面积/m²	延深/m	模型区含矿地质体含矿系数	相似系数	预测资源量（规模）		
						0～500m	500～1000m	1000～1500m
4	DBB2	557 888.79	1500	0.022 823 10	0.5	小型	小型	小型
6	DBB3	627 417.02	1500	0.022 823 10	0.5	小型	小型	小型

续表 8-4-21

最小预测工作区编号	最小预测工作区名称	面积/m²	延深/m	模型区含矿地质体含矿系数	相似系数	预测资源量（规模）		
						0～500m	500～1000m	1000～1500m
14	DBB4	2 563 678.94	1500	0.022 823 10	0.5	小型	小型	小型
15	DBB7	704 246.91	1500	0.022 823 10	0.5	小型	小型	小型
17	DBB8	1 941 614.83	1500	0.022 823 10	0.5	小型	小型	小型
18	DBB9	537 230.34	1500	0.022 823 10	0.5	小型	小型	小型
19	DBB10	1 256 525.46	1000	0.022 823 10	0.5	小型	小型	
49	DBB12	622 235.04	1500	0.022 823 10	0.5	小型	小型	小型
21	DBB13	1 756 530.43	1500	0.022 823 10	0.5	小型	小型	小型
22	DBB19	15 939 664.37	1500	0.022 823 10	0.5	小型	小型	小型
2	DBC1	286366.35	1000	0.022 823 10	0.3	小型	小型	
3	DBC2	641 010.96	1000	0.022 823 10	0.3	小型	小型	
5	DBC3	1 494 505.80	1500	0.022 823 10	0.3	小型	小型	小型
7	DBC4	137 621.77	1000	0.022 823 10	0.3	小型	小型	
8	DBC5	458 518.13	1500	0.022 823 10	0.3	小型	小型	小型
9	DBC6	583 976.15	1500	0.022 823 10	0.3	小型	小型	小型
10	DBC7	103 400.19	1000	0.022 823 10	0.3	小型	小型	
11	DBC8	62 820.87	1000	0.022 823 10	0.3	小型	小型	
12	DBC9	1 064 065.77	1500	0.022 823 10	0.3	小型	小型	小型
13	DBC10	538 979.18	1500	0.022 823 10	0.3	小型	小型	小型
16	DBC14	365 907.07	1000	0.022 823 10	0.3	小型	小型	
23	DBB23	366 431.86	1200	0.011 226 09	0.3	小型	小型	小型

临江式海相沉积型铁矿浑南预测工作区最小预测工作区预测资源量估算结果见表 8-4-22。

表 8-4-22 临江式海相沉积型铁矿浑南预测工作区最小预测工作区预测资源量估算

最小预测工作区编号	最小预测工作区名称	面积/m²	延深/m	模型区含矿地质体含矿系数	相似系数	预测资源量（规模）		
						0～500m	500～1000m	1000～1500m
47	DBB5	1 869 143.08	1200	0.022 823 10	0.5	小型	小型	小型
46	DBB6	198 409.32	1000	0.022 823 10	0.5	小型	小型	
24	DBB29	319 003.06	1200	0.022 823 10	0.5	小型	小型	小型
42	DBB15	1 184 912.51	1200	0.011 226 09	0.5	小型	小型	小型
37	DBB16	291 040.02	1000	0.011 226 09	0.5	小型	小型	

续表 8-4-22

最小预测工作区编号	最小预测工作区名称	面积/m²	延深/m	模型区含矿地质体含矿系数	相似系数	预测资源量（规模）		
						0～500m	500～1000m	1000～1500m
38	DBB17	258 039.54	1000	0.011 226 09	0.5	小型	小型	
40	DBB18	484 060.85	1000	0.011 226 09	0.5	小型	小型	
35	DBB20	1 051 369.52	1200	0.011 226 09	0.5	小型	小型	小型
36	DBB21	1 561 334.73	1200	0.011 226 09	0.5	小型	小型	小型
39	DBB22	1 008 166.77	1200	0.011 226 09	0.5	小型	小型	小型
34	DBB24	649 317.06	1200	0.011 226 09	0.5	小型	小型	小型
33	DBB25	1 068 502.94	1200	0.011 226 09	0.5	小型	小型	小型
50	DBB26	187 101.01	1000	0.011 226 09	0.5	小型	小型	
32	DBB27	286 137.55	1000	0.011 226 09	0.5	小型	小型	
31	DBB28	718 787.01	1200	0.011 226 09	0.5	小型	小型	小型
48	DBC11	1 321 315.27	1200	0.022 823 10	0.3	小型	小型	小型
45	DBC12	3 488 881.03	1200	0.022 823 10	0.3	小型	小型	小型
44	DBC13	800 709.97	1200	0.022 823 10	0.3	小型	小型	小型
43	DBC15	374 815.04	1200	0.022 823 10	0.3	小型	小型	小型
28	DBC16	809 614.76	1200	0.022 823 10	0.3	小型	小型	小型
29	DBC17	1 237 938.98	1200	0.022 823 10	0.3	小型	小型	小型
30	DBC18	1 934 572.82	1200	0.022 823 10	0.3	小型	小型	小型
25	DBC19	1 139 729.76	1200	0.022 823 10	0.3	小型	小型	小型
26	DBC20	448 238.69	1200	0.022 823 10	0.3	小型	小型	小型
27	DBC21	7 085 834.70	1200	0.022 823 10	0.3	小型	小型	小型

（八）预测工作区预测资源量结果

1. 按精度

已知矿床深部及外围的预测资源量，资料精度大于 1∶5 万，为 334-1 预测资源量。

具备直接（包括含矿矿点、矿化点、重要找矿线索等）和间接找矿标志的最小预测单元内的预测资源量（间接找矿标志包括遥感异常、老窿），资料精度大于或等于 1∶5 万，为 334-2 预测资源量，见表 8-4-23。

表 8-4-23 沉积型预测工作区预测资源量精度统计表

预测工作区名称	精度（规模）		
	334-1	334-2	334-3
浑北	小型	大型	
浑南	小型	大型	

2. 按深度

沉积型预测工作区预测资源量深度统计见表8-4-24。

表8-4-24 沉积型预测工作区预测资源量深度统计表

预测工作区名称	500m以浅（规模）		1000m以浅（规模）		2000m以浅（规模）	
	334-1	334-2	334-1	334-2	334-1	334-2
浑北		大型	小型	大型	小型	大型
浑南	小型	大型	小型	大型	小型	大型

3. 按矿床类型

沉积型预测工作区预测资源量矿产类型精度统计见表8-4-25。

表8-4-25 沉积型预测工作区预测资源量矿产类型精度统计表

预测工作区名称	储量（规模）		
	334-1	334-2	334-3
浑北	小型	大型	
浑南	小型	大型	

4. 按预测工作区类别

最小预测工作区存在含矿建造，与已知模型区比较含矿建造相同，且存在矿床或矿点，并且最小预测工作区的圈定是在含矿建造出露区上圈定最小区域，最小预测工作区确定为A级。

最小预测工作区存在含矿建造，与已知模型区比较含矿建造相同，且存在矿化体，并且最小预测工作区的圈定是在含矿建造出露区上圈定最小区域，最小预测工作区确定为B级。

最小预测工作区存在含矿建造，与已知模型区比较含矿建造相同，最小预测工作区的圈定是在含矿建造出露区上圈定的最小区域，最小预测工作区确定为C级，见表8-4-26。

表8-4-26 沉积型预测工作区预测资源量预测工作区类别统计表

预测工作区名称	预测工作区分类（规模）		
	A	B	C
浑北		大型	小型
浑南		大型	大型

5. 按可利用性类别

沉积型预测工作区预测资源量可利用性统计见表8-4-27。

表8-4-27 沉积型预测工作区预测资源量可利用性统计表

预测工作区名称	可利用储量（规模）			暂不可利用储量（规模）		
	334-1	334-2	334-3	334-1	334-2	334-3
浑北				小型	大型	
浑南				小型	大型	

6. 按可信度统计分析

1)浑北预测工作区

(1)可信度:①对于有已知矿床存在,深部探矿工程见矿最大深度以上的预测资源量,可信度大于等于0.75;最大深度以下部分合理估算的预测资源量,可信度为0.5~0.75;②对于知矿点或矿化点存在,含矿建造发育,但没有经深部工程验证的预测资源量,其500m以浅预测资源量可信度大于等于0.75,500~1000m预测资源量可信度为0.5~0.75,1000~1500m预测资源量可信度为0.25~0.5;③对于建造发育,其500m以浅预测资源量可信度大于等于0.5,500~1000m预测资源量可信度0.25~0.5,1000~1500m预测资源量可信度为小于等于0.25。

(2)预测资源量可信度统计分析:浑北预测工作区预测资源量规模大型。可信度估计概率大于0.75的资源量规模大型,其全部为334-2预测资源量。可信性估计概率0.5~0.75的资源量规模为大型,其中334-1预测资源量规模为小型,334-2预测资源量规模大型。可信度估计概率0.25~0.5的资源量规模为大型,其全部为334-2预测资源量。可信度估计概率小于0.25的资源量规模为小型,其全部为334-2预测资源量。

2)浑南预测工作区

(1)可信度:①对于有已知矿床存在,深部探矿工程见矿最大深度以上的预测资源量,可信度大于等于0.75;最大深度以下部分合理估算的预测资源量,可信度为0.5~0.75;②对于已知矿点或矿化点存在,含矿建造发育,航磁异常推断为由矿体引起,但没有经深部工程验证的预测资源量,其500m以浅预测资源量可信度大于等于0.75,500~1000m预测资源量可信度为0.5~0.75,1000~1500m预测资源量可信度为0.25~0.5;③对于建造发育,其500m以浅预测资源量可信度大于等于0.5,500~1000m预测资源量可信度为0.25~0.5。1000~1500m预测资源量可信度为小于等于0.25。

(2)预测资源量可信度统计分析:浑南预测工作区预测资源量规模大型。可信度估计概率大于0.75的资源量规模为小型,全部为334-2预测资源量。可信度估计概率0.5~0.75的资源量规模为大型,其中334-1预测资源量规模为小型,334-2预测资源量规模为大型。

可信度估计概率0.25~0.5的资源量规模为中型,其全部为334-2预测资源量。可信度估计概率小于0.25的资源量规模为小型,其全部为334-2预测资源量。

第九章　吉昌式夕卡岩型铁矿预测

第一节　成矿地质背景特征

一、资料程度及使用说明

(1)1∶5万、1∶20万、1∶25万区域地质调查资料是编制构造建造图的基础。1∶5万区填图,单位较多、历时较长(1978—1999年)、方法各异(尤其是侵入岩的划分),因此将这些图幅转化为统一的区域地质调查地质填图新方法的理论上是十分重要的。

(2)系统收集普查勘探资料。研究区矿产较多,著名的红旗岭镍矿、大黑山钼矿、石嘴铜矿、常山铁矿等数十处矿床,在这些资料中选择性的收集有关沉积建造和侵入岩建造方面的资料十分重要。

(3)研究区专题报告和论文也较多,其中,许多资料为确定沉积建造和侵入岩建造属性提供了直接依据。

二、成矿地质背景特征

(一)岩石地层

夕卡岩是中酸性熔岩与碳酸盐岩接触,侵入岩中的热、气、液(物质)作用于围岩,经交代作用形成。研究区,碳酸盐岩自新元古界至二叠系沉积层中均有出露,组成沉积建造的一部分,由老到新简述如下。

1. 西保安(岩)组

西保安(岩)组仅分布于西半截河一带,在中生代中酸性花岗岩中的捕虏体小面积出露,组成岩石为斜角片岩、角闪片岩、斜长角闪岩夹大理岩,厚度大于300m,属斜长角闪岩夹大理岩建造,原岩为中基性火山岩夹大理岩建造、磁铁石英岩。其中,目前尚未发现夕卡岩。

2. 长岗岭(岩)组

当前(岩)组为新命名单位,分布于双河镇以西、长岗岭一带,呈北北东走向,由变质粉砂岩、变质细砂岩夹大理岩或硅质岩、变质砂岩组成。Sm-Nb同位素年龄为576Ma,属于深水相变质砂岩、粉砂岩夹大理岩建造。长岗岭(岩)组中也未发现夕卡岩化。

3. 头道沟(岩)组

头道沟(岩)组分布于永吉县头道沟、姜大背、撮落屯、三家子等地。本组上部以变质碎屑岩夹斜长阳起石岩、大理岩为主,下部以斜长阳起石岩为主,夹变安山岩、变质砂岩等,总厚度达7394m。Sm-Nb

同位素年龄为552.5Ma、418.4 Ma,属于砂岩夹大理岩-阳起石岩建造。头道沟(岩)组大理岩与花岗岩接触带夕卡岩化比较发育,并有多金属矿化。

4. 黄莺屯(岩)组

黄莺屯(岩)组主要分布于桦甸红旗岭、呼兰镇、黑石镇、都力河一带,呈北西向背斜构造、带状分布。根据岩石组成可划分为3个岩性段,即3个沉积建造。

(1)上段(原小三个顶子组下段):分布于背斜的两翼,由黑云斜长变粒岩、蓝晶石石榴子石白云片岩、黑云二长变粒岩、厚层大理岩、大理岩组成。锆石Rb-Sr年龄为524±16Ma,456±36Ma。属变粒岩-片岩-大理岩建造,原岩建造为砂泥质岩-碳酸盐岩建造。本段与花岗岩接触带局部有夕卡岩和夕卡岩化蚀变。

(2)中段(原黄莺屯组上段):在背斜两翼与上段并行分布。本段由角闪斜长变粒岩、黑云斜长变粒岩、硅质条带大理岩、透闪-角闪斜长变粒岩组成,U-Pb其年龄为313 Ma。中段属角闪斜长变粒岩夹大理岩建造,原岩为中、基性火山岩夹碳酸盐岩建造,中段碳酸盐岩局部也有夕卡岩化蚀变。

(3)下段:含电气石、石榴子石二云片麻岩、透闪黑云斜长变粒岩、黑云角闪斜长变粒岩等组成。下段属于斜长片麻岩建造-角闪变粒岩建造,原岩为砂泥质岩夹中基性火山岩建造。

黄莺屯(岩)组在剖面上自下而上,区域上自南东向北西可划分为如下变质带:①夕线石带,变质矿物组合为夕线石、铁铝榴石、斜长石、石英、黑云母组合;②蓝晶石带,由蓝晶石、铁铝榴石、白云母、黑云母、石英组合;③铁铝榴石带,由铁铝榴石、白云母、石英、斜长石组合;④绿泥石绢云母带,由绿泥石、绢云母、石英组合。以上变质带出现除区域变质外与接触变质有关。

5. 小三个顶子组

小三个顶子组分布于红旗岭镇以北,在小三个顶子、胜利屯、郭家店、样子沟,另外在奋进厂一带也有零星分布。主要岩石为硅质条带大理岩、含石墨大理岩、硅质结核大理岩,夹薄层变粒岩、石英岩及片岩。在样子沟一带产珊瑚化石。本组最大保留厚度914m,属硅质条带大理岩建造、含墨硅质结核碳酸盐岩建造、白云岩建造,有白云岩、白云质大理岩。本组与中酸性侵入岩接触带,数处出现夕卡岩化或夕卡岩体。

6. 弯月组

弯月组层型剖面在东辽县椅山乡,研究区弯月组与层型剖面不仅岩性相同,生物群也十分相近,分布于大旺乡大旺屯一带,主要由变质流纹岩、变质英安岩、结晶灰岩、砂岩组成,产珊瑚,厚度约800m。该组属英安岩夹碳酸盐岩建造,结晶灰岩与花岗岩接触带有夕卡岩化。

7. 王家街组

王家街组分布于黄榆乡王家街、碱草甸子、常家街等地。上部为由珊瑚、层孔虫筑积加积形成的生物礁、生物屑亮晶灰岩、白云质生物屑灰岩组成;下部由杂砂岩、长石石英砂岩夹生物屑灰岩组成,厚870m。上部属礁碳酸盐岩建造,下部属砂岩粉砂岩夹灰岩建造。本组多数地区与石炭系呈构造接触,在常家街东山王家街组推覆在石炭系磨盘山组之上,呈外来岩块。本组中当前尚未发现夕卡岩化。

8. 余富屯组

余富屯组主要分布于烟筒山以北余富屯、西大苏龙、太平、乱木桥一带,呈近南北向带状分布,是典型的大陆边缘裂陷槽的形成产物。岩性由细碧岩、角斑岩及其凝灰岩、碧玉条带、砂岩、大理岩组成,大理岩中有珊瑚,厚度大于300m。岩石中普遍有青磐岩化和硫化物,属于细碧角斑岩建造。光屁股山一带火山岩为流纹岩类,曾划归余富屯组,岩石组合为非细碧角斑岩,应另处理。

9. 鹿圈屯组

鹿圈屯组分布较广,在桦甸—磐石以北直至双阳—永吉一带,可划分为两种岩石组合。其一为砂岩、粉砂岩-生物屑灰岩建造,或砂岩、粉砂岩-生物屑灰岩互层建造,主要岩石为砂岩、粉砂岩、生物屑灰岩、粒屑灰岩,厚度1100m。该建造是重要的夕卡岩型铁矿的成矿围岩。著名的吉昌铁矿、新立屯铁矿等围岩均系鹿圈屯组砂岩、粉砂岩-生物屑灰岩建造。吉昌铁矿勘查证明,灰岩与碎屑岩互层带是良好的成矿环境,细的碎屑岩层对岩浆气、热起到屏障作用,使有用矿物质富集。其二为杂砂岩夹含砾砂岩建造(兰家网砂岩),分布于磐石以南兰家网、德胜、车家、蛟河口一带。它主要由砂岩、杂砂岩、粉砂岩、含砾砂岩组成,局部有灰岩透镜体。1:5万桦甸市幅南岗屯—姜家屯一带分布的"南岗屯砂砾岩"相当于兰家网砂岩。

10. 四道砾岩

四道砾岩零星分布于桦甸横道河子四道、内托村等地,属于滑混岩沉积建造,由石灰质砾岩、砾岩、含砾砂岩、生物屑砂质灰岩组成,厚度710m,在灰岩中产蜓类、珊瑚等化石,时代为晚石炭世—早叠世。四道砾岩的建造属性决定本段不可能在区域上形成可追索的地层体,只能在特定的构造环境下形成。本段具有重要的古地理意义。

11. 磨盘山组

磨盘山组与鹿圈屯组相伴出现,分布范围与其相同。自北而南可划分为:燧石条带碳酸盐岩建造、燧石结核碳酸盐岩建造、礁碳酸盐岩建造、白云岩建造。在光屁股山一带还有硅质岩建造和流纹岩楔,代表磨盘期不同的古地理环境。厚度自南而北增加,由厚度大于350m(磨盘山)变为2379m(常家街)。燧石条带碳酸盐岩建造分布于烟筒山—吉昌以北,黄榆、羊圈顶子、光屁股山一带,在黄榆、王家街一带除细小的硅质条带外,较厚的硅质条带有9层,硅质条带最厚达22m,在将军岭一带巨厚的硅质岩呈岩楔状产出。燧石结核碳酸盐岩建造分布于烟筒山—吉昌以南广大地区,是吉林省重要的成矿区。礁碳酸盐岩建造分布于磐石孤顶子、草明山一带由筑积形成的块状和丛状群体珊瑚为骨架,之间加积形成的生物屑灰岩、粒屑灰岩组成的珊瑚礁碳盐岩建造。另外,在磐石地区局部还有白云质灰岩、白云岩,形成白云岩矿(封文友,1986),为白云岩建造。

12. 石嘴子组

石嘴子组呈北薄南厚的楔状体分布于磐石、官马、烟筒山一带,厚约600m,由细砂岩、砂岩、页岩、生物屑灰岩组成,灰岩中产蜓类化石,时代为晚石炭世—早二叠世,属砂岩-页岩夹生物屑灰岩建造。

13. 窝瓜地组

本组在西部呈条带状分布于葫芦头沟、粗榆、窝瓜地、崔家沟、东石河子一带;东部出露于桦甸市榆木桥子、清水屯、周家屯、太平屯一带。地层由早期的英安质火山岩及晚期的酸性火山岩夹间火山期的碳酸盐岩组成,厚约700m,在灰岩透镜体中产蜓类化石,时代为晚石炭世—早二叠世,属于英安岩-砂岩(夹灰岩)建造。

14. 寿山沟组

寿山沟组分布于桦甸市小天平岭、火龙岭、贾家屯一带近南北向弧形分布,在磐石市窝瓜地、杨柳屯、富太河及双阳区光屁股山一带也有出露。本组以陆源碎屑岩类为主,灰岩呈透镜体产出。灰岩大致有两个层位:下部灰岩见于太平屯—李大屯一线;上部灰岩层分布于寿山沟、冰湖沟、吕家屯一带。两层灰岩变化较大,其中上部灰岩厚度较大,达200m(寿山沟),并且由南而北变薄。本组最大厚度为

1269m,在灰岩中有珊瑚、䗴类、牙形刺等,砂岩中产头足类化石,时代为早二叠世,属于砂岩与板岩(夹生物屑灰岩)互层建造。

1∶5万红旗岭幅中的寿山沟组为石榴绢云片岩、红柱石板岩、碳质板岩和变细砂岩类,属续绿片岩相,与寿山沟组不同,时代可能偏老,暂置于寿山沟组,待以后处理。

15. 大河深组

大河深组分布于桦甸市常山、大河深、大天平岭、吕家屯、徐家屯一带,由海相钙碱性火山岩、火山碎屑岩夹砂岩和灰岩透镜体组成。变化规律是南部相对北部熔岩减少,碎屑岩类增多,而灰岩类相对较少,厚度为3400m,在灰岩和砂岩夹层中产珊瑚、䗴类和植物化石,时代为早、中二叠世。该组属于钙碱性火山岩(夹砂岩、灰岩)建造。

夕卡岩与铁矿体赋存在碳酸盐岩与石英斑岩或燕山期花岗岩接触带,附近还有角岩化砂岩类零星分布。从层序韵律而言,围岩为灰范家屯组的可能性不大,很可能属寿山沟组或大河深组。

16. 范家屯组

范家屯组分布于永吉县双河镇、范家屯,桦甸市双胜屯、山河屯、四合屯、大河深等地。下部为深灰色粉砂岩、板岩;中部为厚层生物屑灰岩透镜体和凝灰质砂岩;上部由黑色板岩、砂岩组成。灰岩透镜体变化较大,在范家屯石灰矿厚100余米,沿走向仅延伸数百米即尖灭,在榆木桥子东山灰岩亦呈透镜状。本组厚约860m,灰岩和砂岩中有苔藓虫、珊瑚和䗴类,时代为中二叠世,属砂岩板岩(夹灰岩)互层建造。

(二)侵入岩建造

区域侵入岩建造主要为中生代花岗岩类。

三、地质构造专题底图编制

(一)编图原则与综合分析

(1)吉林中部构造建造图应最大限度地反映夕卡岩型矿产的成矿地质背景预测评价之目的,对所收集的资料进行综合分析,对沉积建造、侵入岩建造、主要构造、铁铜及多金属矿产、重要蚀变,特别是夕卡岩及夕卡岩化等信息进行摘录、制卡。

(2)编绘底图用1∶5万地质图。对1∶5万地质图中非目的层,即中生代、新生代进行归并后独立图表示;清理图幅内的岩石地层名称,进行等时地层格架和地层对比;确定侵入岩不同等级构造单元;注明岩体的同位素年龄值;取舍补充断层及褶皱;标绘铁矿体及夕卡岩化等主要蚀变。

(3)对目的层进行建造划分。建造划分主要是通过各岩石地层单位的层型剖面,并考虑该单位所处的古地理环境,按"技术要求"进行详细划分。石炭系共有5个岩石地层单位,形成的古地理环境则由障壁砂坝、潮坪、生物礁、陆坡(悬崖)、半深水(陆棚)、夭折裂谷等,相应的也划分了10个沉积建造。

(4)中酸性侵入岩是形成夕卡岩的另一重要条件。但是当前已知矿床与成矿有关的侵入岩属性并不清楚。大秦洞夕卡岩型铁矿与钾长花岗岩有关,常山夕卡岩型铁矿被认为与石英斑岩、石英正长斑岩及霏细岩有关,石嘴子铜矿又指出与晚海西期花岗岩有关。总之应从侵入岩的形成环境入手,查明花岗岩类的属性。

(二)编图区岩石地层

本书基本按《吉林省岩石地层》书中地层划分来处理,补充的内容具体如下。

(1) 双河镇东长岗岭一带(1∶5万双河镇幅)出露的变质粉砂岩、变质细砂岩夹大理岩或硅质岩，Sm-Nb同位素年龄值为576Ma。该图幅将此岩系划归头道沟(岩)组。头道沟(岩)组为变质火山岩、砂岩、大理岩和变超基性岩组合，主要岩石为斜长阳起石岩，与当前岩系不同。因此，将此岩系暂称长岗岭(岩)组，大体与大连沟(岩)组相比。

(2) 1∶5万红旗岭幅将小三个顶子组划分为上、下段。下段由斜长变粒岩、黑云变粒岩夹大理岩组成，岩石组成更接近黄莺屯(岩)组，因此划归为黄莺屯(岩)组，小三个顶子组只保留碳酸盐岩，黄莺屯(岩)组划分为3个岩性段，即下、中、上段。

(3) 1∶5万烧锅街幅将原王家街组划分为3个组，碱草甸子组、王家街组和常家街组。这一划分实际上是层序不清，重复划分。层序不清就是碱草甸子组是最上部层位，从层序律，礁灰岩位于砂岩、粉砂岩夹灰岩层之上，尤为重要的是鹿圈屯组砂砾岩上覆在礁灰岩之上，之间为不整合接触，因此所谓"碱草甸组"是王家街组的最上部层位。重复划分就是王家街组和常家街组岩石组合大体相同，同属于王家街组下段。故原王家街组暂保留原意的基础上可进一步划分为上、下两岩性段。上段为生物屑灰岩、礁灰岩；下段由砂岩、粉砂岩夹灰岩。

(4) 关于磨盘组的时代《吉林省岩石地层》一书中关于磨盘山组的时代阐述得比较清楚，是四维空间上穿时的地层体。但是在后来的1∶5万和1∶25万区域地质调查中将所有地区的磨盘山组时代确定为早石炭世—晚石炭世，这是不对的，因此有必要再次说明它的时代变化规律。磨盘山组在烟筒山以北王家街、常家街、光腚股山一带，从剖面的底部到顶部已确定的生物地层观之，至少表明它的形成时代包括维宪阶上部、谢尔普霍夫阶、巴斯基尔阶、莫斯科阶、卡西莫夫阶和格舍尔阶，即下石炭统中上部—晚石炭世；但是在南部磐石、石嘴一带，磨盘山组剖面从底部到顶部生物带，只包含了莫斯科阶至格舍尔阶，其时代为晚石炭世中上部，可能还包括巴斯基尔阶的下部。因此北部磨盘山组时代为早、晚石炭世，而南部磨盘山组时代为晚石炭世。从沉积体系、沉积相而言，吉中北部区自维宪晚期处于碳酸盐岩陆棚环境，经莫斯科阶高水位体系域(深水相)至格舍尔阶加积和侧积了碳酸盐岩；而南部区只是在莫斯科期处于碳酸盐岩台地环境。因此，磨盘山组是大的穿时体。

(5) 1∶5万红旗岭幅，红旗岭之西出露的大面积寿山沟组的岩性为石榴绢云片岩、红柱石板岩、碳质板岩和变细砂岩类，无灰岩夹层。变质程度属绿片岩相，与寿山沟组不同，时代可能偏老，应进一步研究，暂置于寿山沟组，待以后处理。

(三) 编图

编图工作是在完成上列原则基础上将建造花纹清绘在1∶5万地质图相应的地质体上。建造花纹一定要按地层产状清绘，以表示该地质体的褶皱构造和形态，之后再编绘图外的含矿岩系建造柱状图、侵入岩序列图、图例及其他内容。

第二节 典型矿床与区域成矿规律研究

一、典型矿床及成矿模式

1. 地质构造环境及成矿条件

矿床位于晚三叠世—新生代的小兴安岭-张广才岭叠加岩浆弧(Ⅱ)、张广才岭-哈达岭火山-盆地区(Ⅲ)内的南楼山-辽源火山-盆地群(Ⅳ)内的磐双裂陷槽内。

1) 地层

区域内出露的地层主要为下石炭统鹿圈屯组、上石炭统磨盘上组、上侏罗统小岭组以及第四系全新统,见图 9-2-1。

下石炭统鹿圈屯组:分布于区域北部及西北部,在花岗岩中呈大小不等捕虏体。该组主要由角岩、燧石条带状灰岩、大理岩及薄层状灰岩、大理岩互层组成,为矿区内主要地层和含矿层。

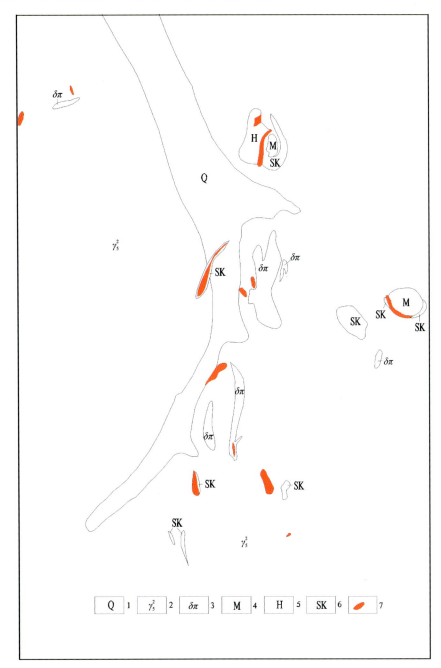

图 9-2-1 磐石市吉昌铁矿床地质图

1.第四纪冲积;2.花岗岩;3.闪长玢岩;4.大理岩;5.角岩;6.夕卡岩;7.铁矿体

上石炭统磨盘上组:分布于区域北部,呈捕虏体分布于花岗岩中。改组主要由厚层状灰岩,结晶灰岩、局部有燧石条带大理岩,下部为石英砂岩、含砾粗砂岩。

上侏罗统小岭组:分布于碾子沟,上部流纹质角砾岩、流纹粗面岩,中部凝灰岩、凝灰角砾岩、安山岩,下部安山岩、多孔状安山岩、安山角砾岩。

第四系全新统沿近代河谷分布由松散冲积堆积砾石、砂、卵石、黑黏土、亚土等组成。

2) 侵入岩

区域上大面积出露燕山期花岗岩和晚期脉岩。

3) 夕卡岩

夕卡岩分布于矿区各地,在花岗岩与大理岩接触部位及花岗岩裂隙发育地段,大部分未出露地表。夕卡岩呈扁豆状、巢状等不规则形状。岩性特征变化大,颜色随含深浅矿物多寡而变化。常有暗绿色、绿色、浅绿色、棕色、暗棕色等。结构主要为等粒及交代残余结构,一般呈块状、斑杂状等构造。岩石矿物成分以钙铁辉石、钙铁石榴子石为主,次为钠长石、符山石、透辉石、单斜辉石、绿帘石、阳起石、硅灰石、角闪石、云母、夕线石、绿泥石、萤石及石英等。

本区夕卡岩以钙铁辉石或钙铁石榴子石矿物构成夕卡岩主体,分带现象不明显,根据主要矿物成分将夕卡岩划分为3种类型:①钙铁辉石夕卡岩,呈暗绿色、绿色,主要矿物由钙铁辉石、透辉石组成;②钙铁石榴子石夕卡岩,呈棕色、暗绿色,主要矿物成分为钙铁石榴子石,多呈粒状集合体;③钙铁辉石-钙铁石榴子石夕卡岩,暗绿—暗棕色,斑杂状构造,由钙铁辉石、钙铁石榴子石两种矿物相对数量的变化,常以一种矿物为主,形成两类夕卡岩。

本区各类夕卡岩中均存在着大量磁铁矿等金属矿物,它们是属夕卡岩生成阶段的产物,并和其他含铁矿物形成具有工业价值的夕卡岩型铁矿床。

4) 构造

区内石炭系褶皱呈近东西走向,北倾,在区内表现为单斜褶皱。区域内断裂构造发育,主要为北西向,次为北东向,南北向及东西向。北西向、北东向、南北向及东西向断裂构造控制着后期脉岩和铁矿的生成与分布。

2. 矿体三度空间分布特征

吉昌铁矿区已被工程控制的共有31个铁矿体。其中,Ⅰ、Ⅱ、Ⅲ号矿体规模最大,Ⅳ号矿体规模次之。矿体一般呈透镜状,少数为条带状,具有分支、复合、膨胀、收缩、尖灭等现象。矿体一般产状走向北北东,倾向南东,倾角45°~85°。

Ⅰ号矿体:矿体呈透镜体状,长110m,宽60m,平均厚36m,最大控制延深110m。矿体走向330°,倾向北东,倾角70°,呈透镜状。矿石为辉石型贫磁铁矿,以浸染状矿石为主。

Ⅱ号矿体:矿体呈透镜体状,矿体长65m,宽20m,最大控制延深85m。矿体沿走向335°,倾向北东,倾角85°。

Ⅲ号矿体:矿体呈条带分枝状,长168m,厚4~20m,最大该控制延深135m。矿体走向28°,倾向北西,倾角75°。矿石类型为辉石型贫磁铁矿,以稀疏浸染矿石为主。见图9-2-2。

Ⅳ号矿体:呈长条状,长80m,厚6.6m,最大该控制延深67m。矿体走向45°,倾向南东,倾角50°。

3. 矿石物质成分

1) 矿石化学成分

矿石中Fe含量为18%~66%;有益元素中Cr含量为0~0.04%,Ni含量为0~0.03%,Mn含量为0.3%~1%,Co含量为0.003%~0.01%,V含量为0~0.05%。有害元素中S含量为0.12%,P含量为0.04%,As含量为0.03%~0.2%,Zn含量为0.03%~0.05%,Sn含量为0.05%~0.3%。

2) 矿石类型

按工业类型划分矿石多属富铁矿石。

3) 矿物组合

矿石以磁铁矿为主,赤铁矿次之,菱铁矿最少。金属矿物主要有磁铁矿、赤铁矿、黄铁矿、磁黄铁矿、辉钼矿、方铅矿、闪锌矿等;非金属矿物主要有辉石、石榴子石、透辉石、夕线石、符山石、角闪石、绿帘石、阳起石、金云母、萤石、石英、绿泥石等。

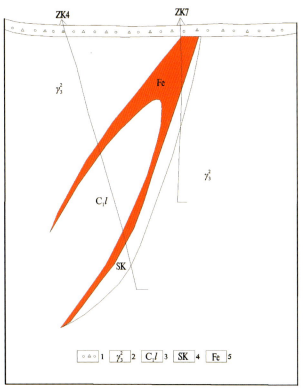

图 9-2-2　磐石市吉昌铁矿床Ⅲ号矿体 3 勘探线剖面图
1.腐殖土及残坡积层;2.花岗岩;3.大理岩;4.夕卡岩;5.铁矿体

4)矿石结构构造

矿石结构以自形晶结构为主,主要为晚世代的黄铁矿;半自形—自形晶结构,呈星点状散布于夕卡岩矿物中的磁铁矿;他形晶结构,磁铁矿、方铅矿、闪锌矿、辉钼矿、赤铁矿、磁黄铁矿和早世代的黄铁矿呈他形;包含结构,早时代的黄铁矿和磁黄铁矿包裹于磁铁矿中,晚时代的黄铁矿包裹于方铅矿和闪锌矿中;交代残余结构,夕卡岩矿物被磁铁矿交代,在磁铁矿中呈残留体存在;等粒结构,磁铁矿晶粒有粗晶和细晶两种,但在同一矿石中常呈等粒结构;还有极少见的压碎结构。

矿石构造有块状构造、稠密浸染状构造、稀疏浸染状构造、斑点状构造、脉状构造。

4. 蚀变类型及分带性

矿床的围岩除少数矿体上盘围岩为石英岩及下盘为大理岩外,其余全部为花岗岩。由于各种围岩性质和含杂质的差异,经受热液作用产生的反应不同。矿区蚀变作用显著,蚀变范围较宽。蚀变类型主要有夕卡岩化、绿泥石化、绢云母化、碳酸盐化、硅化、透辉石化、叶蜡石化和重晶石化。

夕卡岩化:遍布矿区,在花岗岩与大理岩接触部位最为发育,主要呈扁豆状、囊状及其他不规则形状,岩性变化较大,以钙铁辉石或钙铁石榴子石矿物构成夕卡岩主体。分带现象不明显。

绿泥石化:见于全区,主要被岩石中黑云母、角闪石等暗色矿物被鳞片状集合体的绿泥石所交代。在Ⅰ、Ⅱ号矿体顶底板及Ⅲ号矿体顶板花岗岩所见最为明显。

绢云母化:主要分布在矿体的围岩中,为长石类、黑云母等硅酸盐矿物蚀变而成。

碳酸盐化:见于全区,除以碳酸盐网脉、细脉形式出现外,则是交代花岗岩和闪长玢岩中长石矿物,Ⅰ、Ⅱ、Ⅻ号矿体伴随金属硫化物形成。

5. 成矿阶段

根据矿体特征、矿物共生组合的特点,划分为纯热液期、成矿期、热液作用期和碳酸盐期 4 个成矿期。

纯热液期：为成矿早期，生成的主要矿物有硅灰石、石榴子石。

成矿期：为主要成矿期。早期夕卡岩阶段生成的主要矿物有钙铁辉石、钙铁石榴子石、金云母、符山石、角闪石、透辉石、绿帘石、夕线石。晚期磁铁矿阶段生成的主要矿物有磁铁矿、黄铁矿、磁黄铁矿、辉钼矿、钙铁辉石、钙铁石榴子石。

热液作用期：为成矿作用晚期，生成的主要矿物有黄铁矿、磁铁矿、闪锌矿、方铅矿、阳起石-透闪石、石英、钠长石。

碳酸盐期：为热液作用晚期，主要形成碳酸盐脉。

6. 成矿时代

根据矿区与成矿有关的花岗岩体侵入时代推断，成矿年龄为燕山期。

7. 物质来源

石炭系鹿圈屯组为浅海相沉积的砂岩、泥岩及碳酸盐岩建造，其中有些层位铁质含量较高，后期侵入的花岗岩浆晚期的热水溶液携带铁质对围岩地层进行交代和改造，使铁质进一步富集而形成矿体。

8. 控矿因素及找矿标志

1）控矿因素

以石炭系鹿圈屯组对成矿最为有利，所有矿体全部赋存于该组与岩体的接触带上。区域内所有的矿体均赋存于燕山期花岗岩岩体与鹿圈屯组接触带上，岩体不但带来成矿物质，同时提供热源，在交代过程中使铁质进一步富集成矿。

2）找矿标志

燕山期花岗岩岩体与鹿圈屯组接触带；区域上高磁异常。

9. 矿床形成及就位机制

石炭系鹿圈屯组浅海相沉积的砂岩、泥岩及碳酸盐岩建造含铁质较高，被后期侵入的花岗岩浆晚期的含铁质热水溶液交代和改造，使铁质进一步富集，在夕卡岩带内而形成矿体。

10. 成矿模式

吉昌铁矿床成矿模式见表9-2-1及图9-2-3。

表9-2-1 磐石市吉昌铁矿床成矿模式表

名称	磐石市吉昌铁矿床					
概况	主矿种	铁	储量规模	大型	地理位置	吉昌镇
					品位	40%
成矿的地质构造环境	位于晚三叠世—新生代的小兴安岭-张广才岭叠加岩浆弧（Ⅱ）、张广才岭-哈达岭火山-盆地区（Ⅲ）内的南楼山-辽源火山-盆地群（Ⅳ）内的磐双裂陷槽内					
控矿的各类及主要控矿因素	石炭系鹿圈屯组；燕山期花岗岩侵入体					
矿床的三度空间分布特征	产状	一般产状走向北北东，倾向南东，倾角45°～85°				
	形态	呈透镜状，少数为条带状				
	埋深	矿体埋深大于200m				

续表 9-2-1

名称	磐石市吉昌铁矿床				
概况	主矿种	铁	储量规模	大型	地理位置 吉昌镇
					品位 40%
矿床的物质组成	矿石类型	按矿石工业类型多属富铁矿石			
	矿物组合	以磁铁矿为主,赤铁矿次之,菱铁矿最少。金属矿物主要有磁铁矿、赤铁矿、黄铁矿、磁黄铁矿、辉钼矿、方铅矿、闪锌矿等;非金属矿物主要有辉石、石榴子石、透辉石、夕线石、符山石、角闪石、绿帘石、阳起石、金云母、萤石、石英、绿泥石等			
	结构构造	矿石结构:自形晶结构、半自形—自形晶结构、他形晶结构、包含结构、交代残余结构、等粒结构,还有极少见的压碎结构。矿石构造:块状构造、稠密浸染状构造、稀疏浸染状构造、斑点状构造、脉状构造			
	主元素含量	40%			
	伴生元素含量	有益元素:Cr 为 0~0.04%,Ni 为 0~0.03%,Mn 为 0.3%~1%,Co 为 0.003%~0.01%,V 为 0~0.05%。有害元素:S 为 0.12%,P 为 0.04%,As 为 0.03%~0.2%,Zn 为 0.03%~0.05%,Sn 为 0.05%~0.3%			
成矿期次	纯热液期:为成矿早期,生成的主要矿物有硅灰石、石榴子石。 成矿期:为主要成矿期,早期夕卡岩阶段生成的主要矿物有钙铁辉石、钙铁石榴子石、金云母、符山石、角闪石、透辉石、绿帘石、夕线石;晚期磁铁矿阶段生成的主要矿物有磁铁矿、黄铁矿、磁黄铁矿、辉钼矿、钙铁辉石、钙铁石榴子石。 热液作用期:为成矿作用晚期,生成的主要矿物有黄铁矿、磁铁矿、闪锌矿、方铅矿、阳起石-透闪石、石英、钠长石。 碳酸盐期:为热液作用晚期,主要形成碳酸盐脉				
矿床的地球物理特征及标志	吉昌铁矿处在北西区域性重力梯级带的中段的太平岭近东西分布的负重力局部异常内;吉昌铁矿床1:5万航磁异常具有规模小,强度相对较弱,呈现有孤立的单峰状异常为特征。1:5000地磁一般强度大于1000nT高峰状异常系属近地表矿体引起,而小于1000nT宽缓异常多为具一定埋深的盲矿体反映				
成矿时代	根据矿区与成矿有关的花岗岩体侵入时代推断,成矿年龄为燕山期				
矿床成因	接触交代成因				

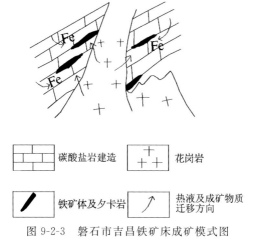

图 9-2-3 磐石市吉昌铁矿床成矿模式图

11. 成矿要素

吉昌铁矿床成矿要素见表9-2-2。

表9-2-2 磐石市吉昌铁矿床成矿要素表

成矿要素 特征描述		内容描述 矿床属夕卡岩型	类别
地质环境	岩石类型	石炭系鹿圈屯组燧石条带状灰岩、大理岩,薄层状灰岩、大理岩与燕山期花岗岩组合	必要
	成矿时代	燕山期	必要
	成矿环境	位于晚三叠世—新生代的小兴安岭-张广才岭叠加岩浆弧（Ⅱ）,张广才岭-哈达岭火山-盆地区（Ⅲ）内的南楼山-辽源火山-盆地群（Ⅳ）内的磐双裂陷槽内	必要
	构造背景	石炭系鹿圈屯组燧石条带状灰岩、大理岩,薄层状灰岩、大理岩与燕山期花岗岩组合与燕山期花岗岩接触带	重要
矿床特征	矿物组合	以磁铁矿为主,赤铁矿次之,菱铁矿最少。金属矿物主要有磁铁矿、赤铁矿、黄铁矿、磁黄铁矿、辉钼矿、方铅矿、闪锌矿等;非金属矿物主要有辉石、石榴子石、透辉石、夕线石、符山石、角闪石、绿帘石、阳起石、金云母、萤石、石英、绿泥石等	重要
	结构构造	矿石结构:自形晶结构、半自形—自形晶结构、他形晶结构、包含结构、交代残余结构、等粒结构,还有极少见的压碎结构;矿石构造:块状构造、稠密浸染状构造、稀疏浸染状构造、斑点状构造、脉状构造	次要
	控矿条件	石炭系鹿圈屯组;燕山期花岗岩侵入体	必要

二、预测工作区成矿规律研究及区域成矿要素、成矿模式

（一）吉昌式夕卡岩型铁矿成矿规律

1. 大地构造位置

夕卡岩型铁矿主要位于晚三叠世—新生代的小兴安岭-张广才岭叠加岩浆弧（Ⅱ）、张广才岭-哈达岭火山-盆地区（Ⅲ）内的南楼山-辽源火山-盆地群（Ⅳ）和大黑山条垒火山-盆地群（Ⅳ）构造单元内,以及南华纪—中三叠世的大兴安岭弧形盆地（Ⅱ）锡林浩特岩浆弧（Ⅲ）白城上叠裂陷盆地（Ⅳ）构造单元内。

2. 空间分布

吉林省夕卡岩型铁矿分布比较广泛,但主要集中分布在吉中、白城和吉林北部的大黑山地区。

3. 成矿时代

夕卡岩型铁矿的成矿时代主要为燕山期、印支期和海西期,其中以燕山期和海西期为主。燕山期形成的夕卡岩型铁矿主要分布在吉林中部和吉林北部的大黑山地区。海西期形成的夕卡岩型铁矿主要分布在白城地区。

4. 赋矿层位

尽管很多时代的地层都有夕卡岩型铁矿成矿，但以石炭系鹿圈屯组和二叠系吴家屯组对成矿最为有利。

5. 岩浆岩特点

夕卡岩型铁矿普遍与花岗岩和花岗闪长岩关系密切，特别是花岗岩对成矿比较有利。与成矿有关的花岗岩体和花岗闪长岩体，根据岩体侵位、岩石、副矿物成分和同位素资料，侵入时代主要为燕山期和海西期，其中以燕山期花岗岩对成矿最为有利。

6. 围岩蚀变特征

围岩蚀变普遍比较发育，但由于各矿床（点）蚀变作用的强度不同，蚀变分布的范围和类型有所不同。这反映出围岩蚀变前原岩和交代作用的化学成分的特点。夕卡岩型铁矿的规模、品位等与蚀变类型有关，各矿床（点）成矿比较好的部位，蚀变岩石比较发育，岩石类型普遍为透辉石石榴夕卡岩和绿帘石石榴夕卡岩等混合蚀变。在这样蚀变带中形成的矿体规模较大，也比较集中。在单纯的石榴子石夕卡岩和透辉石夕卡岩中成矿较差，往往形成规模较小的矿体，也过于分散。一般来说，围岩蚀变交代作用越强，分布的范围也越大，出现的蚀变岩石种类多，分带性也越明显，对成矿越有利。

7. 成矿作用及演化

夕卡岩型铁矿的成矿必须具备早期的有利沉积地层和晚期的岩浆侵入两个必要条件。纵观吉林省夕卡岩型铁矿，并不是所有的地层和侵入体都能形成夕卡岩型铁矿，以石炭系鹿圈屯组和二叠系吴家屯组对成矿最为有利。这两组地层均为浅海相沉积的砂岩、泥岩及碳酸盐岩建造，其中有些层位含铁质较高，局部还形成铁矿床，并且含矿层及围岩碳酸盐岩组分较高有利于热液的交代作用。这些比较明显地反映出夕卡岩型铁矿成矿与围岩地层岩性和含矿的特点关系。后期侵入的花岗岩浆晚期的热水溶液对围岩地层进行交代和改造，使铁质进一步富集而形成矿体。

8. 矿体特征

夕卡岩型铁矿普遍为小而富的矿床，主要赋存在花岗岩与灰岩和含铁泥质岩相接触的蚀变带中。已经发现的矿床（点）蚀变带长几十米至几百米，宽几米至几十米，形态比较复杂。矿体普遍呈扁豆状、透镜状和脉状等。矿石主要为致密块状、浸染状、脉状和角砾状。组成矿石的金属矿物成分主要为磁铁矿，其次为赤铁矿、闪锌矿、方铅矿、黄铜矿、辉钼矿和磁黄铁矿。吉林省这一类型铁矿的矿石品位一般比较高，品位普遍大于 40%，个别矿床品位大于 60%，伴生 Cu、Zn、Mo、Pt 等有用元素。

9. 控矿条件

地层控矿：以石炭系鹿圈屯组和二叠系吴家屯组对成矿最为有利，吉林省具有一定规模的夕卡岩型铁矿均受该套地层控制。

岩浆控矿：吉林省夕卡岩型铁矿几乎全部与燕山期和海西期花岗岩岩体有关，其中以燕山期花岗岩对成矿最为有利。

（二）成矿模式

参见吉昌铁矿成矿模式，见图 9-2-3。

(三) 成矿要素

参见吉昌铁矿成矿要素，见表9-2-2。

第三节 物探遥感资料应用

一、物探

(一) 资料程度及使用说明

主要参考区域内吉C-1972-51、吉C-1972-52、吉C-1957-7异常资料，以及大比例尺地磁资料。

(二) 典型矿床特征

1. 区域重力异常

吉昌-新立铁矿化集中区在1:20万布格重力等值线图9-3-1上，位于沙河镇区域重力低异常与其北侧烟筒山重力高异常之间呈北西向分布伊通-桦甸重力梯级带的中段，吉昌-明城东西向重力梯级带南侧近南北分布的红石村-太平岭局部重力低异常的北半部。该异常在剩余重力等值线图上可分解成两个叠加局部异常（红石村和太平岭）。红石村异常呈南北条带状，长20km，东西宽10km，剩余强度-3×10^{-5}m/s^2；其北部太平岭叠加异常呈东西椭圆状，长15km，宽7.5km，强度-4×10^{-5}m/s^2。吉昌铁矿位于此异常的西端。

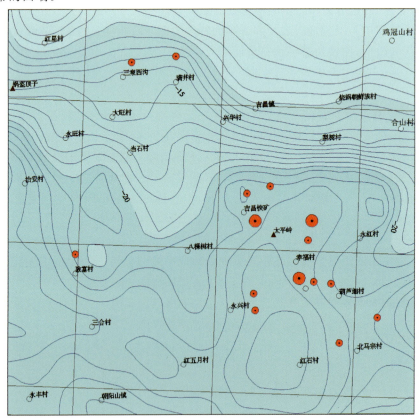

图9-3-1 磐石市吉昌铁矿床布格重力异常图

经综合资料分析,区域性伊通-桦甸重力梯级带是由沙河镇北西分布的海西期大的花岗岩基与北东侧烟筒山上古生代地层侵入接触带引起。该接触带应属一条复杂的断裂构造带,对本区后期岩浆活动有明显控制作用。红石村-太平岭低值异常为一燕山期沿前述断裂带侵入的复合式偏碱性侵入体的反映。红石村岩体为早侏罗世侵入的斜长花岗岩,太平岭岩体为晚侏罗世侵位的钾质花岗岩。吉昌铁矿形成应该与这两期岩浆活动有着密切关系。

2. 磁异常

1)航磁异常

吉昌铁矿在1∶5万航磁剖面平面图上,仅在一条测线上呈一孤立点异常显示,图9-3-2中C51。该异常是在一片负背景场上出现的正、负急剧变化的陡峰状小异常。正值出现在南侧,为一尖峰状,强度为135nT,其北侧相伴负值强度远大于正值,ΔT为-875nT,异常规模小,涉及范围约0.75km×0.5km。经与地质扣合,异常落于矿区内,经地面检查,为含铁夕卡岩所引起。异常规模小是与该矿床矿体小,产出分散,加之测线平行矿带走向等因素有关。异常规模小强度相对较弱,多呈孤立峰状则是该区夕卡岩型磁铁矿的航磁异常特征。

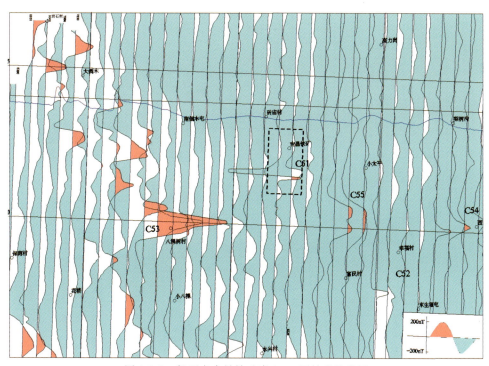

图9-3-2 磐石市吉昌铁矿床1∶5万航磁异常图

2)地面磁异常

矿区1∶5000地面磁测共发现有编号异常27处(Ⅰ、Ⅱ、Ⅲ、…、ⅩⅩⅧ)。异常多集中出现在矿区近南北向不规则椭圆状负背景场上的一些近南北向零星分布的孤岛状小异常。各孤立异常规模大小不一,一般长50～200m,宽30～100m,异常强度较大,极大值多在400～6400nT,曲线规整,对称性较好北侧多伴有负异常。异常特征详见图9-3-3。

矿区内编号异常多数已被工程查证,均与含铁夕卡岩体有关,是详查找矿的重要标志。有一定规模近地表的矿体均可引起大于1000nT,陡峰状异常。例如Ⅲ号矿体磁异常极大值可达6400nT,Ⅱ号矿体为3200nT,Ⅹ号矿体为3200nT。而强度小于1000nT的低缓异常,多半是有一定规模的隐伏矿体的反映,如矿区北部ⅩⅣ号异常(图9-3-3)。经Ⅰ号线ZK801孔查证,在深部打到了水平板状磁铁矿体,见图9-3-4。由此可见,地面磁测在寻找圈定出露或近地表矿体,以及探查一定规模的盲矿体均取得了较明显的地质效果。

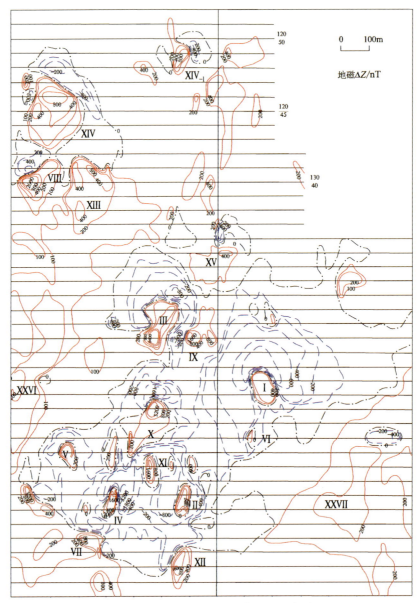

图 9-3-3　磐石市吉昌铁矿床地磁异常图

3. 矿床地质-地球物理找矿规模

矿床地质-地球物理找矿规模依据上述矿床地质、地球物理找矿标志,可将吉昌铁矿床找矿模型归纳如下(图 9-3-4)。

(1)该矿床系属燕山期花岗岩与上古生界下石炭统鹿圈屯组残留体大理岩接触经岩浆热液渗透交代大理岩而形成的夕卡岩型磁铁矿床。据综合资料分析,铁质来源一是下石炭世海底火山喷发-沉积含铁建造,二是晚侏罗世偏碱质花岗岩浆晚期含矿热液,矿床具有多物质来源特征。矿床产出受太平岭钾长花岗岩侵入接触带控制,夕卡岩化带是找矿的重要标志。

(2)矿区岩(矿)石物性标本测定表明,磁铁矿石具有强磁性,$\kappa = 14\,200 \times 10^{-5}$ SI,$Jr = 34\,000 \times 10^{-3}$ A/m。然而,围岩花岗岩和大理岩均属弱-极弱磁性,与磁铁矿石和含铁夕卡岩存在很大的磁性差异,而且磁铁矿体与夕卡岩有着共生关系可作为统一磁性找矿目标考虑,二者是引起有找矿意义异常的两个不可分离的综合因素。

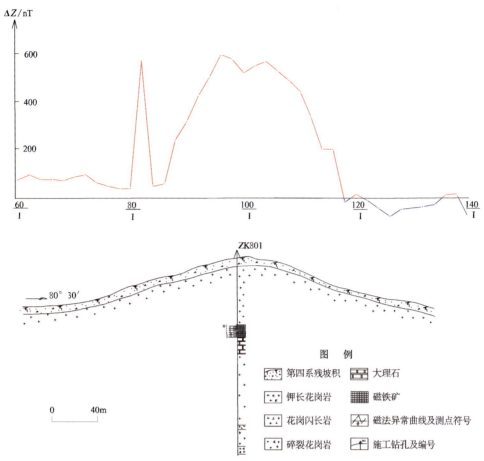

图 9-3-4 磐石市吉昌铁矿床地球物理找矿模型图

(3)吉昌铁矿处在北西区域性重力梯级带的中段的太平岭近东西分布的负重力局部异常内,进而指出了该矿床产出受呈北西向分布的花岗岩与上古生代地层接触内带控制,是形成夕卡岩型铁矿的地质构造前提。此外,燕山中—晚期偏碱质花岗岩岩浆侵入后期含矿热液裂隙充填亦是成矿不可忽视的类型。

(4)由于夕卡岩型矿床矿体规模较小,而且盲矿体较多,因此航磁比例大小决定了找矿地质效果,本区 1∶5 万航磁才有矿致异常显示。吉昌铁矿床航磁异常具有规模小、强度相对较弱、呈现有孤立的单峰状异常的特征。

然而,1∶5000 比例尺地面磁测具有较好的找矿作用,现有的编号地磁异常多数是与相应探明的磁铁矿体对应,一般强度大于 1000nT 高峰状异常是由近地表矿体引起,而小于 1000nT 宽缓异常多为具一定埋深的盲矿体反映。地磁异常是矿区详查找矿十分有效的标志。

(三)吉昌式夕卡岩型铁矿头道沟-铁矿预测工作区

1. 磁场特征

预测工作区内因磁场形态不同,可分为 4 个部分。

预测工作区东部:南起石棚村、民主村、大梨河村,向北到黄榆乡、乱木桥村,西起烧锅村、东柳树河村,东到预测工作区边界。上述范围内磁异常呈带状或不规则状,北东向分布,异常形状有单峰、双峰、多峰,异常梯度陡,而尤以吉 C-1959-7 异常最为醒目,ΔT 在 4000nT 以上,范围达 5~6km^2。岩性是变质火山岩,即细碧玢岩、凝灰熔岩等。预测工作区东部高值异常多由安山岩、基性岩或接触蚀变带引起。

预测工作区南部：南起冰窖村，到土门村、石棚村、聂家街，一个近方形的范围内出现低缓正异常和负异常。这些磁场对应的地质环境，主要为中石炭统磨盘山组厚层结晶灰岩、大理岩夹砂岩页岩，石炭统鹿圈屯组的板岩、砂岩、大理岩。

预测工作区西南部：吉昌镇倒木沟村，河北屯、治国村一带，异常中部强，向东变低。如由吉C-1959-67，吉C-1959-68异常组成北东向异常带，异常强度在1000nT左右。其他异常一般为300～500nT。区内应泛出露海西期花岗岩及燕山期花岗岩，并发育中基性岩。

预测工作区西北部：大面积第四系覆盖，磁场以负异常为主，沿北东向零星分布的一些跳跃异常可能与火山岩有关。

2. 区内航磁异常特征

吉C-1972-51（吉昌铁矿）异常：小型富铁矿床，1：5万航磁上仅一条线上有明显反映，为一弧立异常。ΔT正值为200nT，负值为800nT，梯度非常陡。1：5000地面磁测出现几十个小异常，呈椭圆形或长条形，长50～150m，宽30～100m，北东或北西侧有明显负值，在1100nT形态规整异常上找到铁矿。矿区出露岩性为下石炭统鹿圈屯组，主要岩性为大理岩，角岩等呈捕虏体分布在花岗岩中。矿体产在花岗岩与大理岩接触部位，并且有夕卡岩化、矽化、绢云母化蚀变，异常由夕卡岩铁矿引起。

吉C-1972-55（太平岭），异常位于吉昌铁矿东南2km处，1：5万航磁两条航线上有异常反映，以100nT等值线圈定呈南北向椭圆状分布，长850m，宽500m。最高强度为190nT，曲线略有起伏，梯度较缓。地检异常呈椭圆状最高值850nT，最低－150nT，两侧均有负值，形状较规整。异常区出露下石炭统鹿圈屯组，以大理岩为主夹有角岩，以捕虏体形式出现在花岗岩中。花岗岩与地层内局部有夕卡岩，沿地层层理有磁铁矿细脉。经查证，异常为小铁矿异常、夕卡岩磁铁矿化异常及黑云母角岩异常、斑岩脉异常的综合反映。

吉C-1972-52（大汆洞子铁矿）异常：位于吉昌铁矿东南5km处。1：5万航磁为一弧立小异常，强度为20nT，范围较小，四周为负场。地面磁测（1：2000）Ⅰ、Ⅱ、Ⅲ号矿体上均有异常反映。Ⅰ号矿体与1：5万航磁相对应，异常方向和范围与矿体基本一致，最高强度正超格，梯度陡。经工程验证4000nT等值线基本为矿体反映。区内出露下石炭统鹿圈屯组大理岩角岩及石英岩。鹿圈屯组为花岗岩的捕虏体，花岗岩侵入体分布全区。矿区位于盘双接触带内带。北西向断裂构造对矿体、形态规模起控制作用。区内异常由夕卡岩铁矿引起。

吉C-1972-144（石棚村异常）异常：1：5万航磁两条航磁线上有异常反映长1km，宽0.25km，呈北东向长条状分布，最高强度ΔT=700nT，梯度较陡北侧有负值。1：1万地面磁测，异常呈北东向长条状分布，形态与航磁相似，最高强度ΔZ=1400nT，中部曲线呈锯齿状，梯度陡，强度高。异常由角闪辉长岩和闪长玢岩引起，角闪辉长岩含磷较高，未达到工业品位。砷、铅、锌矿点范围较小，但为找金提供线索。

吉C-1959-16（杨木桥异常）异常：异常形态不规则，长1.5～2km，宽1.5km，有4个高值区。异常南北两侧有负值，梯度陡，强度为600～700nT，异常覆盖。南东侧有燕山期花岗岩与石炭系—二叠系接触，有利形成夕卡岩型铁矿。广泛出露的侏罗系分布于异常的北西侧。钻探验证，异常由辉长岩引起。

吉C-1959-67异常：异常走向近东西，长7km，宽2km，两侧有负值，极大值为1000nT。异常处在燕山期花岗岩和成群的闪长岩、辉长岩体上，部分被第四系覆盖。1977年长春地质大队对该异常进行查证，地面磁测主异常分解为18个分异常，异常归纳为3类，第一类由岩体引起，第二类由磁铁矿引起，第三类性质不明。

吉C-1959-7（和平屯）异常：异常以1：5万航磁以1000nT等值线圈定。异常呈向南突出的月牙状分布，长3km，宽1.2km，最高强度大于4000nT，梯度很陡，北侧有明显负值。1：1万地面磁测，形态与航磁相似，以5000nT等值线圈定，长0.9km，宽0.25km，曲线呈锯齿状，梯度陡，西侧北侧有明显负值。异常区出露的地层主要是下石炭统鹿圈屯组的变质火山岩段，其岩性为石英绢云斜长片岩、细碧玢岩、凝灰熔岩,含铁细碧玢岩凝灰熔岩。根据物理性质资料,细碧玢岩磁性非常强,含铁细碧玢岩 K 值变化范围,$1157\times10^{-5}\sim3750\times10^{-5}$ SI,平均值为 4515×10^{-5} SI,平均剩磁 Jr $17\,781\times10^{-3}$ A/m;钻孔中岩芯为灰黑色细碧玢岩,变化范围 κ 值 $408\times10^{-5}\sim289\,000\times10^{-5}$ SI,平均为 7993×10^{-5} SI,剩磁 Jr 平均值为 $22\,635\times10^{-3}$ A/m。条带状细碧玢岩 K 值 $2536\times10^{-5}\sim36\,012\times10^{-5}$ SI,平均值为 $11\,067\times10^{-5}$ SI,Jr 值为 $2706\times10^{-3}\sim36\,300\times10^{-3}$ A/m,平均为 $10\,807\times10^{-3}$ A/m。夕卡岩铁矿(和平铁矿)K 值为 $2751\times10^{-5}\sim116\,964\times10^{-5}$ SI,平均为 $78\,147\times10^{-5}$ SI,Jr 为 $2240\times10^{-3}\sim484\,002\times10^{-3}$ A/m,平均 $67\,615\times10^{-3}$ A/m。因此可看出细碧玢岩类岩石,低于夕卡岩铁矿磁性,但也是相当强的。据吉中地质大队对异常进行的估算,常的强磁部分是由近地表的含铁细碧玢岩凝熔岩引起。1978年,长春地质大队在重力异常处打450m钻孔,见细碧玢岩。

3. 推断断裂

根据区内异常特征存在北东向、北西向两组断裂,为区内主要断裂,以下简要叙述。

F_1、F_8 断裂位于预测工作区西北部,走向北东,全长24km,断裂北西侧为一片波动的负磁场,另一侧为低缓的正异常带。断裂出现在白垩系泉头组及第四系覆盖层中,两侧均有不同时期的火山岩分布。断裂切割了中界。

F_{12}、F_5 断裂位于预测工作区中部,走向北东,全长28km,断裂沿北东向梯度带及不同场区分界线延伸。断裂切割了古生代地层,北段沿断裂有脉岩分布。

F_9、F_{17} 断裂位于预测工作区西南部延北西向梯度带展布,长27km。断裂南侧为强磁场区,反映了海西期及燕山花岗岩体,北侧为弱磁场区,主要是古生界石炭系的反映。断裂处于"磐双"接触带上,西段与地质上确认的断裂大体吻合。

F_{14} 断裂位于预测工作区东南部,沿北东向梯度带展布,长4.5km。断裂两侧磁场明显不同,南东侧以负磁场为主,分布一些零星的异常,北西侧以带状正异常出现。断裂切割了古生界,沿断裂西侧均有火山岩出现。区内共推断断裂15条,其中北东向12条,北西向2条,东西向1条。

4. 侵入岩类

本区侵入岩面积较大的部分分布在预测工作区西南部。根据磁场特征,只推断了有一定磁场差异的部分,异常主要反映中基性岩类。

闪长岩:在预测工作区南部,倒木沟村-孟家村闪长岩体,异常呈北东向带状分布,强度高,梯度陡,以吉C-1959-68、吉C-1959-67两异常为基础圈出;杨木桥-五家子村闪长岩体,位于预测工作区东部,处在北东向异常带上,异常强度高梯度陡,形状不规则,以吉C-1959-15、吉C-1959-16异常为基础,圈定推断闪长岩体2处,基性岩1处,石棚村北的吉C-1972-144异常,推断为基性岩引起。

火山岩:安山岩位于烟筒山镇一带,异常走向近东西向,由一些弧立异常组成,强度高梯度陡,范围不大;朝阳村—东升村一带,由许多弧立异常组成异常群,强度高,梯度陡,位于负背景场中;还有宝善村到西黎河村一带、大黑山村到黄河南村一带、后夹槽子到太平镇一带、振兴村到上头道川一带、白杨树村一带共7处。吉C-1959-7异常,即"和平7号",为变质火山岩。玄武岩在预测工作区西北部南城子东吉C-1972-117号异常,椭圆状,强度高,梯度陡,周围是负磁场,推断为玄武岩引起。钓鱼台村北包括吉C-1959-54异常,为形态不规则的高值异常,四周为负磁场,推断为玄武岩引起。区内圈定玄武岩2处。

5. 接触蚀变带

吉C-1972-114异常:呈条带状,东西向分布,强度为200~300nT,形态规整,周围为负磁场,异常位于石炭系,在异常西部有热液型铁矿点,推断存在隐伏花岗岩体。

吉C-1972-111异常:1:5万有3条线反映,呈东西向条带状分布,ΔT 为50nT左右。1:2.5万地磁异常东西向长条状分布,长1600m,宽200~500m,ΔZ 最高为550nT。异常南侧分布有石炭系磨盘山组大理岩,西侧为第四系,其余部分为花岗岩。经查证,异常性质不明,两个异常高值附近分别有三泉西北屯铁矿点(夕卡岩型)和上白水泉子铁矿点(夕卡岩型)。

吉 C-1972-48 异常:异常无明显走向,长 500m,宽 300～500m,幅值为 2600nT,曲线规整,梯度陡,东、西两侧有负值。异常区内见大理岩、黑云母变粒岩、花岗岩等。分析认为区内可能有大理岩与花岗岩接触带,异常由铁矿引起的可能性大。

区内接触带或蚀变带还有吉 C-1972-192、吉 C-1972-148、吉 C-1972-2 异常。

6. 结论

根据对本区地质及航磁异常的初步了解,认为以下航磁异常有一定的找矿前景。

吉 C-1972-106、吉 C-1972-111、吉 C-1972-114、吉 C-1972-145、吉 C-1972-148、吉 C-1959-53、吉 C-1959-55、吉 C-1959-67,这些异常在地质上处于成矿有利部位,有的异常附近还有铁矿点,如吉 C-1972-111、吉 C-1972-114 等。

本区基性岩有零星分布,如吉 C-1972-144、吉 C-1959-16、吉 C-1959-67 等异常带与基性岩有关,对于寻找与基性岩有关的矿床提供线索。

位于烟筒山镇北部的吉 C-1959-7 异常,是强度最高的异常,即所说"和平-7 号"。该异常自 1959 年被发现后,在 20 世纪 60—70 年代曾进行过多次物探、化探、槽探及钻探工作。经查证,异常由近地表的含铁细碧玢岩、凝灰熔岩引起。

前人把工作量都投入到强磁异常区,而对南部磁场相对低缓异常很少注意。这里曲线相对低缓,规整并且与蚀变较强的退色细碧玢岩对应,两侧与燕山期、海西期花岗岩接触,所以南部异常未弄清,有必要进一步工作。

二、遥感

(一)资料程度及使用说明

吉昌式铁矿预测工作区及典型矿床所使用的资料均为全国项目组提供的 ETM 数据和本项目组自行购买的 ETM 数据经计算机录入、融合处理、校正并镶嵌的吉林省遥感影像图,校正底图为 1∶5 万地形图,校正误差控制在一个象元内,所成图像完全满足不高于 1∶5 万制图精度。预测工作区及典型矿床遥感解译精度均为 1∶5 万,遥感异常提取精度为 30m×30m 的像元分辨率。

(二)典型矿床特征

吉昌铁矿遥感矿产地质特征:矿体形成于北东向、北西向及近东西向断裂交会部位;10 余个环形构造集中区;2 个弧形断裂通过矿区;矿区内有浅色色调异常,矿区附近有零星的羟基异常和铁染异常,见图 9-3-5。

(三)预测工作区的特征

1. 地质概况

预测工作区位于吉林中部地区伊通县南,区内主要出露石炭系鹿圈屯组灰色、褐色中粒砂岩、细砂岩、灰岩或粉砂岩、页岩,余富屯组石英角斑岩、细碧岩、角斑质凝灰岩互层夹凝灰质砂岩,磨盘山组厚层、中厚层灰岩、含燧石结核(或条带)灰岩、砂屑灰岩、泥晶、亮晶灰岩,侏罗系安民组中性火山岩及南楼山组安山岩、安山质凝灰角砾岩、中酸性熔岩,二叠系寿山沟组砂质板岩、含砾粉砂岩、千枚状粉砂岩、粉

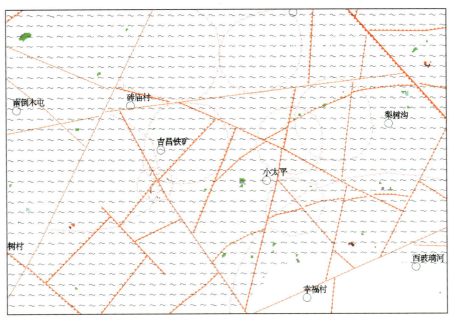

图 9-3-5　磐石市吉昌铁矿区遥感矿产地质特征解译与遥感异常分布图

砂质细砂岩夹灰岩透镜体,三叠系大酱缸组砾岩、砂岩、粉砂岩、页岩或板岩,另有早侏罗世斜长花岗岩、正长岩、中侏罗世碱长花岗岩、中三叠世石英正长岩等岩体侵入。

2. 遥感地质特征解译

本区解译出 1 条大型断裂(带),敦化-密山岩石圈断裂。从区域上看,双阳盆地与烟筒山西的晚三叠世盆地、明城东的中侏罗世盆地和石咀东的中侏罗世盆地等沿断裂带分布,北段西南侧七顶子一磐石一带燕山早期的花岗岩体和基性岩体群,中段石咀红旗岭、黑石一带众多的燕山早期花岗岩小岩株和海西期基性—超基性岩体群,均沿此断裂带呈北西向展布。该断裂带沿本预测工作区中部呈北西向斜穿整个预测工作区。

小型断裂比较发育,并且以北北东向为主,次为北西向及近南北向小型断裂,局部见近东西向及北东向断裂。其中,北西向、北北西向断裂多表现为张性特点,其他方向断裂多表现为压性特征。区内的铁矿、金-多金属矿床、点多分布于不同方向小型断裂的交会部位。

环形构造比较发育,共圈出 40 个环形构造。它们主要集中于不同方向断裂交会部位。按其成因类型分为 4 类,其中与隐伏岩体有关的环形构造 24 个,古生代花岗岩类引起的环形构造 1 个,中生代花岗岩类引起的环形构造 14 个,闪长岩类引起的环形构造 1 个。这些环形构造与铁矿、金-多金属矿床(点)的关系均较密切。

共解译出色调异常 11 处,全部由绢云母化、硅化引起,它们在遥感图像上均显示为浅色色调异常。从空间分布上看,区内的色调异常明显与断裂构造及环形构造有关,在不同方向断裂交会部位以及环形构造集中区,色调异常呈不规则状分布。

3. 遥感异常分布特征

吉林省头道沟-吉昌夕卡岩型铁矿预测工作区提取出遥感羟基异常面积 88 209 997m^2,其中一级异常 18 048 388m^2,二级异常 27 463 012m^2,三级异常 42 698 597m^2。

在双阳-长白北西向断裂带内的较大型冲沟及次级冲沟中,羟基异常呈北西向条带状展布;北东向与北西向小型断裂交会部位,羟基异常相对集中;隐伏岩体形成的环形构造边部及内部,以及环形构造与断裂构造交切部位,羟基异常比较集中。

本预测工作区提取出遥感铁染异常面积67 870 875m²,其中一级异常6 072 258m²,二级异常13 163 303m²,三级异常48 635 312m²。

中更新统老黄土分布区,铁染异常集中分布;北东向与北西向小型断裂交会部位,铁染异常相对集中;隐伏岩体形成的环形构造边部及内部,以及环形构造与断裂构造交切部位,铁染异常比较集中。

4. 遥感预测工作区

(1)大拉子预测工作区(Ⅰ):分布于侏罗纪花岗岩、二叠纪正长花岗岩与泥盆纪石英砂岩接触带附近,北北东向与北西西向断裂及北北东向与北东东向断裂交会部位,金家满族乡环形构造边部,遥感浅色色调异常区,区内铁染异常集中分布,西部有零星羟基异常分布,黄榆乡北拐脖子屯铁矿分布于该区内。

(2)振兴村预测工作区(Ⅱ):区内出露的主要地层为石炭系中厚层灰岩、结晶灰岩、石英角斑岩、凝灰岩等,中部为二叠纪闪长岩岩珠侵入,周边为二叠纪及白垩纪花岗岩侵入体。区内有北东向及北西向断裂通过,两个隐伏岩体形成的环形构造分布该区。该区为遥感浅色色调异常区,磐石市朝阳屯铁矿分布于该区内。

(3)西大村预测工作区(Ⅲ):区内出露的主要地层为石炭系石英角斑岩、凝灰岩等,周边为侏罗纪及白垩纪花岗岩侵入体。区内发育北东向、北西向及北北西向断裂构造,4个环形构造在此区集中分布,铁染异常相对集中。该区为遥感浅色色调异常区,磐石市和平屯铁矿分布于该区内。

(4)上白水预测工作区(Ⅳ):区内出露的主要地层为石炭系中厚层灰岩、结晶灰岩。北东向、北西向断裂相对集中,3个隐伏岩体形成的环形构造集中分布于此区,遥感浅色色调异常区,遥感羟基、铁染异常相对集中区,磐石市上白水铁矿分布于该区。

(5)冰窑村预测工作区(Ⅴ):区内出露的主要地层为石炭系中厚层灰岩、结晶灰岩。北东向、北北东向及北西向断裂密集分布区。该区有一个隐伏岩体形成的环形构造,遥感浅色色调异常区,遥感羟基、铁染异常高度集中区。

(6)三泉西预测工作区(Ⅵ):区内以侏罗纪、二叠纪花岗岩为主,分布大量石炭系厚层灰岩、结晶灰岩。北东向与近东西向断裂密集分布区,两个环形构造分布于此区,遥感浅色色调异常区,遥感羟基、铁染异常相对集中区。吉昌乡满井屯铁矿点、磐石市三泉眼西屯铁矿点分布于该区。

第四节 矿产预测

一、矿产预测方法类型选择

本次预测工作采用地质体积法、磁性矿体定量预测、德尔菲3种方法进行资源量定量估算。

二、预测模型建立

(一)典型矿床预测模型

1. 预测要素

根据吉昌夕卡岩型铁矿典型矿床成矿要素和地球物理、遥感特征,确立吉昌典型矿床预测要素,见表9-4-1。

2. 编制预测要素图

根据磐石市吉昌铁矿床预测要素表编制区域预测要素图。

3. 预测模型

典型矿床预测模型见图 9-3-4。

(二)预测工作区预测模型

1. 区域预测要素

区域内现在发现的铁矿均为夕卡岩型铁矿,预测要素具有相同性,区域预测要素参见表 9-4-1。

表 9-4-1 磐石市吉昌铁矿床预测要素表

预测要素		内容描述	类别
地质条件	岩石类型	石炭系鹿圈屯组燧石条带状灰岩、大理岩,薄层状灰岩、大理岩与燕山期花岗岩组合。燕山期花岗岩	必要
	成矿时代	燕山期	必要
	成矿环境	石炭系鹿圈屯组燧石条带状灰岩、大理岩,薄层状灰岩、大理岩与燕山期花岗岩组合与燕山期花岗岩接触带	必要
	构造背景	晚三叠世—新生代的小兴安岭-张广才岭叠加岩浆弧(Ⅱ),张广才岭-哈达岭火山-盆地区(Ⅲ)内的南楼山-辽源火山-盆地群(Ⅳ)内的磐双裂陷槽内	重要
矿床特征	控矿条件	石炭系鹿圈屯组;燕山期花岗岩侵入体	必要
	矿化特征	夕卡岩化、磁铁矿化。吉昌铁矿区已被工程控制的共有 31 个铁矿体。其中,Ⅰ、Ⅱ、Ⅲ号矿体规模最大,Ⅳ号矿体规模次之。矿体一般呈透镜状,少数为条带状,具有分支、复合、膨胀、收缩、尖灭等现象。一般产状走向北北东。倾向南东,倾角 45°~85°	重要
综合信息	地球物理	在北西区域性重力梯级带的中段的太平岭近东西分布的负重力局部异常内;1:5 万航磁异常具有规模小,强度相对较弱,呈现有孤立的单峰状异常为特征。1:5000 地磁一般强度大于 1000nT 高峰状异常系属近地表矿体引起,而小于 1000nT 宽缓异常多为具一定埋深的盲矿体反映	必要
	遥感	北东向、北西向及近东西向断裂交会部位,10 余个环形构造集中区;两个弧形断裂通过矿区;矿区内有浅色色调异常	次要

2. 编制预测要素图

根据区域预测要素编制区域预测要素图。

3. 预测模型

吉昌铁矿区域预测模型见图 9-4-1。

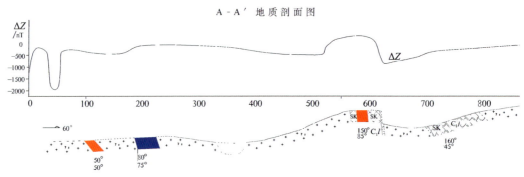

图 9-4-1 吉昌式夕卡岩型铁矿预测模型

三、预测单元划分及预测地质变量选择

吉昌式夕卡岩型铁矿头道沟-吉昌预测工作区：预测矿产类型为夕卡岩型铁矿床，矿体赋存在石炭系与岩体接触带部位。因此，岩体与地层接触带是预测单元划分及预测地质变量选择的重要依据，夕卡岩带、航磁、重力、矿体产出部位也是重要的预测工作区圈定和优选依据。

四、预测工作区圈定及优选

预测工作区圈定以含矿地质体和矿体产出部位为圈定依据，首先应用 MRAS 软件对岩体的影响范围与地层进行空间叠加的方法对预测工作区进行空间评价，圈定预测工作区。优选最小预测工作区以矿产地、航磁、遥感和重力做为确定依据，特别是矿产（矿体）产出部位，是区分预测工作区类别和资源量级别的决定性依据。预测底图编图精度为 1:5 万，结合夕卡岩矿床特征、岩体影响半径，网格单元选择 1km×1km。

本区岩体和地层都有含矿性，并且岩体有一定的影响半经，以半经 1km 分别建立岩体和地层的缓冲区，用 MRAS 的交互搜索模型建模器求两者的交集。得出岩体与地层的接触区域见图 9-4-2 的交集结果，作为预测工作区圈定的基础，叠加航磁信息、夕卡岩带信息、矿产地信息后圈出最小预测工作区，见图 9-4-3 圈定结果，经地质专家进一步优选，得出优选后的最小预测工作区，见图 9-4-4 优选结果。

图 9-4-2 交集结果

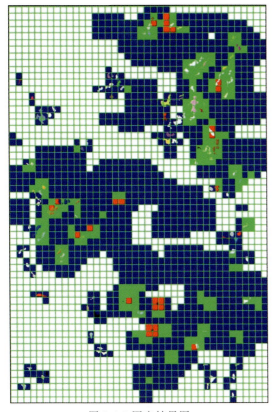 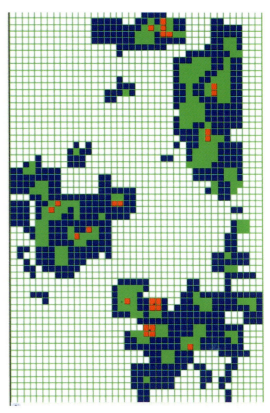

图 9-4-3 圈定结果图　　　　　　图 9-4-4　优选结果

五、德尔菲法资源量估算

头道沟-吉昌预测工作区夕卡岩型铁矿德尔菲法资源量统计见表 9-4-2。

表 9-4-2　头道沟-吉昌预测工作区夕卡岩型铁矿德尔菲法资源量统计结果表

深度	预测工作区名称	预测工作区面积/km²	预测资源量（规模）		
			90%	50%	10%
500m	头道沟-吉昌	353	小型	小型	小型
1000m		353	小型	小型	小型
2000m		353	小型	中型	中型

六、地质体积法资源量估算

（一）典型矿床已查明资源储量及其估算参数

夕卡岩型铁矿的典型矿床为吉昌铁矿。

(1) 查明资源储量：吉昌典型矿床所在区，以往工程控制实际查明的并且已经登记在储量登记表中。
(2) 面积：典型矿床所在区域经 1∶2000 地质填图确定的勘探评价区，并经山地工程验证的矿体、矿带聚集区段边界范围为 320 000m²。
(3) 延深：矿床勘探控制矿体的最大延深为 300m。

(4)体积含矿率:体积含矿率＝查明资源储量/(面积×延深),计算得出吉昌铁矿床体积含矿率为 0.017 593 75(表 9-4-3)。

表 9-4-3 吉昌式夕卡岩型铁矿头道沟-吉昌预测工作区典型矿床查明资源储量表

名称	查明资源储量(规模)		面积/m²	延深/m	品位/%	体重/(t·m⁻³)	体积含矿率/(t·m⁻³)
	矿石量	金属量					
磐石市吉昌铁矿	大型		320 000	300	40	3.5	0.017 593 75

(二)典型矿床深部及外围预测资源量及其估算参数

吉昌铁矿床深部资源量预测:矿体沿倾向最大延深300m,根据该含矿层位在区域上的产状、走向、延深结合磁法推断,该套含矿层位在1000m深度仍然存在,所以本次对该矿床的深部预测垂深选择1000m。矿床深部预测实际深度为700m。面积仍然采用原矿床含矿的最大面积。预测其深部资源量。应用预测资源量＝面积×延深×体积含矿率,见表9-4-4。

表 9-4-4 吉昌式夕卡岩型铁矿头道沟-吉昌预测工作区典型矿床深部预测资源量表

名称	预测资源量(规模)	面积/m²	延深/m	体积含矿率/(t·m⁻³)
吉昌铁矿	小型	320 000	700	0.017 593 75

(三)典型矿床总资源量

吉昌式夕卡岩型铁矿头道沟-铁矿预测工作区见表9-4-5。

表 9-4-5 吉昌式夕卡岩型铁矿头道沟-吉昌预测工作区典型矿床总资源量表

名称	查明资源储量(规模)	预测资源量(规模)	总资源量(规模)	总面积/m²	总延深/m	体积含矿率/(t·m⁻³)
吉昌铁矿床	大型	大型	大型	320 000	1000	0.017 593 75

(四)预测工作区模型区估算参数确定

模型区:典型矿床所在的最小预测工作区,即吉昌铁矿所在的JCA1最小预测工作区。

模型区预测资源量:JCA1模型区预测资源量是吉昌典型矿床探明＋深部预测资源量的总资源量,即查明资源量＋深部预测资源量。

面积:JCA1模型区的面积是吉昌典型矿床所在区灰岩建造和燕山期花岗岩侵入体叠加航磁异常的最小出露面,加以人工修正后的最小预测工作区面积。

延深:模型区内典型矿床的总延深,即最大预测深度。吉昌铁矿现在最大的勘探深度均达到300m,由于典型矿床的含矿建造在300m深度仍然存在,推测其深度上具有一定的规模,所以模型区的预测深度选择1000m,沿用吉昌铁矿典型矿床的最大预测深度。

含矿地质体面积参数:为含矿地质体面积/模型区面积,当含矿地质体面积＝模型区面积,其为1,含矿地质体面积小于模型区面积,其小于1。吉昌典型矿床所在的最小预测工作区内出露为含矿建造的面积,所以含矿地质体面积参数为1,见表9-4-6。

第九章 吉昌式夕卡岩型铁矿预测

表 9-4-6　吉昌式夕卡岩型铁矿头道沟-吉昌预测工作区模型区预测资源量及其估算参数

名称	模型区预测资源量（规模）	模型区面积/m²	延深/m	含矿地质体面积/m²	含矿地质体面积参数
JCA1	大型	980 765.97	1000	980 765.97	1

（五）预测工作区模型区含矿系数确定

吉昌式夕卡岩型铁矿头道沟-吉昌预测工作区模型区 JCA1 的含矿地质体含矿系数确定公式为：JCA1 含矿地质体含矿系数=模型区 JCA1 资源总量/含矿地质体总体积,含矿地质体的总体积为含矿地质体面积×预测总深度。计算得出 JCA1 模型区的含矿地质体含矿系数为 0.005 740 411,见表 9-4-7。

表 9-4-7　吉昌式夕卡岩型铁矿头道沟-吉昌预测工作区模型区含矿地质体含矿系数表

模型区名称	含矿地质体含矿系数	资源总量（规模）	含矿地质体总体积
JCA1	0.005 740 411	大型	980 765 970

（六）预测工作区最小预测工作区估算参数的确定

1. 最小预测工作区面积圈定方法及圈定结果

吉昌式夕卡岩型铁矿头道沟-吉昌预测工作区:预测工作区内最小预测工作区面积的确定主要依据是在灰岩与燕山期花岗岩接触带、燕山期花岗岩类、灰岩、大理岩、大理岩+燕山期花岗岩的基础上叠加航磁异常圈定,并经地质矿产专业人员人工修整后的最小区域,见表 9-4-8。

表 9-4-8　吉昌式夕卡岩型铁矿预测工作区最小预测工作区面积圈定大小及方法依据

最小预测工作区编号	最小预测工作区名称	面积/m²	参数确定依据
185	JCA2	1 861 641.83	灰岩与燕山期花岗岩接触带+航磁异常
132	JCB1	11 099 486.80	灰岩与燕山期花岗岩接触带+航磁异常
136	JCB2	1 091 858.87	灰岩与燕山期花岗岩接触带+航磁异常
148	JCB3	1 813 305.76	灰岩与燕山期花岗岩接触带+航磁异常
156	JCB4	6 119 705.90	灰岩与燕山期花岗岩接触带+航磁异常
157	JCB5	870 857.26	灰岩与燕山期花岗岩接触带+航磁异常
159	JCB6	1 167 834.75	灰岩与燕山期花岗岩接触带+航磁异常
160	JCB7	612 195.34	灰岩与燕山期花岗岩接触带+航磁异常
161	JCB8	1 271 563.66	灰岩与燕山期花岗岩接触带+航磁异常
165	JCB9	467 623.86	灰岩与燕山期花岗岩接触带+航磁异常
167	JCB10	248 605.92	燕山期花岗岩类+航磁异常
169	JCB11	1 414 498.28	燕山期花岗岩类+航磁异常
171	JCB12	815 454.13	燕山期花岗岩类+航磁异常
178	JCB13	1 595 789.33	燕山期花岗岩类+航磁异常

续表 9-4-8

最小预测工作区编号	最小预测工作区名称	面积/m²	参数确定依据
170	JCB14	1 074 389.16	灰岩与燕山期花岗岩接触带＋航磁异常
172	JCB15	1 010 016.85	灰岩＋航磁异常
174	JCB16	475 314.60	大理岩＋燕山期花岗岩＋航磁异常
177	JCB17	2 392 348.26	灰岩与燕山期花岗岩接触带＋航磁异常
183	JCB18	1 124 082.59	燕山期花岗岩类＋航磁异常
182	JCB19	2 011 449.72	灰岩与燕山期花岗岩接触带＋航磁异常
181	JCB20	2 324 068.18	灰岩与燕山期花岗岩接触带＋航磁异常
184	JCB21	1 906 717.79	燕山期花岗岩类＋航磁异常
186	JCB22	1 789 822.90	灰岩与燕山期花岗岩接触带＋航磁异常
187	JCB23	1 752 728.47	燕山期花岗岩类＋航磁异常
150	JCB24	1 481 391.85	灰岩与燕山期花岗岩接触带＋航磁异常
133	JCC1	3 245 613.21	灰岩与燕山期花岗岩接触带＋航磁异常
134	JCC2	9 139 170.41	灰岩与燕山期花岗岩接触带＋航磁异常
135	JCC3	3 077 296.08	灰岩与燕山期花岗岩接触带＋航磁异常
138	JCC4	276 406.64	大理岩＋航磁异常
137	JCC5	369 373.94	大理岩＋航磁异常
141	JCC6	1 759 197.80	大理岩＋航磁异常
139	JCC7	353 329.75	大理岩＋航磁异常
140	JCC8	854 806.93	大理岩＋航磁异常
142	JCC9	1 776 923.90	灰岩与燕山期花岗岩接触带＋航磁异常
143	JCC10	1 078 924.36	灰岩与燕山期花岗岩接触带＋航磁异常
144	JCC11	432 558.04	灰岩与燕山期花岗岩接触带＋航磁异常
147	JCC12	1 322 184.27	灰岩与燕山期花岗岩接触带＋航磁异常
145	JCC13	1 062 841.16	大理岩＋航磁异常
146	JCC14	580 847.65	大理岩＋航磁异常
149	JCC15	644 212.13	大理岩＋航磁异常
152	JCC16	6 633 408.23	灰岩与燕山期花岗岩接触带＋航磁异常
151	JCC17	388 660.91	灰岩与燕山期花岗岩接触带＋航磁异常
153	JCC18	1 229 452.46	大理岩＋航磁异常
154	JCC19	1 079 926.73	大理岩＋航磁异常
155	JCC20	1 014 486.74	灰岩与燕山期花岗岩接触带＋航磁异常
158	JCC21	1 951 434.48	灰岩与燕山期花岗岩接触带＋航磁异常
162	JCC22	2 681 679.33	大理岩＋航磁异常
163	JCC23	1 440 088.58	大理岩＋航磁异常

续表 9-4-8

最小预测工作区编号	最小预测工作区名称	面积/m²	参数确定依据
164	JCC24	516 222.92	大理岩＋燕山期花岗岩＋航磁异常
173	JCC25	3 191 507.81	燕山期花岗岩类＋航磁异常
176	JCC26	1 313 067.71	燕山期花岗岩类＋航磁异常
166	JCC27	517 666.08	灰岩与燕山期花岗岩接触带＋航磁异常
168	JCC28	2 835 888.02	灰岩与燕山期花岗岩接触带＋航磁异常
179	JCC29	1 001 551.91	灰岩与燕山期花岗岩接触带＋航磁异常
180	JCC30	1 437 767.90	燕山期花岗岩类＋航磁异常

2. 最小预测工作区延深参数的确定及结果

吉昌式夕卡岩型铁矿头道沟-吉昌预测工作区：最小预测工作区延深参数的确定主要参考区域灰岩＋花岗岩侵入体控矿条件的存在，典型矿床最大勘探深度，区域上航磁异常反演的深度。吉昌铁矿最大勘探深度为300余米，铁矿含矿层位仍然稳定存在，区域上航磁异常反演的最大深度为1000m，由此确定沉积变质型头道沟-吉昌预测工作区最小预测工作区延深参数为1000m。当最小预测工作区面积小于1km²时，最深预测到500m，见表9-4-9。

表9-4-9 吉昌式夕卡岩型铁矿头道沟-吉昌预测工作区最小预测工作区延深圈定大小及方法依据

最小预测工作区编号	最小预测工作区名称	延深/m	参数确定依据
185	JCA2	1000	鹿圈屯组灰岩与燕山期花岗岩接触带＋航磁异常
132	JCB1	1000	磨盘山组灰岩与燕山期花岗岩接触带＋航磁异常
136	JCB2	1000	鹿圈屯组灰岩与燕山期花岗岩接触带＋航磁异常
148	JCB3	1000	磨盘山组灰岩与燕山期花岗岩接触带＋航磁异常
156	JCB4	1000	磨盘山组灰岩与燕山期花岗岩接触带＋航磁异常
157	JCB5	500	磨盘山组灰岩与燕山期花岗岩接触带＋航磁异常
159	JCB6	1000	鹿圈屯组灰岩与燕山期花岗岩接触带＋航磁异常
160	JCB7	500	磨盘山组灰岩与燕山期花岗岩接触带＋航磁异常
161	JCB8	1000	磨盘山组灰岩与燕山期花岗岩接触带＋航磁异常
165	JCB9	500	磨盘山组灰岩与燕山期花岗岩接触带＋航磁异常
167	JCB10	500	燕山期花岗岩类＋航磁异常
169	JCB11	1000	燕山期花岗岩类＋航磁异常
171	JCB12	500	燕山期花岗岩类＋航磁异常
178	JCB13	1000	燕山期花岗岩类＋航磁异常
170	JCB14	1000	鹿圈屯组灰岩与燕山期花岗岩接触带＋航磁异常
172	JCB15	1000	磨盘山组灰岩＋航磁异常
174	JCB16	500	大理岩＋燕山期花岗岩＋航磁异常
177	JCB17	1000	磨盘山组灰岩与燕山期花岗岩接触带＋航磁异常

续表 9-4-9

最小预测工作区编号	最小预测工作区名称	延深/m	参数确定依据
183	JCB18	1000	燕山期花岗岩类＋航磁异常
182	JCB19	1000	鹿圈屯组灰岩与燕山期花岗岩接触带＋航磁异常
181	JCB20	1000	鹿圈屯组灰岩与燕山期花岗岩接触带＋航磁异常
184	JCB21	1000	燕山期花岗岩类＋航磁异常
186	JCB22	1000	鹿圈屯组灰岩与燕山期花岗岩接触带＋航磁异常
187	JCB23	1000	燕山期花岗岩类＋航磁异常
150	JCB24	1000	磨盘山组灰岩与燕山期花岗岩接触带＋航磁异常
133	JCC1	1000	鹿圈屯组灰岩与燕山期花岗岩接触带＋航磁异常
134	JCC2	1000	磨盘山组灰岩与燕山期花岗岩接触带＋航磁异常
135	JCC3	1000	鹿圈屯组灰岩与燕山期花岗岩接触带＋航磁异常
138	JCC4	500	大理岩＋航磁异常
137	JCC5	500	大理岩＋航磁异常
141	JCC6	1000	大理岩＋航磁异常
139	JCC7	500	大理岩＋航磁异常
140	JCC8	500	大理岩＋航磁异常
142	JCC9	1000	磨盘山组灰岩与燕山期花岗岩接触带＋航磁异常
143	JCC10	1000	磨盘山组灰岩与燕山期花岗岩接触带＋航磁异常
144	JCC11	500	磨盘山组灰岩与燕山期花岗岩接触带＋航磁异常
147	JCC12	1000	磨盘山组灰岩与燕山期花岗岩接触带＋航磁异常
145	JCC13	1000	大理岩＋航磁异常
146	JCC14	500	大理岩＋航磁异常
149	JCC15	500	大理岩＋航磁异常
152	JCC16	1000	磨盘山组灰岩与燕山期花岗岩接触带＋航磁异常
151	JCC17	500	磨盘山组灰岩与燕山期花岗岩接触带＋航磁异常
153	JCC18	1000	大理岩＋航磁异常
154	JCC19	1000	大理岩＋航磁异常
155	JCC20	1000	磨盘山组灰岩与燕山期花岗岩接触带＋航磁异常
158	JCC21	1000	磨盘山组灰岩与燕山期花岗岩接触带＋航磁异常
162	JCC22	1000	大理岩＋航磁异常
163	JCC23	1000	大理岩＋航磁异常
164	JCC24	500	大理岩＋燕山期花岗岩＋航磁异常
173	JCC25	1000	燕山期花岗岩类＋航磁异常
176	JCC26	1000	燕山期花岗岩类＋航磁异常
166	JCC27	500	磨盘山组灰岩与燕山期花岗岩接触带＋航磁异常

续表 9-4-9

最小预测工作区编号	最小预测工作区名称	延深/m	参数确定依据
168	JCC28	1000	磨盘山组灰岩与燕山期花岗岩接触带＋航磁异常
179	JCC29	1000	鹿圈屯组灰岩与燕山期花岗岩接触带＋航磁异常
180	JCC30	1000	燕山期花岗岩类＋航磁异常

3. 品位和体重的确定

吉昌式夕卡岩型铁矿头道沟-吉昌预测工作区内最小预测工作区主要是预测寻找成因类型相同、含矿建造相同、成矿时代与吉昌铁矿相同的夕卡岩型铁矿。因此，最小预测工作区的矿石品位和体重的确定，主要参考吉昌铁矿典型矿床的实测数据，确定最小预测工作区矿石平均品位40％，体重3.5t/m³。

4. 相似系数的确定

吉昌式夕卡岩型铁矿头道沟-吉昌预测工作区内预测的为夕卡岩型铁矿。由于夕卡岩型铁矿赋存空间的不稳定性，所以在含矿建造相同，具有航磁异常的情况下，其相似系数较低。最小预测工作区与模型区JCA1，含矿建造相同，具有航磁异常，有已知矿点，这样的最小预测工作区与JCA1模型区的相似系数为0.5；只有花岗岩或只有地层，但存在磁异常，这样的最小预测工作区与JCA1模型区的相似系数为0.3，见表9-4-10。

表 9-4-10 吉昌式夕卡岩型铁矿头道沟-吉昌预测工作区最小预测工作区相似系数表

最小预测工作区编号	最小预测工作区名称	相似系数
185	JCA2	0.5
132	JCB1	0.5
136	JCB2	0.5
148	JCB3	0.5
156	JCB4	0.5
157	JCB5	0.5
159	JCB6	0.5
160	JCB7	0.5
161	JCB8	0.5
165	JCB9	0.5
167	JCB10	0.3
169	JCB11	0.3
171	JCB12	0.3
178	JCB13	0.3
170	JCB14	0.5
172	JCB15	0.3
174	JCB16	0.5
177	JCB17	0.5
183	JCB18	0.3

续表 9-4-10

最小预测工作区编号	最小预测工作区名称	相似系数
182	JCB19	0.5
181	JCB20	0.5
184	JCB21	0.3
186	JCB22	0.5
187	JCB23	0.3
150	JCB24	0.3
133	JCC1	0.3
134	JCC2	0.3
135	JCC3	0.3
138	JCC4	0.3
137	JCC5	0.3
141	JCC6	0.3
139	JCC7	0.3
140	JCC8	0.3
142	JCC9	0.3
143	JCC10	0.3
144	JCC11	0.3
147	JCC12	0.3
145	JCC13	0.3
146	JCC14	0.3
149	JCC15	0.3
152	JCC16	0.3
151	JCC17	0.3
153	JCC18	0.3
154	JCC19	0.3
155	JCC20	0.3
158	JCC21	0.3
162	JCC22	0.3
163	JCC23	0.3
164	JCC24	0.3
173	JCC25	0.3
176	JCC26	0.3
166	JCC27	0.3
168	JCC28	0.3
179	JCC29	0.3
180	JCC30	0.3

(七)预测资源量估算

1. 估算方法

依据上述确定的相关参数应用含矿地质体预测资源量公式见式(5-4-2)。

2. 估算结果

吉昌式夕卡岩型铁矿头道沟-吉昌预测工作区最小预测工作区预测资源量估算结果见表 9-4-11。

表 9-4-11 吉昌式夕卡岩型铁矿头道沟-吉昌预测工作区最小预测工作区预测资源量估算

最小预测工作区编号	最小预测工作区名称	面积/m²	延深/m	模型区含矿地质体含矿系数	相似系数	预测资源量(规模)	
						0～500m	500～1000m
185	JCA2	1 861 641.83	1000	0.005 740 41	0.5	小型	小型
132	JCB1	11 099 486.8	1000	0.005 740 41	0.5	小型	小型
136	JCB2	1 091 858.87	1000	0.005 740 41	0.5	小型	小型
148	JCB3	1 813 305.76	1000	0.005 740 41	0.5	小型	小型
156	JCB4	6 119 705.90	1000	0.005 740 41	0.5	小型	小型
157	JCB5	870 857.26	500	0.005 740 41	0.5	小型	
159	JCB6	1 167 834.75	1000	0.005 740 41	0.5	小型	小型
160	JCB7	612 195.34	500	0.005 740 41	0.5	小型	
161	JCB8	1 271 563.66	1000	0.005 740 41	0.5	小型	小型
165	JCB9	467 623.86	500	0.005 740 41	0.5	小型	
167	JCB10	248 605.92	500	0.005 740 41	0.3	小型	
169	JCB11	1 414 498.28	1000	0.005 740 41	0.3	小型	小型
171	JCB12	815 454.13	500	0.005 740 41	0.3	小型	
178	JCB13	1 595 789.33	1000	0.005 740 41	0.3	小型	小型
170	JCB14	1 074 389.16	1000	0.005 740 41	0.5	小型	小型
172	JCB15	1 010 016.85	1000	0.005 740 41	0.3	小型	小型
174	JCB16	475 314.60	500	0.005 740 41	0.5	小型	
177	JCB17	2 392 348.26	1000	0.005 740 41	0.5	小型	小型
183	JCB18	1 124 082.59	1000	0.005 740 41	0.3	小型	小型
182	JCB19	2 011 449.72	1000	0.005 740 41	0.5	小型	小型
181	JCB20	2 324 068.18	1000	0.005 740 41	0.5	小型	小型
184	JCB21	1 906 717.79	1000	0.005 740 41	0.3	小型	小型
186	JCB22	1 789 822.90	1000	0.005 740 41	0.5	小型	小型
187	JCB23	1 752 728.47	1000	0.005 740 41	0.3	小型	小型
150	JCB24	1 481 391.85	1000	0.005 740 41	0.3	小型	小型

续表 9-4-11

最小预测工作区编号	最小预测工作区名称	面积/m²	延深/m	模型区含矿地质体含矿系数	相似系数	预测资源量（规模）	
						0～500m	500～1000m
133	JCC1	3 245 613.21	1000	0.005 740 41	0.3	小型	小型
134	JCC2	9 139 170.41	1000	0.005 740 41	0.3	小型	小型
135	JCC3	3 077 296.08	1000	0.005 740 41	0.3	小型	小型
138	JCC4	276 406.64	500	0.005 740 41	0.3	小型	
137	JCC5	369 373.94	500	0.005 740 41	0.3	小型	
141	JCC6	1 759 197.80	1000	0.005 740 41	0.3	小型	小型
139	JCC7	353 329.75	500	0.005 740 41	0.3	小型	
140	JCC8	854 806.93	500	0.005 740 41	0.3	小型	
142	JCC9	1 776 923.90	1000	0.005 740 41	0.3	小型	小型
143	JCC10	1 078 924.36	1000	0.005 740 41	0.3	小型	小型
144	JCC11	432 558.04	500	0.005 740 41	0.3	小型	
147	JCC12	1 322 184.27	1000	0.005 740 41	0.3	小型	小型
145	JCC13	1 062 841.16	1000	0.005 740 41	0.3	小型	小型
146	JCC14	580 847.65	500	0.005 740 41	0.3	小型	
149	JCC15	644 212.13	500	0.005 740 41	0.3	小型	
152	JCC16	6 633 408.23	1000	0.005 740 41	0.3	小型	小型
151	JCC17	388 660.91	500	0.005 740 41	0.3	小型	
153	JCC18	1 229 452.46	1000	0.005 740 41	0.3	小型	小型
154	JCC19	1 079 926.73	1000	0.005 740 41	0.3	小型	小型
155	JCC20	1 014 486.74	1000	0.005 740 41	0.3	小型	小型
158	JCC21	1 951 434.48	1000	0.005 740 41	0.3	小型	小型
162	JCC22	2 681 679.33	1000	0.005 740 41	0.3	小型	小型
163	JCC23	1 440 088.58	1000	0.005 740 41	0.3	小型	小型
164	JCC24	516 222.92	500	0.005 740 41	0.3	小型	
173	JCC25	3 191 507.81	1000	0.005 740 41	0.3	小型	小型
176	JCC26	1 313 067.71	1000	0.005 740 41	0.3	小型	小型
166	JCC27	517 666.08	500	0.005 740 41	0.3	小型	
168	JCC28	2 835 888.02	1000	0.005 740 41	0.3	小型	小型
179	JCC29	1 001 551.91	1000	0.005 740 41	0.3	小型	小型
180	JCC30	1 437 767.90	1000	0.0 057 4041	0.3	小型	小型

(八)预测工作区预测资源量结果

1. 按精度

已知矿床深部及外围的预测资源量,资料精度大于1∶5万,为334-1预测资源量。

具备直接(包括含矿点、矿化点、重要找矿线索等)和间接找矿标志的最小预测单元内的预测资源量(间接找矿标志包括物探异常、遥感异常、老隆),资料精度大于或等于1∶5万,为334-2预测资源量,见表9-4-12。

表9-4-12 吉昌式夕卡岩型铁矿头道沟-吉昌预测工作区预测资源量精度统计表

预测工作区名称	精度(规模)		
	334-1	334-2	334-3
头道沟-吉昌	小型	大型	

2. 按深度

吉昌式夕卡岩型铁矿头道沟-吉昌预测工作区预测资源量深度统计见表9-4-13。

表9-4-13 吉昌式夕卡岩型铁矿头道沟-吉昌预测工作区预测资源量深度统计表

预测工作区名称	500m以浅(规模)		1000m以浅(规模)		2000m以浅(规模)	
	334-1	334-2	334-1	334-2	334-1	334-2
头道沟-吉昌	小型	大型	小型	大型	小型	大型

3. 按矿床类型

吉昌式夕卡岩型铁矿头道沟-吉昌预测工作区预测资源量矿产类型统计见表9-4-14。

表9-4-14 吉昌式夕卡岩型铁矿头道沟-吉昌预测工作区预测资源量矿产类型精度统计表

预测工作区名称	层控内生型(规模)		
	334-1	334-2	334-3
头道沟-吉昌	小型	大型	

4. 按预测工作区类别

最小预测工作区存在含矿建造,存在航磁异常,与已知模型区比较含矿建造相同,且存在矿床或矿点,并且最小预测工作区的圈定是在含矿建造出露区上圈定最小区域,最小预测工作区确定为A级。

最小预测工作区存在含矿建造,存在航磁异常,与已知模型区比较含矿建造相同,且存在矿化体,并且最小预测工作区的圈定是在含矿建造出露区上圈定最小区域,最小预测工作区确定为B级。

最小预测工作区存在含矿建造,存在航磁异常,与已知模型区比较含矿建造相同,最小预测工作区的圈定是在含矿建造出露区上圈定的最小区域,最小预测工作区确定为C级,详见表9-4-15。

表9-4-15 吉昌式夕卡岩型铁矿头道沟-吉昌预测工作区预测资源量预测工作区类别统计表

预测工作区名称	预测工作区分类(规模)		
	A	B	C
头道沟-吉昌	小型	大型	中型

5. 按可利用性类别

吉昌式夕卡岩型铁矿头道沟-吉昌预测工作区预测资源量可利用性统计见表9-4-16。

表 9-4-16　吉昌式夕卡岩型铁矿头道沟-吉昌预测工作区预测资源量可利用性统计表

预测工作区名称	可利用（规模）			暂不可利用（规模）		
	334-1	334-2	334-3	334-1	334-2	334-3
头道沟-吉昌	小型	大型				

6. 按可信度统计分析

1）头道沟-吉昌预测工作区

（1）可信度：①对于有已知矿床存在，深部探矿工程见矿最大深度以上的预测资源量，可信度大于等于0.75，最大深度以下部分合理估算的预测资源量可信度为0.5～0.75；②对于知矿点或矿化点存在，含矿建造发育，航磁异常推断为由矿体引起，但没有经深部工程验证的预测资源量，其500m以浅，预测资源量可信度大于等于0.75，500～1000m预测资源量可信度为0.5～0.75；③对于建造发育，航磁异常推断为由矿体引起，仅以地质、物探异常估计的预测资源量，其500m以浅，预测资源量可信度大于等于0.5，500～1000m预测资源量可信度为0.25～0.5。

2）预测资源量可信度统计分析

头道沟-吉昌预测工作区预测资源量规模大型。

可信度估计概率大于0.75的资源量规模中型，全部为334-2预测资源量。

可信度估计概率0.5～0.75的资源量规模大型，其中334-1预测资源量规模小型，334-2预测资源量规模大型。

可信度估计概率0.25～0.5的资源量规模小型，其全部为334-2预测资源量。

第十章　磁法铁矿资源量估算

第一节　磁异常选取及编号

一、磁异常登记及选取

此次磁异常解释，是在以往磁异常解释基础上进行的。在吉林省1957—1994年间近20份航空磁测成果报告中已有对航磁异常性质评价的基础上，结合各次航磁异常查证报告及《吉林地区航磁异常汇编》《四平地区航磁异常汇编》《延边地区航磁异常汇编》《通化地区航磁异常汇编》等报告中航磁异常查证意见及结论，对吉林省以往已编号的磁异常的航磁异常重新进行登记。

本次研究的异常主要是以往航磁或地磁发现的、经地面初步评价难以最终定性的，但综合分析其他地质和地球物理特征具有良好找矿前景的异常（如航磁乙类异常），其次为性质不明的异常（航磁为丙类异常）。对以往航磁或地磁发现的、经地面查证和评价已证实为磁性矿床（体）引起的异常（航磁为甲类异常），本次也进行了深入研究。此外，对于丁类异常，可根据近年工作情况，也进行了全面排查。

同时，对重要成矿地段的航磁异常开展了重点研究。

二、局部异常编号

为了使航磁异常编号既简洁又具有统一性，且保留原编号的信息。因此，本次磁测资料应用研究中对已登记的吉林省航磁异常，按照全国矿产资源潜力评价《磁测资料应用技术要求》（2006—2009年），采用统一的规则重新进行编号。

本次吉林省航磁异常重新进行编号，仅《四平—长春地区航空物探（电/磁）综合测量成果报告》（1992年）为地矿部物化探研究所完成的航测工作，编号为"吉C-1992-原编号"，其余航测工作均由航空物探遥感中心完成，编号为"吉C-测量年代-原编号"。

第二节　磁异常定性解释

一、成矿地质环境及岩（矿）石磁性分析

航磁异常图与地质矿产图的对比研究，应先从已知矿区做起。以板石沟铁矿为例。

浑江板石沟铁矿床位于前南华纪华北东部陆块（Ⅱ）、龙岗-陈台沟-沂水前新太古代陆核（Ⅲ）的板石中太古代地块（Ⅳ）内。板石沟铁矿赋存于板石沟太古宙绿岩地体内，板石沟太古代绿岩带下部为黑

云角闪斜长片麻岩、斜长角闪岩、黑云斜长片麻岩夹角闪片岩,黑云变粒岩夹似层状低品位磷矿,赋存似层状、透镜状磁铁矿体。原岩为拉斑玄武岩夹安山岩、英安岩、磁铁矿。上部为黑云斜长角闪片麻岩夹角闪黑云片岩。黑云斜长片麻岩与斜长角闪岩互层夹含铁角闪质岩石。含铁岩系的岩石类型主要有片麻岩类、斜长角闪岩、黑云变粒岩、黑云片岩。板石新太古代地块南部为元古宇:碳酸盐岩、碎屑岩及轻变质作用形成的变质岩。

图10-2-1中其形态呈近东西向似纺锤状异常带,长11km,最宽处5km。异常强度大(190~888nT),梯度北陡南缓,北侧伴有的负值异常比南侧明显。

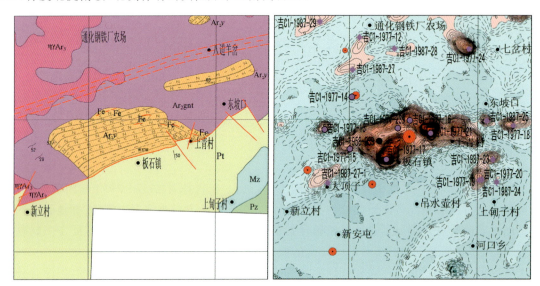

图10-2-1 太古宇含矿建造上的ΔT化极磁场

Ar_2y.杨家店组斜长角闪岩、磁铁石英岩;Ar_2gnt.英云闪长质片麻岩;Pt.中太古界碳酸盐岩、碎屑岩

中太古代英云闪长质片麻岩磁化率为300×10^{-5}SI,磁性较弱,只产生较弱的异常。

中太古界杨家店组:斜长角闪岩、黑云斜长片麻岩、磁铁石英岩;斜长角闪岩、黑云斜长片麻岩磁化率为1760×10^{-5}SI,剩磁为500×10^{-3}A/m,磁性较强,也可引起一定的异常;磁铁石英岩磁化率为9500×10^{-5}SI,剩磁为1290×10^{-3}A/m,具有很强磁性,可以引起很强的航磁异常。元古宇碳酸盐岩、碎屑岩无磁性,无异常反映。

使用$Z_a=2\pi J_r$公式可大致估算已知磁性地质体可能引起磁异常的强度,与地磁异常强度接近。因此,实测磁异常是磁铁石英岩产生的。航磁异常图与地质矿产图对比研究,磁异常主要为杨家店组磁铁石英岩引起。

二、综合物探方法分析

当研究地区的地质及物性条件较复杂时,仅仅分析磁异常特征及地质成矿环境等,有时还不能确定磁异常的成因,这时候应借助综合物探方法,其他物探方法主要为重力和电法。

重力的理论基础是岩(矿)石具有明显的密度差异,如致密块状磁铁矿的密度可达$4g/cm^3$,围岩的密度一般小于$3g/cm^3$,可以有$0.5\sim1g/cm^3$的密度差。电法的理论基础是岩(矿)石具有明显的电性差异,如金属矿体通常属于良导体,而基岩通常为高阻体,但是一般电法工区范围有限,工作比例尺较大,没有区域性资料。

在布格重力异常图的板石沟铁矿处于负重力场中的重力高异常由北东走向向北北西走向转折部位,重力异常东侧梯度陡,西侧缓,铁矿所处局部重力高边缘。磁力高、重力高是在老变质岩地区找铁的有利信息。

三、磁异常分类

1. 磁异常分类方法

通过上述方法选取的磁异常,有的原来已进行了分类,有的则没有进行分类。本次工作中,结合地面查证资料、区域物性资料、最新的地质矿床资料、地球化学图和剩余重力异常图,在磁异常定性解释基础上,对磁异常重新进行分类。

按航磁 ΔT 异常所处的地质环境、找矿意义和以往工作程度,对磁异常进行分类,划分为甲、乙、丙、丁四大类,其中甲类异常、乙1类和乙2类异常为矿致异常,划分原则如下。

甲类异常:为矿致异常,可分两个亚类。甲1类异常为已知矿体引起、推断还有找矿潜力的异常。甲2类异常为已知矿体引起、推断进一步找矿潜力不大的异常。

乙类异常:推断具有找矿意义的异常,分3个亚类。乙1类异常由推断矿体引起的异常。乙2类异常为推断含矿地质体或地质构造引起的异常。乙3类异常推断为具有找矿意义的地质体或构造引起的异常。

丙类异常:找矿前景不明异常。按目前工作程度和认识水平,无法判明其找矿意义的地质体或地质构造等引起的异常。

丁类异常:按目前工作程度和认识水平,认为其为不具备找矿意义的岩性体引起的异常。

2. 航磁异常筛选结果

本次吉林省航磁异常筛选结果统计如下。

登记航磁异常总数1990个,其中甲类异常104个,乙类异常550个,丙类异常503个,丁类异常833个。

航磁异常地检数量416个,其中一级查证61个,二级查证100个,三级查证231个。绝大部分异常都进行了踏勘检查。

对航磁异常按甲、乙、丙、丁进行了类别划分,编制了《吉林省航磁异常分布图》。

第三节 矿致磁异常的半定量、定量解释方法

一、矿致磁异常的半定量解释方法

磁异常半定量解释的目的:根据磁异常的特征及其所处地区的地磁纬度特点,推断磁性体的大致形状、走向、倾向及磁性强弱等参数,为定量解释提供选择方法的依据和初始参数。

在磁异常研究工作中,定性解释时认为与磁性矿产有关的、或推断具有较大找矿潜力的异常,应进行半定量解释。

磁异常半定量解释的内容为推断磁性体在地表投影的大致形状、走向及长度。

1. 确定磁性体走向时的确定

推断磁性体的走向,可以从磁异常图上大致判断出:近似等轴状的磁异常,其对应的磁性体一般来说没有走向;长带状磁异常,其对应的磁性体的走向与磁异常基本一致。在具体解释分析异常时,考虑了磁性体埋藏深度和斜磁化等的影响。

2. 推断磁性体大致形状

近似等轴状的磁异常，可以推断为球体或无明显走向的多面体，也有可能为无限延深的柱体；有一定走向的长带状磁异常，可以推断为有一定走向延伸的磁性体引起，如水平圆柱体、板状体等。

在确定推断磁性体的大致形状时，注意磁性体的埋藏深度、走向、斜磁化和剩磁等因素的影响。

3. 确定磁性体长度时的注意事项

为了确定磁性体的长度，最好先圈定磁性体顶部在地表的投影范围，即从磁异常平面图上根据特征线大致圈定磁性体顶部在地表投影的边界线。

本次磁测资料应用研究工作中，规定以磁异常长轴两端曲线的陡变带间的距离作为磁性体的大致长度。

4. 圈定磁性体顶部在地表投影范围的常用方法

磁异常半定量解释时，对磁性体顶部在地表投影范围的圈定，我们主要采取了下列两种方法。

（1）在垂直磁化磁场图上，以磁异常的梯度陡变带作为边界圈定强磁性体顶部在地表投影的范围。
（2）按化极磁异常一阶导数零值线圈定磁性体的边界。

二、矿致磁异常的定量解释方法

磁异常定量解释的目的：确定磁性体的空间展布形态、埋深及磁性强弱等参数。

在磁异常研究工作中，定性解释时认为与磁性矿产有关的，或推断具有较大找矿潜力的异常，我们进行了定量解释。

在磁异常定量解释中，对推断由磁性矿体引起的异常，按照《磁测资料应用技术要求》（2009年），应尽量选择2.5D拟合法的要求，我们选择2.5D拟合法解释磁性矿体的埋深、体积、空间展布形态及磁性强弱等参数。

三、2.5D人机交互解释定量计算法

在进行磁异常定量解释时，主要注意事项包括剖面曲线选择、磁化强度及倾角的确定等。此外，在求磁性体的体积时，应考虑磁性体截面积沿走向的变化情况。

（一）定量计算剖面选取原则

（1）首选原始精测剖面数据，特别是矿区的地磁剖面数据。
（2）没有精测剖面时，选其他原始实测剖面数据；没有地磁数据时，选择航磁剖面数据。
（3）当剖面不适于做定量计算（如剖面方向与地质体走向的夹角小于45°）时，从磁测等值线图上重新提取剖面。
（4）有一定走向地质体的定量计算，应选择不少于两条剖面。
（5）没有明确走向的地质体在进行定量计算时，可以选择一条或两条剖面。如异常近似圆形时，切一条剖面即可；异常为近似椭圆形时，可以沿长轴、短轴各切一条剖面。
（6）剖面长度以取到异常两侧正常场为宜。
（7）在磁场等值线图上，根据矿区磁场特征，选择与异常主方向垂直且指北（或北东、北西）的方向作为拟合剖面方向。

(8)对复杂磁异常拟合时,选择穿过各主要局部异常中心的剖面线作为拟合剖面。对于那些靠得很近或受干扰等值线扭曲严重的异常,可只考虑主要的异常,但在随后的拟合过程及估算资源量的时候要综合考虑矿体的延伸情况。

(二)2.5D人机交互定量解释的注意事项

1. 确定磁性体走向长度的注意事项

在定量解释中,有两个环节需要考虑磁性体的走向长度,一是2.5D拟合的环节,二是计算磁性体体积的环节。

2.5D拟合时确定磁性体走向长度的原则如下:确定磁性体走向长度时我们对磁性体进行"水平分段"。所谓"水平分段",是指磁异常在平面上不是一个简单的异常,即具有水平叠加特点的组合异常时,应对这些磁异常进行必要的分解,分别提取参数和分别建模。

2. 确定磁化强度的注意事项

在使用2.5D拟合法对磁异常进行定量解释时,需要确定各模型体(磁性体)的磁化强度。

确定各模型体(磁性体)的磁化强度时,我们根据定性解释的推断结果和研究区实测岩矿石的磁化率、剩余磁化强度综合确定,具体是用岩(矿)石的感应磁化强度和剩余磁化强度进行矢量合成。

此外,由于地表岩矿石都经受了风化作用,磁性一般会降低。因此,使用的岩(矿)石磁化率、剩余磁化强度值一般略高于地表实测值。

3. 确定磁化倾角的注意事项

在使用2.5D拟合法对磁异常进行定量解释时,需要确定各模型体(磁性体)的磁化倾角。

确定各模型体(磁性体)的磁化倾角时,主要根据定性解释的推断结果和研究区实测的岩矿石的剩余磁化方向以及研究区的地磁场方向综合确定,具体是用岩(矿)石的剩余磁化方向与地磁场方向进行矢量合成。

对于大多数岩(矿)石来讲,由于剩余磁化强度很弱,因此可以忽略剩余磁化方向,而直接使用地磁场方向;当岩(矿)石的剩余磁化强度较大时,则考虑剩余磁化方向的影响。

4. 地磁场参数及剖面方向的确定

就目前使用的2.5D拟合软件来说,都要求输入地磁场参数(地磁场倾角、偏角、强度)及剖面方向等。因此,在开始每条剖面拟合前,一定要输入这些参数。特别要强调的是,剖面方向通常使用方位角(从北起,向东为正、向西为负)。

第四节 重点矿致异常拟合及资源量估算过程

通过2.5D人机交互拟合技术计算磁性矿体体积时,往往不可能严格地把矿化体和矿体分开,而且矿化体的磁性有时还很强,2.5D磁异常拟合时可能将其当作磁性矿体处理。这会导致计算的体积大于实际矿体体积。实际工作中,可根据矿区勘探结果进行必要的修正。

一、磁性矿体资源量估算方法

磁性矿产资源量估算包括两种方法,即磁异常拟合体积法和类比法。本次工作主要运用了磁异常拟合体积法,对本次所划定的磁性矿产预测工作中已知矿床深部及外围的矿致磁异常和绝大多数推断的矿致磁异常进行了资源量估算,而对预测工作区外的矿致异常也同样运用该方法进行资源量估算,没有采用类比法。因此,本次工作资源量估算的结果应该是可信的。

本次通过RGIS软件进行2.5D人机交互拟合技术计算磁性矿体体积时主要以鞍山式、塔东式、大栗子式及夕卡岩型进行了异常曲线的正反演拟合,各预测工作区均可划分到如上类型中,见表10-4-1。

表10-4-1 预测工作区归属类型表

铁矿类型	预测工作区名称
鞍山式	夹皮沟-溜河预测工作区
	四方山-板石预测工作区
	安口预测工作区
	石棚沟-石道河子预测工作区
	天河兴-那尔轰预测工作区
	金城洞-木兰屯预测工作区
塔东式	塔东预测工作区
	海沟预测工作区
大栗子式	六道沟-八道沟预测工作区
夕卡岩型	头道沟-吉昌预测工作区

(一)鞍山式铁矿

影响磁性矿体体积计算结果的因素主要有磁化强度、磁性体的综合效应、夹石和矿化体干扰。因此,在2.5D人机交互拟合过程中要对不同的影响因素进行资料查询、统计、计算,以便得到合理的反演结果。

1. 磁化强度的计算

通过对1977年《吉林省东南部地区航空物探结果报告》,1978年《吉林省延边北部地区航空物探结果报告》及1987年《吉林省鸭绿江沿岸地区航磁磁测成果报告》查询计算,得到各预测工作区的磁化强度见表10-4-2。

表10-4-2 鞍山式铁矿各预测工作区磁异常反演模型岩(矿)石物性参数表

预测工作区名称	磁性体类型	磁化倾角 $I/(°)$	磁化偏角/(°)	磁化强度 $Jr/(×10^{-3}A·m^{-1})$
夹皮沟-溜河	磁铁矿	59.15	−8.85	20 000~80 000
四方山-板石	磁铁矿	58.33	−8.5	43 500~80 000
安口	磁铁矿	58.59	−8.25	20 000~100 000
石棚沟-石道河子	磁铁矿	58.97	−8.65	18 000~40 000
天河兴-那尔轰	磁铁矿	59.15	−8.65	20 000~40 000
金城洞-木兰屯	磁铁矿	58.60	−8.83	90 000~100 000

在2.5D人机交互拟合过程中对每一条剖面根据实际情况给出不同的磁化强度,以获得真实可信的磁性体积,以免造成磁性体体积的失真。利用所计算的岩(矿)石物性参数,并根据前人地质资料和地面踏勘情况进行正反演拟合,见图10-4-1。

第十章　磁法铁矿资源量估算

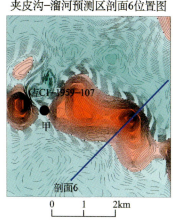

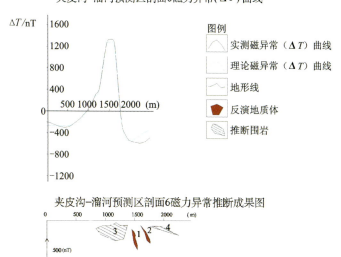

模型号	磁化程度/ (×10⁻³A·m⁻¹)	磁倾角/ (°)	磁偏角/ (°)	密度(差)	-Y	+Y	磁性矿体体积/m³	资源量估算/(×10⁴t)
1	5000	59.15	-8.85	3.5	-335	240	6 837 065.5	957.2
2	5000	59.15	-8.85	3.5	-335	240	5 301 875.8	742.3
3	100	59.15	-8.85	3.5	-335	240		
4	100	59.15	-8.85	3.5	-335	240		

图 10-4-1　夹皮沟-溜河预测工作区剖面 6 航磁异常反演推断成果图

2. 含矿系数的确定

通过对《吉林省浑江市板石沟铁矿地质勘探报告》《吉林通化市四方山铁矿最终储量勘探报告》《吉林省老牛沟铁矿地质勘探报告》《吉林省和龙市官地铁矿区初步勘探地质报告》及《吉林省铁矿资源总量预测报告》等资料的查询得知，已知鞍山式铁矿根据形成时代可分为两带：南带较老，为太古宇杨家店组，主要代表类型为四方山-板石预测工作区；北带较新，为太古宇三道沟组，主要代表类型为夹皮沟-溜河预测工作区。

根据上述勘探报告中的矿体厚度、矿化体厚度、夹石厚度及夹石干扰系数等资料计算出桦甸市老牛沟铁矿、浑江市板石沟铁矿、通化市四方山铁矿、和龙市官地铁矿等鞍山式典型铁矿床的含矿系数，鞍山式铁矿各预测工作区 2.5D 拟合体积法计算资源量时则主要参考使用同一成因类型的相邻典型矿床的参数资料(包括含矿系数)。鞍山式铁矿各预测工作区使用的含矿系数见表10-4-3。

通过已知矿区勘探资料,了解矿体厚度 H_k 与矿化体厚度 H_j,则矿化体修正系数

$$T_h = H_k/(H_k + H_h)$$

同样,通过以下公式进行夹石修正系数 J_i 的计算

$$J_i = H_k/(H_k + H_j)$$

体积校正系数 k 包括矿化体修正系数和夹石修正系数两项,即:

$$k = T_h \times J_i$$

3. 磁性矿体资源量估算

计算公式为:

$$Q = V \times d \tag{10-4-1}$$

式中,Q 为磁性矿体资源量;V 为校正后磁铁矿体体积;d 为矿石平均比重按照 3.75 t/m³ 计算(为预测工作区内同类已知矿床的平均比重)。

表10-4-3 鞍山式铁矿各预测工作区矿床含矿系数一览表

预测工作区名称	含矿系数 k
夹皮沟-溜河	0.73
四方山-板石	0.72~0.75
金城洞-木兰屯	0.7
天河兴-那尔轰	0.73
石棚沟-石道河子	0.73
安口	0.73

通过计算,鞍山式铁矿各预测工作区资源量估算见表10-4-4。

表10-4-4 鞍山式铁矿各预测工作区资源量估算一览表

预测工作区名称	估算资源量(规模)				合计
	334-1	334-2	334-3		
夹皮沟-溜河	大型	大型	中型	大型	44 827.52
四方山-板石	大型	大型	大型	大型	143 150.43
金城洞-木兰屯		大型	大型	大型	10 372.06
天河兴-那尔轰		中型			6 579.76
石棚沟-石道河子		中型			8 513.70
安口		大型			23 415.05
合计					236 858.52

(二)塔东式铁矿

该类型铁矿赋存于下古生界,分布范围比较广泛,铁矿储量在省内占有一定比例。

1. 磁化强度的计算

通过对《延边及其以北地区航空物探结果报告》查询、统计、计算,得到各预测工作区的磁化强度见表10-4-5。

表 10-4-5　塔东式铁矿各预测工作区磁异常反演模型岩(矿)石物性参数表

预测工作区名称	磁性体类型	磁化倾角 $I/(°)$	磁化偏角/(°)	磁化强度 $Jr/(10^{-3} A·m^{-1})$
塔东	磁铁矿	59.88	−9.35	13 000～31 000
海沟	磁铁矿	58.90	−8.9	40 000～200 000

在 2.5D 人机交互拟合过程中对每一条剖面根据实际情况给出不同的磁化强度，以获得真实可信的磁性体积，以免造成磁性体体积的失真。利用所计算的岩(矿)石物性参数，并根据前人地质资料和地面踏勘情况进行正反演拟合，见图 10-4-2。

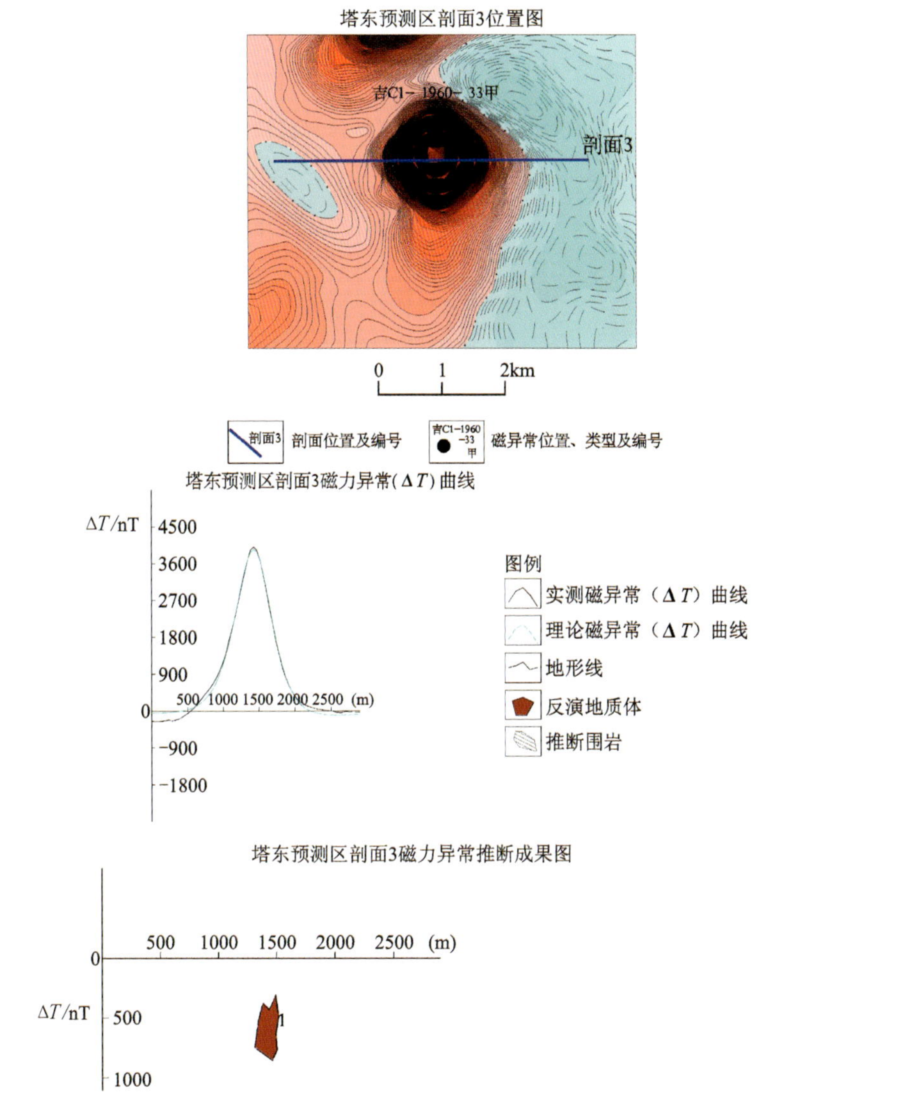

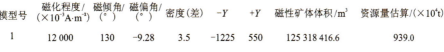

模型号	磁化程度/($\times 10^{-3} A·m^{-1}$)	磁倾角/(°)	磁偏角/(°)	密度(差)	−Y	+Y	磁性矿体体积/m^3	资源量估算/($\times 10^4$t)
1	12 000	130	−9.28	3.5	−1225	550	125 318 416.6	939.0

图 10-4-2　塔东预测工作区剖面 3 航磁异常反演推断成果图

2. 含矿系数的确定

通过对《吉林省塔东铁矿地质勘探报告》《吉林省铁矿资源总量预测报告》等资料的查询得知，已知塔东式铁矿代表类型为塔东预测工作区,以其为代表性预测工作区计算结果作为塔东式铁矿各预测工作区的计算依据。

根据上述勘探报告中的矿体厚度、矿化体厚度、夹石厚度及夹石干扰系数等资料计算出塔东典型铁矿床的含矿系数,塔东式铁矿各预测工作区 2.5D 拟合体积法计算资源量时则主要参考使用该典型矿床的参数资料(包括含矿系数)。塔东式铁矿各预测工作区使用的含矿系数见表 10-4-6。

通过已知矿区勘探资料,了解矿体厚度 H_k 与矿化体厚度 H_j,则矿化体修正系数

$$T_h = H_k/(H_k + H_h)$$

同样,通过以下公式进行夹石修正系数 J_j 的计算

$$J_j = H_k/(H_k + H_j)$$

体积校正系数 k 包括矿化体修正系数和夹石修正系数两项,即:

$$k = T_h \times J_j$$

表 10-4-6 塔东式铁矿各预测工作区矿床含矿系数一览表

预测工作区名称	含矿系数 k
塔东	0.72
海沟	0.73

3. 磁性矿体资源量估算

计算公式见(10-4-1)。

通过计算,鞍山式铁矿各预测工作区资源量估算见表 10-4-7。

表 10-4-7 塔东式铁矿各预测工作区资源量估算一览表

预测工作区名称	估算资源量(规模)			合计
	334-1	334-2	334-3	
塔东		大型	大型	大型
海沟			小型	小型

(三)夕卡岩型铁矿

在吉林省只有头道沟-吉昌预测工作区是夕卡岩型铁矿。

1. 磁化强度的计算

通过对《吉中地区航空物探结果报告》查询、统计、计算,得到各预测工作区的磁化强度见表 10-4-8。

表 10-4-8 夕卡岩型铁矿预测工作区磁异常反演模型岩(矿)石物性参数表

预测工作区名称	磁性体类型	磁化倾角 $I/(°)$	磁化偏角$/(°)$	磁化强度 $Jr/(10^{-3} A \cdot m^{-1})$
头道沟-吉昌	磁铁矿	59.80	−8.72	18 000~150 000

在 2.5D 人机交互拟合过程中对每一条剖面根据实际情况给出不同的磁化强度,以获得真实可信的磁性体积,以免造成磁性体积的失真。利用所计算的岩(矿)石物性参数,并根据前人地质资料和地面踏勘情况进行正反演拟合,见图 10-4-3。

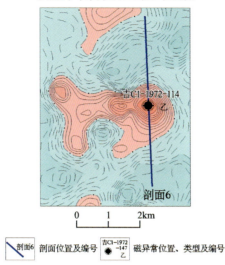

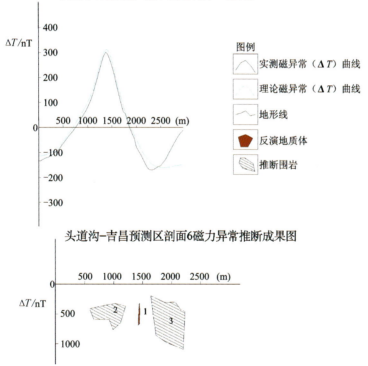

模型号	磁化程度/($\times 10^{-3}$A·m^{-1})	磁倾角/(°)	磁偏角/(°)	密度(差)	-Y	+Y	磁性矿体体积/m^3	资源量估算/($\times 10^4$t)
1	7500	59.8	-8.72	3.5	-950	270	8 224 237.7	290.2
2	100	59.8	-8.72	2.2	-950	270		
3	100	59.8	-8.72	2.2	-950	270		

图 10-4-3　头道沟-吉昌预测工作区剖面 6 航磁异常反演推断成果图

2. 含矿系数的确定

通过对《吉林省吉昌铁矿地质勘探报告》等资料的查询得知，矿体厚度、矿化体厚度、夹石厚度及矿化体、夹石干扰系数等资料计算出吉昌典型铁矿床的含矿系数，头道沟-吉昌夕卡岩型铁矿预测工作区

2.5D拟合体积法计算资源量时则主要参考使用该典型矿床的参数资料(包括含矿系数)。头道沟-吉昌预测工作区使用的含矿系数见表10-4-9。

通过已知矿区勘探资料,了解矿体厚度 H_k 与矿化体厚度 H_j,则矿化体修正系数

$$T_h = H_k/(H_k + H_h)$$

同样,通过以下公式进行夹石修正系数 J_j 的计算

$$J_j = H_k/(H_k + H_j)$$

体积校正系数 k 包括矿化体修正系数和夹石修正系数两项,即:

$$k = T_h \times J_j$$

表 10-4-9　夕卡岩型铁矿各预测工作区矿床含矿系数一览表

预测工作区名称	含矿系数 k
头道沟-吉昌	0.43

3. 磁性矿体资源量估算

计算公式见(10-4-1)。

通过计算,夕卡岩型铁矿预测工作区资源量估算见表10-4-10。

表 10-4-10　夕卡岩型铁矿预测工作区资源量估算一览表

预测工作区名称	估算资源量(规模)		
	334-1	334-2	334-3
头道沟-吉昌		大型	小型

由于矿床类型相同,矿石密度较一致,故在一般矿山的铁矿石资源量计算中矿石密度取值为3.5~4.0。在具体应用拟合体积法求资源量过程中,根据不同矿床及不同矿段,结合相应的矿区勘探资料,尽可能采取实际的密度值。

二、矿致磁异常拟合体积法资源量估算应用举例

以夹皮沟-溜河铁矿预测工作区为例,本区位于中朝准地台吉南台隆铁岭-靖宇-和龙台拱龙岗断块东北部,北部与天山-兴安岭地槽褶皱区毗邻。本区出露的地层有太古宇鞍山群、元古宇、上古生界、中古生界侏罗系和新生界第四系。区内断裂构造发育,除北西向外,为东西、北东向。岩浆活动频繁。从太古宙—喜马拉雅期的岩浆岩均有见及。变质作用以区域变质作用和混合岩化作用为主。

该区出露地层为太古宇鞍山群三道沟组,岩性为斜长角闪岩、绿泥角闪片岩、混合质斜长角闪岩、绿泥片岩、磁铁石英岩。太古宇广泛发育,对于层控鞍山式铁、金、磷等矿来说,提供了成矿条件。还有前震旦纪混合花岗岩分布。

岩浆活动:从太古宙开始就有多次中基性至中酸性海底火山喷发活动。太古宙—古元古代本区又先后发生大规模的酸性岩浆活动。它表现为区域性的多次混合岩化并形成与其有成因联系的花岗岩侵入体,主要岩性为混合质黑云斜长花岗岩和混合质钾长花岗岩。海西晚期又发生了一次大规模的岩浆侵入活动。首先是中、基性岩浆侵入,如老金厂—杨家店一带的橄榄辉石岩、辉长岩、苏长岩、闪长玢岩等小型岩体或岩墙;以后有酸性岩浆的大规模侵入,形成了分布于大栗子一带的黑云母斜长花岗岩巨大岩体。燕山期岩浆活动的结果,在夹皮沟-红石断裂带及两侧形成大量基性岩、中酸性岩脉。

变质作用条件:区域变质对变质铁矿、磷矿等形成起着积极的作用。混合岩化可以使贫铁矿富集。

有人认为交代作用与含金的形成和金的富集有着成因的联系。

主要矿产有铁、金、磷、铜、镍等。

矿石平均体重为 $3.47t/m^3$。

吉林省东南部地区岩（矿）磁性参数见表 10-4-11。

表 10-4-11 吉林省东南部地区岩（矿）石磁性参数一览表

岩石名称	块数	$\kappa/(\times 10^{-5}\text{SI})$		$Jr/(\times 10^{-3}\text{A}\cdot\text{m}^{-1})$		地区
		变化范围	平均值	变化范围	平均值	
磁铁矿	46	66 099~118 501	92 991	20 800~89 000	55 000	大场园
磁铁矿	5	56 549~137 476	96 761	21 500~94 700	58 000	老鹰沟、东德
磁铁矿	10		109 327			郝家岭
磁铁赤铁矿	5		47 124			郝家岭
磁铁石英岩	10	92 614~120 386	38 956	2000~112 500	26 000	板庙子
磁铁石英岩	3	6283~128 177	104 301	4000~5700	4800	新开岭
磁铁石英岩	168	2513~113 097	57 805	3000~120 000	61 500	楞场工区
磁铁角闪岩	2	9802~15 457	12 566	4500~5000	4700	板庙子
磁铁角闪岩	2	4147~10 933	7540	140~1600	900	和龙—安图
磁铁角闪岩	12	754~18 850	7288	0~500	300	老金厂
含辉角闪岩	32	377~5027	3770	1000~6000	3000	老金厂
斜长角闪岩	56	0~201	0	0	0	三道沟
角闪岩	32	0~188	0	0	0	稻草沟
角闪片岩	5	0~1508	0	0~200	0	和龙—安图
角岩	8		3142		400	郝家岭
角闪质混合岩	19	314~6660	2011	100~4000	500	
星云状混合岩	37	0~5278	880	0~650	100	
混合岩	136	0~3142	0~188	0~400		
斜长角闪片麻岩	4	0~7665	2513	500~5500	400	
黑云斜长片麻岩	6	0~3519	1634	0~3400	0	
片麻岩	8	0~3267	1885	0~3000	1600	
玄武岩	168	0~24 504	0	0~75 800		
气孔玄武岩	48	0~6660	1508	0~10 300	3300	程山屯
安山岩	137	0~10 430	2765	0~50 000	10 000	

续表 10-4-11

岩石名称	块数	$\kappa/(\times 10^{-5}\text{SI})$		$Jr/(\times 10^{-3}\text{A}\cdot\text{m}^{-1})$		地区
		变化范围	平均值	变化范围	平均值	
安山玢岩	28	0~10 681	4398	0~5640	1000	
安山质角砾岩	10	0~5781	880	200~4040	1500	
凝灰岩	27	0~5529	2513	0~4900	3000	
流纹岩	12		0		0	
花岗岩	32	0~34 306	1885	0~8100	700	
花岗斑岩	31	377~3644	3016	0~5100	1700	
混合花岗岩	316	0~8796	251	0~150	0	稻草沟
斜长花岗岩	6	0~2388	900	0~1500	200~1000	夹皮沟
中粗粒钾长花岗岩	15	126~11 109	251~1131	0~1570	300	五间房
黑云母花岗岩	63	377~4197	1759	0~4000	600	
花岗闪长岩	35	0~1257	126	0~3000	0	老金厂
闪长玢岩	15	0~2136	1634	0~1800	1000	
辉绿岩	16	0~42 349	5655	300~2100		小龙岗
辉长岩	8	0~13 320	12 189	0~6680		
正长斑岩	30	126~503	251	0~200	100	
霓辉正长岩	6	1508~11 184	4398	400~17 900	500	永胜屯
石灰岩	4		0		0	
板岩	7		0		0	
页岩	2		0		0	
石英岩	20		0		0	

老牛沟铁矿区航磁异常反演模型岩(矿)石物性参数见表 10-4-12。

表 10-4-12 老牛沟铁矿区航磁异常反演模型岩(矿)石物性参数表

序号	磁性体类型	磁化倾角 $I/(°)$	磁化强度 $Jr/(10^{-3}\text{A}\cdot\text{m}^{-1})$	矿体横向延伸/m	磁化偏角/(°)
1	磁铁矿	59.15	80 000	795	−8.85
	磁铁角闪岩	59.15	2000	795	−8.85
2	磁铁矿	59.15	20 000	725	−8.85
	磁铁角闪岩	59.15	2000	1375	−8.85

续表 10-4-12

序号	磁性体类型	磁化倾角 $I/(°)$	磁化强度 $Jr/(10^{-3}\text{A}\cdot\text{m}^{-1})$	矿体横向延伸/m	磁化偏角/(°)
3	磁铁矿	59.15	20 000	430	-8.85
4	磁铁矿	90	20 000	370	-8.85
	片麻岩	59.15	700,1000	670	-8.85

老牛沟铁矿区位于夹皮沟-溜河铁矿预测工作区内,在吉 C-1959-107 甲异常(1977 年 1∶5 万航磁测量时仍然沿用 1959 年编号)。在该异常带上的一个中心部位切取航磁剖面 8,进行拟合反演(图 10-4-4、图 10-4-5),密度取 3.5t/m³,$K_i=40\%$,按公式:$Q=V\times d=K_i\times S\times L\times d$ 求得剖面 8 所在航磁局部异常位置铁矿资源量;在异常带东部切取地磁剖面 2,求得地磁剖面 2 所在磁异常位置铁矿资源量(表 10-4-13)。

表 10-4-13 老牛沟铁矿区吉 C-1959-107 航(地)磁异常拟合体积法资源量估算结果

类别	性质	剖面号	矿体编号	资源量(规模)	资源量级别	备注
甲1类异常	已知老牛沟铁矿异常	夹航磁剖面-3	矿体1	小型	334-2	无钻孔或勘探地质剖面
			矿体2	小型	334-2	
		夹航磁剖面-4	矿体1	小型	334-2	
			矿体2	小型	334-2	
		夹航磁剖面-5	矿体1	小型	334-2	
			矿体2	小型	334-2	
		夹航磁剖面-6	矿体1	小型	334-2	
			矿体2	小型	334-2	
		夹航磁剖面-7	矿体1	小型	334-2	
			矿体2	小型	334-2	
			矿体3	小型	334-2	
		夹航磁剖面-8	矿体1	小型	334-2	
			矿体2	小型	334-2	
			矿体3	小型	334-2	
		夹航磁剖面-9	矿体1	小型	334-2	
		夹地磁剖面-1	矿体1	小型	334-1	有钻孔勘探剖面
			矿体2	小型	334-1	
			矿体3	小型	334-1	
		夹地磁剖面-2	矿体1	小型	334-1	
			矿体2	小型	334-1	
			矿体3	小型	334-1	

夹皮沟-溜河预测区剖面8位置图

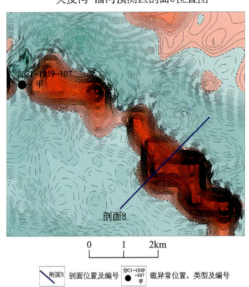

夹皮沟-溜河预测区剖面8磁力异常(ΔT)曲线

夹皮沟-溜河预测区剖面8磁力异常推断成果图

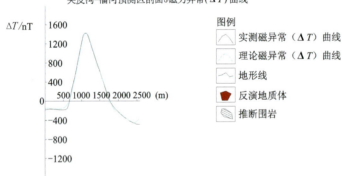

模拟号	磁化程度/ ($\times 10^{-3}$A·m^{-1})	磁倾角/ (°)	磁偏角/ (°)	密度(差)	$-Y$	$+Y$	磁性矿体体积/m^3	资源量估算/($\times 10^4$t)
1	8000	59.15	-8.85	3.5	-325	975	18 171 624.4	2 544.0
2	8000	59.15	-8.85	3.5	-325	975	10 579 069.5	1 481.1
3	8000	59.15	-8.85	3.5	-200	200	3 662 196.8	512.7
4	200	59.15	-8.85	3.5	-400	900		
5	100	59.15	-8.85	3.5	-400	900		

图 10-4-4　老牛沟铁矿区吉 C-1959-107 航磁剖面 8 拟合体积法推断成果图

第十章 磁法铁矿资源量估算

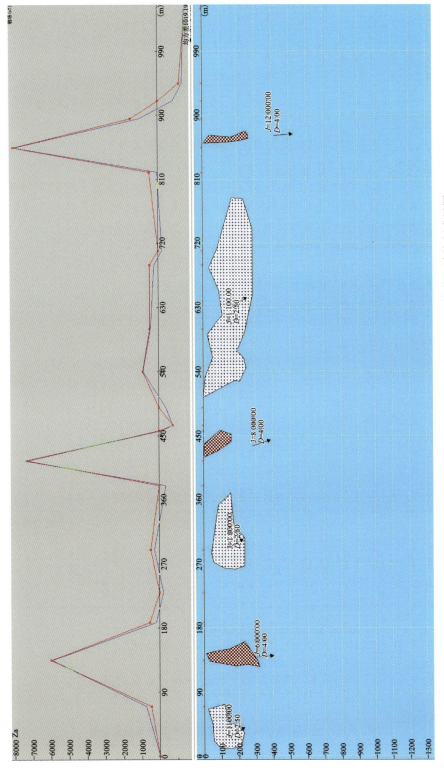

图10-4-5 老牛沟铁矿区吉C-1959-107地磁剖面2拟合体积法推断成果图

第五节　铁矿(磁性矿产)资源量估算结果

一、磁异常定量估算铁矿资源量结果

本次磁法预测吉林省铁矿资源量是在全面收集、研究吉林省有关铁矿资料、研究报告基础上,认真总结吉林省铁矿控矿因素及成矿规律,力争摸清吉林省主要成矿(区)带上的10个铁矿预测工作区的铁矿资源量及吉林省的铁矿资源量,不包括磁法应用效果不佳的沉积型铁矿。

使用中国地质调查局发展研究中心开发的RGIS2008重磁数据处理解释系统软件,对吉林省矿致磁异常进行2.5D拟合定量计算方法,在本次预测中成功估算出吉林省铁矿总资源量规模为大型,其中沉积变质型铁矿资源量规模为大型,夕卡岩型铁矿资源量规模为大型。本次预测资源量规模为大型(不含已查明资源储量),其中334-1级资源量规模为大型,334-2级资源量规模为大型,334-3级资源量规模为大型。

(一)磁异常定量计算推断磁性矿体资源量统计结果

根据全国矿产资源潜力评价《磁测资料应用技术要求》,对吉林省根据磁异常2.5D拟合定量计算推断铁矿矿体资源量的可靠性进行分级,可靠性级别分为三级,其中334-1资源量为一级资源量,可靠性最好,其次是334-2资源量,为二级资源量,可靠性较好,334-3为三级资源量,可靠性一般(表10-5-1)。

334-1资源量:在已知矿床的深部和周边,利用钻孔或勘探地质剖面进行建模,使用大比例尺(≥1:5万)航磁或地磁测量数据计算的资源量。

334-2资源量:在已知矿床、矿点或矿化点的地区,使用测量比例尺大于等于1:20万的磁测资料(未利用钻孔或勘探地质剖面进行建模)估算的资源量。

334-3资源量:其他情况下得到的资源量。

表10-5-1　吉林省磁异常定量计算推断磁性矿体资源量统计一览表

矿产预测类型	预测工作区数量	查明资源储量	预测资源量	资源总量(规模)			预测资源量(规模)		
				500m以浅	1000m以浅	2000m以浅	334-1	334-2	334-3
沉积变质型	9	大型	大型	大型	大型	大型	大型	大型	大型
夕卡岩型	1	小型	大型	小型	大型			大型	小型

(二)10个铁矿预测工作区磁法推断磁性矿产资源量结果

吉林省主要铁矿成矿区(带)上10个铁矿预测工作区磁异常定量推断磁性矿产资源量按精度统计表,见表10-5-2。

表10-5-2　吉林省铁矿预测工作区预测资源量精度统计表

预测工作区名称	预测资源量(规模)		
	334-1	334-2	334-3
夹皮沟-溜河	小型	大型	中型
四方山-板石	大型	中型	大型

续表 10-5-2

预测工作区名称	预测资源量（规模）		
	334-1	334-2	334-3
金城洞-木兰屯		中型	大型
塔东	小型	中型	大型
六道沟-八道沟		大型	大型
头道沟-吉昌		大型	小型
天河兴-那尔轰			中型
石棚沟-石道河子		小型	
海沟		小型	
安口镇		大型	

注：表中"预测资源量"不含查明资源储量。

（三）航磁异常 2.5D 拟合剖面及资源量统计结果

1. 吉林省铁矿预测工作区航磁异常 2.5D 拟合剖面及资源量统计结果

吉林省 10 个铁矿预测工作区航磁异常编号、2.5D 拟合剖面编号及估算资源量统计见表 10-5-3。

表 10-5-3　铁矿预测工作区航磁异常编号、2.5D 拟合剖面编号及估算资源量统计表

预测工作区名称	铁矿矿致磁异常编号	磁异常类别	剖面编号	矿体	预测资源量（规模）	精度
夹皮沟-溜河	吉 C-1976-26	甲 1 类异常	航磁剖面 1	矿体 1	小型	334-2
				矿体 2	小型	334-2
			航磁剖面 2	矿体 1	小型	334-2
				矿体 2	小型	334-2
	吉 C-1959-107	甲 1 类异常	航磁剖面 3	矿体 1	小型	334-2
				矿体 2	小型	334-2
			航磁剖面 4	矿体 1	小型	334-2
				矿体 2	小型	334-2
			航磁剖面 5	矿体 1	小型	334-2
				矿体 2	小型	334-2
			航磁剖面 6	矿体 1	小型	334-2
				矿体 2	小型	334-2
			航磁剖面 7	矿体 1	小型	334-2
				矿体 2	小型	334-2
				矿体 3	小型	334-2
			航磁剖面 8	矿体 1	小型	334-2
				矿体 2	小型	334-2
				矿体 3	小型	334-2
			航磁剖面 9	矿体 1	小型	334-2

续表 10-5-3

预测工作区名称	铁矿矿致磁异常编号	磁异常类别	剖面编号	矿体	预测资源量(规模)	精度
夹皮沟-溜河	吉 C-1976-30	甲类异常	航磁剖面 10	矿体 1	小型	334-2
	吉 C-1959-107-1	甲类异常	航磁剖面 11	矿体 1	小型	334-2
				矿体 1	小型	334-2
			航磁剖面 14	矿体 1	小型	334-2
			航磁剖面 3	矿体 1	小型	334-1
			航磁剖面 5	矿体 1	小型	334-1
				矿体 2	小型	334-1
				矿体 3	小型	334-1
				矿体 4	小型	334-1
	吉 C-1959-107-2	甲类异常	航磁剖面 12	矿体 1	小型	334-2
			航磁剖面 13	矿体 1	小型	334-2
			地磁剖面 1	矿体 1	小型	334-1
				矿体 2	小型	334-1
				矿体 3	小型	334-1
			地磁剖面 2	矿体 1	小型	334-1
				矿体 2	小型	334-1
				矿体 3	小型	334-1
			地磁剖面 4	矿体 1	小型	334-1
				矿体 2	小型	334-1
				矿体 3	小型	334-1
			地磁剖面 6	矿体 1	小型	334-1
			地磁剖面 7	矿体 1	小型	334-1
			地磁剖面 8	矿体 1	小型	334-1
				矿体 2	小型	334-1
				矿体 3	小型	334-1
				矿体 4	小型	334-1
				矿体 5	小型	334-1
	吉 C-1959-107-3	甲类异常	航磁剖面 15	矿体 1	小型	334-2
				矿体 2	小型	334-2
	吉 C-1976-70	甲 2 类异常	航磁剖面 16	矿体 1	小型	334-3
			航磁剖面 17	矿体 1	小型	334-3
			航磁剖面 18	矿体 1	小型	334-3
			航磁剖面 19	矿体 1	小型	334-3

续表 10-5-3

预测工作区名称	铁矿矿致磁异常编号	磁异常类别	剖面编号	矿体	预测资源量（规模）	精度
四方山-板石	吉 C-1977-15	甲类异常	地磁剖面 1	矿体 1	小型	334-1
	吉 C-1977-17	甲类异常	地磁剖面 2	矿体 1	小型	334-1
				矿体 2	小型	334-1
				矿体 3	中型	334-1
	吉 C-1977-239	甲类异常	地磁剖面 3	矿体 1	小型	334-1
				矿体 2	小型	334-1
				矿体 3	中型	334-1
			地磁剖面 4	矿体 1	中型	334-1
				矿体 2	小型	334-1
				矿体 3	小型	334-1
	吉 C-1977-21	甲类异常	地磁剖面 5	矿体 1	中型	334-1
			地磁剖面 6	矿体 1	小型	334-1
				矿体 2	小型	334-1
	吉 C-1977-21	甲类异常	地磁剖面 7	矿体 1	小型	334-1
	吉 C-1987-6	乙类异常	航磁剖面 4	矿体 1	小型	334-2
				矿体 2	小型	334-2
	吉 C-1958-238	甲类异常	航磁剖面 5	矿体 1 上段	小型	334-2
				矿体 1 下段	小型	334-2
				矿体 2 上段	小型	334-2
				矿体 2 下段	小型	334-2
			航磁剖面 6	矿体 1	小型	334-2
				矿体 2	中型	334-2
				矿体 3	小型	334-2
	吉 C-1987-39	甲类异常	航磁剖面 1	矿体 1	小型	334-3
				矿体 2	小型	334-3
			航磁剖面 2	矿体 1	小型	334-3
				矿体 2	小型	334-3
				矿体 3	小型	334-3
	吉 C-1977-39	甲类异常	航磁剖面 3	矿体 1	小型	334-3
金城洞-木兰屯	吉 C-1960-160	甲类异常	金城航磁剖面 5	矿体 1	中型	334-2
			金城航磁剖面 6	矿体 1	小型	334-2
	吉 C-1960-159	乙类异常	金城航磁剖面 1	矿体 1	小型	334-3
			金城航磁剖面 2	矿体 1	小型	334-3
				矿体 2	小型	334-3

续表 10-5-3

预测工作区名称	铁矿矿致磁异常编号	磁异常类别	剖面编号	矿体	预测资源量（规模）	精度
金城洞-木兰屯	吉 C-1960-106	甲类异常	金城航磁剖面 3	矿体 1	小型	334-2
				矿体 2	小型	334-2
				矿体 3	小型	334-2
	吉 C-1960-169	甲类异常	金城航磁剖面 4	矿体 1	小型	334-3
	吉 C-1960-157	甲类异常	金城航磁剖面 7	矿体 2	小型	334-2
				矿体 1	小型	334-2
	吉 C-1960-158	乙类异常	金城航磁剖面 8	矿体 3	小型	334-3
				矿体 2	小型	334-3
				矿体 1	小型	334-3
			金城航磁剖面 9	矿体 2	小型	334-3
				矿体 1	小型	334-3
塔东	吉 C-1960-33	甲类异常	塔东剖面 3	矿体 1 上段	大型	334-2
				矿体 1 下段	中型	334-2
	吉 C-1960-33	甲类异常	地磁剖面 1	矿体 1	小型	334-1
				矿体 2	小型	334-1
	吉 C-1978-79	乙类异常	航磁剖面 1	矿体 1	小型	334-3
			航磁剖面 2	矿体 1	中型	334-3
	吉 C-1978-17	乙类异常	航磁剖面 4	矿体 1	小型	334-3
	吉 C-1978-17-1	乙类异常	航磁剖面 5	矿体 1	小型	334-3
				矿体 2	小型	334-3
	吉 C-1960-34	乙类异常	航磁剖面 6	矿体 1	小型	334-3
				矿体 2	小型	334-3
			航磁剖面 9	矿体 1	小型	334-3
				矿体 2	小型	334-3
				矿体 3	中型	334-3
			航磁剖面 10	矿体 1	小型	334-3
	吉 C-1978-19	乙类异常	航磁剖面 7	矿体 1	小型	334-2
				矿体 2	小型	334-2
	吉 C-1978-18	乙类异常	航磁剖面 8	矿体 1	小型	334-3
				矿体 2	小型	334-3
			航磁剖面 11	矿体 1	小型	334-3
			航磁剖面 12	矿体 1	小型	334-2
	吉 C-1978-19-1	乙类异常	航磁剖面 13	矿体 1	小型	334-2

续表 10-5-3

预测工作区名称	铁矿矿致磁异常编号	磁异常类别	剖面编号	矿体	预测资源量（规模）	精度
六道沟-八道沟	C-1987-223	甲类异常	剖面1	矿体1	大型	334-3
	C-1987-224	甲类异常	剖面2	矿体1	大型	334-3
	C-1987-225	甲类异常	剖面3	矿体1	大型	334-2
头道沟-吉昌	吉 C-1972-51	甲类异常	剖面9	矿体1	小型	334-2
				矿体2	小型	334-2
				矿体3	小型	334-2
	吉 C-1959-50	乙类异常	航磁剖面1	矿体1	小型	334-2
				矿体2	小型	334-2
				矿体3	小型	334-2
				矿体4	小型	334-2
			航磁剖面2	矿体1	小型	334-2
				矿体2	小型	334-2
				矿体3	小型	334-2
			航磁剖面3	矿体1	小型	334-2
	吉 C-1972-147	乙类异常	航磁剖面4	矿体1	小型	334-2
				矿体2	小型	334-2
	吉 C-1972-114	乙类异常	航磁剖面5	矿体1	小型	334-3
			航磁剖面6	矿体1	小型	334-3
	吉 C-1959-7	甲类异常	航磁剖面7	矿体1	中型	334-2
				矿体2	小型	334-2
				矿体3	中型	334-2
				矿体4	小型	334-2
				矿体5	小型	334-2
			航磁剖面8	矿体1	中型	334-2
				矿体2	中型	334-2
				矿体3	小型	334-2
				矿体4	小型	334-2
天河兴-那尔轰	吉 C-1959-11	乙类异常	航磁剖面1	矿体1	小型	334-2
			航磁剖面2	矿体1	中型	334-2
石棚沟-石道河子	吉 C-1977-68	甲类异常	航磁剖面1	矿体1	小型	334-2
	吉 C-1977-69	甲类异常	航磁剖面2	矿体1	小型	334-2
				矿体2	小型	334-2

续表 10-5-3

预测工作区名称	铁矿矿致磁异常编号	磁异常类别	剖面编号	矿体	预测资源量（规模）	精度
石棚沟-石道河子	吉 C-1959-200	甲类异常	航磁剖面 3	矿体 1	小型	334-2
				矿体 2	小型	334-2
			航磁剖面 4	矿体 1	小型	334-2
			航磁剖面 5	矿体 1	小型	334-3
	吉 C-1977-100	甲1类异常	航磁剖面 6	矿体 1	小型	334-2
			航磁剖面 7	矿体 1	小型	334-2
	吉 C-1977-99	甲1类异常	航磁剖面 8	矿体 1	小型	334-2
				矿体 2	小型	334-2
				矿体 3	小型	334-2
海沟	吉 C-1977-126	丙类异常	航磁剖面 1	矿体 1	小型	334-3
				矿体 2	小型	334-3
			航磁剖面 2	矿体 1	小型	334-3
				矿体 2	小型	334-3
			航磁剖面 3	矿体 1	小型	334-3
				矿体 2	小型	334-3
			航磁剖面 4	矿体 1	小型	334-3
				矿体 2	小型	334-3
			航磁剖面 5	矿体 1	小型	334-3
			航磁剖面 6	矿体 1	小型	334-3
安口	吉 C-1975-116	乙类异常	航磁剖面 1	矿体 1	小型	334-2
			航磁剖面 3	矿体 1	小型	334-2
			航磁剖面 4	矿体 1	小型	334-2
	吉 C-1975-115	甲类异常	航磁剖面 2	矿体 1	小型	334-2
			航磁剖面 5	矿体 1	小型	334-2
				矿体 2	小型	334-2
				矿体 3	小型	334-2
			航磁剖面 6	矿体 1	小型	334-2
				矿体 2	小型	334-2
				矿体 3	小型	334-2
	吉 C-1975-35	乙类异常	航磁剖面 7	矿体 1	小型	334-2
			航磁剖面 8	矿体 1	小型	334-2
				矿体 2	小型	334-2
合计	异常总数 46 个	甲类异常 33 个	航磁剖面 99 条，地磁 16 条	预测区总量	大型	

2. 铁矿预测工作区以外磁法推断磁性矿产资源量统计结果

吉林省铁矿预测工作区以外磁法推断磁性矿产资源量统计结果见表 10-5-4。

表 10-5-4　铁矿预测工作区外航磁异常编号、2.5D 拟合剖面编号及估算资源量统计表

磁异常编号	磁异常类别	剖面号	矿体	资源量（规模）	等级
吉 C-1989-149	甲类异常	航磁剖面 1(外)	矿体 1	小型	334-3
			矿体 2	小型	334-3
吉 C-1989-1509	甲类异常	航磁剖面 2(外)	矿体 1	小型	334-3
		航磁剖面 3(外)	矿体 1	小型	334-3
		航磁剖面 4(外)	矿体 1	小型	334-3
吉 C-1989-97	乙1类异常	航磁剖面 5(外)	矿体 1	小型	334-3
吉 C-1989-98	甲类异常	航磁剖面 6(外)	矿体 1	小型	334-2
		航磁剖面 7(外)	矿体 1	小型	334-2
		航磁剖面 8(外)	矿体 1	小型	334-3
吉 C-1959-20	乙类异常	航磁剖面 9(外)	矿体 1	小型	334-3
		航磁剖面 10(外)	矿体 1	小型	334-3
			矿体 2	小型	334-3
		航磁剖面 11(外)	矿体 1	小型	334-3
			矿体 2	小型	334-3
		航磁剖面 12(外)	矿体 1	小型	334-3
吉 C-1972-160	乙类异常	航磁剖面 13(外)	矿体 1	小型	334-3
吉 C-1972-161	乙类异常	航磁剖面 14(外)	矿体 1	小型	334-3
吉 C-1960-108	乙类异常	航磁剖面 15(外)	矿体 1	小型	334-2
			矿体 2	小型	334-2
			矿体 3	小型	334-2
吉 C-1978-58	甲类异常	航磁剖面 16(外)	矿体 1	小型	334-2
			矿体 2	小型	334-2
			矿体 3	小型	334-2
吉 C-1975-29-1	乙类异常	航磁剖面 17(外)	矿体 1	小型	334-3
		航磁剖面 18(外)	矿体 1	小型	334-3
			矿体 2	小型	334-3

续表 10-5-4

磁异常编号	磁异常类别	剖面号	矿体	资源量（规模）	等级
吉 C-1975-32	甲类异常	航磁剖面 19（外）	矿体 1	小型	334-3
			矿体 2	小型	334-3
			矿体 3	小型	334-3
			矿体 4	小型	334-3
			矿体 5	小型	334-3
		航磁剖面 20（外）	矿体 1	小型	334-3
			矿体 2	小型	334-3
			矿体 3	小型	334-3
			矿体 4	小型	334-3
		航磁剖面 21（外）	矿体 1	小型	334-3
			矿体 2	小型	334-3
		航磁剖面 22（外）	矿体 1	小型	334-3
吉 C-1977-99	甲 1 类异常	航磁剖面 23（外）	矿体 1	小型	334-2
无异常点		航磁剖面 24（外）	矿体 1	小型	334-3
吉 C-1977-90	乙类异常	航磁剖面 25（外）	矿体 1	小型	334-2
无异常点		航磁剖面 26（外）	矿体 1	小型	334-3
吉 C-1977-55	甲类异常	航磁剖面 27（外）	矿体 1	小型	334-2
			矿体 2	小型	334-2
吉 C-1987-2	乙类异常	航磁剖面 28（外）	矿体 1	小型	334-2
			矿体 2	小型	334-2
吉 C-1987-3	乙类异常	航磁剖面 29（外）	矿体 1	小型	334-2
			矿体 2	小型	334-2
吉 C-1959-12	甲类异常	航磁剖面 30（外）	矿体 1	小型	334-2
吉 C-1959-14	甲类异常	航磁剖面 31（外）	矿体 1	小型	334-3
		航磁剖面 32（外）	矿体 1	小型	334-3
异常共 20 个	甲类异常 9 个	航磁剖面 32 条	估算资源量	大型	

第十一章　铁矿成矿规律总结

第一节　成矿规律

一、地质演化与铁矿成矿规律

吉林省地质演化始于太古宙，在吉南龙岗地区形成夹皮沟地块、会全栈地块、柳河地块、板石沟地块、和龙地块等，称之为龙岗复合陆块。这些地块普遍形成于新太古代并于新太古代末期拼合在一起。

夹皮沟地块出露在复合陆块最北部，其与会全栈地块边界为红旗沟-夹皮沟剪切带及哑铃状岩体，表壳岩为一套基性火山-硅铁质建造，以含铁、含金为特征；变质深成侵入体为石英闪长质片麻岩-英云闪长岩片麻岩。

会全栈地块出露在复合陆块的中部，其南界为通化光华—板石沟—抚松剪切带，带内尚有古元古代地质体残留。其中的表壳岩以富铝质碎屑岩建造为主，见有少量火山硅铁岩建造，铁矿不甚发育；变质深成侵入体为英云闪长质—奥长花岗岩片麻岩、变质二长花岗岩，在与夹皮沟地块交接地带发育有紫苏花岗岩。

柳河地块出露在复合陆块西部柳河一带，其中变质表壳岩为一套火山-硅铁岩建造；变质深成侵入体主要为英云闪长岩-奥长花岗质片麻岩、变质花岗岩及紫苏花岗岩，并以紫苏花岗岩发育为特征，成矿序列以铁、金、铜为主。

板石沟地块出露在复合陆块的南部，其中的表壳岩一套基性火山-硅铁质建造，以含铁为特征，代表性铁矿为板石沟铁矿；变质深成侵入体主要为英云闪长质-奥长花岗质片麻岩、变质二长花岗岩。在陆块古元古界光华岩群中变质玄武岩中获得 2.8Ga 的残留锆石。

和龙地块中，表壳岩为斜长角闪岩夹变粒岩、磁铁石英岩等，后者为角闪变粒岩、浅粒岩夹斜长角闪岩、磁铁石英岩；变质深成侵入体主要为一套英云闪长质片麻岩以及一套变质超镁铁质岩（蜂蜜河超基性岩体群）。和龙变质地体的成矿序列以金、铁为主，代表性矿产地有和龙鸡南铁矿、官地铁矿、金城洞金矿等。

新太古代末期的构造拼合作用使得吉南地区形成统一的龙岗复合陆块，在古元古代早期以来赤柏松岩体群侵位为标志，开始裂解并形成裂谷，并伴有铜、镍矿化，形成赤柏松铜镍矿床，裂谷主体即为所谓的"辽吉裂谷带"。裂谷早期沉积物为一套蒸发岩-基性火山岩建造，以含铁、硼为特征，代表性矿床有集安高台沟硼矿床、清河铁矿点；裂谷中期沉积物为一套硬砂岩、钙质硬砂岩夹基性火山岩、碳酸盐岩建造，以含铅锌为特点，代表性矿床为正岔铅锌矿，上部为一套高铝复理石建造，以含金为特点，代表性矿床为活龙盖金矿。裂谷次要一支沉积了光华岩群一套变质玄武岩及石榴二云片岩，分布在光华—板石沟一线。古元古代中期裂谷闭合，伴有辽吉花岗岩侵入，完成了区域地壳的二次克拉通化。古元古代晚期已形成的克拉通地壳发生坳陷，形成坳陷盆地，早期沉积物为一套石英砂岩建造；中期为一套富镁碳酸岩建造，以含镁、铅锌、滑石为特点，代表性矿床有荒沟山铅锌矿、遥林滑石矿、花山镁矿等；上部为一套页岩-石英砂岩建造，以含金、铁特点，代表性南岔金矿、大栗子铁矿床。古元古代末期盆地闭合，见有巨斑状花岗岩侵入。

新元古代—古生代区内构造环境为稳定的克拉通盆地环境，其沉积物为典型的盖层沉积。其中新元古界下部为一套河流红色复陆屑碎屑建造；中部为一套单陆屑碎屑建造夹页岩建造，以含金、铁为特点，代表性矿床有板庙子（白山）金矿、青沟子铁矿；上部为一套台地碳酸盐岩-藻礁碳酸盐岩-礁后盆地黑色页岩建造组合。下古生界下部为一套红色页岩建造，以含磷、石膏为特征，代表性矿床有东热石膏矿、水洞磷矿等，红色页岩建造夹浅海碳酸盐岩建造；上部为台地碳酸盐岩建造，大多可作为水泥灰岩利用。晚古生界早期为含煤单陆屑建造，构成了浑江煤田的主体，晚期为一套河流相红色多陆屑建造。

延边地区新元古代—晚古生代（截至晚三叠世）古亚洲构造域多幕造山阶段，由于中生代-系列构造岩浆素件的改造，除晚古生代末期造山事件（晚二叠世—晚三叠世）证据较充分外，其他造山事件仅有一些零星的地质记录。敦化地区的塔东岩群一般认为也可与黑龙江的张广才岭群对比，时代为新元古代、古元古代晚期可以作为阿森纳-兴凯期构造运动的产物。

晚三叠世以来，区内进入滨太平洋构造域的演化阶段，受太平洋板块向欧亚板块的俯冲作用的影响，岩浆活动强烈，形成了大量的侵入岩带和火山岩区。在岩浆和火山的作用下，形成了大量的夕卡岩和火山岩型铁矿床（点）。

二、沉积变质铁矿成矿规律

（一）鞍山式铁矿成矿规律

1. 空间分布

该类铁矿分布在龙岗复合陆块周边，集中分布在板石新太古代地块、夹皮沟新太古代地块、和龙新太古代残块内。

2. 成矿时代

主要成矿时代为新太古代，成矿年龄大于 2.5Ga。

3. 大地构造位置

大地构造位置位于南华纪华北东部陆块（Ⅱ）、龙岗-陈台沟-沂水前新太古代陆核（Ⅲ）的板石新太古代地块（Ⅳ）、夹皮沟新太古代地块（Ⅳ）、和龙新太古代残块（Ⅳ）内。

4. 控矿条件

基底构造控矿：鞍山式铁矿几乎全部地沿龙岗复合陆块的边缘分布，表明其完全受基底构造的控制，即完全受新太古代边缘裂陷控制。

地层控矿：鞍山式铁矿完全受新太古代绿岩地体控制。不同构造部位、不同时段的绿岩建造控制的矿床规模亦不相同。

褶皱构造控矿：区域变质变形作用控制矿体的空间产出部位和矿体形态。如四方山-板石沟倒转复向斜构核部完全控制了四方山-板石沟铁矿带的空间展布。其中的四方山向斜、板石沟复向斜中的珍珠门-上青沟向斜和头道阳岔-五道阳岔向斜分别控制了四方山铁矿、板石沟铁矿。矿床中的主要矿段和厚大矿体主要分布在向斜核部；经本次研究老牛沟和官地铁矿矿体变形特征为紧闭同斜褶皱，后期遭韧性剪切作用多被拉伸，一般表现为翼部矿体长而厚，转折端矿体厚度大，经拉伸作用形态发生变异，如大东沟东山矿体经变形改造后，转折端部位发生变异。

5. 成矿作用及演化

鞍山式铁矿普遍经历了早期海底火山-沉积、区域变质、后期表生改造成矿作用。

早期海底火山-沉积成矿作用的早期沉积阶段以强烈的基性火山活动为主,堆积了巨厚的拉斑玄武岩,伴随小规模铁建造沉积,形成下铁建造层;中晚期,基性火山活动减弱,中酸性火山活动和沉积作用加强,形成一套包括拉斑玄武岩、中酸性火山岩和沉积岩组合,沉积了大规模铁建造,形成铁建造层。这一阶段形成了区域上的含铁建造。

由于(阜平运动?)五台运动,复合陆块边缘裂谷条件下形成的火山-沉积建造发生区域变质作用,变质作用使元素发生分异,Fe和其他元素特别是硅分别聚集,形成磁铁矿和石英等主要的矿石矿物和脉石矿物,随着变质作用增强,铁矿成矿物质在变形的褶皱转折端等有利构造部位进一步富集,使矿体变厚,品位增高。

后期表生改造成矿作用,由于构造运动矿体台升遭到风化剥蚀,地表矿体遭到氧化淋滤,形成次生矿物并在局部富集。

(二)大栗子式铁矿成矿规律

1. 空间分布

该类铁矿主要分布在辽吉裂谷的中段的中部,通化—白山地区。

2. 成矿时代

成矿时代为古元古代晚期。

3. 大地构造位置

大地构造位置为前南华纪华北东部陆块(Ⅱ)、胶辽吉古元古代裂谷带(Ⅲ)的老岭坳陷盆地(Ⅳ)内。

4. 控矿条件

地层控矿:区域上所有大栗子式铁矿全部受老岭(岩)群大栗子(岩)组控制。

构造控矿:主要表现在3个方面,其一是基底构造-老岭坳陷盆地控制该类型铁矿的空间分布,其二是后期变质变形形成的褶皱构造控制矿体的形态,其三是后期的断裂构造对矿体的破坏。

5. 成矿作用及演化

古元古代晚期在老岭坳陷盆地内形成了陆源碎屑岩-碳酸盐岩含铁建造,铁质主要富集于泥质向碳酸盐岩过渡带中,形成了大栗子式铁矿的含矿建造或初始矿源层。

在区域变质作用下使含矿层及围岩重结晶,铁矿矿物颗粒变大;在变质热液作用下,铁质迁移和富集;在变质热液交代作用下,形成各种交代和残留结构形成自形程度较高的赤铁矿和粗粒菱铁矿,部分赤铁矿受还原或交代作用形成磁铁矿。

后期表生改造成矿作用,由于构造运动矿体台升遭到风化剥蚀,地表矿体遭到氧化淋滤,形成次生矿物并在局部富集。

(三)塔东式铁矿成矿规律

1. 空间分布

该类铁矿主要分布在敦化、安图、磐石、东丰地区,机房沟-塔东-杨木桥子岛弧盆地带内。

2. 成矿时代

塔东式铁矿成矿时代争议较大,根据最新区域地质调查成果并结合矿床研究,暂时将其置于新元古代。

3. 大地构造位置

大地构造位置为前南华纪小兴安岭弧盆系(Ⅱ)、机房沟-塔东-杨木桥子岛弧盆地带(Ⅲ)内。

4. 控矿条件

地层控矿:矿床受拉拉沟组斜长角闪岩、斜长角闪片麻岩、磁铁角闪岩、黑云斜长片麻岩、透辉岩、透辉斜长片麻岩组合的控制。

构造控矿:塔东变质岩系呈南北向狭长带状展布,可能受南北向断陷盆地控制,矿区混合岩主要沿南北向层间裂隙注入。区内近南北向挤压带比较发育,强烈处为形成千枚岩化带,弱者为破碎带,而该挤压带对矿体没有破坏作用。沿该断裂带有热液活动现象,形成黄铁矿化、硅化、绢云母化等蚀变。这证明近南北向构造不仅控制了本区铁磷矿床的形成,而且控制了混合岩及热液型黄铁矿的形成。

5. 成矿作用及演化

早期海底火山喷发-沉积作用:喷发物质主要为基性凝灰质及磁铁矿碎屑,在近火山口附近由基性熔浆喷溢,形成中基性熔岩透镜体和次火山岩。据矿床岩相分析,喷发物受空中重力分选作用,体重大的物质沉积在火山口附近,轻的沉积在较远的位置,形成含矿岩系,局部地段形成矿体。因海水中溶解有较多的硫、磷,形成大量的细粒黄铁矿,并伴生磷。

区域变质作用:由于构造运动,发生区域变质,变质程度达绿片岩-角闪岩相。基性火山喷发物质发生重结晶形成斜长角闪岩。局部磁铁矿、黄铁矿发生重结晶颗粒变大,形成局部磁体矿富矿段或矿体和黄铁矿局部富集现象。

热液叠加改造作用:区域上海西期花岗质岩浆侵入作用使含矿岩系遭受改造,花岗质岩浆侵入吞噬原来的含矿建造,使其支离破碎。残浆的气水热液沿层间裂隙或片麻理等渗透交代生成硅化、绢云母化热液蚀变,并生成以黄铁矿为主,次为黄铜矿的金属硫化物。由于气液改造,原来磁铁矿、黄铁矿发生改造形成细脉状黄铁矿和磁铁矿。

表生成矿作用:由于构造运动矿体出露地表,在物理和化学风化作用下,黄铁矿等金属硫化物风化形成褐铁矿等。

三、沉积铁矿成矿规律

(一)临江式铁矿成矿规律

1. 空间分布

该类铁矿主要分布在白山地区。沿鸭绿江凹陷的北西翼分布,自南西的河洛幌子向北东经大路、错草沟、苇沙河延至帽山,构成北东向含矿带,长40余千米,有矿床点近20处。

2. 成矿时代

临江式铁矿的含矿地层为青白口系白房子组。白房子组是青白口系最底部的一个组,又根据临江式铁矿为同沉积矿床,根据区域地层划分对比,其成矿时代为新元古代早期,约1000Ma。

3. 大地构造位置

大地构造位置为前南华纪华北东部陆块（Ⅱ）、胶辽吉古元古代裂谷带（Ⅲ）的老岭坳陷盆地（Ⅳ）内。

4. 控矿条件

老岭坳陷盆地控制含矿层为的沉积，矿体主要受青白口系白房子组的下部的砾岩、砂岩段和中部的长石石英砂岩及粉砂岩段控制。

5. 成矿作用及演化

早期沉积成矿作用：辽吉裂谷自中条运动之后转为地台发展时期。新元古代早期沿老岭隆起的东南缘形成边缘坳陷—鸭绿江盆地，沉积了白房子组。铁锰等成矿物质来源于老岭隆起的太古宙变质岩系剥蚀区，在深度不大、温暖的滨海潮间带环境下沉积形成含铁建造，局部富集形成鲕绿泥石菱铁矿层。

表生成矿作用：主要是后期的构造运动对矿体的破坏和表生风化淋滤作用形成矿物含铁矿物的次生富集。

（二）浑江式铁矿成矿规律

1. 空间分布

该类铁矿主要分布在通化和浑江地区。受浑江凹陷和鸭绿江凹陷控制。分布于浑江凹陷两侧的铁矿带呈北东向展布，西南从通化起，向北东经浑江一直延续到抚松县的松山，长达150km，分布有20余处矿床（点）。受鸭绿江凹陷控制的铁矿带分布于其南侧，呈北东东向展布，分布有近10处矿床（点）。

2. 成矿时代

浑江式铁矿受青白口系钓鱼台组控制，在钓鱼台组获得K-Ar年龄为818Ma，因为该矿床为同沉积型。因此，推断该矿床的成矿年龄为818Ma左右。

3. 大地构造位置

大地构造位于前南华纪华北东部陆块（Ⅱ）、胶辽吉古元古代裂谷带（Ⅲ）的老岭坳陷盆地（Ⅳ）内。

4. 控矿条件

老岭坳陷盆地控制含矿层为的沉积，矿体主要受青白口系钓鱼台组控制。

5. 成矿作用及演化

早期沉积成矿作用：源于盆地两侧的含铁变质岩系的铁质，胶结砂砾石而形含铁石英岩和铁质角砾岩，形成含矿岩系，局部富集成矿。

后期表生成矿作用：主要是后期的构造运动对矿体的破坏和表生风化淋滤作用形成矿物含铁矿物的次生富集。

四、夕卡岩型铁矿成矿规律

1. 空间分布

吉林省夕卡岩型铁矿分布比较广泛，但主要集中分布在吉中、白城和吉林北部的大黑山地区。

2. 成矿时代

夕卡岩型铁矿的成矿时代主要为燕山期、印支期和海西期,其中以燕山期和海西期为主。燕山期形成的夕卡岩型铁矿主要分布在吉中和吉林北部的大黑山地区。海西期形成的夕卡岩型铁矿主要分布在白城地区。

3. 大地构造位置

夕卡岩型铁矿主要位于晚三叠世—新生代的小兴安岭-张广才岭叠加岩浆弧(Ⅱ),张广才岭-哈达岭火山-盆地区(Ⅲ)内的南楼山-辽源火山-盆地群(Ⅳ)和大黑山条垒火山-盆地群(Ⅳ)构造单元内,以及南华纪—中三叠世的大兴安岭弧形盆地(Ⅱ)锡林浩特岩浆弧(Ⅲ)白城上叠裂陷盆地(Ⅳ)构造单元内。

4. 控矿条件

地层控矿:以石炭系鹿圈屯组和二叠系吴家屯组对成矿最为有利,吉林省具有一定规模的夕卡岩型铁矿均受该套地层控制。

岩浆控矿:吉林省夕卡岩型铁矿几乎全部与燕山期和海西期花岗岩岩体有关,其中以燕山期花岗岩对成矿最为有利。

5. 成矿作用及演化

夕卡岩型铁矿的成矿必须具备早期的有利沉积地层和晚期的岩浆侵入两个必要条件。纵观吉林省夕卡岩型铁矿,并不是所有的地层和侵入体都能形成夕卡岩型铁矿,以石炭系鹿圈屯组和二叠系吴家屯组对成矿最为有利。这两组地层均为浅海相沉积的砂岩、泥岩及碳酸盐岩建造,其中有些层位含铁质较高,局部还形成铁矿床,并且含矿层及其围岩碳酸盐组分较高,有利于热液的交代作用。以上比较明显地反映出夕卡岩型铁矿成矿与围岩地层岩性和含矿的特点关系。后期侵入的花岗岩浆晚期的热水溶液对围岩地层进行交代和改造,使铁质进一步富集而形成矿体。

第二节 铁矿成矿谱系

根据吉林省铁矿的空间分布、成矿时代,按龙岗复合陆块区(包括夹皮沟地块、和龙残块、会全栈地块、板石沟地块、柳河地块)、吉中褶皱区、延边褶皱区、大兴安岭南缘4个构造分区,建立了吉林省沉积变质型、海相沉积型、夕卡岩型、岩浆岩型、内陆湖相沉积型、火山碎屑沉积型、风化淋滤型铁矿的成矿谱系(图11-2-1)。

由吉林省铁矿成矿谱系图看出,吉林省铁矿成矿在构造单元上主要分布于龙岗复合陆块区的新太古代边缘裂陷区,以及古元古代裂谷区;在时间上,吉林省铁矿成矿主要是集中在新太古代和古元古代。

在上述主要构造单元和主要成矿时期上形成大型矿床,其他构造单元和时间段目前看主要是形成中小型矿床。

第三节 成矿区(带)划分

根究吉林省铁矿的控矿因素、成矿规律、铁矿的空间分布,在参考全国成矿区(带)划分、吉林省综合成矿区(带)划分的基础上,对吉林省铁矿单矿种成矿区(带)进行了详细的划分,见表11-3-1。

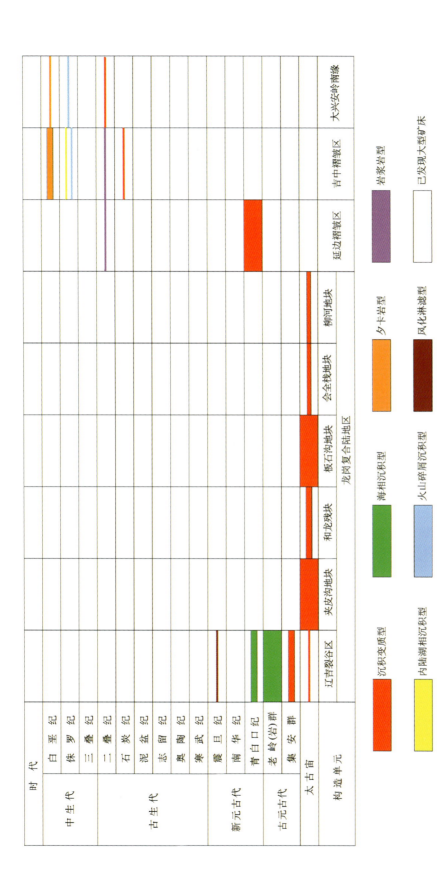

图11-3-1 吉林省铁矿成矿谱系图

表 11-3-1　吉林省铁矿成矿区（带）划分表

Ⅰ级	Ⅱ级	Ⅲ级	Ⅲ级亚带	Ⅳ级	Ⅴ级
Ⅰ-4滨太平洋成矿域	吉黑板块	Ⅲ-55 吉中-延边（活动陆缘）铁成矿带	Ⅲ-55-① 吉中铁成矿亚带	Ⅳ$_1$ 山门-乐山铁成矿带	Ⅴ$_1$ 放牛沟铁找矿远景区
				Ⅳ$_2$ 兰家-八台岭铁成矿带	Ⅴ$_2$ 兰家铁找矿远景区
				Ⅳ$_3$ 山河-榆木桥子铁成矿带	Ⅴ$_3$ 头道-吉昌铁找矿远景区
					Ⅴ$_4$ 石咀-官马铁找矿远景区
					Ⅴ$_5$ 倒木河铁找矿远景区
				Ⅳ$_4$ 上营-蛟河铁成矿带	Ⅴ$_6$ 塔东铁找矿远景区
			Ⅲ-55-② 延边铁成矿亚带	Ⅳ$_5$ 海沟铁成矿带	Ⅴ$_7$ 海沟铁找矿远景区
	华北板块	Ⅲ-56 辽东（隆起）铁成矿带	Ⅲ-56-① 铁岭-靖宇（次级隆起）铁成矿亚带	Ⅳ$_6$ 天河兴-那尔轰铁成矿带	Ⅴ$_8$ 山城镇铁找矿远景区
					Ⅴ$_9$ 安口镇铁找矿远景区
					Ⅴ$_{10}$ 辉南铁找矿远景区
					Ⅴ$_{11}$ 样子哨铁找矿远景区
					Ⅴ$_{12}$ 王家店铁找矿远景区
					Ⅴ$_{13}$ 那尔轰铁找矿远景区
				Ⅳ$_7$ 夹皮沟-金城洞铁成矿带	Ⅴ$_{14}$ 夹皮沟铁找矿远景区
					Ⅴ$_{15}$ 金城洞铁找矿远景区
				Ⅳ$_8$ 二密-靖宇铁成矿带	Ⅴ$_{16}$ 二密铁找矿远景区
					Ⅴ$_{17}$ 四方山-板石铁找矿远景区
			Ⅲ-56-② 营口-白山（次级隆起、Pt$_1$ 裂谷）铁成矿亚带	Ⅳ$_9$ 通化-抚松铁成矿带	Ⅴ$_{18}$ 金厂铁找矿远景区
					Ⅴ$_{19}$ 大安铁找矿远景区
					Ⅴ$_{20}$ 抚松铁找矿远景区
				Ⅳ$_{10}$ 集安-长白铁成矿带	Ⅴ$_{21}$ 正岔-复兴铁找矿远景区
					Ⅴ$_{22}$ 青石铁找矿远景区
					Ⅴ$_{23}$ 南岔-荒沟山铁找矿远景区
					Ⅴ$_{24}$ 六道沟铁找矿远景区

第十二章 结 论

重新确立了吉林省大地构造的认识。吉林省特殊的地质构造位置确定了吉林省地质构造十分复杂,南(华北陆块)北(西伯利亚板块)板块对接碰撞的时间、方式、地点一直是众多地质学家争论不休的问题,古亚洲构造域与滨太平洋构造域叠加的问题也是众说纷纭。本次编图,查阅了大量原始地质资料和科研文献,对众多的地质学家观点进行分析,认为南北板块对接碰撞时间起始于早古生代末期至晚古生代末期(或早三叠世),以"软碰撞"的方式进行,碰撞类型属"弧-弧-陆"碰撞。另外,本次编图对吉林省大型变形构造从力学性质、物质组成、运动方式及与成矿的关系也进行了较详细的研究,确定了二道阳岔变质核杂岩等多处大型变形构造的存在。

确立了吉林省南华系的存在。

对辽吉古元古代古裂谷的东部边界进行了重新划分。原有划分在抚松至长白山一带,经过对区域地质资料的分析,认为松江至露水河一带被新生代玄武岩覆盖也有古元古界的存在(局部有出露)。因此,辽吉古元古代古裂谷的东部边界应向东延至到二江—松江一带。这个划分,对在辽吉古元古代古裂谷带内找矿及对华北陆块北缘东界的认识都有积极意义。

经过对南华系细河群钓鱼台组沉积建造构造图及岩相古地理图的编制,不仅为寻找"浑江式"铁矿指明了方向,也为在吉林省寻找元古宙"砾岩型"金矿奠定了基础。

系统地总结了吉林省铁矿勘查研究历史及存在的问题、资源分布;划分了铁矿矿床类型;研究了铁矿成矿地质条件及控矿因素。从空间分布、成矿时代、大地构造位置、赋矿层位、岩浆岩特点、围岩蚀变特征、成矿作用及演化、矿体特征、控矿条件等方面总结了预测工作区及吉林省铁矿成矿规律。建立了不同成因类型典型矿床成矿模式和预测模型。

确立了不同预测方法类型预测工作区的成矿要素和预测要素,建立了不同预测方法类型预测工作区的成矿模式和预测模型。

第一次全面系统的用德尔菲法、地质块段法、磁法预测了吉林省铁矿不同级别的资源量。用地质体积法预测吉林省500m以浅铁矿资源量为57.99×10^8t,1000m以浅铁矿资源量为129.89×10^8t,2000m以浅铁矿资源量为259.79×10^8t。最小预测工作区预测铁矿资源量334-1级为10.82×10^8t,334-2级为35.08×10^8t,334-3级为31.75×10^8t。用磁法预测铁矿资源量为46.6×10^8t,其中334-1级为15.31×10^8t,334-2级为16.33×10^8t,334-3级为14.97×10^8t。

全面系统的对吉林省铁矿勘查工作部署规划,对未来矿产开发基地进行了预测。

主要参考文献

陈刚,付友山,聂立军,等,2011.敦化市大石河钼矿床地球化学及矿物学特征[J].吉林地质,30(1):65-69.

陈毓川,1999.中国主要成矿区带矿产资源远景评价[M].北京:地质出版社.

陈毓川,裴荣富,王登红,2006.三论矿床的成矿系列问题[J].地质学报,80(10):1501-1508.

陈毓川,王登红,徐志刚,等,2015.中国重要矿产和区域成矿规律[M].北京:地质出版社.

陈毓川,王登红,2010.重要矿产预测类型划分方案[M].北京:地质出版社.

程裕淇,陈毓川,赵一鸣,1983.再论矿床的成矿系列问题[J].中国地质科学院院报(6):1-63.

单承恒,李峰,时俊峰,等,2004.吉林省杨金沟白钨矿床地质地球化学特征及找矿标志[J].矿产与地质,18(5):440-445.

邸新,毕小刚,贾海明,等,2011.蛟河地区前进岩体锆石U-Pb年龄及其与吉中-延边地区钼成矿作用的关系[J].吉林地质,30(4):25-28.

范正国,黄旭钊,熊胜青,等,2010.磁测资料应用技术要求[M].北京:地质出版社.

冯守忠,姜建军,1993.二密铜矿床成矿模式的研究[J].矿产与地质,18(4):323-329.

冯守忠,2000.吉林放牛沟多金属矿床成矿物质来源[J].桂林工学院学报,22(1):55-62.

冯守忠,2004.吉林荒沟山铅锌矿床地质特征及矿床成因探讨[J].地质找矿论丛,14(3):153-158.

高岫生,吴卫群,韩春军,等,2010.天宝山矿区东风北山钼矿床地质特征及成因探讨[J].吉林地质,29(4):43-47.

龚一鸣,杜远生,冯庆来,等,1996.造山带沉积地质与图层耦合[M].武汉:中国地质大学出版社.

贺高品,叶慧文,1998.辽东-吉南地区中元古代变质地体的组成及主要特征[J].长春科技大学学报,28(2):152-162.

胡墨田,王培君,1993.辽东-吉南地区硼矿床地质特征及成矿规律[J].化工地质,15(3):161-168.

黄云波,张洪武,2002.吉林金厂沟金矿石英的标型特征及应用[J].黄金地质(4):56-60.

吉林省地质矿产局,1988.吉林省区域地质志[M].北京:地质出版社.

吉林省地质矿产局,1997.吉林省岩石地层[M].武汉:中国地质大学出版社.

贾大成,孙鹏惠,徐志勇,等,1998.吉林省永吉县倒木河金矿控矿构造特征[J].吉林地质(2):42-48.

贾汝颖,1988.吉林省的矿产资源[J].吉林地质(2):50-59.

姜春潮,1957.东北南部震旦纪地层[J].地质学报(1):35-142.

鞠楠,任云生,王超,等,2012.吉林敦化大石河钼矿床成因与辉钼矿Re-Os同位素测年[J].世界地质(1):68-76.

李之彤,李长庚,1994.吉林磐石-双阳地区金银多金属矿床地质持征成矿条件和找矿方向[M].长春:吉林科学技术出版社.

刘尔义,李耘,1982.细河群、浑江群在青白口系、震旦系中的位置[J].吉林地质(4):43-50+98.

刘洪文,邢树文,2002.吉南地区斑岩-热液脉型多金属矿床成矿模式[J].地质与勘探(2):28-32.

刘嘉麒,1999.中国火山[M].北京:科学出版社.

刘茂强,米家榕,1981.吉林临江附近早侏罗世植物群及下伏火山岩地质时代讨论[J].长春地质学院学报(3):18-29.

刘兴桥,刘俊斌,张俊影,等,2009.吉林省敦化市大石河钼矿地质特征及找矿方向[J].吉林地质(3):39-42.

卢秀全,胡春亭,钟国军,2005.吉林珲春杨金沟白钨矿床地质特征及成因初探[J].吉林地质,24(3):16-21.

孟祥化,1979.沉积建造及其共生矿床分析[M].北京:地质出版社.

孟祥金,侯增谦,董光欲,等,2007.江西金溪熊家山钼矿床特征及其Re-Os年龄[J].地质学报,81(7):946-950.

欧祥喜,马云国,2000.龙岗古陆南缘光华岩群地质特征及时代探讨[J].吉林地质,19(9):16-25.

潘桂棠,肖庆辉,等,2017.中国大地构造[M].北京:地质出版社.

彭玉鲸,苏养正,1997.吉林中部地区地质构造特征[J].沈阳地质矿产研究所所刊(5/6):335-376.

朴英姬,张忠光,李国瑞,2010.吉林省安图县刘生店钼矿地质特征及找矿远景[J].吉林地质,29(4):54-58.

邵济安,唐志东,李国瑞,1995.中国东北地体与东北亚大陆边缘演化[M].北京:地震出版社.

邵建波,范继璋,2004.吉南珍珠门组的解体与古—中元古界层序的重建[J].吉林大学学报(地球科学版),34(20):161-166.

沈保丰,李俊建,毛德宝,等,1988.吉林夹皮沟金矿地质与成矿预测[M].北京:地质出版社.

沈保丰.辽吉太古宙地质及成矿[M].北京:地质出版社.

史致元,周志恒,王玉增,等,2008.吉林省中部大中型钼矿发现过程中勘查地球化学方法的应用效果[J].吉林地质,27(2):96-102.

松权衡,刘忠,杨复顶,等,2008.国内外铁矿资源简介[J].吉林地质,27(3):5-7,12.

松权衡,李景波,于城,等,2002.白山市大横路铜钴矿床找矿地球化学模式[J].吉林地质,21(2):56-64.

松权衡,魏发,2000.白山市大横路铜钴矿区稀土元素地球化学特征[J].吉林地质,19(1):47-50.

孙景贵,邢树文,郑庆道,等,2006.中国东北部陆缘有色贵金属矿床的地质地球化学[M].长春:吉林大学出版社.

王集源,吴家弘,1984.吉林省元古宇老岭群的同位素地质年代学研究[J].吉林地质,3(1):11-21.

王奎良,包延辉,张叶春,等,2006.吉林省桦甸火龙岭钼矿床地质特征及其成因[J].吉林地质,25(3):11-14.

向运川,任天祥,牟绪赞,等,2010.化探资料应用技术要求[M].北京:地质出版社.

熊先孝,薛天兴,商朋强,等,2010.重要化工矿产资源潜力评价技术要求[M].北京:地质出版社.

徐志刚,陈毓川,王登红,等,2008.中国成矿区带划分方案[M].北京:地质出版社.

杨言辰,冯本智,刘鹏鹗,2001.吉林老岭大横路式热水沉积叠加改造型钴矿床[J].长春科技大学学报,31(1):40-45.

杨言辰,王可勇,冯本智,2004.大横路式钴(铜)矿床地质特征及成因探讨[J].地质与勘探,40(1):56-62.

于学政,曾朝铭,燕云鹏,等,2010.遥感资料应用技术要求[M].北京:地质出版社.

翟裕生,1999.区域成矿学[M].北京:地质出版社.

张秋生,李守义,1985.辽吉岩套—早元古宙的一种特殊化优地槽相杂岩[J].长春地质学院学报,39(1):1-12.

赵冰仪,周晓东,2009.吉南地区古元古代地层层序及构造背景[J].世界地质,28(4):424-429.

内部参考资料

白山市利源矿业有限责任公司,2003.吉林省白山市八道江区新路铁矿矿产资源储量复核报告[R].白山:白山市利源矿业有限责任公司.

吉林省地质局通化地质大队,1959.吉林通化四方山铁矿最终储量勘探报告[R].通化:吉林省地质局通化地质大队.

陈尔臻,彭玉鲸,韩雪,等,2001.中国主要成矿区(带)研究(吉林省部分)[R].长春:吉林省地质调查院.

吉林省有色金属工业地质勘探公司第四勘探队,1964.吉林省桦甸县夹皮沟金矿区1963年地质总结报告书[R].吉林:吉林省有色金属工业地质勘探公司第四勘探队.

吉林省地质局延边地区综合地质大队,1975.吉林省汪青县刺猬沟矿床脉金矿地质详细普查报告[R].延吉:吉林省地质局延边地区综合地质大队.

吉林省地质矿产勘查开发局第二地质调查所,1980.吉林省蛟河县漂河川镍矿4号岩体初勘及5号岩体普查评价报告[R].吉林:吉林省地质矿产勘查开发局第二地质调查所.

吉林省地质矿产勘查开发局第五地质调查所,2007.吉林省磐石市加兴顶子—永吉县杏山屯地区(加兴顶子、杏山屯、太平屯、大乔屯)钼矿普查报告[R].长春:吉林省地质矿产勘查开发局第五地质调查所.

吉林省地质矿产勘查开发局第五地质调查所,1987.吉林省集安县活龙矿区金矿详细普查地质报告[R].长春:吉林省地质矿产勘查开发局第五地质调查所.

吉林省地质矿产勘查开发局第一地质调查所,1993.吉林省永吉县金家屯萤石矿详查地质报告[R].长春:吉林省地质矿产勘查开发局第一地质调查所.

吉林省地质局吉中地区综合地质大队,1972.吉林省永吉县小绥河铬铁矿详查评价报告[R].吉林:吉林省地质局吉中地区综合地质大队.

吉林省地质矿产勘查开发局第六地质调查所,1978.吉林省珲春河砂金矿四道沟段详查地质报告[R].延吉:吉林省地质矿产勘查开发局第六地质调查所.

吉林省地质矿产勘查开发局第五地质调查所,1993.吉林省永吉县八台岭金银矿区普查地质报告[R].长春:吉林省地质矿产勘查开发局第五地质调查所.

吉林省地质矿产勘查开发局第四地质调查所,1984.吉林省集安县金厂沟矿区西岔金矿床详细普查地质报告[R].通化:吉林省地质矿产勘查开发局第四地质调查所.

吉林省地质矿产勘查开发局第一地质调查所,1993.吉林省双阳县兰家金矿床勘探报告[R].长春:吉林省地质矿产勘查开发局第一地质调查所.

吉林吉恩镍业股份有限公司,2007.吉林省和龙市长仁矿区4号岩体镍矿床补充详查报告[R].吉林:吉林吉恩镍业股份有限公司.

吉林省地质局第四地质大队,1980.吉林省通化四方山—板石沟一带鞍山式铁矿地质调查报告[R].通化:吉林省地质局第四地质大队.

吉林省地质局吉中地区综合地质大队,1977.吉林省永吉县头道沟硫铁矿地质勘探报告[R].吉林:吉林省地质局吉中地区综合地质大队.

吉林省地质科学研究所,1980.吉林省及西部邻区铁矿成矿规律和成矿远景预测报告[R].长春:吉林省地质科学研究所.

吉林省地质矿产局,1993.吉林省临江县青沟子锑矿详查报告[R].长春:吉林省地质矿产局.

吉林省地质矿产局第三地质调查所,1991.吉林省四平市山门银矿区龙王矿段详查地质报告[R].四平:吉林省地质矿产局第三地质调查所.

吉林省地质矿产局第三地质调查所,1991.吉林省四平市山门银矿区卧龙矿段勘探地质报告[R].

四平：吉林省地质矿产局第三地质调查所．

吉林省地质矿产局第三地质调查所，1993．吉林省四平市山门银矿外围普查报告[R]．四平：吉林省地质矿产局第三地质调查所．

吉林省地质矿产局第四地质调查所，1984．吉林省白山市板石沟铁矿8、18矿组详细勘探报告[R]．通化：吉林省地质矿产局第四地质调查所．

吉林省第二地质调查所，2010．吉林省永吉县芹菜沟钼矿详查报告[R]．吉林：吉林省第二地质调查所．

吉林省第五地质调查所，2002．吉林省和龙市百里坪银矿普查报告[R]．长春：吉林省第五地质调查所．

吉林省第五地质调查所，2006．桦甸市火龙岭钼矿床详查地质报告[R]．长春：吉林省第五地质调查所．

吉林省通化地质矿产勘查开发院，2005．吉林省磐石市石门子铁矿西段详查报告[R]．通化：吉林省通化地质矿产勘查开发院．

吉林省通化地质矿产勘查开发院，2006．吉林省磐石市石门子铁矿东段详查报告[R]．通化：吉林省通化地质矿产勘查开发院．

吉林省冶金地质勘探公司，1972．吉林省通化地区铁矿资源简况[R]．长春：吉林省冶金地质勘探公司．

吉林省冶金地质勘探公司第七勘探队，1961．吉林省红旗岭矿区1961年地质勘探总结报告[R]．吉林：吉林省冶金地质勘探公司第七勘探队．

吉林省冶金地质勘探公司六〇五队，1971．吉林省和龙市官地铁矿床勘探报告[R]．延吉：吉林省冶金地质勘探公司六〇五队．

白山市江源区五道羊岔铁矿有限责任公司，2011．吉林省白山市江源区五道羊岔铁矿勘探报告[R]．白山：白山市江源区五道羊岔铁矿有限责任公司．

白山市利源矿业有限责任公司，1999．吉林省白山市刘家堡子－狼洞沟金银矿床地质普查报告[R]．白山：白山市利源矿业有限责任公司．

核工业东北地勘查局二四四大队，1989．吉林省梅河口市水道乡香炉碗子金矿八九年度详细普查地质报告[R]．长春：核工业东北地勘查局二四四大队．

吉林省地质调查院，2007．吉林省通化市二密铜矿普查报告[R]．长春：吉林省地质调查院．

吉林省地质局第三地质大队，1979．吉林省伊通县放牛沟多金属硫铁矿床总结勘探报告[R]．四平：吉林省地质局第三地质大队．

吉林省地质局吉林地区综合地质大队，1976．吉林省永吉县硫铁矿地质勘探报告[R]．吉林：吉林省地质局吉林地区综合地质大队．

吉林省地质局吉中地质大队，1964．吉林永吉县头道沟地区铬铁矿普查评价报告[R]．吉林：吉林省地质局吉中地质大队．

吉林省地质局通化地区综合地质大队，1971．吉林省集安县正岔铅锌矿区西山储量报告[R]．通化：吉林省地质局通化地区综合地质大队．

吉林省地质局通化地区综合地质大队，1975．吉林省安图县东清矿区独居石砂矿地质详查报告[R]．延吉：吉林省地质局通化地区综合地质大队．

吉林省地质局通化地质大队，1959．吉林临江八道江青沟铁矿地质普查－勘探报告书[R]．通化：吉林省地质局通化地质大队．

吉林省地质局延边地质大队，1969．吉林省延吉县五凤山金矿区地质报告[R]．延吉：吉林省地质局延边地质大队．

吉林省地质科学研究所，1983．吉林省中生代火山岩型金矿成矿地质特征及区域成矿规律研究报告

[R].长春:吉林省地质科学研究所.

吉林省地质科学研究所,1997.吉林省白山市大横路铜钴矿床控矿构造及富集规律研究[R].长春:吉林省地质科学研究所.

吉林省地质科学研究所,1997.吉林省延边地区天宝山-天桥岭铜矿带矿源及靶区优选[R].长春:吉林省地质科学研究所.

吉林省地质矿产勘查开发局第二地质调查所,1972.吉林省和龙市官地铁矿初步勘探地质报告[R].吉林:吉林省地质矿产勘查开发局第二地质调查所.

吉林省地质矿产勘查开发局第二地质调查所,1983.吉林省永吉县头道川金矿床及外围普查评价报告[R].吉林:吉林省地质矿产勘查开发局第二地质调查所.

吉林省地质矿产勘查开发局第二地质调查所,1986.吉林省永吉县大黑山钼矿床地质研讨报告[R].吉林:吉林省地质矿产勘查开发局第二地质调查所.

吉林省地质矿产勘查开发局第二地质调查所,1994.吉林省磐石县明城镇南梨树萤石矿床Ⅰ号矿带详查地质报告[R].吉林:吉林省地质矿产勘查开发局第二地质调查所.

吉林省地质矿产勘查开发局第二地质调查所,2007.吉林省永吉县一心屯钼矿(大黑山钼矿床南部)补充勘探报告[R].吉林:吉林省地质矿产勘查开发局第二地质调查所.

吉林省地质矿产勘查开发局第六地质调查所,1980.吉林省和龙市獐项-长仁地区铜镍矿区划说明书[R].延吉:吉林省地质矿产勘查开发局第六地质调查所.

吉林省地质矿产勘查开发局第六地质调查所,1991.吉林省延边地区金银铜铅锌锑锡中比例尺成矿预测报告[R].延吉:吉林省地质矿产勘查开发局第六地质调查所.

吉林省地质矿产勘查开发局第六地质调查所,2002.吉林省安图县双山多金属(钼铜)矿体(0-8勘探线矿段)详查报告[R].延吉:吉林省地质矿产勘查开发局第六地质调查所.

吉林省地质矿产勘查开发局第六地质调查所,2003.和龙市石人沟钼矿Ⅰ号矿段补充详查报告[R].延吉:吉林省地质矿产勘查开发局第六地质调查所.

吉林省地质矿产勘查开发局第六地质调查所,2011.吉林省安图县双山钼铜矿详查报告[R].延吉:吉林省地质矿产勘查开发局第六地质调查所.

吉林省地质矿产勘查开发局第三地质调查所,1990.吉林省四平-梅河地区金、银、铜、铅、锌、锑、锡中比例尺成矿预测报告[R].四平:吉林省地质矿产勘查开发局第三地质调查所.

吉林省地质矿产勘查开发局第四地质调查所,1990.吉林省通化县南岔金矿Ⅰ矿段详查地质报告[R].通化:吉林省地质矿产勘查开发局第四地质调查所.

吉林省地质矿产勘查开发局第四地质调查所,1991.吉林省通化-浑江地区金银铜铅锌锑锡中比例尺成矿预测报告[R].通化:吉林省地质矿产勘查开发局第四地质调查所.

吉林省地质矿产勘查开发局第四地质调查所,1993.吉林省临江县荒沟山金矿床勘探报告[R].通化:吉林省地质矿产勘查开发局第四地质调查所.

吉林省地质矿产勘查开发局第五地质调查所,2000.吉林省靖宇县天合兴矿区铜矿普查报告[R].长春:吉林省地质矿产勘查开发局第五地质调查所.

吉林省地质矿产勘查开发局第一地质调查所,1990.吉林省磐石县民主屯银矿普查报告[R].长春:吉林省地质矿产勘查开发局第一地质调查所.

吉林省冶金局地质勘探公司第五勘探队,1959.吉林省林江县老岭铁矿区总储量计算地质总结报告书[R].延吉:吉林省冶金局地质勘探公司第五勘探队.

吉林省有色金属地质勘查局六〇八队,2004.吉林省桦甸市六匹叶金矿区普查报告[R].长春:吉林省有色金属地质勘查局六〇八队.

吉林省有色金属地质勘查局六〇五队,2005.吉林省龙井市天宝山铅锌矿区东风北山钼矿残采储量复核报告[R].延吉:吉林省有色金属地质勘查局六〇五队.

吉林省有色金属地质勘查局六〇二队,2005.吉林省临江市杉松岗钴矿详查报告[R].白山:吉林省有色金属地质勘查局六〇二队.

吉林省有色金属地质勘查局六〇四队,2007.吉林省桦甸市老牛沟矿区小苇厦子矿段铁矿详查报告[R].吉林:吉林省有色金属地质勘查局六〇四队.

吉林省有色金属工业地质勘探公司六〇五队,1987.吉林省龙井县天宝山矿区东风北山钼矿地质评价报告[R].延吉:吉林省有色金属工业地质勘探公司六〇五队.

吉林天池钼业有限公司,2008.吉林省舒兰市季德钼矿勘探报告[R].吉林:吉林天池钼业有限公司.

金丕兴,等,1992.吉林省东部山区贵金属及有色金属矿产成矿预测报告[R].长春:吉林省地质矿产局.

中国有色金属工业总公司吉林地质勘查局六〇三队,1996.吉林省珲春市小西南岔矿区北山北延金铜矿普查地质报告[R].延吉:中国有色金属工业总公司吉林地质勘查局六〇三队.